全国电子信息类优秀教材

广东省精品课程主教材

高等学校计算机规划教材

数据挖掘原理与实践

蒋盛益　李　霞　郑　琪　编著

电子工业出版社·

Publishing House of Electronics Industry

北京·BEIJING

内 容 简 介

本书分为数据挖掘理论和数据挖掘实践两大部分。数据挖掘理论部分的主要内容包括数据挖掘的基本概念、数据挖掘的预处理、聚类分析、分类与回归、关联规则挖掘、离群点检测。数据挖掘实践部分讨论了数据挖掘在通信行业、文本挖掘等方面的实际应用；通过四个案例展示了在通信行业中如何利用数据挖掘进行客户细分、客户流失分析、客户社会关系挖掘、业务交叉销售；通过跨语言智能学术搜索系统和基于内容的垃圾邮件识别两个案例展示了数据挖掘在文本挖掘方面的应用。

本书可作为高等院校计算机、电子商务、信息科学等相关专业的教材或参考书，也可供从事数据挖掘研究、设计等工作的科研、技术人员参考。

图书在版编目（CIP）数据

数据挖掘原理与实践 / 蒋盛益，李霞，郑琪编著. —北京：电子工业出版社，2011.8
高等学校计算机规划教材
ISBN 978-7-121-14050-1

Ⅰ. ①数… Ⅱ. ①蒋…②李…③郑… Ⅲ. ①数据采集－高等学校－教材 Ⅳ. ①TP274

中国版本图书馆 CIP 数据核字（2011）第 134200 号

策划编辑：章海涛
责任编辑：章海涛 特约编辑：曹剑锋
印　　刷：北京虎彩文化传播有限公司
装　　订：北京虎彩文化传播有限公司
出版发行：电子工业出版社
　　　　　北京市海淀区万寿路 173 信箱　邮编　100036
开　　本：787×1092　1/16　印张：17.75　字数：500 千字
版　　次：2011 年 8 月第 1 版
印　　次：2022 年 8 月第 14 次印刷
定　　价：35.00 元

凡所购买电子工业出版社图书有缺损问题，请向购买书店调换。若书店售缺，请与本社发行部联系，联系及邮购电话：（010）88254888。

质量投诉请发邮件至 zlts@phei.com.cn，盗版侵权举报请发邮件至 dbqq@phei.com.cn。

服务热线：（010）88258888。

前　言

数据挖掘技术应用越来越广泛，社会对掌握数据挖掘技术的人才需求越来越大，越来越多的高校在计算机相关专业及经济、管理类专业开设了数据挖掘课程，以适应社会的需求。

本书旨在向读者介绍数据挖掘的基本原理、方法，数据挖掘应用流程，通过原理、方法应用的背景介绍，使读者理解、掌握如何选择数据挖掘方法解决实际问题，通过案例的分析使读者能够应用这些方法解决现实世界中的问题。

本书于 2012 年被中国电子教育学会评为"全国电子信息类优秀教材"。

全书分为上、下两篇，共 8 章。上篇包括第 1～6 章，下篇包括第 7～8 章。

第 1 章介绍数据挖掘的基本概念以及数据挖掘的重要应用领域。

第 2 章介绍数据的基本统计量以及数据预处理的常用方法。

第 3 章介绍分类的基本概念、应用背景，重点介绍决策树、贝叶斯、最近邻分类方法。

第 4 章介绍聚类分析的基本概念、应用背景，重点介绍常用的聚类方法。

第 5 章介绍关联分析的基本概念、应用背景，重点介绍频繁模式挖掘算法（Apriori 算法和 Fp-growth 算法）、序列模式挖掘算法。

第 6 章介绍离群点挖掘的基本概念、应用背景，重点介绍基于距离、基于相对密度、基于聚类的离群点挖掘方法。

第 7 章介绍数据挖掘在通信行业中的客户细分、客户流失分析、客户社会关系挖掘、业务交叉销售等方面的应用，并通过实际案例进行了分析。

第 8 章介绍数据挖掘在文本处理方面的应用，介绍文本挖掘和 Web 挖掘的基本概念，通过跨语言智能学术搜索系统和基于内容的垃圾邮件识别两个案例进行分析。

本书除了介绍数据挖掘的经典方法之外，也融入了作者的部分研究成果。

本书为广东省精品课程建设成果。

本书的出版融会了许多人的辛勤劳动。第 1、2、4、6、7、8 章由蒋盛益负责，第 3 章由李霞负责，第 5 章由郑琪负责。参与编写工作的还有庞观松、王连喜、吴美玲、谢照青、阳垚、苗邦、谢柏林、邝丽敏等。印鉴教授、王家兵副教授认真审阅了初稿，指出了一些纰漏，并提出了修改建议。本书的出版得到了电子工业出版社的大力支持，书中参考了许多学者的研究成果，在此一并表示衷心感谢。

限于作者学识水平，书中肯定存在不足和疏漏，敬请读者批评指正。

本书为任课教师提供配套的教学资源（包含电子教案、实验用数据集、习题及参考答案、部分综述文献和常用资源列表），需要者可登录华信教育资源网（http://www.hxedu.com.cn），注册之后进行下载。

读者反馈：unicode@phei.com.cn。

作　者

目　　录

上篇　原理篇

下篇　实践篇

上篇　原理篇

第1章 绪 论

数据收集与数据存储技术的快速发展，使得各种组织机构积累了海量数据。如何从这些海量数据中提取有价值的信息以辅助决策，成为巨大的挑战。面对这种挑战，一种数据处理的新技术——数据挖掘（Data Mining）应运而生。数据挖掘是一种将传统的数据分析方法与处理大量数据的复杂算法相结合的技术。本章将概述数据挖掘，并列举本书所涵盖的关键主题。

引例

啤酒与尿布的故事

在一家超市，人们发现了一个特别有趣的现象：尿布与啤酒这两种风马牛不相及的商品居然摆在一起。但这一奇怪的举措居然使尿布和啤酒的销量大幅增加了。这可不是一个笑话，而是一直被商家所津津乐道的发生在美国沃尔玛连锁超市的真实案例。原来，美国的妇女通常在家照顾孩子，所以她们经常会嘱咐丈夫在下班回家的路上为孩子买尿布，而丈夫在买尿布的同时又会顺手购买自己爱喝的啤酒。这个发现为商家带来了可观的利润。

这个故事是营销界的神话。"啤酒"和"尿布"两个看上去没有直接关系的商品摆放在一起进行销售，并获得了很好的销售收益，这种现象就是卖场中商品之间的关联性。研究"啤酒与尿布"关联的方法就是购物篮分析，购物篮分析可以帮助零售商在销售过程中找到具有销售关联的商品，并以此指导货架的组织，促进销售收益的增长！

广告精准投放

随着 Web 2.0 应用的推广，SNS（Social Network Service，网络社区服务）已成为互联网关注的焦点。SNS 通过网络服务、数据处理，不仅能够帮助人们找到朋友、合作伙伴，而且能够帮助人们实现个人社会关系管理、信息共享和知识分享，拓展其社交网络，达成更有价值的沟通和协作。基于网络社区独特的用户群和黏性服务，其强大的营销价值日益被发掘。通过挖掘网络中潜在的社区人群，企业可以更好地搜索潜在客户和传播对象，将分散的目标顾客和受众精准地聚集在一起，精确地把广告投放给目标客户。这不但可以有效降低单人营销费用，而且可以减少对非目标客户的干扰，提高广告的满意度，最终实现网络广告投放策略的真正价值。这一技术已被当当网等商务网站广泛使用。

客户流失分析

客户是企业生存的基础，在市场化程度高的行业，企业之间竞争激烈。为了获取更多的客户资源和占有更大的市场份额，往往采取名目繁多的促销活动和层出不穷的广告宣传来吸引新客户、留住老客户。研究发现：发展一个新客户比保持一个老客户的费用要高出 5 倍以上。所谓客户流失，是指客户终止与企业的服务合同或转向其他同类企业提供的服务。在市场基本饱和的情况下，对老客户的保留将直接关系到企业的利益，客户流失将对企业的经营产生深远影响。针对这一问题，电信、银行、保险等行业都非常关注客户流失问题。客户流失分析是以客户的历史消费行为数据、客户的基础信息、客户拥有的产品信息为基础，通过研究综合考虑流失的特点和与之相关的多种因素，从中发现与流失密切相关的特征和流失客户的特征，以此建立可以在一定时间范围内预测客户流失倾向的预测模型，以便对流失进行预测，并对流失的后果进行评估，为相关业务部门提供有流失倾向的用户名单和这些用户的行为特征，以便相关部门制定恰当的营销策略，开展客户挽留工作，防止因客户流失而引发的经营危机，提升公司的竞争力。

智能搜索

在海量网络数据中，用户试图通过网络来快速发现有用信息变得非常困难，如何提高信息获取的效率成为研究人员广泛关注的课题。Web 信息检索，即搜索引擎，是有效解决这一问题的重要工具。传统的搜索引擎，在用户输入关键词进行查询后，返回的是成千上万的相关结果，这往往导致用户需要花费大量的时间来浏览和选择，因此不能满足用户快速获取信息的愿望。另外，对于同一搜索引擎使用相同关键词进行搜索时，不同人得到的返回结果是相同的，然而不同的人期望的或关注的结果是不同的。如提交查询词"苹果"的两个人可能希望看到不同类型的信息，可能一个对水果的相关产品信息有兴趣，而另一个则倾向于获取电子产品的相关信息。因此大量研究人员开始研究行业化、个性化、智能化的第三代搜索引擎。例如，通过跨语言信息检索，可以方便地检索出不同语种的网络资源；通过文本聚类算法，对搜索返回结果进行分组处理，这样用户可以根据聚类结果快速定位到所需的资源上；通过显式或隐式地收集用户偏好信息，深层次地挖掘用户个人兴趣，为用户提供个性化的搜索和查询服务；通过交互的查询扩展功能改善用户查询用词，同时可使系统能更好地理解用户的检索意图。

入侵检测

随着互联网的发展，各种网络入侵和攻击工具、手段也随着出现，使得入侵检测成为网络管理的重要组成部分。入侵可以定义为任何威胁网络资源（如用户账号、文件系统、系统内核等）的完整性、机密性和可用性的行为。目前，大多数商业入侵检测系统主要使用误用检测策略，这种策略对已知类型的攻击通过规则可以较好地检测，但对新的未知攻击或已知攻击的变种则难以检测。新的网络攻击或已知攻击的变种可以通过异常检测方法来发现，异常检测通过构建正常网络行为模型（称为特征描述），来检测与特征描述严重偏离的新的模式。这种偏离可能代表真正的入侵，或者仅是需要加入特征描述的新行为。异常检测主要的优势是可以检测到以前未观测到的新入侵。与传统的入侵检测系统相比，基于数据挖掘的入侵检测系统通常更精确，需要更少的专家的手工处理。

上述例子来自不同应用领域，但背后都以数据挖掘为核心处理技术，利用数据挖掘技术发现隐藏的规律，为领域的决策提供支持。

1.1 数据挖掘产生的背景

四种技术激发了人们对数据挖掘技术的开发、应用和研究的兴趣：① 超大规模数据库的出现，如商业数据仓库和计算机自动收集数据记录手段的普及；② 先进的计算机技术，如更快和更大的计算能力和并行体系结构；③ 对海量数据的快速访问，如分布式数据存储系统的应用；④ 统计方法在数据处理领域应用的不断深入。

近年来，计算机软件和硬件技术快速发展，互联网用户急剧增加，社会已进入网络化时代。在网络化时代背景下，通信、计算机和网络技术正改变着整个人类和社会。如果用芯片集成度来衡量微电子技术，用 CPU 处理速率来衡量计算机技术，用信道传输速率来衡量通信技术，摩尔定律告诉我们，它们都是以每 18 个月翻一番的速率在增长，这一势头已经维持了十多年。在美国，广播用户达到 5000 万户用了 38 年，电视用户用了 13 年，Internet 拨号上网达到 5000 万户仅用了 4 年。全球 IP 网发展速度达到每 6 个月翻一番，国内情况亦然。《纽约时报》由 20 世纪 60 年代的 10～20 版扩张至现在的 100～200 版，最高曾达 1572 版，《北京青年报》也已是 16～40 版，《市场营销报》已达 100 版。然而在现实社会中，人均日阅读时间通常为 30～45 分钟，只能浏览一份 24 版的报纸。大量信息在给人们带来方便的同时也带来了一大堆问题：信息冗余、信息真假难以辨识、信息安全难以保证、信息形式不一、难以统一处理等。

随着信息技术的高速发展，数据库应用的规模、范围和深度不断扩大，互联网已成为信息传播的主流平台。"数据过剩"、"信息爆炸"和"知识贫乏"等现象相继产生，人们淹没在数据中而难以快速制定合适的决策。在强大的商业需求驱动下，商家开始注意到，有效地解决海量数据的利用问题具有巨大商机，学者们开始思考如何从海量数据集中获取有用信息和知识。然而，面对高维、复杂、异构的海量数据，提取潜在的有用信息成为巨大挑战。面对这一挑战，数据挖掘技术应运而生，并显示出强大的生命力。

数据挖掘思想来自于机器学习、模式识别、统计和数据库系统。数据挖掘概念首次出现在 1989 年举行的第十一届国际联合人工智能学术会议上。目前有许多数据挖掘方面的国际会议，如 ACM SIGKDD（ACM's Special Interest Group on Knowledge Discovery and Data Mining）、ACM SIGMOD（ACM's Special Interest Group on Management Of Data）、CIKM（ACM Conference on Information and Knowledge Management）、ICDM（IEEE International Conference on Data Mining）、ECML PKDD（European Conference on Machine Learning and Principles and Practice of Knowledge Discovery in Databases）、PAKDD（Pacific-Asia Conference on Knowledge Discovery and Data Mining）、ICDE（IEEE International Conference on Data Engineering）、VLDB（Very Large Data Base）、ADMA（International Conference on Advanced Data Mining and Applications）、SDM（SIAM Conference on Data Mining）、ICMLC（International Conference on Machine Learning and Computing）。在数据挖掘的发展历程中，其研究重点从最初的侧重发现方法转向侧重系统应用，注重多种发现策略和技术的集成，注重学科间的相互渗透。此外，在 Internet 上还有不少 KDD（Knowledge Discovery in Database，知识发现）电子出版物和自由论坛，如国际权威半月刊 Knowledge Discovery Nuggets（http://www.kdnuggets.com/subscribe.html）、国内的数据挖掘研究院（中科院）http://www.dmresearch.net 和中国商业智能网 http://www.chinabi.net。

国内对数据挖掘的研究起步较晚，1993 年国家自然科学基金首次支持该领域的研究。此后，国家、各省自然科学基金委，国家社科基金，"863"、"963"项目，国家、各省的科技计划，每年都有相关项目支持。众多研究机构和大学都成立有专门的项目组。从事数据挖掘研究与应用的人员越来越多，在中国期刊全文数据库 CNKI 中检索主题词"数据挖掘"得到的各年度论文数如图 1-1 所示。这表明最近十多年数据挖掘经历了快速发展期，2008 年达到了顶峰，数据挖掘的基本理论问题逐步得到了解决，现在更多的是数据挖掘的应用。

在国内召开的许多信息技术学术会议中，数据挖掘也是非常重要的主题，如中国机器学习会议 CCML（China Conference on Machine Learning）、全国数据库学术会议、中国数据挖掘会议 CCDM（China Conference on Data Mining）、全国搜索引擎和网上信息挖掘学术研讨会 SEWM（Symposium of Search Engine and Web Mining）。

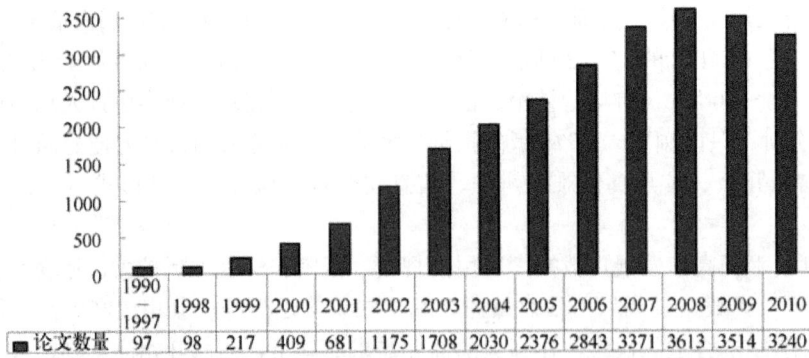

■	1990 ～ 1997	1998	1999	2000	2001	2002	2003	2004	2005	2006	2007	2008	2009	2010
论文数量	97	98	217	409	681	1175	1708	2030	2376	2843	3371	3613	3514	3240

图 1-1　国内学术期刊网中检索主题词"数据挖掘"得到的年度论文数

1.2　数据挖掘任务及过程

1.2.1　数据挖掘定义

数据挖掘可以从技术和商业两个层面上来定义。从技术层面上看，数据挖掘就是从大量数据中提取有用信息的过程。从商业层面看，数据挖掘就是一种商业信息处理技术，其主要特点是对大量业务数据进行抽取、转换、分析和建模处理，从中提取辅助商业决策的关键性数据。

数据挖掘与传统数据分析方法（如查询、报表、联机应用分析等）有着本质区别：数据挖掘是在没有明确假设的前提下去挖掘信息和发现知识。数据挖掘所得到的信息具有先前未知、有效和实用三个特征。先前未知的信息是指该信息是事先未曾预料到的，即数据挖掘是要发现那些不能靠直觉或经验而发现的信息或知识，甚至是违背直觉的信息或知识。挖掘出的信息越出乎意料，就可能越有价值。在商业应用中最典型的例子是"尿布和啤酒"的故事——尿布和啤酒之间销售关联的发现。

数据挖掘是一门交叉学科，把人们对数据的应用从低层次的简单查询提升到从数据中挖掘知识，提供决策支持。在市场对人才需求的引导下，汇聚了不同领域的研究者，尤其是数据库技术、人工智能技术、数理统计、可视化技术、并行计算等方面的学者和工程技术人员，投身到数据挖掘这一新兴的研究领域，形成新的技术热点。

1.2.2　数据挖掘对象

从应用领域的角度看，数据挖掘对象主要包括以下几大类型。

（1）关系数据库

关系数据库是建立在关系数据库模型基础上的数据库，借助于集合代数等概念和方法来处理数据库中的数据。关系数据库可以通过数据库查询、获取信息，当数据挖掘应用于关系数据库时，可以进一步搜索趋势或数据模式。关系数据库广泛应用于各行各业，是数据挖掘最常见、最丰富的数据源。

（2）数据仓库（Data Warehouse）

数据仓库是一个从多个数据源收集的信息存储库，存放在一个一致的模式下。数据仓库是一个面向主题的（Subject Oriented）、集成的（Integrated）、相对稳定的（Non-Volatile）、反映历史变化的（Time Variant）数据集合，用于支持管理决策（Decision Making Support），适合于联机分析处理（On-Line Analysis Processing，OLAP）。银行、电信等行业，数据集中后通常需要保存在数据仓库中。

（3）事务数据库

在事务数据库中，每个记录代表一个事务。通常，一个事务包含唯一的事务标识号和组成该事务的项的列表（如在超市中购买的商品）。超市的销售数据是典型的事务型数据。事务数据库可能有一些与之关联的附加表，如包含关于销售的其他信息：事务的日期、顾客的编号、销售者的编号、连锁分店的编号等。

（4）空间数据库（Spatial Database）

空间数据库是指在关系数据库内部对地理信息进行物理存储。空间数据库中存储的海量数据包括对象的空间拓扑特征、非空间属性特征、对象在时间上的状态变化。常见的空间数据库的数据类型包括地理信息系统、遥感图像数据医学图像数据。空间数据库的特点有：数据量庞大，空间数据模型复杂，属性数据和空间数据联合管理，应用范围广泛。

（5）时态数据库和时间序列数据库（Temporal Database and Time-Series Database）

时态数据库和时间序列数据库都存放与时间有关的数据。时态数据库通常存放与时间相关的属性值，如与时间相关的职务、工资等个人信息及个人简历信息等。时间序列数据库存放随时间变化的值序列，如零售行业的产品销售数据、股票数据、气象观测数据等。时态数据库和时间序列数据库的数据挖掘研究事物发生、发展的过程，有助于揭示事物发展的本质规律，可以发现数据对象的演变特征或对象变化趋势。

（6）流数据（Stream Data）

与传统数据库中的静态数据不同，流数据是连续的、有序的、变化的、快速的、大量的输入数据，主要应用场合包括网络监控、网页点击流、股票市场、流媒体等。与传统数据库相比，流数据在存储、查询、访问、实时性的要求等方面都有很大区别。流数据具有以下特点：数据实时到达；数据到达次序独立，不受应用系统控制；数据规模宏大且不能预知其最大值；数据一经处理，除非特意保存，否则不能被再次取出处理，或者再次提取数据的代价昂贵。

（7）多媒体数据库（Multimedia Database）

多媒体数据库是数据库技术与多媒体技术相结合的产物。多媒体数据库不是对现有的数据进行界面上的包装，而是从多媒体数据和信息本身的特性出发。多媒体数据库用计算机管理庞大复杂的多媒体数据，主要包括图形（graphics）、图像（image）、音频（audio）、视频（video）等，现代数据库技术一般将这些多媒体数据以二进制大对象的形式进行存储。多媒体数据库的数据挖掘需要将存储和检索技术相结合，处理方式不同于数值、文本数据的处理。目前，对多媒体数据的挖掘包括构造多媒体数据立方体、多媒体数据的特征提取和基于相似性的模式匹配等。

（8）文本数据库（Text Database）

文本数据库是一种常用的数据库之一，也是最简单的数据库。任何文件都可以存入文本数据库。文本数据库存储的是对对象的文字性描述。文本数据类型包括：无结构类型（大部分的文本资料和网页）、半结构类型（XML 数据）、结构类型（图书馆数据）——对应于通常的关系型数据库。文本数据的处理广泛应用于办公资料的处理，如法院、检察院的案件资料的处理。文本数据库存在以下缺点：一是并发访问麻烦，无法实现多个程序同时修改数据库里面的不同记录；二是查询、修改、删除非常麻烦，只能顺序查找，修改、删除需要更新整个文件。文本数据库的优点显而易见：程序简单，数据库管理方便。

（9）万维网数据

万维网（Word Wide Web，WWW）被看成是最大的文本数据库。随着 Internet 的广泛使用，万维网这一巨大的海洋中蕴藏着极其丰富的有用信息。面向万维网的数据挖掘比面向数据库和数据仓库的数据挖掘要复杂得多，这是由互联网上异构数据源环境、数据结构的复杂性、动态变化的应用环境等特性决定的。

1.2.3 数据挖掘任务

通常，数据挖掘任务可以分为预测型任务和描述型任务。预测型任务就是根据其他属性的值预测特定属性的值，如回归、分类、离群点检测。描述型任务就是寻找概括数据中潜在联系的模式，如聚类分析、关联分析、演化分析、序列模式挖掘。

（1）分类（Classification）分析

分类分析就是通过分析示例数据库中的数据，为每个类别做出准确的描述，或建立分析模型，或挖掘出分类规则，然后用这个分类模型或规则对数据库中的其他记录进行分类。分类分析已广泛应用于用户行为分析（受众分析）、风险分析、生物科学等领域。

（2）聚类（Clustering）分析

"物以类聚，人以群分"。聚类分析技术试图找出数据集中数据的共性和差异，并将具有共性的对象聚合在相应的簇中。聚类分析可以帮助判断哪些组合更有意义，聚类分析已广泛应用于客户细分、定向营销、信息检索等领域。

聚类与分类是容易混淆的两个概念。聚类是一种无指导的观察式学习，没有预先定义的类。而分类问题是有指导的示例式学习，预先定义类。分类是训练样本包含有分类属性值，而聚类则是在训练样本中找到这些分类属性值。其主要区别如表1-1所示。

表1-1　聚类与分类的主要区别

	聚　类	分　类
监督（指导）与否	无指导学习（没有预先定义的类）	有指导学习（有预先定义的类）
是否建立模型或训练集	否，自在发现实体属性间的函数关系	是，具有预测功能

这里举一个例子，通过扑克牌的划分与垃圾邮件的识别之间的差异来说明聚类与分类之间的差异。扑克牌的划分属于聚类问题，没有预先定义的类标号信息，基于不同的相似性度量对扑克牌进行分组。在不同的扑克游戏中采用不同的划分方式，图1-2为十六张牌基于不同相似性度量（花色、点数或颜色）的划分结果。而垃圾邮件的识别属于分类问题，所有训练用邮件预先被定义好类标号信息，即训练集中的每封邮件预先被标记为垃圾邮件或合法邮件信息，同时为了能够对未来未知邮件进行分类，需要利用已有的训练邮件建立预测模型，然后利用预测模型来对未来未知邮件进行预测。

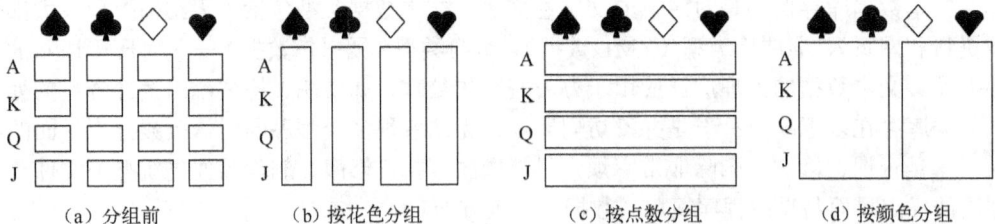

图1-2　十六张牌基于不同相似性度量的划分结果

（3）回归（Regression）分析

回归分析是确定两种或两种以上变量间相互依赖的定量关系的一种分析方法，常应用于风险分析、作文自动评分等领域。

（4）关联（Association）分析

关联分析是发现特征之间的相互依赖关系，通常是在给定的数据集中发现频繁出现的模式知识（又称为关联规则）。关联分析广泛用于市场营销、事务分析等领域。

（5）离群点（Outlier）检测

离群点检测就是发现与众不同的数据，已广泛应用于（商业、金融、保险等领域）欺诈行为的检测、网络入侵检测、反洗钱、犯罪嫌疑人调查、海关、税务稽查等领域。

（6）演化（Evolving）分析

演化分析就是对随时间变化的数据对象的变化规律和趋势进行建模描述。演化分析常应用于商品销售的周期（季节）性变化描述、股票行情描述。

（7）序列模式（Sequential Pattern）挖掘

序列模式挖掘是指分析数据间的前后序列关系，包括相似模式发现、周期模式发现等，应用于客户购买行为模式预测、Web 访问模式预测、疾病诊断、网络入侵检测等领域。

1.2.4 数据挖掘过程

数据挖掘与知识发现紧密相连，在认识数据挖掘过程前，先了解知识发现的概念。知识发现（Knowledge Discovery in Database，KDD）是从数据中发现有用知识的整个过程，这个过程定义为：从数据中鉴别出有效模式的非平凡过程，该模式是新的、可能有用的和最终可理解的。知识发现是一个反复的过程，从技术的角度看，知识发现的基本过程如图 1-3 所示，数据挖掘是知识发现过程中的一个重要环节，初学者往往把两者混淆使用或等同起来。知识发现的主要步骤描述如下。

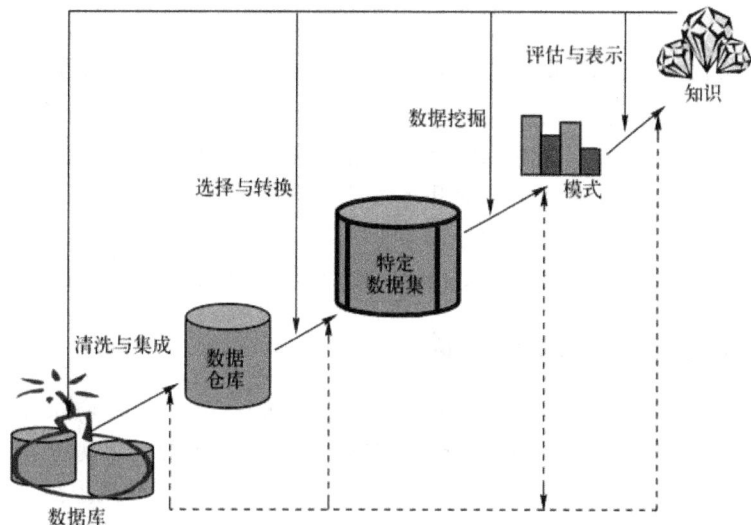

图 1-3 知识发现的基本过程

<1> 数据清洗（data cleaning），其作用是清除数据噪声和与挖掘主题明显无关的数据。

<2> 数据集成（data integration），其作用是将来自多个数据源中的相关数据组合到一起。

<3> 数据选择（data selection），其作用是根据数据挖掘的目标选取待处理的数据。

<4> 数据转换（data transformation），其作用是将数据转换为易于进行数据挖掘的数据存储形式。

<5> 数据挖掘（data mining），其作用是利用智能方法挖掘数据模式或规律知识。

<6> 模式评估（pattern evaluation），其作用是根据一定评估标准，从挖掘结果中筛选出有意义的相关知识。

<7> 知识表示（knowledge representation），其作用是利用可视化和知识表达技术，向用户展示所挖掘的相关知识。

从商业应用的角度可以把整个数据挖掘过程描述为三个步骤：首先是数据收集，然后利用数据挖掘相关方法提取出有用的知识，最后以提取出来的知识来辅助相应决策者进行决策。数据挖掘过程如图 1-4 所示。

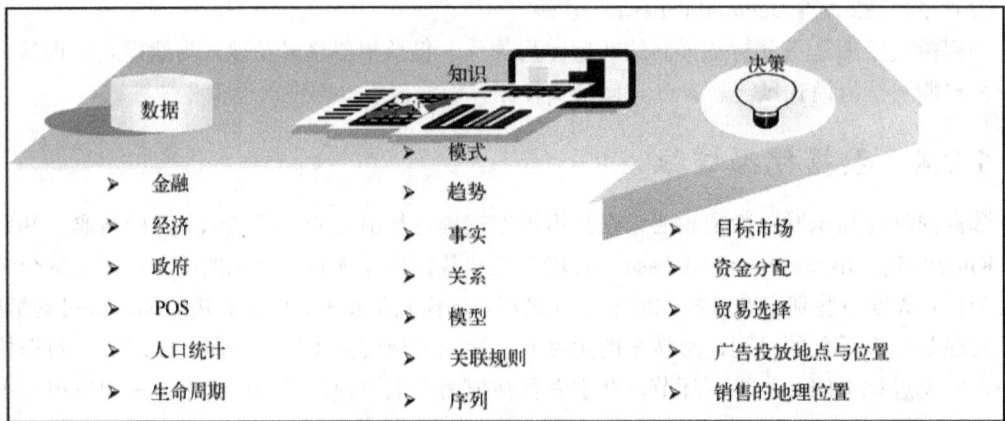

图 1-4　数据挖掘过程

数据收集和预处理：数据收集看似容易且不引人注意，却是数据挖掘的基础。知识是从海量数据里提取出来的，要挖掘知识必须收集一定量的数据。收集到的原始数据通常会存在缺失值、错误值、不一致值等问题，不能直接用作知识提取的数据源，需要进行数据预处理。

知识提取：基于预处理后的数据，使用各种数据挖掘方法（如分类、聚类、关联分析等）进行知识提取，这是数据挖掘的核心部分。

知识辅助决策：将提取出来的知识提供给决策者，以辅助制定相应决策。

1.2.5　数据挖掘常用软件简介

比较著名的商用数据挖掘软件有 SPSS Clementine、SAS Enterprise Miner、IBM Intelligent Miner、SQL Server 2005 Data Mining、Oracle DM 等，它们都能提供常规的挖掘过程和挖掘模式。MATLAB、Excel（XLMiner）等提供了数据挖掘模块。开源数据挖掘工具有 WEKA、RapidMiner（YALE）、ARMiner 和 AlphaMiner 等。

（1）商用软件

① SPSS Clementine

Clementine 是 ISL（Integral Solutions Limited）公司开发的数据挖掘工具平台。1999 年，

SPSS 公司收购了 ISL 公司，对 Clementine 产品进行重新整合和开发。2009 年 10 月，IBM 收购了 SPSS 公司。作为一个数据挖掘平台，Clementine 结合商业技术可以快速建立模型，进而应用到商业活动中，帮助人们改进决策制定过程。强大的数据挖掘功能和显著的投资回报率使得 Clementine 在业界久负盛誉。Clementine 拥有功能强大的数据挖掘算法，将数据挖掘贯穿业务流程的始终，在缩短投资回报周期的同时极大提高了投资回报率。来自 KDnuggets（http://www.kdnuggets.com/polls/）的调查报告显示：Clementine 在 2000 至 2009 年间有 9 年摘得数据挖掘产品用户数排行榜桂冠。

② SAS/Enterprise Miner

SAS/Enterprise Miner 是数据挖掘产品市场上一个强劲的竞争者，支持 SAS 统计模块，通过大量数据挖掘算法增强了那些模块。SAS 使用它自身的 SEMMA 方法来提供一个能支持包括关联、聚类、决策树、神经网络和统计回归在内的数据挖掘工具。SAS Enterprise Miner 既方便被初学者使用（可视化操作），也能为有编程经验的用户使用（高效的编程）。它的 GUI 界面是由数据流驱动的，且易于理解和使用，允许分析者使用链接连接数据结点和处理结点的可视数据流图来构造一个模型，并且允许把处理结点直接插入到数据流中。由于支持多种模型，Enterprise Miner 允许用户比较（评估）不同模型并利用评估结点选择最适合的。另外，Enterprise Miner 提供了一个能产生被任何 SAS 应用程序所访问的评分模型的评分结点。

③ IBM Intelligent Miner

Intelligent Miner 采用常用的统计方法和挖掘算法，且能处理结构化数据（如数据库表，数据库视图，平面文件）、半结构化和非结构化数据（如顾客信件、在线服务、传真、电子邮件、网页等数据类型）。Intelligent Miner 通过其专有的技术，如自动生成典型数据集、发现关联、发现序列规律、概念性分类和可视化呈现，可以自动实现数据选择、数据转换、数据挖掘和结果呈现这一整套数据挖掘操作。若有需要，对结果数据集还可以重复这一过程，直到得到满意结果为止。Intelligent Miner 采取客户-服务器（C/S）架构，提供了 C++的 API 编程接口。

④ Microsoft SQL Server 2008 Data Mining

Microsoft SQL Server 2008 Data Mining 属于商务智能技术，可帮助用户构建复杂的分析模型，并使其与业务操作相集成。SQL Server 2008 分析服务中构建了新的数据挖掘平台——一个易于使用、扩展、方便访问、非常灵活的平台。对于以前从未考虑过采用数据挖掘的组织机构，这无疑是个非常容易接受的解决方案。

⑤ XLMiner

XLMiner 是将数据挖掘置于 Excel 中，操作界面较为容易。在功能上，XLMiner 包含了众多统计和机器学习的方法，可以帮助使用者更加快速地进行资料的分类、预测、数据挖掘探索与简化等方面的工作。

⑥ MATLAB

MATLAB 和 Mathematica、Maple 并称为三大数学软件，在科技应用软件中的数值计算方面首屈一指。MATLAB 可以进行矩阵运算、绘制函数和数据、实现算法、创建用户界面、与其他编程语言的连接等。MATLAB 主要应用于工程计算、控制设计、信号处理与通信、图像处理、信号检测、金融建模设计与分析等领域。MATLAB 提供了许多数据挖掘模块。

（2）开源软件

① WEKA

WEKA（Waikato Environment for Knowledge Analysis，怀卡托智能分析环境）是基于 Java

环境下的开源机器学习和数据挖掘软件，可在其官方网站上进行下载。该软件的缩写 WEKA 也是新西兰独有的一种鸟名，而 WEKA 的主要开发者恰好来自新西兰的 Waikato 大学。WEKA作为数据挖掘平台，集合了大量能承担数据挖掘任务的机器学习算法，包括对数据进行预处理、分类、回归、聚类、关联规则以及在新的交互式界面上的可视化。开发者可使用 Java 语言，在WEKA 的架构下开发出更多的数据挖掘算法。WEKA 适合学习研究用，但不适合商用。AlphaMiner（http://bi.hitsz.edu.cn/AlphaMiner/index.htm）是基于 WEKA 内核开发的处理能力更强的商用软件。

② RapidMiner

RapidMiner（前身是 YALE）是基于 WEKA 构建的一款开源数据挖掘软件，不仅提供了一个 GUI 的数据处理和分析环境，还提供了 Java API，以便将它的能力嵌入到其他应用程序。其数据挖掘任务涉及范围广泛，能简化数据挖掘过程的设计和评价。

③ ARMiner

ARMiner 是一个专注于关联规则挖掘的 C/S 的结构应用程序，是用 Java 语言编写的。

1.3 数据挖掘应用

数据挖掘技术从一开始就是面向应用的。数据挖掘技术应用很广，有大量数据的地方就有数据挖掘的用武之地。目前，应用较好的领域或行业有金融保险业、电信、市场营销分析、医学、体育及生物信息学等领域。下面主要介绍数据挖掘在商业领域和计算机领域方面的应用。

1.3.1 数据挖掘在商业领域中的应用

在商业领域中，典型的应用是商业智能。所谓商业智能（Business Intelligence，BI），是指能够帮助企业确定客户的特点，从而使企业能够为客户提供有针对性的服务，并对自身业务经营做出正确明智决定的工具。商业智能是目前企业界和软件开发行业广泛关注的一个研究方向。IBM 建立了专门从事 BI 方案设计的研究中心，ORACLE、Microsoft 等公司纷纷推出了支持 BI 开发和应用的软件系统。商业智能技术的核心是数据挖掘，所能解决的典型商业问题包括：数据库营销（Database Marketing）、客户群体划分（Customer Segmentation & Classification）、客户背景分析（Profile Analysis）、交叉销售（Cross-selling）、客户流失分析（Churn Analysis）、客户信用记分（Credit Scoring）、欺诈检测（Fraud Detection）等。其主要可分为以下几方面。

（1）电子商务

通过智能化的交易平台，电子商务实现企业与顾客双向互动。顾客通过网站了解企业提供的服务，企业通过网站了解用户的喜好和行为模式，从而改进网站的结构，为顾客提供更有针对性的营销手段和服务。在电子商务领域，数据挖掘主要应用于以下几方面：客户关系管理（客户细分、获取与保持）、个性化服务、交叉营销、资源优化。有效的聚类技术和协同过滤的方法有助于识别客户组，将新客户关联到合适的客户组，以推动目标市场。例如，利用聚类技术，根据客户的个人特征和消费数据，可以将客户群体进行细分，然后针对不同的客户群实施不同的营销和服务方式，从而提高客户的满意度；利用分类技术，可以根据顾客的消费水平和基本特征对顾客进行分类，找出对商家有较大利益贡献的重要客户的特征，通过对其提供个性化服务，从而提高他们的忠诚度。

（2）风险分析

客户信用风险分析和欺诈行为预测对企业的财务安全非常重要，利用数据挖掘中的关联分析、离群点检测技术对企业经营管理数据进行分析，如何预测可能将发生的风险？判定哪些因素会导致风险？这些风险主要来自何处？通过准确、及时地对各种信用风险进行监视、评价、预警和管理，评价这些风险的严重性、发生的可能性及控制这些风险的成本，进而采取有效的规避和监督措施，在信用风险发生之前对其进行预警和控制，趋利避害，防范信用风险。

（3）市场分析和管理

数据挖掘技术可以用于市场营销，其基本假定是"消费者过去的行为是其今后消费倾向的最好说明"，通过收集、加工和处理，能够反映消费者消费行为的大量信息，来确定特定消费群体或个体的兴趣、消费习惯、消费倾向和消费需求，进而推断出相应消费群体或个体下一步的消费行为，然后以此为基础，对识别出的消费群体进行特定内容的定向营销。这与传统的不区分消费对象特征的大规模营销手段相比，大大节省了营销成本，提高了营销效果，从而为企业带来更多的利润。商业消费信息来自市场中的各种渠道。例如，当客户使用信用卡消费时，商业企业就可以在信用卡结算过程中收集商业消费信息，记录下客户消费的时间、地点、感兴趣的商品或服务、愿意接收的价格水平和支付能力等数据；当客户在申办信用卡、办理驾驶执照、填写商品保修单等其他需要填写表格的场合时，客户的个人信息就存入了相应的业务数据库。企业除了自行收集相关业务信息之外，还可以从其他公司或机构购买此类信息为己所用。

这些来自各种渠道的数据信息通过融合，商家可以挖掘出能够用于向特定消费群体或个体进行定向营销的决策信息。在市场经济比较发达的国家和地区，许多公司都开始在原有信息系统的基础上通过数据挖掘对业务信息进行深度加工，以构筑自己的竞争优势，扩大自己的市场份额。基于数据挖掘的营销对我国当前的市场竞争具有启发意义，我们经常看到繁华商业街上一些厂商对来往行人不分对象地散发大量商品宣传广告，其结果是不需要的人随手丢弃资料，而需要的人并不一定能够轻松得到。如果家电维修服务公司向在商店中刚刚购买家电的消费者邮寄维修服务广告，药品厂商向医院特定门诊就医的病人邮寄广告，那么其营销效果肯定会比漫无目的的营销效果要好很多。

（4）企业危机管理

危机管理是管理领域新出现的研究热点，是以市场竞争中危机的出现为研究起点，分析企业危机产生的原因和过程，研究企业预防危机、应付危机、解决危机的手段和策略，以增强企业的免疫力、应变力和竞争力，使管理者能够及时、准确地获取所需要的信息，迅速捕捉到企业可能发生危机的一切可能事件和先兆，进而采取有效的规避措施。在危机发生之前对其进行控制，趋利避害，从而使企业能够适应迅速变化的市场环境，保持长久的竞争优势。但是由于危机产生的原因复杂，种类繁多，许多因素难以量化，很多因素由于没有历史数据和相应的统计资料，很难进行科学的计算和评估。数据挖掘技术在危机识别、分析和控制等方面都可以发挥作用。

利用 Web 挖掘收集、整理和分析外部环境信息（包括政策、市场、竞争对手、供求信息等与企业发展有关的信息），利用数据挖掘技术分析企业经营状况（包括企业资金流，生产、供销物资流，客户关系等有关信息），获得企业危机的先兆信息，当出现对企业的生存、发展构成严重威胁的信息时，能及时预警，以便企业采取有效措施规避危机，为管理者及时做出正确决策、调整经营战略提供支持。当危机发生时，利用 Web 挖掘技术、各种搜索引擎工具、E-mail 自动处理工具等，可以快速地获取危机管理所需要的各种信息，以便向客户、社区、新闻界发布有关的危机处理信息，并在各种媒体尤其是单位或部门的网站上公布详细风险防御和危机管理计划，使相关人员能够及时获取危机处理信息及危机最新的进展情况。

（5）欺诈行为检测和异常模式的发现

利用历史数据建立欺骗行为模型，并使用数据挖掘帮助识别类似例子，基于异常分析、分类模型的方法可广泛应用于保险、零售业、信用卡服务、电信等行业。例如：

- 汽车保险——检测出那些故意制造车祸而索取保险金的人。
- 医疗保险——检测出潜在的病人。
- 洗钱——发现可疑的货币交易行为。
- 银行信用卡和保险行业——识别信用卡、保险欺诈者。
- 股市——股票交易过程中不良操作、违规交易、异常交易的发现。
- 电信——电话呼叫欺骗行为检测。

1.3.2　数据挖掘在计算机领域中的应用

（1）信息安全：入侵检测、垃圾邮件的过滤

随着网络上需要进行存储和处理的敏感信息的日益增多，安全问题逐渐成为网络和系统中的首要问题。现代信息安全的内涵已经不局限于信息的保护，而是对整个信息系统的保护和防御，包括对信息的保护、检测、反应和恢复能力等。

传统的信息安全系统概括性差，只能发现模式规定的、已知的入侵行为，难以发现新的入侵行为。人们希望能够对审计数据进行自动的、更高抽象层次的分析，从中提取出具有代表性、概括性的系统特征模式，以便减轻人们的工作量，且能自动发现新的入侵行为。利用数据挖掘、机器学习等智能方法作为入侵检测的数据分析技术，可从海量的安全事件数据中提取出尽可能多的潜在威胁信息，抽象出有利于进行判断和比较的与安全相关的普遍特征，从而发现未知的入侵行为。数据挖掘技术也可以分析比较垃圾邮件与正常邮件的异同，建立垃圾邮件过滤模型，过滤无聊电子邮件和商业广告等方面的垃圾邮件。

（2）互联网信息挖掘

互联网信息挖掘是数据挖掘技术在网络信息处理中的应用，是指利用数据挖掘技术从与Web相关的资源和行为中抽取感兴趣的、有用的模式和隐含信息，涉及Web技术、数据挖掘、计算机语言学、信息学等领域，是一项综合技术。

互联网信息挖掘或Web数据挖掘包括Web结构挖掘、Web使用挖掘、Web内容挖掘。

① Web结构挖掘：挖掘Web上的链接结构，即对Web文档的结构进行挖掘。对于给定的Web文档集合，应该能够通过算法发现它们之间的连接情况。文档之间的超链接反映了文档之间的包含、引用或者从属关系。引用文档对被引用文档的说明往往更客观、更概括、更准确。通过Web页面间的链接信息，可以识别出权威页面、安全隐患（非法链接）等。

② Web使用挖掘：指通过对用户访问行为或Web日志的分析，获得用户的访问模式，建立用户兴趣模型。Web上的Log（日志）记录了包括URL请求、IP地址和时间等用户访问信息。用户在网上冲浪时，会留下大量的网络访问行为信息，通过将数据挖掘算法应用于网络访问日志，对用户的点击以及浏览行为进行分析，深层次挖掘用户兴趣爱好，建立用户兴趣模型，以便为用户提供个性化服务，如智能搜索、个性化商品推荐等。分析和发现Log（日志）中蕴藏的规律，可以识别潜在的客户、跟踪Web服务的质量、侦探用户非法访问行为等。

③ Web内容挖掘：指对Web页面内容及后台交易数据库进行挖掘，从Web文档内容及其

描述中的内容信息中获取有用知识的过程。Web 内容丰富（包含文本、声音、图片等信息），且构成成分复杂（无结构的、半结构的）。Web 内容挖掘与文本挖掘（Text Mining）和 Web 搜索引擎（Search Engine）等领域密切相关，包括文档自动摘要、文本聚类、文本分类等。

（3）自动问答系统

自动问答系统（automatic Question Answering，Q/A）采用自然语言处理技术，一方面完成对用户疑问的理解，另一方面完成正确答案的生成。该研究涉及计算语言学、信息科学和人工智能，是计算机应用研究的热点之一，其核心是自然语言理解技术。目前，虽然离自然语言完全机器理解尚有很长的距离，但对于一些特定领域，采用一些针对性的方法，已经开发出许多成功的应用。例如，北京理工大学自然语言处理实验室成功完成了银行领域的业务咨询问答系统。百度知道、维基百科（Wikipedia）等利用群体智慧来部分实现自动问答的功能。

目前，自动问答系统的研究方兴未艾，许多科研院所和著名公司都积极参与到该领域的研究中来，如 Microsoft、IBM、麻省理工、阿姆斯特丹大学、新加坡国立大学、苏黎世大学、南加州大学、哥伦比亚大学等；国内在自动问答系统方面的研究相对国外较为不足，主要研究单位有中科院计算所、复旦大学、哈尔滨工业大学、北京理工大学、沈阳航空工业学院、香港城市大学、台湾中研院等。

在 2011 年 2 月 14 日至 16 日举行的有史以来首次广义性人机智力大赛中，IBM 超级计算机"沃森"（Watson）击败美国颇受欢迎的智力竞赛节目 Jeopardy 中的两位最成功的参赛者肯·詹宁斯（Ken Jennings）和布拉德·鲁特（Brad Rutter）。这一事件充分说明，自动问答系统所需技术已经取得了长足的进步。

（4）网络游戏：网络游戏外挂检测、免费用户到付费用户的转化

在网络游戏中，游戏外挂是对游戏运营商最严重的危害之一。所谓网络游戏的外挂，是指玩家利用游戏本身玩法的漏洞或通过作弊程序改变网络游戏软件。外挂会修改、破坏游戏数据，严重的甚至可以造成游戏数据丢失，游戏速度缓慢。外挂为玩家谋取利益、使得游戏运营商遭受损失。利用数据挖掘技术分析玩家的特征，发现游戏的漏洞，可以使游戏本身有自动检测外挂的功能，减少游戏运营商遭受损失。

在网络游戏试玩初期，游戏运营商为了测试和完善网络游戏并快速扩大玩家群，通常会推出游戏免费试玩期。因此，在网络游戏正式运营前就会存在大量的注册用户，这些注册用户会在网络游戏运行后存在很长一段时间。如何把这些注册用户转化成付费客户，真正为游戏运营商带来收益呢？数据挖掘技术的应用使网络游戏运营商能够对注册用户采取差别化营销，对正确的注册用户采用合适的营销手段，从而提高市场营销活动效果，使企业利润最大化。

1.3.3　其他领域中的应用

① 生物信息或基因数据挖掘：大规模的生物信息给数据挖掘提出了新的挑战，需要新的思想的加入。由于生物系统的复杂性及缺乏在分子层上建立的完备的生命组织理论，虽然常规方法仍可以应用于生物数据分析中，但越来越不适用于序列分析问题。机器学习的目的是期望采用如推理、模型拟合及从样本中学习的方法，从数据中自动获得相应的理论。机器学习使得利用计算机从海量生物信息中提取有用知识，发现知识成为可能。

② 情报分析挖掘：目前，数据挖掘技术应用于情报学已经成为学科的热点之一。在经济、军事情报分析挖掘研究中，有许多亟待解决的问题。尤其在实际推广应用中，如数据的复杂化需要更多的领域知识，巨大的数据库对算法的效率提出更高的要求。数据挖掘过程中，人机交

互功能以及对内部数据瑲个人数据的安全保护等都需要强化。

③ 体育竞赛:美国 NBA 的 30 个球队中有 25 个球队使用了 IBM 的数据挖掘工具 Advanced Scout，通过分析每个对手的数据（盖帽、助攻、犯规等数据）来获得比赛时的对抗优势。

④ 天文学：JPL 实验室和 Palomar 天文台就曾经在数据挖掘工关的帮助下发现了 22 颗新的恒星。

⑤ 过程控制/质量监督保证：自动发现那些不正常的数据分布，暴露制造和装配操作过程中变化情况和各种因素。

⑥ 化学及制药行业：从各种文献资料中自动抽取有关化学反应的信息，发现新的有用化学成分。

虽然数据挖掘具有广泛应用，但它绝不是无所不能：首先，数据挖掘仅仅是一个工具，而不是有魔力的权杖；其次，数据挖掘得到的预测模型可以告诉你会如何（what will happen），但不能说明为什么会（why）。

1.4 数据挖掘技术的前景、研究热点

1.4.1 数据挖掘技术的价值和前景

数据挖掘是一门新兴的、正在不断发展中的学科。自数据挖掘诞生以来，经历了二十多年的发展，其应用越来越广泛。以下几个事件足以说明数据挖掘技术的价值和前景。

2000 年，Gartner Group 的一次高级技术调查将数据挖掘和人工智能列为"未来三到五年内将对工业产生深远影响的五大关键技术"之首，并将并行处理体系和数据挖掘列为未来五年内投资焦点的十大新兴技术前两位。目前，在对产业界具有深远影响的大型 IT 公司里，数据挖掘技术发挥着重要作用，如微软、谷歌、雅虎、百度、腾讯等。

2005 年，微软将"互联网搜索、数据挖掘与语音技术"确定为亚洲研究院的三大重点研发领域。

美国 2008 年评选的 12 个最有前途的职业中，数据挖掘师排名第 4。

包括 IBM 在内的世界主要数据库厂商，纷纷在数据挖掘领域加大投入，把数据挖掘功能集成到其产品中，以提高产品的竞争力。2009 年 10 月 2 日，IBM 成功收购了 SPSS Inc.。微软也在其 SQL Server 2005、Excel 2007 中嵌入了数据挖掘功能。

据国外专家预测，在今后的 5~10 年内，随着数据量的日益积累以及计算机的广泛应用，数据挖掘将在中国形成一个重要产业。

1.4.2 数据挖掘的研究热点

目前，数据挖掘在数据流、互联网信息、生物信息等领域的研究已成为人们关注的焦点。

（1）数据流挖掘（streaming data mining）

通信领域中的电话记录数据流、Web 上的用户点击数据流、网络监测中的数据包流、各类传感器网络中的检测数据流、金融领域的证券数据流、卫星传回的图像数据流以及零售业务中的交易数据流等，形成了一种与传统数据库中静态数据不同的数据形态。这些数据流产生的数据量在多个应用领域中快速增长，小型无线传感设备的广泛使用将进一步使数据流体积的增长速度提高几个数量级。而产生数据流的应用通常要求在线实时处理。如何及时、有效地处理数

据流，从中挖掘出有用的知识，将对多个应用领域产生重大意义。

Henzinger 等人于 1998 年在论文"Computing on DataStream"中首次提出将数据流作为一种数据处理模型。从 2000 年开始，数据流作为一个热点研究方向出现在数据挖掘与数据库领域的几大顶级会议中，如 VLDB、SIGMOD、SIGKDD、ICDE、ICDM 等会议每年都有多篇有关数据流处理的文章。目前，数据流研究大致可分为两方面：数据流管理系统（Data Stream Management Systems，DSMS）和流数据挖掘。

数据流实时、连续、有序、快速到达的特点以及在线分析的应用需求，对流数据挖掘算法提出了诸多挑战，其中最主要的挑战是如何使用小的存储空间和少的运行时间来快速地进行必要的处理，传统的处理方法难以满足这种要求。数据流对挖掘算法的基本要求如下：① 单次线性扫描；② 低时间复杂度；③ 低空间复杂度；④ 能在理论上保证计算结果具有良好的近似程度；⑤ 能适应动态变化的数据与流速；⑥ 能有效处理噪音与空值；⑦ 能响应用户在线提出的任意时间段内的挖掘请求；⑧ 能进行即时回答；⑨ 建立的概要数据结构具有通用性。

（2）文本挖掘（Text Mining）

文本挖掘是近年来数据挖掘领域的一个新兴分支，对文本信息的挖掘主要是发现某些文字出现的规律以及文字与语义、语法间的联系。文本挖掘通常用于自然语言的处理，如机器翻译、信息检索、信息过滤等。文本挖掘通常采用信息提取、文本分类、文本聚类、自动文摘和文本可视化等技术，从非结构化文本数据中发现知识。国外对于文本挖掘的研究开展较早，20 世纪 50 年代末就开始了此领域的研究。目前，国外的文本挖掘研究已经从实验性阶段进入到实用化阶段，著名的文本挖掘工具有 IBM 的文本智能挖掘机、Autonomy 公司的 Concept Agents、TelTech 公司的 TelTech 等。然而，国内正式引入文本挖掘的概念并开展针对中文的文本挖掘研究从近年才开始，国内研究的瓶颈在于文本挖掘处理的对象是汉语文本，在进行文本挖掘方法时必须适应汉语重"意合"的特点，结合文本上下文来获取文本的完整"语义"。

（3）Web 挖掘（Web Mining）

随着 Internet 的广泛使用，Web 这一巨大的海洋中蕴藏着极其丰富的有用信息。作为从浩瀚的 Web 信息资源中发现潜在的、有价值知识的一种有效技术，Web 挖掘正悄然兴起，备受关注。通常将 Web 挖掘定义为：从 Web 文档、Web 活动中抽取感兴趣的、潜在的有用模式或隐藏信息。简单来讲，Web 挖掘就是透过数据挖掘技术来分析与网站有关的资料，如网站浏览记录、网站内容、网站链接结构等。目前，Web 挖掘已经广泛应用于搜索引擎、网站设计和电子商务等领域。

（4）生物信息数据挖掘（Bioinformatics Data Mining）

人类基因组计划的启动和实施使得核酸、蛋白质数据迅速增长，这些海量的数据需要被合理存储、组织和索引，信息科学被引入到这一领域从而形成了"生物信息学"。生物信息学是生命科学与数学、计算机科学和信息科学等融合所形成的一门交叉学科，应用先进的数据管理技术、数学分析模型和计算机软件，对各种生物信息进行提取、存储、处理和分析，旨在掌握复杂生命现象的形成模式与演化规律。显然，数据挖掘在生物信息中具有重要的作用，生物信息数据挖掘通过数据挖掘技术和方法来发现对分子生物学有价值的知识。数据挖掘与生物信息学有很好的结合点，其在生物信息学领域的应用潜力日益受到人们的重视。数据挖掘实施的基础是对数据本质的认识，而我们对生物数据本身特性的认识还远远不够，如基因芯片数据质量、基因表达的正常波动规律等。这给数据挖掘的应用、评估以及深化带来了一定的困难。

现阶段，数据挖掘对生物信息分析的支持主要有以下几点：① 异质、分布式生物数据的语义综合，数据清理，数据集成；② 开发生物信息数据挖掘工具；③ 序列的相似性查找和比较；④ 聚类分析；⑤ 关联分析，识别基因的共发生性；⑥ 生物文献挖掘；⑦ 开发可视化工具。生物信息学迫切需要数据挖掘的支持，但现阶段生物信息数据挖掘的研究与应用远远不能满足人们的要求。

1.4.3 数据挖掘的未来发展

经过二十余年的研究和实践，数据挖掘技术已经吸收了许多学科的最新研究成果而逐渐形成了一个独具特色的研究分支。但数据挖掘理论仍然不成熟，没有完善的理论体系，数据挖掘的研究和应用还面临很多挑战。像其他新技术的发展历程一样，数据挖掘也必须经过概念提出、概念接受、广泛研究和探索、逐步应用和大量应用等阶段。从目前的现状来看，普遍认为数据挖掘的研究仍然处于广泛研究和探索阶段。一方面，数据挖掘的概念已经被广泛接受，在理论上，一批具有挑战性和前瞻性的问题被提出，吸引越来越多的研究者。另一方面，数据挖掘的大面积广泛应用还有待时日，需要工程实践的积累。随着数据挖掘技术在学术界和工业界的影响越来越大，数据挖掘的研究向着更深入和实用技术方向发展。目前，大学、研究机构的基础性研究大多数集中在数据挖掘理论、挖掘算法等探讨上，而企业中的研究人员则更注重将其与实际商业问题相结合。根据目前的研究和应用现状，数据挖掘将在以下几方面重点开展工作。

（1）数据挖掘技术与特定商业逻辑的平滑集成问题

利用领域知识对行业或企业知识挖掘的约束与指导、商业逻辑有机嵌入数据挖掘过程等关键课题，将是数据挖掘与知识发现技术研究和应用的重要方向；使用背景知识或领域的信息来指导发现过程，可以使得发现的模式以简洁的形式在不同的抽象层表示，而数据库的领域知识，如完整性约束和演绎规则，可以帮助聚焦和加快数据挖掘过程，或评估发现的模式的兴趣度。

（2）数据挖掘技术与特定数据存储类型的适应问题

不同的数据存储方式会影响数据挖掘的具体实现机制、目标定位、技术有效性等。指望一种通用的应用模式适合所有的数据存储方式来发现有效知识是不现实的。因此，针对不同数据存储类型的特点，进行针对性研究是目前流行也是将来一段时间所必须面对的问题。

（3）大型数据的选择与预处理问题

数据挖掘技术是面向大规模数据的。通常，源数据库中的数据可能是动态变化的，数据存在噪声、不确定性、信息丢失、信息冗余、数据分布稀疏等问题。数据挖掘技术又是面向特定目标的，大量的数据需要有选择性地利用，因此需要挖掘前的预处理工作。随着复杂数据的大量出现，如何快速、有效地对数据进行预处理，使之适合特定的应用，需要更深入的研究。

（4）数据挖掘系统的构架与交互式挖掘技术

经过多年的探索，数据挖掘系统的基本构架和过程趋于明朗，但是受应用领域、挖掘数据类型、知识表达模式等的影响，在具体的实现机制、技术路线以及各阶段或部件（如数据清洗、知识形成、模式评估等）的功能定位等方面仍需细化和深入研究。由于数据挖掘是在大量的源数据集中发现潜在的、事先并不知道的知识，因此与用户交互式进行探索性挖掘是必要的。这种交互可能发生在数据挖掘的各阶段，从不同角度或不同粒度进行交互。所以，良好的交互式挖掘（Interaction Mining）也是数据挖掘系统成功的前提。

（5）数据挖掘语言与系统的可视化问题

对 OLTP 应用来说，结构化查询语言 SQL 已经得到充分发展，并成为支持数据库应用的重要基石。但是对于数据挖掘技术而言，由于诞生的较晚，而且比 OLTP 应用复杂，因此开发相应的数据挖掘操作语言仍然是一件极富挑战性的工作。可视化要求已经成为目前信息处理系统中的一个必不可少的技术。对于一个数据挖掘系统来说，可视化是很重要的。可视化挖掘除了要与良好的交互式技术相结合外，还必须在挖掘结果或知识模式的可视化、挖掘过程的可视化以及可视化指导用户挖掘等方面进行探索和实践。数据的可视化降低了人们对知识发现的神秘感，从某种角度来说，起到了推动人们主动进行知识发现的作用。

（6）数据挖掘理论与算法研究

经过十几年的研究和发展，数据挖掘已经在继承和发展相关基础学科（如机器学习、统计学等）成果方面取得了可喜的进步外，也探索出了许多独具特色的理论体系。但是，这并不意味着挖掘理论的探索已经结束，恰恰相反，这给研究者留下了丰富的理论课题。一方面，在这些大的理论框架下，有许多面向实际应用目标的挖掘理论有待进一步的探索和创新。另一方面，随着数据挖掘技术本身和相关技术的发展，新的挖掘理论的诞生是必然的，而且可能对特定的应用产生推动作用。新理论的发展必然促进新的挖掘算法的产生，这些算法可能扩展挖掘的有效性，如针对数据挖掘的某些阶段、某些数据类型、大容量源数据集等更有效，可能提高挖掘的精度或效率，可能会融合特定的应用目标，如客户关系管理（CRM）、电子商务等。因此，对数据挖掘理论和算法的探讨将是长期而艰巨的任务，特别是像定性定量转换、不确定性推理等一些根本性的问题还没有得到很好的解决，同时需要研发针对大容量数据的有效和高效算法。

（7）与数据库数据仓库系统集成

数据挖掘系统设计的一个关键问题是如何将数据挖掘系统与数据库系统和/或数据仓库系统集成或耦合。一个好的系统结构将有利于数据挖掘系统更好地利用软件环境，有效、及时地完成数据挖掘任务，与其他信息系统协同和交换信息，适应用户的种种需求，并随时间进化。

（8）与语言模型系统集成

目前，关系查询语言（如 SQL）允许用户提出特定的数据检索查询，但尚不能简单实现数据挖掘的功能。需要开发高级数据挖掘查询语言，使得用户通过说明分析任务的相关数据集、领域知识、所挖掘的知识类型、被发现的模式必须满足的条件和约束，描述特定的数据挖掘任务。这种语言应当与数据库或数据仓库查询语言集成，并且对有效的、灵活的数据挖掘是优化的。

（9）挖掘各种复杂类型的数据

由于不同的用户可能对不同类型的知识感兴趣，数据挖掘应当涵盖范围很广的数据分析和知识发现任务，包括数据特征化、区分、关联与相关分析、分类、预测、聚类、异常分析和演变分析（包括趋势和相似性分析）。这些任务可能以不同的方式使用相同的数据库，并需要开发大量数据挖掘技术。

（10）支持移动环境

移动互联网正在给信息产业带来一场深刻的变革，移动计算将成为主流计算环境。所谓移动计算，是指利用移动终端通过无线和固定网络与远程服务器交换数据的分布式计算环境。数据挖掘技术已经成为一种能将巨大数据资源转换成有用知识和信息资源，帮助我们进行科学决策的有效工具。数量庞大的移动用户对数据挖掘服务有着潜在的巨大需求，基于移动计算的数据挖掘研究已被提上了研究日程。基于移动计算的数据挖掘有效地解决了对异构数据库和全球信息系统的信息挖掘问题，必将在新一轮的技术竞争中成为持续发展的增长点。

从上面的叙述可以得知，数据挖掘研究和探索的内容是极其丰富和极具挑战性的。

本章小结

本章从实际应用场景引入了数据挖掘主题，对数据挖掘的理论及应用的概貌进行了介绍，从数据挖掘产生的背景、数据挖掘的任务和过程、数据挖掘的应用领域、数据挖掘技术的前景和研究热点等方面展开了讨论。

习 题 1

1.1 数据挖掘处理的对象有哪些？请从实际生活中举出至少三种。

1.2 给出一个例子，说明数据挖掘对商务的成功是至关重要的。该商务需要什么样的数据挖掘功能？它们能够由数据查询处理或简单的统计分析来实现吗？

1.3 假定你是 Big-University 的软件工程师，任务是设计一个数据挖掘系统，分析学校课程数据库。该数据库包括如下信息：每个学生的姓名、地址和状态（如本科生或研究生）、所修课程以及他们的 GPA。描述你要选取的结构，该结构的每个成分的作用是什么？

1.4 假定你作为一个数据挖掘顾问，受雇于一家因特网搜索引擎公司。通过特定的例子说明，数据挖掘可以为公司提供哪些帮助，如何使用聚类、分类、关联规则挖掘和异常检测等技术为企业服务。

1.5 定义下列数据挖掘功能：关联、分类、聚类、演变分析、离群点检测。使用你熟悉的生活中的数据，给出每种数据挖掘功能的例子。

1.6 根据你的观察，描述一个可能的知识类型，需要由数据挖掘方法发现，但本章未列出。它需要一种不同于本章列举的数据挖掘技术吗？

1.7 讨论下列每项活动是否是数据挖掘任务。

（1）根据性别划分公司的顾客。

（2）根据可赢利性划分公司的顾客。

（3）计算公司的总销售额。

（4）按学生的标识号对学生数据库排序。

（5）预测掷一对骰子的结果。

（6）使用历史记录预测某公司未来的股票价格。

（7）监测病人心率的异常变化。

（8）监测地震活动的地震波。

（9）提取声波的频率。

第2章　数据处理基础

随着科学技术及数据库应用技术的飞速发展，人们对数据质量的要求也越来越高，因为低质量的数据会导致低质量的、非理想的甚至错误的挖掘结果。数据的质量主要受噪声数据、缺失数据和不一致数据等方面的影响。

数据预处理的目的是，对原始数据进行预处理，以提高数据质量，提高学习算法的准确性、有效性和可伸缩性，达到简化学习模型和提高算法的泛化能力。常用的数据预处理技术包括：数据清理、数据变换、数据归约、数据离散化及特征（属性）选择等。

2.1　数据

本节主要讨论一些与数据有关的概念，包括数据类型的确定及数据质量的评价等，它们是数据挖掘的基础。

2.1.1　数据及数据类型

数据是数据库存储的基本对象。人们对数据的第一反应就是数字，如 1、100、$125、−26℃等。其实数字只是数据的一种传统的、狭义的理解，是最简单的数据形式。无论是从数学的角度，还是从计算机处理的角度来看，数据的内涵随着时间的推移而扩展。

广义地，可以把数据理解为记录（在不同场合也可以称为数据对象、点、向量、模式、事件、案例、样本、观测或实体等）在介质中的信息，是数据对象及其属性的集合，其表现形式可以是数字、符号、文字、图像或计算机代码等。

对于数据的理解不仅需要了解其表现形式，还需要了解数据的语义，所以数据和数据的语义是不可分割的。例如，67 是一个数据，它可以是一个同学的某门课程的成绩，也可以是某个人的体重，还可以是某个人的身高。数据的语义是指对数据含义的说明，是数据对象（记录）所有属性的集合。而数据集是具有相同属性的数据对象的集合。

属性（也称为特征、维或字段）是指一个对象的某方面性质或特性。一个对象通过若干属性来刻画。

例如，在表 2-1 中，每一列表示一个属性，每一行表示一个对象，而整个样本集则由多个具有相同属性的记录组成。在同一列中，各行的取值不完全相同，这是因为不同数据对象在同一个属性上体现的属性值不一样。

表 2-1　包含电信客户信息的样本数据集

客户编号	客户类别	行业大类	通话级别	通话总费用	…
N22011002518	大客户	采矿业和一般制造业	市话	16352	…
C14004839358	商业客户	批发和零售业	市话＋国内长途（含国内 IP）	27891	…
N22004895555	商业客户	批发和零售业	市话＋国际长途（含国际 IP）	63124	…

客户编号	客户类别	行业大类	通话级别	通话总费用	…
3221026196	大客户	科学教育和文化卫生	市话＋国际长途（含国际IP）	53057	…
D14004737444	大客户	房地产和建筑业	市话＋国际长途（含国际IP）	80827	…
：	：	：	：	：	…

根据属性具有的不同性质，属性可分为4种：标称（Nominal）、序数（Ordinal）、区间（Interval）和比率（Ratio）。

① 标称（Nominal）属性：其属性值只提供足够的信息以区分对象，如颜色、性别、产品编号等；这种属性值没有实际意义，如三个对象可以用甲乙丙来区分，也可以用ABC来区分。

② 序数（Ordinal）属性：其属性值提供足够的信息，以区分对象的序，如成绩等级（优、良、中、及格、不及格）、年级（一年级、二年级、三年级、四年级）、职称（助教、讲师、副教授、教授）、学生（本科生、硕士生、博士生）等。

③ 区间（Interval）属性：其属性值之间的差是有意义的，如日历日期、摄氏温度。

④ 比率（Ratio）属性：其属性值之间的差和比率都是有意义的，如长度、时间和速度等。

属性可以进一步归类为2种。

① 标称和序数属性：统称为分类的（Categorical）或定性的（Qualitative）属性，取值为集合。

② 区间和比率属性：统称为数值的（Numeric）或定量的（Quantitative）属性，取值为区间。注意：定量属性可以是整数值或者连续值。

2.1.2 数据集的类型

数据集可以看做具有相同属性的数据对象的集合。在数据挖掘领域，数据集具有三个重要特性：维度、稀疏性和分辨率。

① 维度（Dimensionality）：指数据集中的对象具有的属性个数总和。根据数据集的维度大小，数据集可以分为高、中、低维数据集。在面对高维数据集时经常会碰到维数灾难（Curse of Dimensionality）的情况。正因为如此，数据预处理的一个重要技术就是维归约（Dimensionality Reduction）。

② 稀疏性（Sparsity）：指在某些数据集中，有意义的数据非常少，对象在大部分属性上的取值为0，非零项不到1%。超市购物记录或事务数据集、文本数据集具有典型的稀疏性。

③ 分辨率（Resolution）：可以在不同的分辨率或粒度下得到数据，而且在不同的分辨率下对象的性质也不同。例如，在肉眼看来，一张光滑的桌面是十分平坦的，在显微镜下观察，则发现其表面十分粗糙。数据的模式依赖于分辨率，分辨率太高、太低，都得不到有效的模式，针对具体应用，需要选择合适的分辨率或粒度。例如，我们分析不同大学网络用户（假定每个人使用不同的IP地址）的行为特性时，如果使用每个具体地址，则难以体现群体的特性，使用部分IP地址（如前三个IP地址段），则容易发现不同群体的行为特性。

随着数据挖掘技术的发展和成熟，数据集的类型呈现出多样化的趋势。为方便起见，我们将数据集分为三类：记录数据、基于图形的数据和有序的数据集。

（1）记录数据

一般的数据挖掘任务都是假定数据集是记录（数据对象）的集合，每个记录都由相等数目的属性构成，见表 2-1。记录之间或属性之间没有明显的联系。记录数据通常存放在平面文件或关系数据库中。根据数据挖掘任务的不同要求，记录数据可以有不同种类的变体。

① 事务数据或购物篮数据

事务数据（Transaction Data）是一种特殊类型的记录数据，其中每个记录涉及一个项的集合。典型的事务数据如超市零售数据，顾客一次购物所购买的商品的集合就构成一个事务，而购买的商品就是项。这种类型的数据也称为购物篮数据（Market Basket Data），因为记录中的每一项都是一位顾客"购物篮"中购买的商品。这些属性可以简化为二元属性，表明顾客购买商品与否，如表 2-2 所示。

表 2-2　事务数据事例

事务 ID	商品的 ID 列表
T100	Bread，Milk，Beer
T200	Soda，cup，Diaper
…	…

② 数据矩阵（Data Matrix）

如果一个数据集中的所有数据对象都具有相同的数值属性集，则该数据对象可以看做多维空间中的点（向量），其中每一维代表描述对象的不同属性。这样的数据对象集可以用一个 $n \times m$ 的矩阵来表示，其中 n 表示行数，一个对象一行，m 表示列数，一个属性一列（也可将行和列的表示反过来）。数据矩阵是记录数据的变体，可以使用标准的矩阵操作对数据进行变换和操纵，因此，对于大部分统计数据，数据矩阵是一种标准的数据格式。

文本数据是数据矩阵的一种特殊情况，通过稀疏数据矩阵来表示，其中属性类型相同并且是非对称的，即只有非零值才是重要的。在信息检索领域，文本被看成是出现在文本中的关键词的集合，这些关键词就是特征项。利用特征项，文本可以表示成布尔模型、向量模型和概率模型。特别地，如果忽略文档中词的次序，则文档可以用词向量表示，其中每个词是向量的一个分量（属性），而每个分量的值是对应词在文档中出现的次数。

（2）基于图形的数据

有时，图形可以方便而有效地表示对象之间的关系。我们考虑两种特殊情况：图形捕获数据对象之间的联系，数据对象本身用图形表示。

① 带有对象之间联系的数据：对象之间的联系常常携带重要的信息。在这种情况下，数据常常用图形表示。特殊地，数据对象映射到图的结点，而对象之间的联系用对象之间的链、方向、权值等表示。例如，万维网的网页上包含文本和指向其他页面的链接，电话通信中形成不同的社会网络群。

② 具有图形对象的数据：如果对象具有结构，即对象包含具有联系的子对象，则这样的对象常常用图表示。例如，化合物的结构可以图形表示，其中结点是原子，结点之间的链是化学键。

（3）有序数据

对于某些数据类型，属性具有涉及时间或空间序的联系。

① 时序数据（sequential data）或时态数据（temporal data），可以看做记录数据的扩充，其中每个记录包含一个与之相关联的时间，通常存放包含时间相关属性的关系数据。这些数据可能涉及若干时间标签，每个都具有不同的意义。例如，在超市的数据库中，可以从时间数据上分析出某商品的消费季节，每位顾客的消费周期及偏好等。

② 序列数据（sequence data），是一个数据集合，是个体项的序列，如词或字母的序列，用来存放具有或不具有具体时间概念的有序事件的序列，或者顾客购物序列、Web 点击流和生物学序列等。

③ 时间序列数据（time series data），是一种特殊的时序数据，其中每个记录都是一个时间

序列，即一段时间的测量序列，如股票交易、库存控制和自然现象等。在分析时间序列数据时，重要的是考虑时间自相关，即如果两个测量的时间很接近，则这些测量的值通常非常相似。

④ 空间数据（spatial data），包含涉及空间的数据，如地理信息系统、医学图像等。空间数据的一个重要特点是空间自相关性（spatial autocorrelation），即物理上靠近的对象趋向于在其他方面也相似，如地球上相互靠近的两个点通常具有相近的气温和降水量。

⑤ 流数据（stream data），是一种可以动态地从观测台流进和流出的数据，具有如下特点：海量甚至是无限的，动态变化的，以固定的次序流进和流出，只允许一遍或少数几遍扫描，要求快速响应时间。数据流的典型例子包括电力供应、网络通信、股票交易、银行、电信及气象等行业数据。

2.2　数据统计特性

数据统计又称为汇总统计，用单个数或数的小集合来捕获大的数据集的各种属性特征。汇总统计的日常例子有家庭平均收入、四年内达到本科学位要求的学生比例。对于许多数据预处理任务，人们希望知道关于数据的中心趋势和离散程度特征。中心趋势度量包括均值（mean）、中位数（median）、众数（mode）和中列数（midrange），数据离散程度度量包括四分位数（quartiles）、四分位数极差（interquartiles range，IQR）和方差（variance）等。这些描述性统计量有助于理解数据的分布。从数据挖掘的角度来看，我们需要考虑如何在大型数据库中有效地计算它们。

2.2.1　数据的中心度量

数据集"中心"的最常用、最有效的数值度量是（算术）均值（mean）。设 x_1，x_2，$\cdots$，x_N 是 N 个值的集合，则该值集的均值定义为

$$\overline{x} = \frac{\sum\limits_{i=1}^{N} x_i}{N} = \frac{x_1 + x_2 + \cdots + x_N}{N} \tag{2-1}$$

有时，集合中每个值 x_i 与一个权值 w_i 相关联，$i = 1$，$\cdots$，N。权值反映对应值的显著性、重要性或出现频率。在这种情况下，使用加权算术均值（weighted arithmetic mean）：

$$\overline{x} = \frac{\sum\limits_{i=1}^{N} w_i x_i}{\sum\limits_{i=1}^{N} w_i} = \frac{w_1 x_1 + w_2 x_2 + \cdots + w_N x_N}{w_1 + w_2 + \cdots + w_N} \tag{2-2}$$

尽管均值是描述数据集的最常用的单个度量方法，但通常不是度量数据中心的最好方法。均值的主要问题是对极端值（如离群值）很敏感，即使少量极端值也可能影响均值。例如，公司的平均工资可能被少数高报酬的经理的工资显著抬高。为了减少极端值的影响，可以使用截断均值（trimmed mean）。

截断均值：指定 0~100 间的百分位数 p，丢弃高端和低端$(p/2)$%的数据，然后用常规方法计算均值，所得结果即是截断均值。标准均值是对应于 $p=0$% 的截断均值。

【例 2-1】　计算{1,2,3,4,5,90}值集的均值、中位数和$p=40$%的截断均值。

解：这些值的均值是 17.5，而中位数是 3.5，$p=40$%时的截断均值也是 3.5。

对于倾斜的（非对称的）数据，数据中心的一个较好度量是中位数（median）。设给定的 N 个不同值的数据集按数值升序排序。如果 N 是奇数，则中位数是有序集的中间值，否则（即 N 是偶数）中位数是中间两个值的平均值。

在完全对称的数据分布中，均值、中位数有相同的值。然而，在实际应用中，数据往往是不对称的，它们可能是正倾斜的，其均值大于中位数，或者是负倾斜的，其均值小于中位数。

中列数（midrange）也可用来评估数据集的中心趋势，是数据集的最大和最小值的平均值。

在数值序下，数据集合的第 k 个百分位数（percentile）是具有如下性质的值 x_i：百分之 k 的数据项位于或低于 x_i。中位数是第 50 个百分位数。除中位数外，最常用的百分位数是四分位数（quartile）。第一个四分位数记为 Q_1，是第 25 个百分位数；第三个四分位数记为 Q_3，是第 75 个百分位数。四分位数（包括中位数）给出分布的中心、离散和形状的某种指示。第一个和第三个四分位数之间的距离是分布的一种简单度量，给出被数据的中间一半所覆盖的范围。该距离称为中间四分位数极差 IQR，定义为 IQR= Q_3- Q_1。在描述倾斜分布时，单个分布数值度量（如 IQR）不是非常有用。倾斜分布两边的分布是不等的，两个四分位数 Q_1 和 Q_3 以及中位数的信息更丰富。

分类数据可以使用众数（mode）来度量中心趋势，众数是集合中出现频率最高的值。

2.2.2 数据散布程度度量

连续数据的另一种常用汇总统计量是值集的散布度量，这种度量表明属性值是否散布很宽，或者是否相对集中在单个点（如均值）附近。

最简单的散布度量是极差（range），其定义为最大值和最小值之间的差异。给定一个属性 x，它具有 m 个值 $\{x_1, x_2, \cdots, x_m\}$，$x$ 的极差定义为：range(x)=max(x)-min(x)=$x_{(m)}$-$x_{(1)}$。

尽管极差标识最大散布，但是如果大部分值都集中在一个较窄的范围内，极端值的个数相对较少，则可能引起误解。此时采用方差作为散布的度量更可取。属性 x 的方差记为 S_x^2，其定义如下

$$\mathrm{var iance}(x) = S_x{}^2 = \frac{1}{m-1} \sum_{i=1}^{m} (x - \overline{x})^2 \tag{2-4}$$

因为方差用到了均值，而均值容易被离群值扭曲，所以方差对离群值很敏感。更加稳健的值集散布估计方法有绝对平均偏差（absolute average deviation，AAD）、中位数绝对偏差（median absolute deviation，MAD）和四分位数极差（interquartiles range，IQR）。

2.3 数据预处理

数据挖掘的目的是在大量的、潜在有用的数据中挖掘出有用的模式或信息，挖掘的效果直接受到源数据质量的影响，数据质量的检测和纠正是数据挖掘前期重要的、不可忽视的环节。

高质量的数据是进行有效挖掘的前提，高质量的决定必须建立在高质量的数据上。这里将讨论如下主题：数据清理，数据集成，数据变换，数据归约，数据离散化。图 2-1 展示了数据预处理的主要方面。

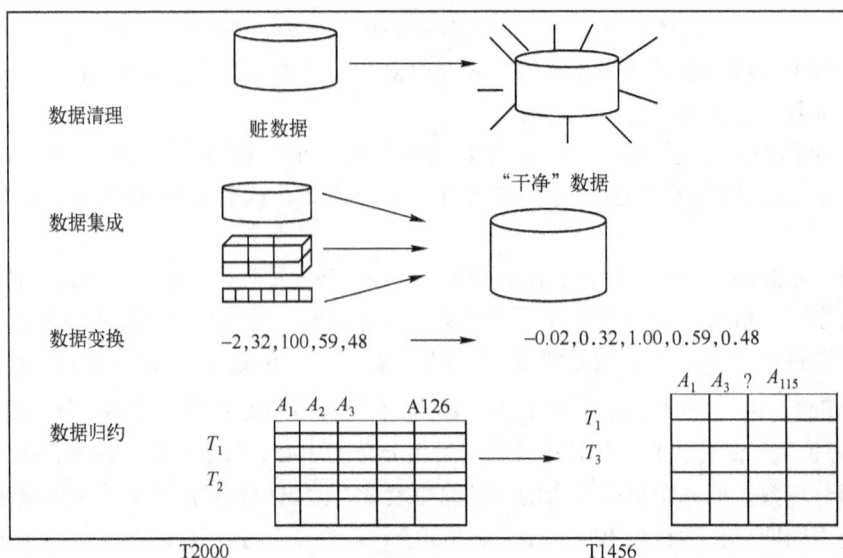

图 2-1 数据预处理的形式

2.3.1 数据清理

由于人工录入数据时出现的失误、测量设备的限制或数据收集过程的漏洞等因素，现实世界的数据通常是不完整的、有噪声的和不一致的。数据清理的目的就是试图填充缺失值、去除噪声并识别离群点、纠正数据中的不一致值。

（1）缺失值的处理方法

一个对象遗漏一个或多个属性值并不少见。缺失值并不意味着数据有错误。例如，在申请信用卡时，可能要求申请人提供驾驶执照号，没驾驶执照的申请者自然使该字段为空。表格应当允许填表人使用诸如"无效"等值。在某些情况下，信息收集时可能被人认为是涉嫌窥探他人隐私，如年龄、体重，收入等（如网络用户注册时）。在另外一些情况下，某些属性并不能用于所有对象，如在做市场调查时常常会碰到有条件的选择部分，仅当被调查者以特定方式回答前面的问题时，条件部分才需要填写，但在存储时为简单起见可能会将所有数据全部存储。此外，也可能是所收集数据中有些感兴趣的属性缺少属性值，或仅包含聚集数据。所以，在分析数据时应当考虑对不完整的数据进行处理。可以采用如下方法处理缺失值。

① 忽略元组：缺少类标号时通常这样处理（在分类任务中）。除非同一记录中有多个属性缺失值，否则该方法不是很有效。当每个属性缺失值的百分比变化很大时，其性能特别差。

② 忽略属性列：如果该属性的缺失值太多，如超过 80%，则在整个数据集中忽略该属性。

③ 人工填写缺失值：在通常情况下，该方法费时费力，并且当数据集很大或缺少很多值时，该方法可能行不通。

④ 自动填充缺失值：有三种策略。

策略一：使用一个全局常量填充缺失值，将缺失的属性值用同一个常数替换。

策略二：使用与给定记录属同一类的所有样本的均值或众数填充默认值：假如某数据集的一条属于 a 类的记录在 A 属性上存在缺失值，那么可以用该属性上属于 a 类全部记录的平均值来代替该缺失值。

策略三：用可能值来代替缺失值，可以用回归、基于推理的工具或决策树归纳确定。例如，利用数据集中其他顾客的属性，可以构造一棵决策树来预测相同属性的缺失值。

策略一填入的值可能不正确；策略三使用已有数据的大部分信息来预测缺失值，效果相对较好，但代价大；策略二实现简单、效率高，效果相对不错。

（2）噪声数据的平滑方法

噪声是测量变量的随机错误或偏差。噪声是测量误差的随机部分，包含错误或孤立点值。导致噪声产生的原因有多种，可能是数据收集的设备故障，也可能是数据录入过程中人的疏忽或者数据传输过程中的错误等。目前，噪声数据的平滑方法有如下 3 种

① 分箱（binning）。分箱方法通过考察"邻居"（即周围的值）来平滑有序数据的值。有序值被分布到一些"桶"或箱中。由于分箱方法考察近邻的值，因此它进行的是局部平滑。如定积分的几何意义中就采用了类似的等深分箱的思想。图 2-2 展示了一些分箱技术，在该例中，price 数据首先被划分到大小为 3 的等深箱中（即每箱包含 3 个值）。使用平均值平滑，箱中的每个值被箱中的平均值替换。例如，箱 1 中的值 4、8 和 15 的平均值是 9，这样该箱中的每个值被替换为 9。类似地，可以使用中值平滑。此时，箱中的每个值被箱中的中值替换。使用边界平滑，箱中的最大值和最小值同样被视为边界，箱中的每个值被最近的边界值替换。一般来说，宽度越大，平滑效果越大。箱可以是等深的，每个箱值的区间范围是个常量。分箱也可以作为一种离散化技术使用。

```
price 的排序后数据（单位：元）：4, 8, 15, 21, 21, 24, 25, 28, 34,
划分为（等深的）箱：
箱 1：4,8,15
箱 2：21,21,24
箱 3：25,28,34
用箱平均值平滑：
箱 1：9,9,9
箱 2：22,22,22
箱 3：29,29,29
用箱边界平滑：
箱 1：4,4,15
箱 2：21,21,24
箱 3：25,25,34
```

图 2-2　数据平滑的分箱方法

② 聚类。聚类将类似的值组织成群或"簇"。离群点（Outlier）可以被聚类检测，直观地，落在簇集合之外的值被视为异常值。通过删除离群点来平滑数据。

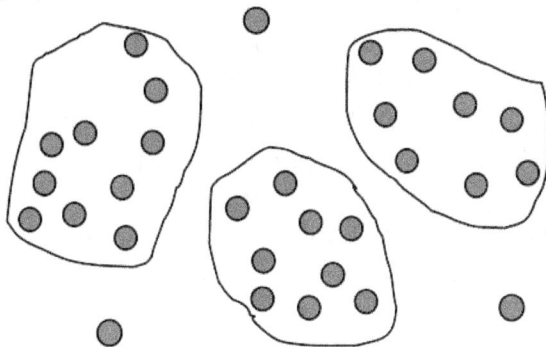

图 2-3　聚类

③ 回归，通过回归方法（线性回归、非线性回归）让数据适合一个函数来平滑数据。

2.3.2　数据聚合

数据挖掘经常需要对数据进行聚合（aggregation），将两个或多个数据源中的数据，存放在一个一致的数据存储设备中。

在数据集成时，有许多问题需要考虑，数据一致性和冗余是两个重要问题。模式集成和对象匹配可能需要技巧。来自多个信息源的现实世界的实体如何才能"匹配"？这涉及实体识别问题。不同表中可能使用不同名称来指示同一属性，正如一个人有多个不同的别名或不同的人拥有相同的名字，这样将导致数据的不一致或冲突。冗余是另一个重要问题。一个属性是冗余的，如果它能由另一个表"导出"，属性或维命名的不一致也可能导致数据集中的冗余。如一个数据源中采用年龄，而另一个数据源中用出生日期描述个人基本信息。

2.3.3　数据变换

数据变换将数据转换成适合于挖掘的形式。数据变换一般涉及如下内容。

① 平滑：去除数据中的噪声，包括分箱、回归和聚类等算法在前面已经讨论过。

② 聚集：对数据进行汇总或聚集。例如，可以聚集电信客户的日消费数据，计算月和年消费数据。通常，聚集用来为多粒度数据分析构建数据立方体。

③ 数据泛化：使用概念分层，用高层概念替换低层或"原始"数据。例如，对客户的地址（街道）可以泛化为较高层的概念，如城市或省；对 IP 地址，可以通过 IP 分段实现泛化；对年龄，可以通过高层概念"儿童、少年、青年、中年和老年"实现泛化。

④ 规范化：将属性数据按比例缩放，使之落入一个小的特定区间，如-1.0～1.0 或 0.0～1.0。

⑤ 属性构造（特征构造）：利用已知属性，可以构造新的属性，以更好地刻画数据的特性，帮助挖掘过程。

⑥ 数据离散化：离散化问题就是决定选择多少个分割点和确定分割点位置的问题，利用少数分类值标记替换连续属性的数值，从而减少和简化原来的数据。

下面重点介绍数据泛化、规范化、特征构造、离散化问题。

1.　数据泛化

概念分层可用来规约数据，这种泛化、尽管细节丢失了，但泛化后的数据更有意义、更容易理解。

对于数值属性，概念分层可以根据数据的分布自动地构造，如用分箱、直方图分析、聚类分析、基于熵的离散化和自然划分分段等技术生成数据概念分层。

对于分类属性，有时可能具有很多个值。如果分类属性是序数属性，则可以使用类似于处理连续属性的技术，以减少分类值的个数。如果分类属性是标称的或无序的，就需要使用其他方法。例如，一所大学由许多系所组成，因而系名属性可能具有数十个值。在这种情况下，我们可以使用系之间的学科联系，将系合并成较大的学科，如工学、理学、社会科学或生物科学等。如果领域知识不能提供有用的指导，或者这样的方法会导致很差的性能，则需要使用更为经验性的方法，仅当分组结果能提高分类准确率或达到某种其他数据挖掘目标时，才将值聚集到一起。

通过说明属性值的偏序或全序，可以很容易地定义概念分层。例如，数据库的维 location

可能包含如下属性组：street，city，province 和 country，可以通过属性的全序来定义分层结构，如 street < country < city < province。

用户也可以说明一个属性集形成概念分层，但并不显式说明它们的顺序。然后，系统可以尝试自动地产生属性的序，构造有意义的概念分层。没有数据语义知识，如何找出任意的分类属性集的分层序？注意到这样一个较普遍的事实：一个较高层的概念通常包含若干从属的较低层概念，高层概念属性（如 country）与低层概念属性（如 street）相比，通常包含较少数目的值。据此，可以根据给定属性集中每个属性不同值的个数自动产生概念分层。具有越多不同值的属性越在分层结构的低层，属性的不同值越少，所产生的概念分层结构中所处的层次越高。在许多情况下，这种启发式规则很有用。在考察了所产生的分层之后，如有必要，局部层次交换或调整可以由用户或专家来做。下面进一步考察这种方法的一个例子。

【例 2-2】 根据每个属性的不同值的个数产生概念分层。据统计资料显示，全国行政区划共有：省级 34 个，地级 333 个，县级 2862 个，乡镇、街道级 41636 个。由此可得到一个数据库 location，它的属性集为 province、city、county、street。

location 的概念分层可以自动产生，如图 2-4 所示。首先，根据每个属性的不同值个数，将属性按升序排列，其结果如下（其中，每个属性的不同值数目在括号中）：province(34)，city(661)，county(2862)，street(41636)。其次，按照排好的次序，自顶向下产生分层，第一个属性在最顶层，最后一个属性在最底层。最后，用户考察所产生的分层，必要时修改它，以反映属性之间期望的语义联系。在这个例子中，显然不需要修改所产生的分层。

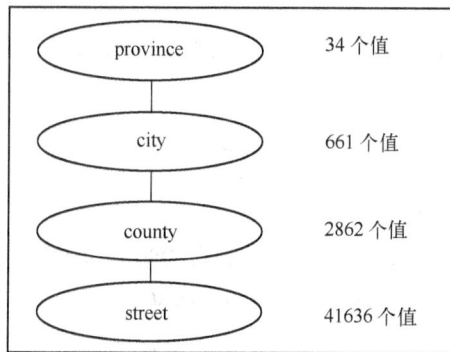

图 2-4　基于不同属性值个数的模式概念分层的自动产生

注意：这种启发式规则并非完美无缺。例如，数据库中的时间维可能包含 20 个不同的年，12 个不同的月，每星期 7 个不同的天。然而，这并不意味时间分层应当是"year < month < days_of_the_week"，days_of_the_week 在分层结构的最顶层。

2．规范化

数据规范化是将原来的度量值转换为无量纲的值。利用距离度量的分类算法，如涉及神经网络、最近邻分类和聚类算法，规范化特别有用。对于基于距离的方法，规范化可以帮助平衡具有较大初始值域的属性与具有较小初始值域的属性可比性。常用规范化方法有如下 3 种。

给定一个属性（变量）f，以及 f 的 n 个观测值 x_{1f}，x_{2f}，…，x_{nf}。

（1）最小-最大规范化

做线性变换：$z_{if} = \dfrac{x_{if} - \min_f}{\max_f - \min_f}(b-a) + a$，将值转换到[a,b]，这里 $\min_f$ 和 $\max_f$ 分别为 f

的 n 个观测值的最小值和最大值。最常用的情况是取 $a=0$，$b=1$。

最小-最大规范化保持原有数据之间的联系，如果今后的输入落在原始数据值域之外，该方法将面临"越界错误"。例如，假定电信客户的年龄属性（year）的最小值和最大值分别为 10 岁和 83 岁。用最小-最大规范化将年龄属性映射到区间 [0.0，1.0]，那么 year 值 52 岁将变换为 $(52-10)/(83-10)=0.583$。

（2）z-score 规范化

① 计算平均值 EX_f、标准差 σ_f：

$$EX_f = \frac{1}{n}\left(x_{1f} + x_{2f} + \cdots x_{nf}\right)$$

$$\sigma_f = \sqrt{\frac{1}{n}\left(\left|x_{1f} - EX_f\right|^2 + \left|x_{2f} - EX_f\right|^2 + \cdots \left|x_{nf} - EX_f\right|^2\right)}$$

② 计算规范化的度量值（Z-score）：

$$z_{if} = \frac{x_{if} - EX_f}{\sigma_f}$$

当属性 f 的实际最大和最小值未知，或离群点左右了最小-最大规范化时，该方法是有用的。假定属性年龄 year 的均值和标准差分别为 28 岁和 16 岁，使用 z-score 规范化，值 52 岁转换为 $(52-28)/16=1.5$。

（3）小数定标规范化

小数定标规范化通过移动属性 f 的小数点位置进行规范化。小数点的移动位数依赖于 f 的最大绝对值。f 的值 v 被规范化为 v'，则

$$v' = \frac{v}{10^j}$$

其中，j 是使 $\max(|v'|)<1$ 的最小整数。

假定 f 的取值为 $-986\sim917$。f 的最大绝对值为 986。为了使用小数定标规范化，我们用 1000（即 $j=3$）除每个值。这样，-986 被规范化为 -0.986。

注意：规范化将原来的数据改变很多，因此有必要保留规范化参数（如 EX_f、σ_f、$\min_f$、$\max_f$），以便将来的数据可以用一致的方式规范化。

3．特征构造

数据集的特征维数太高容易导致维灾难，而维度太低又不能有效地捕获数据集中重要的信息。在实际应用中，通常需要对数据集中的特征进行处理来创建新的特征。由原始特征创建新的特征集有时称为特征提取（Feature Extraction）或特征构造，其目的是帮助提高精度和对高维数据结构的理解。例如，我们可能根据电信客户在一个季度内每个月的消费金额特征构造季度消费金额特征（将每个月的消费金额相加）。有时，原始特征集具有必要的信息，但其形式不适合数据挖掘算法。在这种情况下，一个或多个由原来特征构造的新特征可能比原特征更有用。例如，要判断电信客户的消费倾向及忠诚度等，就必须构造能够反映这两种行为的特征，因为收集的原始特征集中不可能直接包含这类特征，因此需要进行构造。在人脸识别中，由于依照相片集合对人脸进行分类存在着许多困难，因此大量的分类算法都不适合。然而，对相片数据进行处理，提供诸如某些类型的边和区域等与人脸高度相关的较高层次的特征，则更多的分类

技术可以应用于该问题。

特征构造在不同领域其应用方式不同。一旦数据挖掘用于一个相对较新的领域时，一个关键任务就是如何构造新的特征。特征的构造需要对领域知识和数据进行深入理解。后续要介绍的主成分分析和小波变换可看成是特殊的特征构造。

4．数据离散化

聚类、分类或关联分析中的某些算法要求数据是分类属性，因此需要对数值属性进行离散化（discretization）。

连续属性离散化为分类属性涉及两个子任务：决定需要多少个分类值，以及确定如何将连续属性值映射到这些分类值中。第一步，将连续属性值排序后，通过指定 k-1 个分割点（split point）把它们分成 k 个区间。第二步，将一个区间的所有值映射到相同的分类值。因此，离散化问题就是决定选择多少个分割点和确定分割点位置的问题。利用少数分类值标记替换连续属性的数值，从而减少和简化了原来的数据。

离散化技术根据是否使用类别信息可分为两类。如果离散化过程使用类别信息，则称之为监督（指导）离散化（supervised discretization）；反之，则称之为非监督（无指导）离散化（unsupervised discretization）。

等宽和等频（等深）离散化是两种常用的无监督离散化方法。等宽（equal width）方法将属性的值域划分成具有相同宽度的区间，而区间的个数由用户指定。等宽离散化方法经常会造成实例分布非常不均匀：有的区间包含许多实例，有的却一个也没有。这样会严重削弱属性帮助构建较好决策结果的能力。

等频（equal frequncy）或等深（equal depth）方法试图将相同数量的对象放进每个区间，区间个数由用户指定。等频方法还存在一种变体，称为近似等频离散化方法（Approximate Equal Frequncy Discretization Method，AEFD），其基本思想是：基于数据近似服从正态分布的假设，对连续属性进行离散化。若一个变量服从正态分布，则其观测值落在一个区间的频率与变量在一个区间取值的概率应该相同，利用正态分布变量的分位点将取值区间划分为若干区间，使每个区间的取值概率相同，得到初始离散区间；然后根据每个区间实际包含实例的情况，合并包含实例少于一定比例的区间而得到最终的离散区间。初始划分区间数 $k = \min\{\lceil \log(n) - \log(\log(n)) \rceil + 1, 20\}$，这里 n 是待离散化的数据数量。

另一种重要的无监督离散化方法就是基于聚类分析的离散化方法。聚类分析是一种流行的数据离散化方法。聚类算法可以用来将数据划分成簇或群。每个簇形成概念分层的一个结点，而所有的结点在同一概念层。每个簇可以进一步分成若干子簇，形成较低的概念层。多个簇也可以聚集在一起，以形成分层结构中较高的概念层。

下面用一个实例来解释在实际数据集中如何使用这些技术。图 2-5 显示了属于 4 个不同组的数据点以及两个离群点——位于两边的大点。使用上述提到的技术，将这些数据点的 x 值离散化成 4 个分类值（数据集中的点具有随机的 y 分量，使得容易看出每组有多少个点）。尽管目测检查该数据的效果很好，但不是自动的，因此我们主要讨论其他三种方法。使用等宽、等频和 k 均值技术产生的分割点分别如图 2-5（b）、（c）、（d）所示，图中分割点用虚线表示。如果使用不同组的不同对象被指派到相同分类值的程度来度量离散化技术的性能，则 k 均值性能最好，其次是等频，最后是等宽。

(a) 原始数据   (b) 等宽离散化

(c) 等频率离散化   (d) k 均值离散化

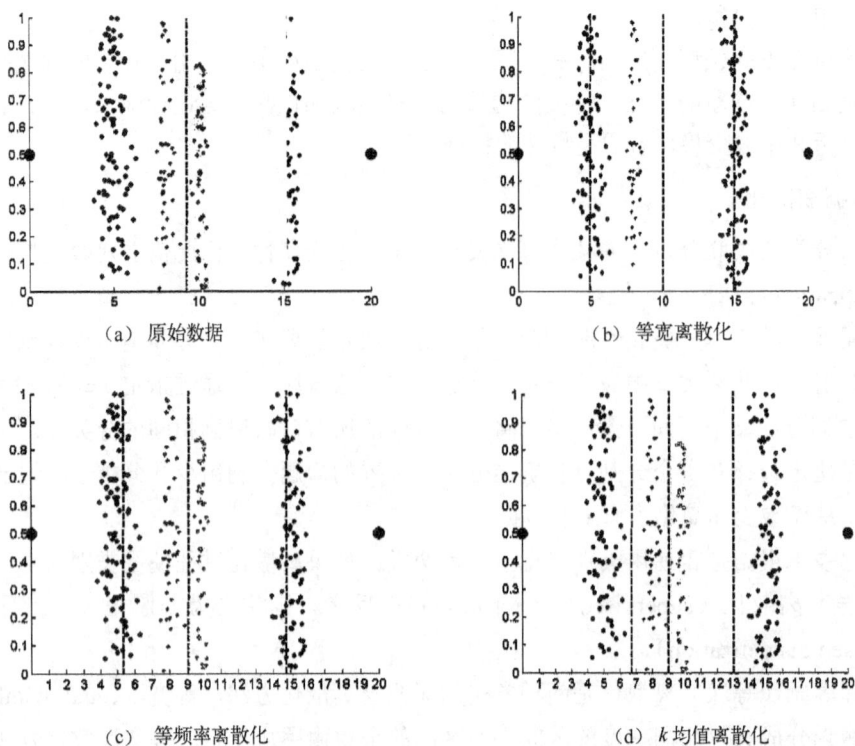

图 2-5　不同的离散化技术比较

使用附加的类信息常常能够产生更好的离散化结果。这并不奇怪，因为未使用类信息知识所构造的区间常常包含混合的类信息。一种简单的方法是以极大化区间纯度来确定分割点。基于熵（entropy）的离散化方法是常用的有监督离散化方法，它采用自顶向下的分裂技术，在计算和确定分裂点时利用类分布信息。基于熵的离散化方法使用类信息，更有可能将区间边界定义在准确位置，有助于提高分类的准确性。这里介绍的熵度量在第 3 章的关于决策树归纳中也有重要应用。

在日常生活中，似乎经常可以看到不确定性的情况。20 世纪 50 年代末，Claude Shannon 在信息论中首次提出了熵的概念，用熵作为不确定性度量的基本方法。

首先，给出熵的定义。设 m 是不同类标号数，m_i 是某个划分的第 i 个区间中值的个数，m_{ij} 是区间 i 中类 j 的值的个数。第 i 个区间的熵 e_i 由下式得出：

$$e_i = -\sum_{j=1}^{m} p_{ij} \log_2 p_{ij}$$

其中，$p_{ij}=m_{ij}/m_i$ 是第 i 个区间中包含类 j 的比例。划分的总熵 e 是每个区间熵的加权平均，即

$$e = \sum_{i=1}^{k} w_i e_i$$

其中，n 是值的总数，$w_i=m_i/n$ 是第 i 个区间包含值的比例，而 k 是区间个数。直观地，区间的熵是区间纯度的度量。如果一个区间只包含一个类的值（该区间非常纯），则其熵为 0，并且不影响总熵。如果一个区间中的值类出现的频率相等（该区间尽可能不纯），则其熵最大。

为了离散连续属性 A，该方法选择 A 的具有最小熵的值作为分裂点，并递归地划分结果区

间，得到分层离散化。这种离散化形成 A 的概念分层。

设 D 是由数据集和类标号属性定义的数据元组组成的。类标号属性提供每个元组的类信息。则该集合中属性 A 的基于熵的离散化方法的基本步骤如下：

<1> A 的每个值都可以看作一个划分 A 的值域的潜在的区间边界或分裂点（split point）。也就是说，A 的分裂点可以将 D 中的元组划分成分别满足条件 $A \leq$ split point 和 $A >$ split point 的两个子集，这样就创建了一个二元离散化。

<2> 分别计算可能的分裂点的熵值，并选择具有最小熵的点作为 A 的最初分裂点。

<3> 确定分裂点的过程递归地用于所得到的每个划分，直到满足某个终止标准。

【例 2-3】 用基于熵的离散化方法离散化图 2-6 的二维数据的属性 x 和 y。在图 2-6（a）所示的第一个离散化中，属性 x 和 y 都被划分成 3 个区间（虚线表示分割点）。在图 2-6（b）所示的第二个离散化中，属性 x 和 y 都被划分成 5 个区间。

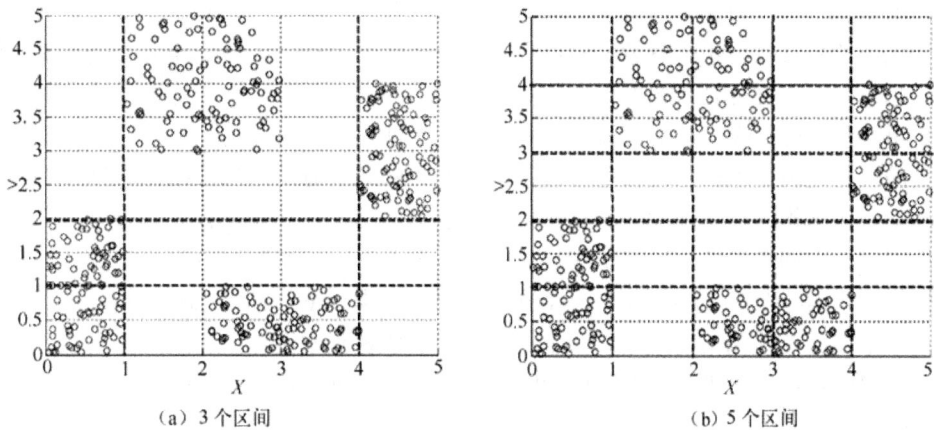

(a) 3 个区间　　　　　　　　　　(b) 5 个区间

图 2-6　离散化四个点组（类）的属性 x 和 y

这个例子解释了离散化的两个特点。首先，在二维中，点类是很好分开的，但在一维中，情况并非如此。一般地，分别离散化每个属性通常只能保证次最优的结果。其次，5 个区间比 3 个区间好，因而需要有一个终止标准，自动发现划分的正确个数。

尽管上面的离散化方法对于数值分层的产生是有用的，但是许多用户希望看到数据区域被划分为相对一致的、易于阅读、看上去直观或"自然"的区间。例如，人们更希望看到年薪被划分成像(5000 美元,6000 美元)的区间，而不像由某种复杂的聚类技术得到的区间(5634.79 美元,6 289.14 美元]，因此采用直观的方法划分区间。

3-4-5 规则可以用来将数值数据分割成相对一致、看上去自然的区间，是一种根据直观划分的离散化方法。一般，该规则根据最高有效位的取值范围，递归逐层地将给定的数据区域划分为 3、4 或 5 个相对等宽的区间。下面用一个例子来解释这个规则的用法。规则如下：

① 如果一个区间最高有效位上包含 3、6 或 9 个不同的值，就将该区间划分为 3 个等宽子区间；而对于 7，按 2-3-2 分组，划分成 3 个区间。

② 如果一个区间最高有效位上包含 2、4 或 8 个不同的值，就将该区间划分为 4 个等宽子区间。

③ 如果一个区间最高有效位上包含 1、5 或 10 个不同的值，就将该区间划分为 5 个等宽子区间。

该规则可以递归地用于每个区间，为给定的数据属性创建概念分层。现实世界的数据常常包含特别大的正或负的离群值，基于最小数据值和最大数据值的自顶向下离散化方法可能导致扭曲的结果。

2.3.4 数据归约

1. 维度归约和特征变换

维度（数据特征的数目）归约是指通过使用数据编码或变换，得到原始数据的归约或"压缩"表示。如果原始数据可以由压缩数据重新构造而不丢失任何信息，则该数据归约是无损的。如果只能重新构造原始数据的近似表示，则该数据归约是有损的。维度归约有多方面的好处，最大的好处是，如果维度较低，许多数据挖掘算法效果会更好。一方面是因为维归约可以删除不相关的特征并降低噪声，另一方面是因为维灾难。随着数据维度的增加，数据在它所占的空间中越来越稀疏。对于分类，这可能意味着没足够的数据对象来创建模型；对于聚类，点之间的密度和距离的定义变得不太有意义。结果是，对于高维数据，许多分类和聚类等学习算法的效果不理想。另一个好处是维归约使模型涉及更少的特征，因而可以产生更容易理解的模型。此外，使用维归约可以降低数据挖掘算法的时间和空间复杂度。

数据的不同视角反映出来的信息可能是不同的。例如，时间序列数据常常包含周期模式，如果只有单个周期模式，并且噪声不多，则容易检测到该模式；如果有大量的周期模式，并且存在大量的噪声，则很难检测到这些模式。所以，需要用空间变换将原始空间映射到新的特征空间。例如，傅里叶变换（Fourier Transform）或小波变换（Wavelet Transform）转换成频率信息明显的表示，就能检测出这些模式。下面简单介绍两种有效的有损维归约方法：离散小波变换（Discrete Wavelet Transform，DWT）和主成分分析（Principal Components Analysis，PCA）。

（1）离散小波变换（DWT）

离散小波变换是一种线性信号处理技术，有许多实际应用，包括手写体图像压缩、计算机视觉、时间序列数据分析和数据清理。当用于数据向量 D 时，离散小波转换将 D 转换成不同的数值向量小波系数 D'，这两个向量具有相同的长度。

小波变换后的数据可以裁减，仅存放一小部分最强的小波系数，就能保留近似的压缩数据。例如，保留大于用户设定的某个阈值的小波系数，其他系数置为 0。这样，数据将变得非常稀疏，如果在小波空间利用数据稀疏特点进行数据操作，其计算将变得非常快。该技术也能用于消除噪音，而不会平滑掉数据的主要特性，因此能有效地用于数据清理。给定一组系数，使用所用的 DWT 的逆，可以构造原数据的近似。DWT 与 DFT（离散傅里叶变换）有密切关系。DFT 是一种涉及正弦和余弦的信号处理技术。相比而言，DWT 是一种更好的有损压缩，对于给定的数据向量，如果保留相同数目的系数，DWT 将比 DFT 提供原数据更精确的近似。因此，对于等价的近似，DWT 比 DFT 需要的空间更小，小波空间局部性相当好，有助于保留局部细节。

图 2-7 给出了一些小波族，流行的小波变换包括 Haar_2、Daubechies_4 和 Daubechies_6 变换。离散小波变换一般使用分层金字塔算法，在每次迭代中将数据减半，因此计算速度很快。该方法如下：

<1> 输入数据向量的长度 L 必须是 2 的整数幂。必要时，通过在数据向量后添加 0 来满足这一条件。

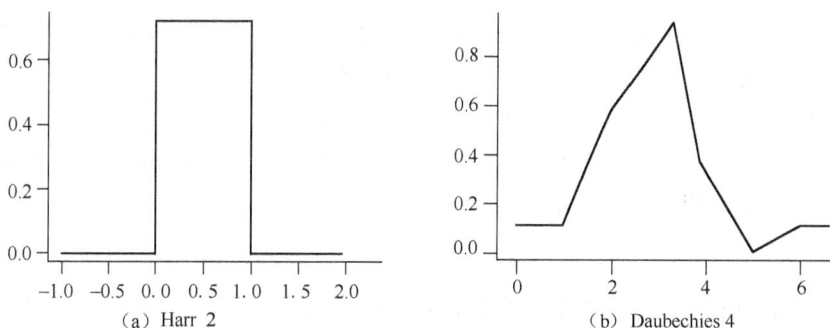

图 2-7 小波族例子

<2> 每个变换涉及应用两个函数。第一个使用某种数据平滑，如求和或加权平均；第二个进行加权差分，产生数据的细节特征。

<3> 两个函数作用于输入数据对，产生两个长度为 $L/2$ 的数据集。一般地，它们分别代表输入数据平滑后的低频内容和高频内容。

<4> 两个函数递归地作用于前面循环得到的数据集，直到结果数据集的长度为 2。

<5> 在以上迭代得到的数据集中选择值，指定其为数据变换的小波系数。

等价地，可以将矩阵乘法用于输入数据，以得到小波系数。所用的矩阵依赖于给定的 DWT。矩阵必须是标准正交的，即它们的列是单位向量并相互正交，这使得矩阵的逆就是它的转置。这种性质允许由平滑和平滑-差数据集重构数据。通过将矩阵分解成几个稀疏矩阵，对于长度为 n 的输入向量，快速 DWT 算法的复杂度为 $O(n)$。

小波变换可以用于多维数据，如数据立方。可以按以下方法进行：首先将变换用于第一个维，然后第二个维，如此下去。计算复杂性对于立方中单元的个数是线性的。对于稀疏或倾斜数据、具有有序属性的数据，小波变换会得到很好的结果。据研究，小波变换的有损压缩比当前的商业标准 JPEG 压缩性能好。

（2）主成分分析

主成分分析（PCA）是一种用于连续属性的线性变换技术，找出新的属性（主成分），这些属性是原属性的线性组合，是相互正交的（Orthogonal），使原数据投影到较小的集合中，并且捕获数据的最大变差。PCA 常常能揭示先前未曾察觉的联系、解释不寻常的结果。其基本过程如下：

<1> 对输入数据规范化，使得每个属性都落入相同的区间。

<2> PCA 计算 k 个标准正交单位向量，作为规范化输入数据的基。这些向量称为主成分，输入数据是主成分的线性组合。

<3> 对主成分按"重要性"或强度降序排列。主成分基本上充当数据的新坐标轴，提供关于方差的重要信息。也就是说，对坐标轴进行排序，使得第一个坐标轴显示数据的最大方差，第二个显示次大方差，以此类推。例如，图 2-8 展示对于原来映射到轴 X_1 和 X_2 的给定数据集的两个主要成分 Y_1 和 Y_2。这一信息帮助识别数据中的分组或模式。

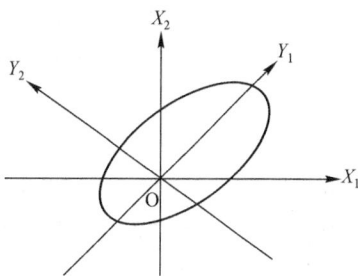

图 2-8 主成分分析（Y_1 和 Y_2 是给定数据的前两个主成分）

<4> 既然主要成分是根据"意义"降序排列，因此可以通过去掉较弱的成分来归约数据。使用最强的主要成分，可能重构原数据的很好的近似值。

PCA 计算花费低，可以处理稀疏和倾斜数据。多维数据可以通过将问题归约为二维来处理，主成分可以用作多元回归和聚类分析的输入。与数据压缩的小波变换相比，PCA 能较好地处理稀疏数据，而小波变换更适合高维数据。

2．抽样

在统计学中，抽样长期用于数据的事先调查和最终的数据分析。在数据挖掘领域中，抽样是选择数据子集进行分析的常用方法。但是，在统计学和数据挖掘中，抽样的动机和目的并不相同。统计学使用抽样是因为获取感兴趣的整个数据集的费用太高、太费时间，而数据挖掘使用抽样是因处理所有的数据的费用太高、太费时间。在某些情况下，使用抽样可以压缩数据量，可以使用更好但开销更大的算法。

有效抽样的关键原理如下：如果样本是有代表性的，则使用样本与使用整个数据集的效果几乎一样。样本集是有代表性的，近似具有与原数据集相同的性质。例如，如果数据对象的均值是感兴趣的性质，而样本具有近似于原数据集的均值，则样本是有代表性的。由于抽样是一个统计过程，特定样本的代表性是变化的，因此我们所能做的就是选择一个确保以很高的概率得到有代表性的样本的抽样方案。抽样效果由样本尺寸和选取的抽样方法所决定。

假设数据集为 D，其中包括 N 个数据行。几种主要抽样方法如下：

① 无放回简单随机抽样方法。该方法从 N 个数据行中随机（每一数据行被选中的概率为 $1/N$）抽取出 n 个数据行，以构成抽样数据子集。

② 有放回简单随机抽样方法。该方法与无放回简单随机抽样方法类似，也是从 N 个数据行中每次随机抽取一数据行，但该数据行被选中后仍将留在数据集 D 中，这样最后获得由 n 个数据行组成的抽样数据子集中可能会出现相同的数据行。如图 2-9 展示了无放回简单随机抽样方法与有放回简单随机抽样方法间的差异。

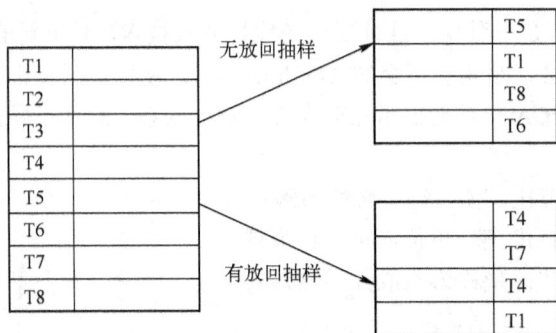

图 2-9　两种随机抽样方法示意图

③ 分层抽样方法。首先将数据集 D 划分为若干不相交的"层"，再分别从这些"层"中随机抽取数据对象，从而获得具有代表性的抽样数据子集。例如，可以对一个顾客数据集按照年龄进行分层，再在每个年龄组中进行随机选择，从而确保了最终获得分层抽样数据子集中的年龄分布具有代表性，如图 2-10 所示。分层可以根据实际领域中的概念进行手工分层，也可以使用聚类的方法进行自动分层。

如果数据的类别分布不均衡，则简单随机抽样可能导致某些类别中最终没有抽取到样本。

因此在实际应用中通常采用分层抽样，以保证每个类别中都有一定量的样本。

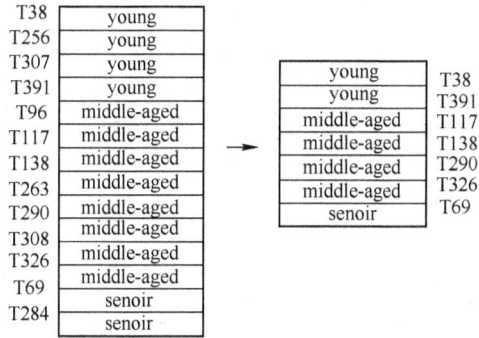

图 2-10　分层抽样方法示意描述

3．特征选择

高维数据除了容易带来维数灾难外，还容易对机器学习和数据挖掘算法的性能造成负面影响，因为高维数据中常常包含大量无关的或冗余的特征。特征选择（feature selection）是指从一组已知特征集合中选择最具有代表性的特征子集，使其保留原有数据的大部分信息，即所选择的特征子集可以像原来的全部特征一样用来正确区分数据集中的每个数据对象。通过特征选择，一些与任务无关或者冗余的特征被删除，从而提高数据处理的效率，简化学习模型。

尽管使用常识或领域知识可以消除一些不相关的或冗余的特征，但是选择最佳的特征子集通常需要系统的方法。特征选择的理想方法是：将所有可能的特征子集作为感兴趣的数据算法的输入，然后选取产生最好结果的子集。这种方法的优点是反映了最终使用的数据挖掘算法的目的和偏爱。不幸的是，由于涉及 n 个属性的子集多达 2^n 个，这种方法在大部分情况下行不通，因此需要其他策略。根据特征选择过程与后续数据挖掘算法的关联，特征选择方法可分为过滤、封装和嵌入。

① 过滤方法（Filter Approach）：使用某种独立于数据挖掘任务的方法，在数据挖掘算法运行之前进行特征选择，即先过滤特征集产生一个最有价值的特征子集。

② 封装方法（Wrapper Approach）：将学习算法的结果作为特征子集评价准则的一部分，根据算法生成规则的分类精度选择特征子集。该类算法具有使得生成规则分类精度高的优点，但特征选择效率较低。

③ 嵌入方法（embedded approach）：特征选择作为数据挖掘算法的一部分自然地出现。在数据挖掘算法运行期间，算法本身决定使用哪些属性和忽略哪些特征，如决策树 C4.5 分类算法。

根据特征选择过程是否用到类信息的指导，特征选择可分为监督式特征选择、无监督式特征选择和半监督式特征选择。

① 监督式特征选择（supervised feature selection）：使用类信息来进行指导，通过度量类信息与特征之间的相互关系来确定子集大小。

② 无监督式特征选择（unsupervised feature selection）：在没有类信息的指导下，使用样本聚类或特征聚类对聚类过程中的特征贡献度进行评估，根据贡献度的大小进行特征选择。

③ 半监督式特征选择（semi-supervised feature selection）：有类信息的数据是"昂贵"的，通常情况下没有足够的有类信息的数据。如果有类信息的数据太少，以致不能提供足够的信息的时候，

我们可以使用少量的有类信息的数据和无类信息的大量数据组合成数据集而进行特征选择。

特征选择过程可以看做由 4 部分组成：子集评估度量、控制新的特征子集产生的搜索策略、停止策略和验证过程。下面讨论特征选择方法的具体细节，如图 2-11 所示。

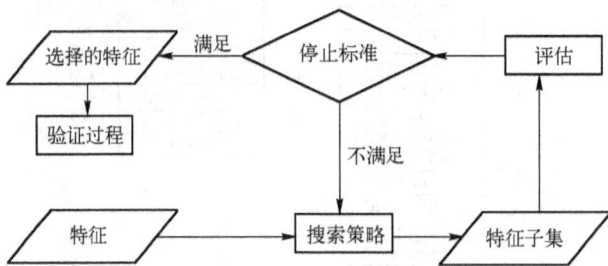

图 2-11 特征子集选择过程流程图

从概念上讲，特征子集选择是一个搜索所有可能的特征子集的过程。可以使用许多类型的搜索策略，但是搜索策略的计算花费应当较低，并且应当能找到最优或近似最优的特征子集。通常不可能同时满足这两个要求，因此需要折中权衡。

特征子集选择的搜索策略主要包括以下技术。

① 逐步向前选择：从空属性集作为归约集开始，确定原属性集中最好的属性，并将它添加到归约集中。在其后的每次迭代中，将剩下的原属性集中最好的属性添加到该集合中。

② 逐步向后删除：由整个属性集开始，在每一步，删除尚在属性集中最差的属性。

③ 向前选择和向后删除的结合：将逐步向前选择和向后删除方法结合在一起，每一步选择一个最好的属性，并在剩余属性中删除一个最差的属性。

④ 决策树归纳：构造一个类似于流程图的结构，其中每个内部节点表示一个属性的测试，每个分支对应于测试的一个输出；每个外部节点表示一个类预测；在每个节点，算法选择"最好"的属性，将数据划分成类。图 2-12 展示了三种搜索策略选择特征的过程。

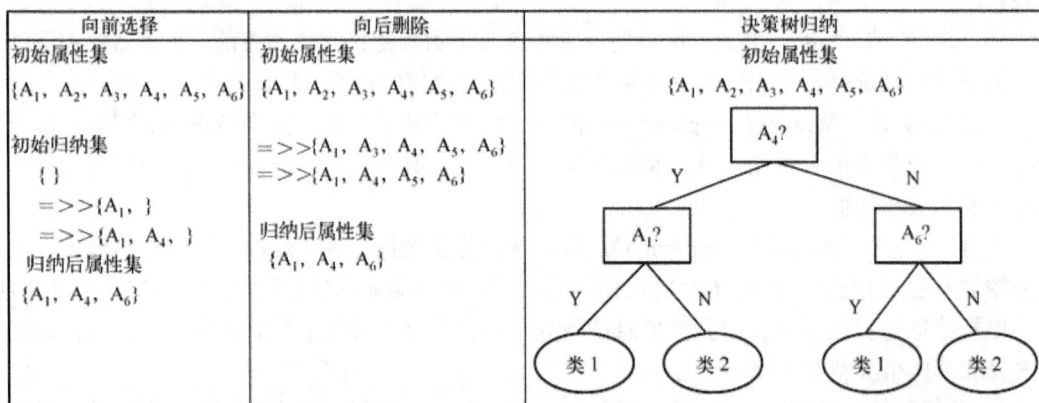

图 2-12 不同搜索策略选择特征的比较

在特征搜索过程中，一个不可或缺的环节是评估步骤，与已经考虑的其他子集相比，评价当前的特征子集。评价策略需要一种评估度量，针对数据挖掘任务，确定属性特征子集的质量。对于过滤方法，这种度量试图预测实际的数据挖掘算法在给定的属性集上执行的效果。常用的度量方法有相关性度量、关联规则、粗糙集等。对于封装方法，评估包括实际运行目标数据挖掘应用，子集评估函数通常用于度量数据挖掘结果的标准。

在大规模数据集中，由于特征数目很多，可能的子集数量也会很大，考察所有的子集可能不现实，因此需要某种停止搜索标准。其策略通常涉及一个或多个条件：迭代次数，子集评估的度量值是否最优或超过给定的阈值。一个特定大小的子集是否已经达到最优，其子集大小和评估标准是否同时达到最优，使用搜索策略的选择是否可以得到改进等，这些都是特征选择过程中需要考虑的问题。

特征子集一旦选定，就需要根据数据挖掘任务进行目标验证，最直接的方法就是将特征全集的结果与该子集上得到的结果进行比较（一般从分类性能上进行比较）。如果理想的话，特征子集产生的结果将比使用特征全集产生的结果要好，或者几乎一样好。类似的验证方法还可以将不同特征选择算法得到的特征子集性能进行综合比较。

综上所述，特征选择的目的就是去除不相关和冗余的特征。直观地看，理想的特征子集应该是：每个有价值的非目标特征应与目标特征强相关，而非目标特征之间不相关或者弱相关。因此，一般的特征选择算法主要涉及两方面：去掉与目标特征不相关的特征，删除冗余特征。例如，在电信客户消费数据集中，客户的姓名应该与客户的消费总金额是不相关的，因此可以去除。而客户的性别、年龄和籍贯等与身份证号码之间会存在一定的冗余，通过计算可以删除部分冗余特征。

特征选择的算法有很多，这里介绍非搜索型的特征选择方法（Fast Correlation-Based Filter，FCBF）。

特征选择之前选择某一测度对特征的性能进行评价显得尤为重要。特征评估的关键步骤就是分析特征或特征子集之间的相关性，通常使用的评估方法是利用相关度作为评价准则来选取特征或特征子集。用来度量两个分类特征之间相关性的方法有多种，如信息增益、类间距离、不一致度等，这些方法都与信息论中熵的概念有关。这里介绍基于互信息的方法。用 $P(x_i)$ 表示特征 x 取第 i 个值 x_i 的概率，$P(x_i|y_j)$ 表示特征 y 取值为 y_j 时特征 x 取值为 x_i 的概率。x 的信息熵 $H(x)$ 及已知变量 y 后 x 的条件信息熵 $H(x|y)$ 的计算方法如下：

$$H(x) = -\sum_i P(x_i) \log_2 P(x_i) \tag{2-8}$$

$$H(x|y) = -\sum_j P(y_j) \sum_i P(x_i|y_j) \log_2 P(x_i|y_j) \tag{2-9}$$

变量 x、y 之间的互信息 MI (x,y) 可按以下公式计算：

$$\mathrm{MI}(x,y) = H(x) - H(x|y) = H(y) - H(y|x) = \sum_{x,y} P(xy) \log_2 \frac{P(xy)}{P(x)P(y)} \tag{2-10}$$

用如下公式来度量特征 x 与特征 y 之间的相关性：

$$\mathrm{Sim}(x,y) = \frac{2\mathrm{MI}(x,y)}{H(x) + H(y)} \tag{2-11}$$

采用 FCBF 算法，利用公式（2-11）来计算特征的相关性，找出那些与类的相关性大于某一阈值、且该特征与类的相关性大于其与其他特征相关性，该类特征为支配性（predominant）特征，因此特征选择就转化为鉴别支配性特征。

FCBF 是一种非搜索型的算法，利用 FCBF 进行特征选择的具体算法描述如下：

输入：训练数据集 $S(F_1, F_2, F_3, \cdots, F_m, C)$，阈值 δ
输出：特征子集 F_{best}
1.　　开始
2.　　for i=1 to m do

3.　　　计算每个特征 F_i 与目标特征 C 之间的相关性 $Sim(F_i, C)$。
4.　　　若 $Sim(F_i, C) \geqslant \delta$，将 F_i 添加到 F'_{list}。
5.　end for
6.　将 F'_{list} 的特征按降序排序
7.　for j=1 to m do
8.　　　for k=j+1 to m do
9.　　　　计算 $Sim(F_i, F_k)$，若 $Sim(F_i, F_k) \geqslant Sim(F_i, C)$，将 F_k 从特征集 F'_{list} 去除
10.　　　直到 F'_{list} 中的所有冗余特征被去除，$F_{best} = F'_{list}$
11.　end for
12.　结束

2.4　相似性度量

相似性度量是衡量变量间相互关系强弱、联系紧密程度的重要手段，因此相似性度量经常被许多数据挖掘技术使用，如聚类、最近邻分类和离群点检测等。

2.4.1　属性之间的相似性度量

通常，具有若干属性的对象之间的相似性用单个属性的相似性组合来定义，因此我们首先讨论具有单个属性的对象之间的相似性。

1．标称和区间属性

考虑由一个标称属性描述的对象，对于两个这样的对象，相似意味什么？由于标称属性只携带了对象的相异性信息，因此我们只能说两个对象有相同的值，或者没有。因而在这种情况下，如果属性值匹配，则相似度定义为 1，否则为 0；相异度用相反的方法定义，如果属性值匹配，相异度为 0，否则为 1。

对于区间属性，两对象间的相异性的自然度量是它们的值之差的绝对值。例如，我们可以将现在的体重与一年前的体重相比较，说"我重了 5 千克"。在这种情况下，相异度通常在 0 到∞之间，而不是在 0 到 1 之间取值。

表 2-3 汇总了不同属性情况下的相似性度量方法。在该表中，x 和 y 是两个属性值，它们具有指定的类型，$d(x, y)$ 和 $s(x, y)$ 分别是 x 和 y 之间的相异度和相似度（分别用 d 和 s 表示）。

表 2-3　简单属性的相似度和相异度

属性类型	相异度	相似度
标称型	$d = \begin{cases} 0 & \text{如果} x = y \\ 1 & \text{如果} x \neq y \end{cases}$	$s = \begin{cases} 1 & \text{如果} x = y \\ 0 & \text{如果} x \neq y \end{cases} = 1 - d$
区间或比率型	$d = |x - y|$	$s = \dfrac{1}{1+d}, s = e^{-d}, s = 1 - \dfrac{d - \min\_d}{\max\_d - \min\_d}$

2．序数和比例数值属性

（1）序数属性

序数属性变量（Ordinal Variable）有分类的和连续的两种。分类序数属性与标称属性类似，不同的是，M（对应 M 个状态的）个顺序值是按一定次序排列的，有助于记录一些不便于客观度量的主观评价。例如，职称就是一个分类的序数属性，是按照助教、讲师、副教授、教授的

顺序排列的。一个连续的序数属性看上去就像一组未知范围的连续数据，但它的相对位置要比它的实际数值有意义得多，顺序是主要的，而实际的大小是次要的。例如，比赛的名次，通常名次比排名的具体位置更有意义。一个序数属性的集合可以映射到一个等级（rank）集合上。例如，若序数属性 f 有 M_f 个状态，那么这些有序的状态就可映射为 $1, 2, \cdots, M_f$ 的等级，通过等级来描述差异。序数属性 f 的差异程度计算方法具体如下：

<1> 属性 f 有 M_f 个有序状态，将属性值 x_f 替换为相应的等级 r_f，$r_f \in \{1, 2, \cdots, M_f\}$。

<2> 将序数属性等级 r_f 做变换 $z_f = \dfrac{r_f - 1}{M_f - 1}$，映射到区间[0, 1]上。

<3> 利用有关间隔数值属性的任一种距离计算公式来计算差异程度。

考虑一个在标度{poor,fair,ok,good,wonderful}上测量产品（如糖块）质量的属性。一个评定为 wonderful 的产品 p_1 与一个评定为 good 的产品 p_2 应当比它与一个评定为 ok 的产品 p_3 更接近。为了量化这种观察，我们把这样一个序数属性映射到等级，{poor=1,fair=2,ok=3，good=4,wonderful=5}，于是 p_1 与 p_2 之间的相异度为 $d(p_1,p_2)$=(5-4)/4=0.25，p_1 与 p_3 之间的相异度为 $d(p_1,p_3)$=(5-3)/4=0.5；相异性计算结果与观察相符。

序数属性相异度（相似度）的这种定义可能会使读者感到有点担心，因为这里假定了相等的区间间隔，而事实并非如此。否则，我们将得到区间或比率属性。值 fair 与 good 的差真和 ok 与 wonderful 的差相同吗？可能不相同，但是在实践中，我们的选择是有限的，并且在缺乏更多信息的情况下，这是定义序数属性之间相似度的标准方法。

（2）比例数值属性

比例数值变量（Ratio-scaled Variable）是在非线性尺度上取得的测量值。例如，指数比例可以近似描述为 Ae^{Bt} 或 Ae^{-Bt}，其中 A 和 B 为正的常数。典型的例子包括细胞繁殖增长的数目描述、放射性元素的衰变。

在计算比例数值变量所描述对象间的距离时，有三种处理方法。

① 将比例数值变量当做区间间隔数值变量来进行计算处理。该方法可能导致非线性的比例尺度被扭曲。

② 将比例数值变量看成是连续的序数属性进行处理。

③ 利用变换（如对数转换 $y_f = \log(x_f)$ ）来处理属性 f 的值 x_f 得到 y_f，将 y_f 当做间隔数值变量进行处理。这里的变换需要根据具体定义或应用需求而选择 log 或 log-log 或其他变换。相对来说，该方法效果较好。

2.4.2　对象之间的相似性度量

在现实生活中，一个对象通常是由多个属性来描述，本节讨论对象之间的相似性度量，即多个属性的相似性度量方法。针对不同类型的应用和数据类型，具有不同的相似度定义方法。传统的相似性度量有两种方法：距离度量和相似系数。使用距离度量时，往往将数据对象看成是多维空间中的一个点（向量），并在空间中定义点与点之间的距离。对象之间的相似度计算涉及描述对象的属性类型，需要将不同属性上的相似度整合成一个总的相似度来表示。

假定使用 m 个属性来描述数据记录，将每条记录看成 m 维空间中的一个点，距离越小、相似系数越大的记录之间的相似程度越大。我们分三种情况来描述，一是所有属性是数值型的，二是所有属性都是二值属性的，三是同时包含有分类属性和数值属性的混合属性。

1. 数值属性相似性度量

（1）距离度量

① Minkowski 距离

对于任意样本对象 $p = [p_1, p_2, \cdots, p_m]$ 与 $q = [q_1, q_2, \cdots, q_m]$，它们之间的距离定义为

$$d_x(p, q) = \left(\sum_{i=1}^{m} |p_i - q_i|^x \right)^{1/x} \qquad (x > 0)$$

x 取 1，2，∞ 时，分别对应曼哈顿（Manhattan）距离 $d_1(p, q) = \sum_{i=1}^{m} |p_i - q_i|$、欧式（Euclidean）距离 $d_2(p, q) = \sqrt{\sum_{i=1}^{m} |p_i - q_i|^2}$、切比雪夫（Chebyshev）距离 $d_\infty(p, q) = \max_{1 \leqslant i \leqslant m} |p_i - q_i|$。

直接使用 Minkowski 距离的缺点是量纲或度量单位对聚类结果有影响，为避免不同量纲的影响，通常需要对数据进行规范化。另外，Minkowski 距离没有考虑属性之间的多重相关性。克服多重相关性的一种方法是慎重选择描述数据的属性，根据领域知识或者采用属性选择方法选择合适的属性，另一种方法是采用马氏距离。

② 马氏（Mahalanobis）距离

马氏距离是由印度统计学家 Mahalanobis 于 1936 年提出的，Mahalanobis 距离考虑了属性之间的相关性，可以更准确地衡量多维数据之间的距离。其定义如下：

$$d_A = (p - q)^T A^{-1} (p - q)$$

A 为 $m \times m$ 的协方差矩阵，A^{-1} 为协方差矩阵的逆。

Mahalanobis 距离是对 Minkowski 距离的改进，对于一切线性变换是不变的，克服了 Minkowski 距离受量纲影响的缺点，也部分地克服了多重相关性。Mahalanobis 距离在分类算法中比较常用。Mahalanobis 距离的不足在于协方差矩阵难以确定，计算量比较大，不适合大规模数据集。

③ Canberra 距离

Canberra 距离是由 Lance 和 Williams 最早提出的，定义如下：

$$d_{canb}(p, q) = \sum_{i=1}^{m} \frac{|p_i - q_i|}{|p_i| + |q_i|}$$

Canberra 距离或 Lance 距离可以看成一种相对马氏距离，克服了 Minkowski 距离受量纲影响的缺点，但同样没有考虑多重相关性。Canberra 距离对默认值是稳健的，当两个坐标都接近 0 时，Canberra 距离对微小的变化很敏感。

与 Canberra 距离类似的有 Bray Curtis 距离和 Czekanowski 系数。Bray Curtis 距离又称为 Sorensen 距离，通常应用于植物学、生态学、环境科学领域。Bray Curtis 距离定义如下：

$$d_{BC}(p, q) = \frac{\sum_{i=1}^{m} |p_i - q_i|}{\sum_{i=1}^{m} (|p_i| + |q_i|)}$$

Czekanowski 系数定义为：

$$d_{CC}(p, q) = 1 - \frac{2 \sum_{i=1}^{m} \min(p_i, q_i)}{\sum_{i=1}^{m} (|p_i| + |q_i|)}$$

（2）相似系数

① 余弦相似度

$$Cos(p,q) = \frac{\sum_i p_i \times q_i}{\sqrt{(\sum_i p_i{}^2) \times (\sum_i q_i{}^2)}}$$

余弦相似度忽略各向量的绝对长度，着重从形状方面考虑它们之间的关系。当两个向量方向相近时，夹角余弦值较大，反之则较小。特别地，当两个向量平行时，夹角余弦值为 1，而正交时余弦值为 0。

② 相关系数

$$Corr(p,q) = \frac{\sum_i (p_i - \overline{p}) \times (q_i - \overline{q})}{\sqrt{(\sum_i (p_i - \overline{p})^2 \times \sum_i (q_i - \overline{q})^2)}}$$

相关系数是对向量做标准差、标准化后的夹角余弦，表示两个向量的线性相关程度。

③ 广义 Jaccard 系数

广义 Jaccard 系数又称为 Tanimoto 系数，用 EJ 表示，广泛用于信息检索和生物学分类中，在二元属性情况下简化为 Jaccard 系数。

$$EJ(p,q) = \frac{\sum_i p_i \times q_i}{\sum_i p_i{}^2 + \sum_i q_i{}^2 - \sum_i p_i \times q_i}$$

2．二值属性的相似性

一个二值属性变量（binary variable）只有两种状态：0 或 1，表示属性的存在与否。一种差异计算方法就是根据二值数据计算。假设二值属性对象 p 和 q 的取值情况如表 2-4 所示。其中，n_{11} 表示对象 p 和 q 中均取 1 的二值属性个数，n_{10} 表示对象 p 取 1 而对象 q 取 0 的二值属性个数，n_{01} 表示对象 p 取 0 而对象 q 取 1 的二值属性个数，n_{00} 表示对象 p 和 q 均取 0 的二值属性个数。

表 2-4　二值属性对象 p 和 q 的取值情况

对象 p		对象 q		
		1	0	合计
	1	n_{11}	n_{10}	$n_{11} + n_{10}$
	0	n_{01}	n_{00}	$n_{01} + n_{00}$
	合计	$n_{11} + n_{01}$	$n_{10} + n_{00}$	

二值属性存在对称的和不对称的两种。如果一个二值属性的两个状态值所表示的内容同等重要，则它是对称的，否则为不对称的。

给定属性变量 smoker，它描述一个病人是否吸烟的情况。smoker 是对称变量，因为究竟是用 0 还是用 1 来（编码）表示一个病人吸烟状态同等重要。基于对称二值变量所计算的相似度称为不变相似性（即变量编码的改变不会影响计算结果）。对于不变相似性，常用简单匹配相

关系数来描述对象 p 和 q 之间的差异程度，其定义如下：

$$d(p,q) = \frac{n_{01} + n_{10}}{n_{00} + n_{01} + n_{10} + n_{11}}$$

$n_{01} + n_{10}$ 为取值不同的属性个数，$n_{00} + n_{11}$ 表示取值相同的属性个数。

给定属性变量 disease，它描述检测结果是 positive（阳性、肯定）或 negative（阴性、否定）。显然，这两个检测（输出）结果的重要性是不一样的。通常，将少见（重要）的情况用 1 来表示（如 HIV 阳性），而将其他（不重要）情况用 0 表示（如 HIV 阴性）。对于不对称的二值变量，如果认为取值 1 比取值 0 更重要、更有意义，那么这样的二值变量就好像只有一种状态。在这种情况下，对象 p 和 q 之间的差异程度评价通常采用 Jaccard 系数，其定义如下：

$$d(p,q) = \frac{n_{01} + n_{10}}{n_{01} + n_{10} + n_{11}}$$

不同于对称相似性，对象 p 和 q 均取 0 的情况被认为不重要，因而忽略了 n_{00}。这种二值型的 Jaccard 系数经常用于商业零售数据的处理。

3. 混合属性相似性度量

在实际应用中，数据对象往往用混合类型的属性描述，同时包含多种类型的属性。这需要将不同类型的属性组合在一个差异度矩阵中，把所有属性间的差异转换到区间[0, 1]中。假设数据集包含 m 个不同类型的属性，对象 p 和 q 之间的差异度推广 Minkowski 距离，定义如下

$$d_x(p,q) = \left(\frac{\sum\limits_{f=1}^{m} \delta_{pq}{}^{(f)} d_f(p,q)^x}{\sum\limits_{f=1}^{m} \delta_{pq}{}^{(f)}} \right)^{1/x}$$

其中，如果 x_{pf} 或 x_{qf} 数据不存在（对象 p 或对象 q 的属性 f 无测量值），或 $x_{pf} = x_{qf} = 0$，且属性 f 为非对称二值属性，则记为 $\delta_{pq}{}^{(f)} = 0$，否则 $\delta_{pq}{}^{(f)} = 1$。$\delta_{pq}{}^{(f)}$ 表示属性 f 为对象 p 和对象 q 之间差异（或距离）程度所做的贡献，对象 p 和对象 q 在属性 f 上的相异度 $d_f(p,q)$ 可以根据其属性类型进行相应计算：

① 若属性 f 为二元属性或标称属性，$x_{pf} = x_{qf}$，则 $d_f(p,q) = 0$，否则 $d_f(p,q) = 1$。

② 若属性 f 为序数型属性，计算对象 p 和对象 q 在属性 f 上的秩（或等级）r_{pf} 和 r_{qf}，

$$d_f(p,q) = \frac{\left| r_{pf} - r_{qf} \right|}{M_f - 1}。$$

③ 若属性 f 为区间标度属性，则 $d_f(p,q) = \dfrac{\left| x_{pf} - x_{qf} \right|}{\max x_{hf} - \min x_{hf}}$，这里 h 取遍属性 f 的所有非空缺对象，$\max x_{hf}$、$\min x_{hf}$ 分别表示属性 f 的最大值和最小值。

（d）若属性 f 为比例数值属性，则通过变换转换为区间标度属性来处理。

这样，当描述对象的属性是不同类型时，对象之间的相异度也能够计算，且取值在[0, 1]区间。

4. 由距离度量转换而来的相似性度量

可以通过一个单调递减函数，将距离转换成相似性度量，相似性度量的取值一般在区间[0, 1]之间，值越大，说明两个对象越相似。例如，可以采用以下变换。

① 采用负指数函数，将距离转换为相似性度量 s，即

$$s(p,q) = e^{-d(p,q)}$$

② 采用距离的倒数作为相似性度量，为了避免分母为 0 的情况，在分母上加 1，即

$$s(p,q) = \frac{1}{1+d(p,q)}$$

③ 若距离在 0～1 之间，可采用与 1 的差作为相似系数，即

$$s(p,q) = 1 - d(p,q)$$

本章小结

在进行数据挖掘之前，需要了解、分析挖掘对象的数据特性，并进行相应的预处理，使之达到挖掘算法进行知识获取所要求的最低标准。本章介绍了数据挖掘领域中的数据类型，以及每种数据类型的特点、数据的统计特征；重点介绍了数据预处理中的数据清理（缺失值和噪声数据处理）、数据集成、数据变换（特征构造、数据泛化、离散化、规范化、数据平滑）、数据归约（特征变换、特征选择、抽样）的主要方法及各种方法使用的前提；针对不同类型的数据对象，介绍了度量数据相似性和距离的方法。

本章介绍的内容是数据质量保障的前提，是进行有效数据挖掘的基础。

习 题 2

2.1 将下列属性分类成二元的、分类的或连续的，并将它们分类成定性的（标称的或序数的）或定量的（区间的或比率的）。

例如：年龄。回答：分类的、定量的、比率的。

（1）用 AM 和 PM 表示的时间。

（2）根据曝光表测出的亮度。

（3）根据人的判断测出的亮度。

（4）医院中的病人数。

（5）书的 ISBN。

（6）用每立方厘米表示的物质密度。

2.2 你能想象一种情况，标识号对于预测是有用的吗？

2.3 在现实世界的数据中，元组在某些属性上缺失值是常有的。请描述处理该问题的各种方法。

2.4 以下规范方法的值域是什么？

（1）min-max 规范化。

（2）z-score 规范化。

（3）小数定标规范化。

2.5 假定用于分析的数据包含属性 age，数据元组中 age 的值如下（按递增序）：13,15,16,16,19,20,20,21,22,22,25,25,25,25,30,33,33,33,35,35,35,35,36,40,45,46,52,70。

（1）使用按箱平均值平滑对以上数据进行平滑，箱的深度为 3。解释你的步骤，评论对于给定的数据和该技术的效果。

（2）对于数据平滑，还有哪些其他方法？

2.6 使用习题 2.5 给出的 age 数据，回答以下问题：

（1）使用 min-max 规范化，将 age 值 35 转换到[0.0,1.0]区间。

（2）使用 z-score 规范化转换 age 值 35，其中 age 的标准偏差为 12.94 年。

（3）使用小数定标规范化转换 age 值 35。

（4）指出对于给定的数据，你愿意使用哪种方法？陈述你的理由。

2.7 使用习题 2.5 给出的 age 数据。

（1）画一个宽度为 10 的等宽的直方图。

（2）为以下每种抽样技术勾画例子：有放回简单随机抽样，无放回简单随机抽样，聚类抽样，分层抽样。使用大小为 5 的样本和层"青年"、"中年"和"老年"。

2.8 以下是一个商场所销售商品的价格清单（按递增顺序排列，括号中的数表示前面数字出现次数）：1(2)，5(5)，8(2)，10(4)，12，14(3)，15(5)，18(8)，20(7)，21(4)，25(5)，28，30(3)。请分别用等宽的方法和等高的方法对上面的数据集进行划分。

2.9 讨论数据聚合需要考虑的问题。

2.10 假定对一个比率属性 x 使用平方根变换，得到一个新属性 x^*。作为分析的一部分，识别出区间(a, b)，在该区间内，x^*与另一个属性 y 具有线性关系。

（1）换算成 x，(a, b)的对应区间是什么？

（2）给出 y 关联 x 的方程。

2.11 讨论使用抽样减少需要显示的数据对象个数的优缺点。简单随机抽样（无放回）是一种好的抽样方法吗？为什么？

2.12 给定 m 个对象的集合，这些对象划分成 K 组，其中第 i 组的大小为 m_i。如果目标是得到容量为 $n<m$ 的样本，下面两种抽样方案有什么区别？（假定使用有放回抽样）

（1）从每组随机地选择 $n \times m_i/m$ 个元素。

（2）从数据集中随机地选择 n 个元素，而不管对象属于哪个组。

2.13 一个地方公司的销售主管与你联系，他相信他已经设计出了一种评估顾客满意度的方法。他这样解释他的方案："这太简单了，我简直不敢相信，以前竟然没有人想到，我只是记录顾客对每种产品的抱怨次数，我在数据挖掘的书中读到计数具有比率属性，因此我的产品满意度度量必定具有比率属性。但是，当我根据我的顾客满意度度量评估产品并拿给老板看时，他说我忽略了显而易见的东西，说我的度量毫无价值。我想，他简直是疯了，因为我们的畅销产品满意度最差，因为对它的抱怨最多。你能帮助我摆平他吗？"

2.14 考虑一个文档-词矩阵，tf_{ij} 是第 i 个词（术语）出现在第 j 个文档中的频率，而 m 是文档数。考虑由下式定义的变量变换：

$$\text{tf}_{ij}^{'} = \text{tf}_{ij} \cdot \log \frac{m}{\text{df}_i}$$

其中，df_i 是出现 i 个词的文档数，称为词的文档频率（document frequency）。该变换称为逆文档频率变换（inverse document frequency）。

（1）如果出现在一个文档中，该变换的结果是什么？如果术语出现在每个文档中呢？

（2）该变换的目的可能是什么？

2.15 对于下面的向量 x 和 y，计算指定的相似性或距离度量。

（1）$x=(1,1,1,1)$，$y=(2,2,2,2)$余弦相似度、相关相似度、欧几里得相似度。

（2）$x=(0,1,0,1)$，$y=(1,0,1,0)$余弦相似度、相关相似度、欧几里得相似度、Jaccard。

（3）$x=(2,-1,0,2,0,-3)$，$y=(-1,1,-1,0,0,-1)$余弦相似度、相关相似度。

2.16 简单描述如何计算由以下类型的变量描述的对象间的相异度。

（1）不对称的二元变量。

（2）分类变量。

（3）比例标度型（ratio-scaled）变量。

（4）数值型变量。

2.17 给定两个向量对象，分别表示为$p_1(22,1,42,10)$和$p_2(20,0,36,8)$。

（1）计算两个对象之间的欧几里得距离。

（2）计算两个对象之间的曼哈顿距离。

（3）计算两个对象之间的切比雪夫距离。

（4）计算两个对象之间的闵可夫斯基距离，用$x=3$。

2.18 以下表格包含了属性 name，gender，trait-1，trait-2，trait-3 及 trait-4，这里的 name 是对象的 id，gender 是一个对称的属性，剩余的 trait 属性是不对称的，描述了希望找到的笔友的个人特点。假设有一个服务是试图发现合适的笔友。

name	gender	trait-1	trait-2	trait-3	trait-4
Keavn	M	N	P	P	N
Caroline	F	N	P	P	N
Erik	M	P	N	N	P

对不对称的属性的值，值 P 被设为 1，值 N 被设为 0。

假设对象（潜在的笔友）间的距离是基于不对称变量来计算的。

（1）计算对象间的简单匹配系数。

（2）计算对象间的 Jaccard 系数。

（3）你认为，哪两个人将成为最佳笔友？哪两个会是最不能相容的？

（4）假设将对称变量 gender 包含在我们的分析中，基于 Jaccard 系数，谁将是最和谐的一对？为什么？

2.19 给定一个在区间[0,1]取值的相似性度量，描述两种将该相似度变换成区间[0,∞]中的相异度的方法。

第3章 分类与回归

分类与回归是数据挖掘中应用领域极其广泛的重要技术。分类的目的是利用已有观测数据建立一个分类器，来预测未知对象属于哪个预定义的目标类。回归和分类是预测的两种形式，分类预测输出的是离散类别值，而回归预测输出的是连续取值。例如，预测银行中某个客户是否会流失属于分类任务，而预测某商场未来五年的营业额属于回归分析问题。本章将重点讨论分类的基础技术，如基于决策树的分类方法、贝叶斯分类方法、基于实例的最近邻分类方法，还将介绍其他分类方法，如支持向量机、神经网络方法、集成学习方法等；回归分析包括线性回归、非线性回归等，并对分类与回归的应用、分类模型的性能评价方法进行介绍。

3.1 概述

分类是数据挖掘中的主要分析手段，其任务是对数据集进行学习并构造一个拥有预测功能的分类模型，用于预测未知样本的类标号，把类标号未知的样本映射到某个预先给定的类标号中。例如，预测某个病人的病情为"癌症"或"非癌症"，这里的"癌症"和"非癌症"是预先给定的类标号。分类前先将数据集划分为两部分，一部分作为训练集，一部分作为测试集。分类第一步，通过分析训练集的特点来构建分类模型，模型可以是决策树或分类规则等形式；分类第二步，对测试集用第一步建立的分类模型进行分类，评估该分类模型的分类准确度等指标，通常使用分类准确度高的分类模型对类标号未知的样本数据进行分类。

目前，分类与回归方法已被广泛应用于各行各业，如金融市场预测、信用评估、医疗诊断、市场营销、大型图像数据库中对象的识别等诸多实际应用领域。在金融领域中，分类器被用于预测股票未来的走向；在股票、银行、保险等领域中，利用已有数据建立分类模型，评估客户的信用等级；在医疗诊断中，使用分类模型，预测放射学实验室医疗癌症的诊断、精神病的诊断、医疗影像的诊断等；在市场营销中，利用历史的销售数据，预测某些商品是否可以销售、预测广告应该投放到哪个区域，预测某客户是否会成为商场客户从而实施定点传单投放等；在大型图像数据库中，利用分类模型识别未知的图像类别等。

分类模型学习方法主要有以下几类。

（1）基于决策树的分类方法

决策树分类方法的特点是对训练样本集进行训练，生成一棵形如二叉或多叉的决策树。树的叶子节点代表某一类别值，非叶节点代表某个一般属性（非类别属性）的一个测试，测试的输出构成该非叶节点的多个分支。从根节点到叶子节点的一条路径形成一条分类规则，一棵决策树能够方便地转化为若干分类规则。人们可以依据分类规则直观地对未知类别的样本进行预测。其中，选择测试属性和划分样本集是构建决策树的关键环节，不同的决策树算法对此使用的技术不尽相同。目前，已经出现多种决策树学习算法，如 ID3、C4.5、CART、SLIQ、SPRINT、PUBLIC、Random Forests 等。其中，ID3、C4.5、CART 算法将在 3.2 节中详细阐述。

（2）贝叶斯分类方法

贝叶斯分类方法的特点是有一个明确的基本概率模型，用以给出某样本属于某个类标号的概率值。主要技术有朴素贝叶斯分类器和贝叶斯网络等。朴素贝叶斯分类器是基于贝叶斯定理的统计分类方法，它假定属性之间相互独立，该分类器的特点是分类速度快且分类准确度较高。但实际数据集中很难保证属性之间没有关联，属性之间往往具有一定的依赖关系，基于贝叶斯网络的学习方法利用贝叶斯网络描述了属性之间的依赖关系。贝叶斯定理、朴素贝叶斯分类器将在 3.3 节中详细介绍。

（3）k-最近邻分类方法

k-最近邻分类算法是一种基于实例的学习算法，不需要事先使用训练样本进行分类器的构建，而是直接用训练集对数据样本进行分类，确定其类别标号。算法的关键技术是搜索模式空间，找出最接近的 k 个训练样本，即 k 个最近邻，如果这 k 个最近邻的多数样本属于某一个类别，则未知样本被分配为该类别。k-最近邻分类算法将在 3.4 节中详细介绍。

（4）神经网络方法

神经网络是大量的简单神经元按一定规则连接构成的网络系统，能够模拟人类大脑的结构和功能，采用某种学习算法从训练样本中学习，并将获取的知识存储在网络各单元之间的连接权中。神经网络主要有前向神经网络、后向神经网络和自组织网络。数据挖掘领域主要采用前向神经网络提取分类规则。本书将在 3.5 节中详细介绍神经网络概念及其学习方法。

其他较新的分类技术，如支持向量机、集成学习法、不平衡类的分类问题将分别在 3.6、3.7 和 3.8 节加以介绍。

3.2 决策树分类方法

3.2.1 决策树的基本概念

决策树（Decision Tree）是一种树型结构，一个典型的决策树如图 3-1 所示，包括决策节点（内部节点）、分支和叶节点三部分。其中，决策节点代表某个测试，通常对应于待分类对象的某个属性，在该属性上的不同测试结果对应一个分支。每个叶节点存放某个类标号值，表示一种可能的分类结果。图 3-1 中有 5 个叶子节点和 3 个决策节点，在决策节点"是否有房"的测试中，属性"是否有房"有 2 个取值{yes, no}，因此该决策节点测试结果有 2 个分支。决策树可以用来对未知样本进行分类，分类过程如下：从决策树的根节点开始，从上往下沿着某个分支往下搜索，直到叶节点，以叶节点的类标号值作为该未知样本所属类标号。

【例 3-1】 某银行拖欠贷款训练数据如表 3-1 所示，以该训练集构造出的决策树如图 3-1 所示。当有客户前来提交贷款申请时，银行工作人员可以利用建好的决策树对客户提供的数据进行分析，判断客户是否可能拖欠贷款，以决定是否同意贷款申请。

下面利用该决策树对类标号未知的新样本{no, married, 80K, ?}进行预测，过程如下：

<1> 首先从根节点开始，该样本在属性"年收入"取值为 80K，即在该节点处的测试输出左分支。

<2> 对决策节点属性"是否有房"进行判断，该样本测试取值为 no，进入右分支。

<3> 对决策节点属性"婚姻状况"进行判断，该样本测试取值为 married，进入左分支最后到达叶节点，该叶节点类标号值为 no，表明决策树预测该样本（申请人）不会拖欠银行贷款（即可认为没有风险）。

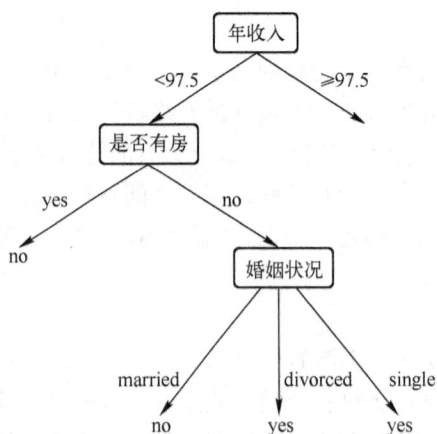

图 3-1　预测"申请人"拖欠银行贷款的决策树

表 3-1　某银行拖欠贷款数据

序号	是否有房	婚姻状况	年收入	拖欠贷款
1	yes	single	125K	no
2	no	married	100K	no
3	no	single	70K	no
4	yes	married	120K	no
5	no	divorced	95K	yes
6	no	married	60K	no
7	yes	divorced	220K	no
8	no	single	85K	yes
9	no	married	75K	no
10	no	single	90K	yes

如何从训练数据集构造决策树，是后面要讨论的主要内容。图 3-1 的构造过程将在 3.2.4 节介绍。

3.2.2　决策树的构建

决策树在构建过程中需重点解决两个问题：如何选择合适的属性作为决策树的节点去划分训练样本；如何在适当位置停止划分过程，从而得到大小合适的决策树。

1. 决策树的属性选择

虽然可以采用任何一个属性对数据集进行划分，但最后形成的决策树会差异很大，有的是非常简化的，有的是很臃肿的。对于分类算法来说，简洁的表示往往意味着性能要好，即对未知的实例分类效果要好，因而需要寻找合适的属性选择方法。

属性选择是决策树算法中重要的步骤，一般需要最大限度地增加样本集纯度，而且不要产生样本数量太少的分支。常见的属性选择标准包括信息增益（information gain）和 Gini 系数。信息增益是决策树常用的分枝准则，在树的每个节点上选择具有最高信息增益的属性作为当前节点的划分属性。Gini 系数是一种不纯度函数，用来度量数据集的数据关于类的纯度。如果数据均匀地分布于各个类中，则数据集的不纯度就大，反之，数据集的不纯度就小。根据属性的不同值划分数据集时，会导致数据集不纯度的减少。信息增益和 Gini 系数均容易偏向于具有多分支的属性，因为多个分支能降低熵或 Gini 系数，因此 C4.5 改为使用信息增益率（gain ratio）作为决策树构建时属性的选择标准。

2. 获得大小合适的树

理论上，划分可以进行到数据样本子集中所有样本都属于同一个类别为止，但这样得到的决策树可能层次太深，甚至每个叶节点上只有一个实例，这样的决策树叶节点由于支持度不够，即规律不具有普遍性，预测能力较弱。决策树学习的目的是希望生成能够揭示数据集结构并且预测能力强的一棵树，在树完全生长的时候有可能预测能力反而降低，为此通常需要获得大小合适的树。

一般来说，获取方法有两种。一种为定义树的停止生长条件，常见条件包括最小划分实例数、划分阈值和最大树深度等。当处理节点对应的数据集子集的大小小于指定的最小划分实例数时，即使它们不属于同一类，也不再进一步划分。当使用的划分方法所得的值与父节点的值的差小于指定的阈值时，则不再进一步划分。当进一步划分将超过最大树深度时，停止划分。另一种获取大小合适树的方法是对完全生长决策树进行剪枝，方法是对决策树的子树进行评估，若去掉该子树后整个决策树表现更好，则该子树将被剪枝。

3. 决策树构建的经典算法

决策树算法通过将训练记录相继划分为较纯的子集，并以递归方式来建立决策树。Hunt 算法是许多经典决策树算法如 ID3、C4.5 的基础，Hunt 算法对决策树的建立过程描述如下：假定 D_t 是与节点 t 相关联的训练记录集，$C=\{C_1,C_2,\cdots,C_m\}$ 是类标号，Hunt 算法的递归定义如下：

<1> 如果 D_t 中所有记录都属于同一个类 C_i（$1 \leqslant i \leqslant m$），那么 t 是叶节点，用类标号 C_i 进行标记。

<2> 如果 D_t 包含属于多个类的记录，则选择一个属性测试条件，将记录划分为更小的子集。对于测试条件的每个输出，创建一个子女节点，并根据测试结果将 D_t 中的记录分布到子女节点中，然后对每个子女节点递归调用该算法。

决策树分类算法有许多种，后面详细介绍 ID3、C4.5 分类算法和 CART 算法。

3.2.3 ID3 分类算法

ID3 分类算法由 Quinlan 于 1986 年提出，使用信息增益作为属性选择标准。首先检测所有属性，选择信息增益值最大的属性产生决策树节点，由该属性的不同取值建立分支，再对各分支的子集递归调用该方法建立决策树节点的分支，直到所有子集仅包含同一个类别的数据为止，最后得到一棵决策树，用来对新的样本进行分类。下面先介绍信息熵和信息增益的概念。

1. 信息熵

熵（entropy，也叫信息熵）用来度量一个属性的信息量。假定 S 为训练集，S 的目标属性 C 具有 m 个可能的类标号值，$C=\{C_1,C_2,\cdots,C_m\}$，假定训练集 S 中，C_i 在所有样本中出现的频率

为 p_i（i=1,2,3,$\cdots$,m），则该训练集 S 所包含的信息熵定义为：

$$\text{Entropy}(S) = \text{Entropy}(p_1, p_2, \cdots, p_m) = -\sum_{i=1}^{m} p_i \log_2 p_i$$

熵越小，表示样本对目标属性的分布越纯。特别地，熵为 0 则意味着所有样本的目标属性取值相同。反之，熵越大，表示样本对目标属性分布越混乱。当 S 只包含一类记录时取得最小值 0，当 S 中不同类别的记录数相当时，取得最大值 $\log_2 m$，m 为类别的个数，对于两个类别来说，最大值为 1。

【例 3-2】 考虑数据集 weather，如表 3-2 所示，求 weather 数据集关于目标属性 play ball 的熵。

表 3-2　weather 数据集

outlook	temperature	humidity	wind	play ball
sunny	hot	high	weak	no
sunny	hot	high	strong	no
overcast	hot	high	weak	yes
rain	mild	high	weak	yes
rain	cool	normal	weak	yes
rain	cool	normal	strong	no
overcast	cool	normal	strong	yes
sunny	mild	high	weak	no
sunny	cool	normal	weak	yes
rain	mild	normal	weak	yes
sunny	mild	normal	strong	yes
overcast	mild	high	strong	yes
overcast	hot	normal	weak	yes
rain	mild	high	strong	no

解答：令 weather 数据集为 S，其中有 14 个样本，目标属性 play ball 有 2 个值{C_1=yes,C_2=no}。14 个样本的分布为：9 个样本的类标号取值为 yes，5 个样本的类标号取值为 no。C_1=yes 在所有样本 S 中出现的概率为 9/14，C_2=no 在所有样本 S 中出现的概率为 5/14。因此数据集 S 的熵为：

$$\text{Entropy}(S) = \text{Entropy}\left(\frac{9}{14}, \frac{5}{14}\right) = -\frac{9}{14}\log_2\frac{9}{14} - \frac{5}{14}\log_2\frac{5}{14} = 0.94$$

2. 信息增益

信息增益是划分前样本数据集的不纯程度（熵）和划分后样本数据集的不纯程度（熵）的差值。假设划分前样本数据集为 S，并用属性 A 来划分样本集 S，则按属性 A 划分 S 的信息增益 $\text{Gain}(S,A)$ 为样本集 S 的熵减去按属性 A 划分 S 后的样本子集的熵，即

$$\text{Gain}(S, A) = \text{Entropy}(S) - \text{Entropy}_A(S)$$

按属性 A 划分 S 后的样本子集的熵定义如下：假定属性 A 有 k 个不同的取值，从而将 S 划

分为 k 个样本子集 $\{S_1, S_2, \cdots, S_k\}$，则按属性 A 划分 S 后的样本子集的信息熵为

$$\text{Entropy}_A(S) = \sum_{i=1}^{k} \frac{|S_i|}{|S|} \text{Entropy}(S_i)$$

其中，$|S_i|$（$i = 1, 2, \cdots k$）为样本子集 S_i 中包含的样本数，$|S|$ 为样本集 S 中包含的样本数。

信息增益越大，说明使用属性 A 划分后的样本子集越纯，越有利于分类。

【例 3-3】 以表 3-2 为例，设该数据集为 S，假定用属性 wind 来划分 S，求 S 对属性 wind 的信息增益。

解答：

<1> 首先由例 3-2 计算得到数据集 S 的熵值为 0.94。

<2> 属性 wind 有 2 个可能的取值 {weak, strong}，它将 S 划分为 2 个子集 $\{S_1, S_2\}$。S_1 为 wind 属性取值为 weak 的样本子集，共有 8 个样本；S_2 为 wind 属性取值为 strong 的样本子集，共有 6 个样本。下面分别计算样本子集 S_1 和 S_2 的熵。

对样本子集 S_1，play ball=yes 的有 6 个样本，play ball=no 的有 2 个样本，则

$$\text{Entropy}(S_1) = -\frac{6}{8} \log_2 \frac{6}{8} - \frac{2}{8} \log_2 \frac{2}{8} = 0.811$$

对样本子集 S_2，play ball=yes 的有 3 个样本，play ball=no 的有 3 个样本，则

$$\text{Entropy}(S_2) = -\frac{3}{6} \log_2 \frac{3}{6} - \frac{3}{6} \log_2 \frac{3}{6} = 1$$

利用属性 wind 划分 S 后的熵为：

$$\text{Entropy}_{\text{wind}}(S) = \sum_{i=1}^{k} \frac{|S_i|}{|S|} \text{Entropy}(S_i) = \frac{|S_1|}{|S|} \text{Entropy}(S_1) + \frac{|S_2|}{|S|} \text{Entropy}(S_2)$$

$$= \frac{8}{14} \text{Entropy}(S_1) + \frac{6}{14} \text{Entropy}(S_2) = 0.571 \times 0.811 + 0.428 \times 1 = 0.891$$

按属性 wind 划分数据集 S 所得的信息增益值为

$$\text{Gain}(S, wind) = \text{Entropy}(S) - \text{Entropy}_{\text{wind}}(S) = 0.94 - 0.891 = 0.049$$

3. ID3 算法伪代码

ID3 算法的伪代码如下：

```
函数：DT(S,F)
输入：训练集数据 S，训练集数据属性集合 F
输出：ID3 决策树
（1）if 样本 S 全部属于同一个类别 C then
（2）    创建一个叶节点，并标记类标号为 C；
（3）    return；
（4）else
（5）    计算属性集 F 中每个属性的信息增益，假定增益值最大的属性为 A；
（6）    创建节点，取属性 A 为该节点的决策属性；
（7）    for 节点属性 A 的每个可能的取值 V  do
（8）        为该节点添加一个新的分支，假设 S_V 为属性 A 取值为 V 的样本子集；
（9）        if 样本 S_V 全部属于同一个类别 C then
（10）           为该分支添加一个叶节点，并标记类标号为 C；
（11）       else
```

（13）　　　end if
（11）　　end for
（12）end if

【例 3-4】 以表 3-2 为例，分析 ID3 构建决策树的详细过程。

解答：数据集 weather 具有属性{outlook,temperature,humidity,wind}，每个属性的取值分别为 outlook={sunny,overcast,rain}，temperature ={hot, mild, cool}，humidity={high, normal}，wind={weak,strong}，ID3 对 weather 数据集建立决策树的过程如下：

<1> 首先计算所有属性划分数据集 S 所得的信息增益值，寻找增益值最大的属性作为根节点的最佳决策属性：

$$\text{Entropy}_{\text{outlook}}(S) = \sum_{i=1}^{k} \frac{|S_i|}{|S|} \text{Entropy}(S_i) = \frac{|S_1|}{|S|} \text{Entropy}(S_1) + \frac{|S_2|}{|S|} \text{Entropy}(S_2) + \frac{|S_3|}{|S|} \text{Entropy}(S_3)$$

$$= \frac{5}{14}\left(-\frac{2}{5}\log_2\frac{2}{5} - \frac{3}{5}\log_2\frac{3}{5}\right) + \frac{4}{14}\left(-\frac{4}{4}\log_2\frac{4}{4} - \frac{0}{4}\log_2\frac{0}{4}\right) + \frac{5}{14}\left(-\frac{3}{5}\log_2\frac{3}{5} - \frac{2}{5}\log_2\frac{2}{5}\right)$$

$$= 0.694$$

$$\text{Gain}(S, \text{outlook}) = \text{Entropy}(S) - \text{Entropy}_{\text{outlook}}(S) = 0.94 - 0.694 = 0.246$$

$$\text{Entropy}_{\text{temperature}}(S) = \sum_{i=1}^{k} \frac{|S_i|}{|S|} \text{Entropy}(S_i) = \frac{|S_1|}{|S|} \text{Entropy}(S_1) + \frac{|S_2|}{|S|} \text{Entropy}(S_2) + \frac{|S_3|}{|S|} \text{Entropy}(S_3)$$

$$= \frac{4}{14}\left(-\frac{2}{4}\log_2\frac{2}{4} - 2\log_2\frac{2}{4}\right) + \frac{6}{14}\left(-\frac{4}{6}\log_2\frac{4}{6} - \frac{2}{6}\log_2\frac{2}{6}\right) + \frac{4}{14}\left(-\frac{3}{4}\log_2\frac{3}{4} - \frac{1}{4}\log_2\frac{1}{4}\right)$$

$$= 0.911$$

$$\text{Gain}(S, \text{temperature}) = \text{Entropy}(S) - \text{Entropy}_{\text{temperature}}(S) = 0.94 - 0.911 = 0.029$$

$$\text{Entropy}_{\text{humidity}}(S) = \sum_{i=1}^{k} \frac{|S_i|}{|S|} \text{Entropy}(S_i) = \frac{|S_1|}{|S|} \text{Entropy}(S_1) + \frac{|S_2|}{|S|} \text{Entropy}(S_2)$$

$$= \frac{7}{14}\left(-\frac{3}{7}\log_2 3 - \frac{4}{7}\log_2\frac{4}{7}\right) + \frac{7}{14}\left(-\frac{6}{7}\log_2\frac{6}{7} - \frac{1}{7}\log_2\frac{1}{7}\right)$$

$$= 0.788$$

$$\text{Gain}(S, \text{humidity}) = \text{Entropy}(S) - \text{Entropy}_{\text{humidity}}(S) = 0.94 - 0.788 = 0.152$$

$$\text{Gain}(S, \text{wind}) = 0.049 \quad （见例 3-3）$$

根据计算结果，outlook 属性具有最高信息增益值，被选为根节点的决策属性。

<2> 以 outlook 作为根节点，并以 outlook 的可能取值建立分支。因为 outlook 有 3 个取值，所以对根节点建立 3 个分支 {sunny, overcast, rain}，图 3-2 是以 outlook 为根节点的划分结果。

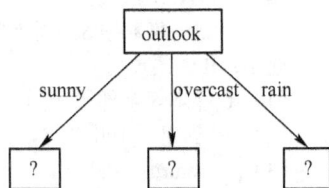

图 3-2　以 outlook 为根结点的划分

<3> 通过计算确定最佳划分根节点 3 个分支的决策属性，即哪些属性分别用来最佳划分根节点的 sunny 分支、overcast 分支和 rain 分支。首先对 outlook 的 sunny 分支建立子树。

找出数据集中 outlook 取值为 sunny 的样本子集 S_{sunny}，如表 3-3 所示，然后依次计算剩下三个属性对该样本子集 S_{sunny} 划分后的信息增益。

表 3-3　weather 数据集中 outlook 取值为 sunny 的数据子集 S_{sunny}

outlook	temperature	humidity	wind	play ball
sunny	hot	high	weak	no
sunny	hot	high	strong	no
sunny	mild	high	weak	no
sunny	cool	normal	weak	yes
sunny	mild	normal	strong	yes

在样本子集 S_{sunny} 中，类标号信息为：play ball=yes 的比率为 2/5，play ball=no 的比率为 3/5，因此子集 S_{sunny} 的熵为

$$\text{Entropy}(S_{sunny}) = \text{Entropy}\left(\frac{3}{5}, \frac{2}{5}\right) = -\frac{3}{5}\log\frac{3}{5} - \frac{2}{5}\log\frac{2}{5} = 0.971$$

① 属性 humidity 在数据子集 S_{sunny} 中有 2 个取值{high,normal}，且不同取值下类标号取值相同，即

$$\text{Entropy}_{humidity}(S_{sunny}) = \sum_{i=1}^{k} \frac{|S_i|}{|S_{sunny}|} \text{Entropy}(S_i) = \frac{|S_1|}{|S_{sunny}|}\text{Entropy}(S_1) + \frac{|S_2|}{|S_{sunny}|}\text{Entropy}(S_2)$$
$$= \frac{3}{5}*0 + \frac{2}{5}*0 = 0$$

因此，属性 humidity 划分子集 S_{sunny} 的信息增益值为

$$\text{Gain}(S_{sunny}, \text{humidity}) = \text{Entropy}(S_{sunny}) - \text{Entropy}_{humidity}(S_{sunny})$$
$$= 0.971 - 0 = 0.971$$

② 属性 temperature 在数据子集 S_{sunny} 中有 3 个取值{hot,mild,cool}，其熵值为

$$\text{Entropy}_{temperature}(S_{sunny}) = \sum_{i=1}^{k} \frac{|S_i|}{|S_{sunny}|} Entropy(S_i)$$
$$= \frac{|S_1|}{|S_{sunny}|}\text{Entropy}(S_1) + \frac{|S_2|}{|S_{sunny}|}\text{Entropy}(S_2) + \frac{|S_3|}{|S_{sunny}|}\text{Entropy}(S_3)$$
$$= \frac{2}{5} \times 0 + \frac{2}{5} \times \left(-\frac{1}{2} \times \log\frac{1}{2} - \frac{1}{2} \times \log\frac{1}{2}\right) + \frac{1}{5} \times 0 = 0.4$$

因此，属性 temperature 划分子集 S_{sunny} 的信息增益值为

$$\text{Gain}(S_{sunny}, \text{temperature}) = \text{Entropy}(S_{sunny}) - \text{Entropy}_{temperature}(S_{sunny})$$
$$= 0.971 - 0.4 = 0.571$$

③ 属性 wind 在数据子集 S_{sunny} 中有 2 个取值{weak，strong}，其熵值为

$$\text{Entropy}_{wind}(S_{sunny}) = \sum_{i=1}^{k} \frac{|S_i|}{|S_{sunny}|} \text{Entropy}(S_i) = \frac{|S_1|}{|S_{sunny}|}\text{Entropy}(S_1) + \frac{|S_2|}{|S_{sunny}|}\text{Entropy}(S_2)$$
$$= \frac{3}{5} \times \left(-\frac{1}{3} \times \log\frac{1}{3} - \frac{2}{3} \times \log\frac{2}{3}\right) + \frac{2}{5}\left(-\frac{1}{2} \times \log\frac{1}{2} - \frac{1}{2} \times \log\frac{1}{2}\right) = 0.6$$

因此，属性 wind 划分子集 S_{sunny} 的信息增益值为

$$\text{Gain}(S_{sunny}, \text{wind}) = \text{Entropy}(S_{sunny}) - \text{Entropy}_{wind}(S_{sunny})$$
$$= 0.971 - 0.6 = 0.371$$

根据计算结果知道，humidity 具有最高信息增益值，因此它被选为 outlook 节点下 sunny 分

支节点的决策属性，图 3-3 为 sunny 分支的划分过程。

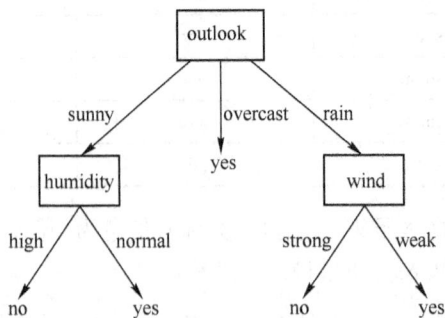

　　<4> 以同样的方法依次对 outlook 的 overcast 分支和 rain 分支建立子树，最后得到一棵决策树如图 3-4 所示，具体计算过程留给读者。

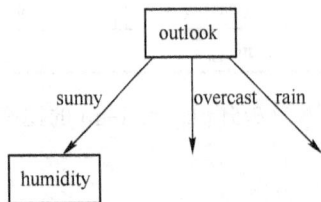

图 3-3　sunny 分支的划分　　　图 3-4　weather 数据集的 ID3 决策树

　　依据建好的决策树，预测未知样本 X={rain, hot, normal, weak, ?}在类标号属性 play ball 上所属的分类。方法如下：首先匹配根节点 outlook，样本 X 取值为 rain，测试结果为当前节点的 rain 分支，于是往下匹配 wind 节点，样本 X 取值为 weak，测试结果为当前节点的 weak 分支，往下到达叶节点，类标号取值为 yes，即样本 X 的 play ball 属性预测结果为 yes。

4. ID3 算法的优缺点分析

　　ID3 算法采用一种自顶向下、贪婪的搜索方法。ID3 搜索的假设空间是可能的决策树的集合，搜索目的是构造与训练数据一致的决策树，搜索策略是爬山法，在构造决策树时从简单到复杂，用信息熵作为爬山法的评价函数。算法的核心在于决策树各级节点属性的选择，用信息增益作为属性选择的标准，使得在每个非叶节点进行测试时能获得关于被测数据最大的类别信息，使得该属性将数据集划分为子集后系统的熵值最小。

　　ID3 算法的优点是理论清晰，方法简单，学习能力较强，也存在一些需要改进的缺点：

　　① ID3 算法只能处理分类属性数据，无法处理连续型数据。

　　② ID3 算法对测试属性的每个取值相应产生一个分支，且划分相应的数据样本集，这样的划分会导致产生许多小的子集。随着子集被划分得越来越小，划分过程将会由于子集规模过小所造成的统计特征不充分而停止。

　　③ ID3 算法中使用信息增益作为决策树节点属性选择的标准，由于信息增益在类别值多的属性上计算结果大于类别值少的属性上计算结果，这将导致决策树算法偏向选择具有较多分枝的属性，因而可能过度拟合。在极端情况下，如果某个属性对于训练集中的每个元组都有一个唯一的值，则认为该属性是最好的，这是因为对于每个划分都只有一个元组（因此也是一类）。

3.2.4　C4.5 分类算法

　　基于 ID3 算法中存在的不足，Quinlan 于 1993 年对其做出改进，提出了改进的决策树分类算法 C4.5，该算法继承了 ID3 算法的优点，并在以下几方面对 ID3 算法进行了改进：

　　① 能够处理连续型属性数据和离散型属性数据。

　　② 能够处理具有缺失值的数据。

　　③ 使用信息增益率作为决策树的属性选择标准。

④ 对生成的树进行剪枝处理，以获取简略的决策树。

⑤ 从决策树到规则的自动产生。

C4.5 后续发展为商用的 C5.0，它在 C4.5 的基础上继续做了一些改进，如：使用提升技术，生成一系列决策树，然后集体投票决定分类结果；支持新的数据类型，如日期等；规则集没有先后顺序，而是所有匹配规则进行投票，更易解释。

下面先对 C4.5 算法所涉及的概念进行详细描述，然后简单介绍 C4.5 几方面改进的内容。

1. C4.5 算法所涉及的概念描述

假定 S 为训练集，目标属性 C 具有 m 个可能的取值，$C=\{C_1,C_2,\cdots,C_m\}$，即训练集 S 的目标属性具有 m 个类标号值 $C_1,C_2,\cdots,C_m$。C4.5 算法所涉及的概念描述如下：

<1> 假定训练集 S 中，C_i 在所有样本中出现的频率为 $p_i(i=1,2,3,\cdots,m)$，则该集合 S 所包含的信息熵为

$$Entropy(S) = -\sum_{i=1}^{m} p_i \log_2 p_i$$

<2> 设用属性 A 来划分 S 中的样本，计算属性 A 对集合 S 的划分熵值 $Entropy_A(S)$。

如果属性 A 为离散型数据，并具有 k 个不同的取值，则属性 A 依据这 k 个不同取值将 S 划分为 k 个子集 $\{S_1,S_2,\cdots,S_k\}$，属性 A 划分 S 的信息熵为 $Entropy_A(S) = \sum_{i=1}^{k} \frac{|S_i|}{|S|} Entropy(S_i)$，其中 $|S_i|$ 和 $|S|$ 分别是 S_i 和 S 中包含的样本个数。

如果属性 A 为连续型数据，则按属性 A 的取值递增排序，将每对相邻值的中点看做可能的分裂点，对每个可能的分裂点，计算 $Entropy_A(S) = \frac{|S_L|}{|S|} Entropy(S_L) + \frac{|S_R|}{|S|} Entropy(S_R)$。其中，$S_L$ 和 S_R 分别对应于该分裂点划分的左右两部分子集，选择 $Entropy_A(S)$ 值最小的分裂点作为属性 A 的最佳分裂点，并以该最佳分裂点按属性 A 对集合 S 的划分熵值作为属性 A 划分 S 的熵值。

<3> C4.5 以信息增益率作为选择标准，不仅考虑信息增益的大小程度，还兼顾考虑为获得信息增益所付出的"代价"。

C4.5 通过引入属性的分裂信息来调节信息增益，分裂信息定义为

$$SplitE(A) = -\sum_{i=1}^{k} \frac{|S_i|}{|S|} \log_2 \frac{|S_i|}{|S|}$$

信息增益率定义为

$$GainRatio(A) = \frac{Gain(A)}{SplitE(A)}$$

这样如果某个属性有较多的分类取值，则它的信息熵会偏大，但信息增益率由于考虑了分裂信息而降低，进而消除了属性取值数目所带来的影响。

2. C4.5 算法对缺失数据的处理

由于决策树中节点的测试输出决定于单个属性的不同取值，当训练集或测试集中的某个样本数据的测试属性值未知，就无法得到当前节点的测试输出，因此 ID3 算法不允许训练集和测试集中存在缺失数据。对数据缺失值的处理，通常有如下两种方法。

（1）方法一：抛弃数据集中具有缺失值的数据

当数据集中只有少量缺失值数据的情况下，可以抛弃具有缺失值的数据，但是当数据集中存在大量缺失值时不能采用这种方法。

（2）方法二：以某种方式填充缺失的数据

如以该属性中最常见值或平均值替代该缺失值，或者以与缺失值样本所对应的类标号属性值相同的样本中该缺失值属性的最常见值或平均值来代替。

在 C4.5 算法中采用概率的方法，为缺失值的每个可能值赋予一个概率，而不是简单地将最常见的值替代该缺失值。改进对信息增益、分裂信息的计算方法，使得算法能够继续依据信息增益率来选择决策树中非叶节点的划分属性。方法基本描述如下：假定 S 为训练集，属性 A 在样本集中存在部分缺失值，属性 A 的信息增益计算方法改为 Gain(A)＝属性 A 在样本集中不空值的比率×(Entropy(S) － Entropy$_A$(S))。在属性 A 的分裂信息的定义中，将属性 A 未知的样本子集作为额外的子集 S_{unkown}，即将缺失值看成一个类别，分裂信息按照公式 SplitE(A)＝ $-\sum_{i=1}^{k} \frac{|S_i|}{|S|} \log_2 \frac{|S_i|}{|S|} - \frac{|S_{unknow}|}{|S|} \log_2 \frac{|S_{unknow}|}{|S|}$ 进行计算。

3. C4.5 算法对决策树的剪枝处理

构建决策树需要递归调用属性的划分方法，直到划分后训练集的每个样本子集中的全部样本都属于同一个类标号，或者直到没有可以使用的测试为止。其结果往往是得到一棵非常复杂且过度拟合（overfitting）训练数据的决策树，这是因为划分属性并不能捕获与类标号信息相关的所有信息。导致所得到的决策树对测试样本的分类结果不能令人满意，因此需要对所产生的决策树进行剪枝。

决策树剪枝的原则是去除对未知样本预测准确度低的子树，建立复杂度较低且容易理解的树。通常有两种基本方法来简化决策树，一种是在一定条件下停止子树的划分，也称为预剪枝（prepruning）方法，另一种是对完全生长后的树进行剪枝（pruning），也称为后剪枝（postpruning）方法。前一种方法的优点在于不需要额外的时间单独对树进行剪枝，但由于该方法对不同领域数据表现结果不是很一致，在 C4.5 算法和 CART 算法中，均采用后剪枝的方法。

后剪枝方法通常是分析完全生长后的树，将一个或多个子树删除，并以某个或多个叶节点替换，C4.5 中还允许子树以它的某个分支代替。其基本过程描述如下：首先从树的底端即叶节点开始，检查每个非叶节点，如果以某个叶节点或其子节点中使用频率最高的子节点替换该非叶节点后，将使得整个决策树的预测误差率降低，则做相应的剪枝。图 3-5 展示了分类算法 C4.5 在 UCI[1] 公共数据集上下载得到的国会投票数据集（voting-records）上建立的决策树的部分剪枝结果。注意，决策树中节点通常使用(N,E)来表示，其中 N 表示该节点处包含的样本个数，E 为预测错误的样本个数。

C4.5 中决策树的剪枝关键是错误率即误差的估计及剪枝标准的设置。C4.5 的剪枝基本思路是针对每个节点，以其中的众数类别作为预测类别。设第 i 个节点中包含 N_i 个样本，有 E_i 个预测错误的样本，于是利用观测到的错误率 $f_i = E_i/N_i$。在近似正态分布假设的基础上，对该节点的真实误差 e_i 进行估计。

---

[1] 机器学习公开数据集，网址：http://archive.ics.uci.edu/ml

```
剪枝前：

Physician fee freeze=n;
|   adoption of budget resolution=y: democrat(151,0)
|   adoption of the budget resolution=u: democrat(1,0)
|   adoption of the budget resolution=n
|   |   education spending=n: democrat(6,0)
|   |   education spending=y: democrat(9,0)
|   |   education spending=u: republican(1,0)
Physician fee freeze=y:
|   synfuels corporation cutback=n: republican(97,3)
|   synfuels corporation cutback=u: republican(4,0)
|   synfuels corporation cutback=y:
|   |   duty free exports=y: democrat(2,0)
|   |   duty free exports=u: republican(1,0)
|   |   duty free exports=n:
|   |   |   education spending=n: democrat(5,2)
|   |   |   education spending=y: republican(13,2)
|   |   |   education spending=u: democrat(1,0)
Physician fee freeze=u:
|   water project cost sharing=n: democrat(0,0)
|   water project cost sharing=y: democrat(4,0)
|   water project cost sharing=u:
|   |   mx missile=n: republican(0,0)
|   |   mx missile=y: democrat(3,1)
|   |   mx missile=u: republican(2,0)

剪枝后：

physician fee freeze=n: democrat(168,2.6)
physician fee freeze=y: republican(123,13.9)
physician fee freeze=u:
|   mx missile=n: democrat(3,1.1)
|   mx missile=y: democrat(4,2.2)
|   mx missile=u: republican(2,1)
```

图 3-5　分类算法 C4.5 在国会投票数据集上的剪枝结果

由于估计是在训练样本上，因此给出一个置信度 1-α，于是真实误差率的置信区间为

$$P(\frac{|f_i - e_i|}{\sqrt{\frac{f_i(1-f_i)}{N_i}}} < z_{\frac{\alpha}{2}}) = 1 - \alpha$$

其中，$z_{\frac{\alpha}{2}}$ 为临界值，可得第 i 个节点真实误差的估计上限，即悲观估计为

$$e_i = f_i + z_{\frac{\alpha}{2}}\sqrt{\frac{f_i(1-f_i)}{N_i}}$$

当 α 为 0.25 时（C4.5 中默认值），$z_{\frac{\alpha}{2}} = 1.15$。

当得到误差估计后，C4.5 按照减少误差的方法判断是否剪枝。首先计算待剪子树中叶节点的加权误差，然后与父节点的误差进行比较，如果叶节点加权误差大于父节点误差，则可以剪掉叶节点，否则不能剪掉。例如，以图 3-5 中未剪枝树的某个分支 adoption of the budget resolution=n 为例，其下有 3 个叶子节点：

```
adoption of the budget resolution=n:                              //剪枝前
    education spending=n: democrat(6,0)
    education spending=y: democrat(9,0)
    education spending=u: republican(1,0)
```

对第一个叶节点 education spending=n: democrat(6)，假定按照 C4.5 的默认置信区间 25%，并按照悲观估计公式来计算，这 3 个叶子节点的预测误差率分别为 0.206、0.143、0.750，因此子树 adoption of the budget resolution=n 的叶子节点加权预测误差值为

$$\frac{6}{16}\times0.206+\frac{9}{16}\times0.143+\frac{1}{16}\times0.750=0.204$$

如果以叶节点类标号值为 democrat 替换该子树，则正确覆盖 16 个样本，存在 1 个误差，相应的预测误差率为 $\frac{16}{17}\times0.157=0.147$。由于已有子树的误差率高于替换后的误差率，因此将该子树进行剪枝去除并用 democrat 叶节点替换，结果如下：

```
adoption of the budget resolution=n:democrat(16,1)                //剪枝后
```

4. C4.5 算法描述

C4.5 算法的基本描述如下：

<1> 对数据集进行预处理，对连续型属性按照基于信息熵的方法找到数据的最佳分裂点。

<2> 计算每个属性的信息增益率，选取信息增益率最大的属性作为决策节点的划分属性。

<3> 对决策节点属性的每个可能取值所对应的样本子集递归地执行步骤<2>，直到划分的每个子集中的观测数据都属于同一个类标号，最终生成决策树。

<4> 对完全生长的决策树进行剪枝，得到优化后的决策树。

<5> 从剪枝后的决策树中提取分类规则，对新的数据集进行分类。

C4.5 决策树的建立过程可以分为两个过程，首先使用训练集数据依据 C4.5 树生长算法构建一棵完全生长的决策树，然后对树进行剪枝，最后得到一棵最优决策树。下面分别给出 C4.5 决策树的生长算法以及剪枝算法的伪代码。

C4.5 决策树的生长阶段算法伪代码如下：

```
函数名：CDT(S,F)
输入：训练集数据 S，训练集数据属性集合 F
输出：一棵未剪枝的 C4.5 决策树
（1）if 样本 S 全部属于同一个类别 C  then
（2）      创建一个叶节点，并标记类标号为 C；
（3）      return；
（4）else
（5）      计算属性集 F 中每个属性的信息增益率，假定增益率值最大的属性为 A；
（6）      创建节点，取属性 A 为该节点的决策属性；
（7）      for 节点属性 A 的每个可能的取值 V  do
（8）            为该节点添加一个新的分支，假设 S_V 为属性 A 取值为 V 的样本子集；
（9）            if 样本 S_V 全部属于同一个类别 C then
（10）                为该分支添加一个叶节点，并标记为类标号为 C；
（11）            else
（12）                递归调用 CDT(S_V,F-{A})，为该分支创建子树；
```

```
（13）        end if
（14）    end for
（15） end if
```

C4.5 决策树的剪枝处理阶段算法伪代码如下：

```
函数名：Prune(node)
输入：待剪枝子树 node
输出：剪枝后的子树
（1）计算待剪子树 node 中叶节点的加权估计误差 leafError；
（2）if 待剪子树 node 是一个叶节点 then
（3）      return 叶节点误差；
（4）else
（5）      计算 node 的子树误差 subtreeError；
（6）      计算 node 的分支误差 branchError 为该节点中频率最大一个分支误差
（7）      if leafError 小于 branchError 和 subtreeError then
（8）          剪枝，设置该节点为叶节点；
（9）          error=leafError；
（10）    else if branchError 小于 leafError 和 subtreeError then
（11）          剪枝，以该节点中频率最大那个分支替换该节点；
（12）          error=branchError；
（13）    else
（14）          不剪枝
（15）          error=subtreeError；
（16）          return error；
（17）      end if
（18）end if
```

C4.5 的剪枝算法 CDT 被递归调用，从树的叶节点开始从下往上，逐渐删除或替换树的某些分支，以最小化预测误差，最后得到一课剪枝后的 C4.5 决策树。

5. C4.5 算法示例

【例 3-5】 以表 3-2 中的 weather 数据集（全部为分类属性）为例，分析 C4.5 构建决策树的详细过程。

解答：数据集 weather 具有属性{outlook,temperature,humidity,wind}，每个属性的取值分别为 outlook={sunny,overcast,rain}，temperature={hot,mild,cool}，humidity={high,normal}，wind={weak,strong}，C4.5 对 weather 数据集建立决策树的过程如下：

<1> 采用例 3-4 方法，计算所有属性划分数据集 S 所得的信息增益分别如下：

$$Gain(S, outlook) = 0.246$$

$$Gain(S, temperature) = 0.029$$

$$Gain(S, humidity) = 0.152$$

$$Gain(S, wind) = 0.049$$

<2> 计算各属性的分裂信息和信息增益率。

对 outlook 属性，取值为 overcast 的样本有 4 条，取值为 rain 的样本有 5 条，取值为 sunny 的样本有 5 条，则

$$\text{SplitE}_{\text{outlook}} = -\frac{5}{14}\log_2\frac{5}{14} - \frac{4}{14}\log_2\frac{4}{14} - \frac{5}{14}\log_2\frac{5}{14} = 1.576$$

$$\text{GainRatio}_{\text{outlook}} = \frac{\text{Gain}_{\text{outlook}}}{\text{SplitE}_{\text{outlook}}} = 0.44$$

对 temperature 属性，取值为 cool 的样本有 4 条，取值为 hot 的样本有 4 条，取值为 mild 的有 6 条，则

$$\text{SplitE}_{\text{temperature}} = -\frac{4}{14}\log_2\frac{4}{14} - \frac{4}{14}\log_2\frac{4}{14} - \frac{6}{14}\log_2\frac{6}{14} = 1.556$$

$$\text{GainRatio}_{\text{temperature}} = \frac{\text{Gain}_{\text{temperature}}}{\text{SplitE}_{\text{temperature}}} = \frac{0.029}{1.556} = 0.019$$

对 humidity 属性，取值为 high 的样本有 7 条，取值为 normal 的样本有 7 条，则

$$\text{SplitE}_{\text{humidity}} = -\frac{7}{14}\log_2\frac{7}{14} - \frac{7}{14}\log_2\frac{7}{14} = 1$$

$$\text{GainRatio}_{\text{humidity}} = \frac{\text{Gain}_{\text{humidity}}}{\text{SplitE}_{\text{humidity}}} = \frac{0.152}{1} = 0.152$$

对 wind 属性，取值为 weak 的样本有 8 条，取值为 strong 的样本有 6 条，则

$$\text{SplitE}_{\text{wind}} = -\frac{8}{14}\log_2\frac{8}{14} - \frac{6}{14}\log_2\frac{6}{14} = 0.985$$

$$\text{GainRatio}_{\text{wind}} = \frac{\text{Gain}_{\text{wind}}}{\text{SplitE}_{\text{wind}}} = \frac{0.049}{0.985} = 0.0497$$

可以看出，outlook 属性的信息增益率是最大的，所以选择 outlook 属性作为决策树的根节点，产生 3 个分支，结果如图 3-6 所示。

<3> 计算确定最佳划分根节点 3 个分支的决策属性，即确定哪些属性分别用来最佳划分根节点的 sunny 分支、overcast 分支和 rain 分支。

首先对 outlook 的 sunny 分支建立子树，找出数据集 weather 中 outlook 取值为 sunny 的样本子集 S_{sunny}，如表 3-4 所示，然后依次计算剩下三个属性对该样本子集 S_{sunny} 划分后的信息增益率。

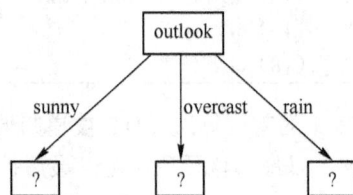

图 3-6　以 outlook 为根结点的划分

表 3-4　weather 数据集中 outlook 取值为 sunny 的数据子集 S_{sunny}

outlook	temperature	humidity	wind	play ball
sunny	hot	high	weak	no
sunny	hot	high	strong	no
sunny	mild	high	weak	no
sunny	cool	normal	weak	yes
sunny	mild	normal	strong	yes

根据例 3-4，在样本子集 S_{sunny} 中：

① 属性 humidity 划分子集 S_{sunny} 的信息增益、分裂信息及信息增益率为：

$$\text{Gain}(S_{\text{sunny}}, \text{humidity}) = 0.971$$

$$\text{SplitE}(S_{\text{Sunny}}, \text{humidity}) = -\frac{3}{5}\log_2\frac{3}{5} - \frac{2}{5}\log_2\frac{2}{5} = 0.971$$

$$\text{GainRatio}(S_{\text{sunny}}, \text{humidity}) = \frac{\text{Gain}(S_{\text{sunny}}, \text{humidity})}{\text{SplitE}(S_{\text{sunny}}, \text{humidity})} = \frac{0.971}{0.971} = 1$$

② 属性 temperature 划分子集 S_{sunny} 的信息增益、分裂信息及信息增益率为：

$$\text{Gain}(S_{\text{sunny}}, \text{temperature}) = 0.571$$

$$\text{SplitE}(S_{\text{Sunny}}, \text{temperature}) = -\frac{2}{5}\log_2\frac{2}{5} - \frac{2}{5}\log_2\frac{2}{5} - \frac{1}{5}\log_2\frac{1}{5} = 1.521$$

$$\text{GainRatio}(S_{\text{sunny}}, \text{temperature}) = \frac{\text{Gain}(S_{\text{sunny}}, \text{temperature})}{\text{SplitE}(S_{\text{sunny}}, \text{temperature})} = \frac{0.571}{1.521} = 0.375$$

③ 属性 wind 划分子集 S_{sunny} 的信息增益、分裂信息及信息增益率为：

$$\text{Gain}(S_{\text{sunny}}, \text{temperature}) = 0.371$$

$$\text{SplitE}(S_{\text{sunny}}, \text{wind}) = -\frac{3}{5}\log_2\frac{3}{5} - \frac{2}{5}\log_2\frac{2}{5} = 0.971$$

$$\text{GainRatio}(S_{\text{sunny}}, \text{wind}) = \frac{\text{Gain}(S_{\text{sunny}}, \text{wind})}{\text{SplitE}(S_{\text{sunny}}, \text{wind})} = \frac{0.371}{0.971} = 0.382$$

根据计算结果知道 humidity 具有最高信息增益率，因此它被选为 outlook 节点下 sunny 分支节点的决策属性，图 3-7 为 sunny 分支的划分过程。

<4> 接下来计算确定最佳划分根节点 outlook 的 overcast 分支。首先找出数据集 weather 中 outlook 取值为 overcast 的样本子集 S_{overcast} 如表 3-5 所示，显然子集 S_{overcast} 中全部取类标号 yes，因此给该分支增加一个叶节点，类标号为 yes，结果如图 3-6 所示。

表 3-5 weather 数据集中 outlook 取值为 overcast 的数据子集 S_{overcast}

outlook	temperature	humidity	wind	play ball
overcast	hot	high	weak	yes
overcast	cool	normal	strong	yes
overcast	mild	high	strong	yes
overcast	hot	normal	weak	yes

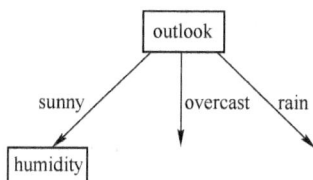

图 3-7 sunny 分支的划分

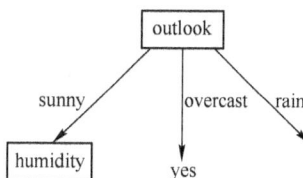

图 3-8 overcast 分支的划分

<5> 计算确定最佳划分根节点 outlook 的 rain 分支。首先找出数据集 weather 中 outlook 取

值为 rain 的样本子集 S_{rain}，如表 3-6 所示。在 $S_{overcast}$ 中，Play ball 取 yes 的有 3 个，取 no 的有 2 个。分别计算剩余属性{temperature,wind}对 $S_{overcast}$ 划分后的信息增益率，取信息增益率大的那个属性作为该节点的决策属性，计算结果如下：

表 3-6　weather 数据集中 outlook 取值为 rain 的数据子集 S_{rain}

outlook	temperature	humidity	wind	play ball
rain	mild	high	weak	yes
rain	cool	normal	weak	yes
rain	cool	normal	strong	no
rain	mild	normal	weak	yes
rain	mild	high	strong	no

① $\text{Entropy}(S_{rain}) = \text{Entropy}\left(\dfrac{3}{5}, \dfrac{2}{5}\right) = -\dfrac{3}{5}\log\dfrac{3}{5} - \dfrac{2}{5}\log\dfrac{2}{5} = 0.971$

② 属性 temperature 划分子集 S_{rain} 的信息增益、分裂信息及信息增益率为

$$\text{Entropy}_{temperature}(S_{rain}) = \sum_{i=1}^{k}\frac{|S_i|}{|S|}\text{Entropy}(S_i) = \frac{|S_1|}{|S|}\text{Entropy}(S_1) + \frac{|S_2|}{|S|}\text{Entropy}(S_2)$$

$$= \frac{3}{5}\left(-\frac{2}{3}\log_2\frac{2}{3} - \frac{1}{3}\log_2\frac{1}{3}\right) + \frac{2}{5}\left(-\frac{1}{2}\log_2\frac{1}{2} - \frac{1}{2}\log_2\frac{1}{2}\right)$$

$$= 0.9509$$

$$\text{Gain}(S_{rain}, temperature) = \text{Entropy}(S_{rain}) - \text{Entropy}_{temperature}(S_{rain}) = 0.971 - 0.9509 = 0.02$$

$$\text{SplitE}(S_{rain}, temperature) = -\frac{3}{5}\log\frac{3}{5} - \frac{2}{5}\log\frac{2}{5} = 0.971$$

$$\text{GainRatio}(S_{rain}, temperature) = \frac{\text{Gain}(S_{rain}, temperature)}{\text{SplitE}(S_{rain}, temperature)} = \frac{0.02}{0.971} = 0.0205$$

③ 属性 wind 划分子集 S_{rain} 的信息增益、分裂信息及信息增益率为

$$\text{Entropy}_{wind}(S_{rain}) = \sum_{i=1}^{k}\frac{|S_i|}{|S|}\text{Entropy}(S_i) = \frac{|S_1|}{|S|}\text{Entropy}(S_1) + \frac{|S_2|}{|S|}\text{Entropy}(S_2)$$

$$= \frac{3}{5}\times 0 + \frac{2}{5}\times 0$$

$$= 0$$

$$\text{Gain}(S_{rain}, wind) = \text{Entropy}(S_{rain}) - \text{Entropy}_{wind}(S_{rain}) = 0.971 - 0 = 0.971$$

$$\text{SplitE}(S_{rain}, wind) = -\frac{3}{5}\log\frac{3}{5} - \frac{2}{5}\log\frac{2}{5} = 0.971$$

$$\text{GainRatio}(S_{rain}, wind) = \frac{\text{Gain}(S_{rain}, wind)}{\text{SplitE}(S_{rain}, wind)} = \frac{0.971}{0.971} = 1$$

根据计算结果知道，wind 具有最高信息增益率，因此它被选为 outlook 节点下 rain 分支节点的决策属性，图 3-9 为 rain 分支的划分过程。

<6> 分别对 humidity 和 wind 两个节点递归使用该方法，最终通过 C4.5 算法得到的 C4.5 决策树结果如图 3-10 所示。

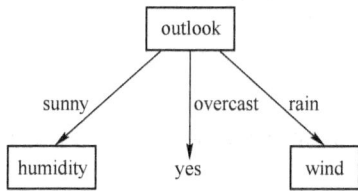

图 3-9 rain 分支的划分

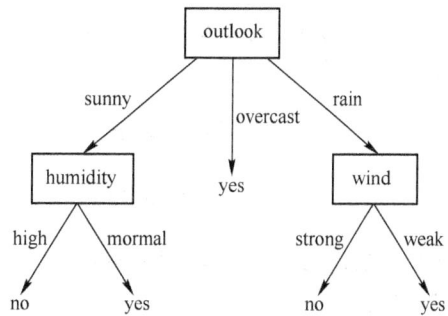

图 3-10 weather 数据集的 C4.5 决策树

【例 3-6】 根据 C4.5 算法对表 3-1 中的数据集（包含数值属性）进行训练，建立一棵 C4.5 决策树。

解答：

<1> 计算样本集 S 的信息熵

$$\text{Entropy}(S) = -\frac{7}{10}\log_2\frac{7}{10} - \frac{3}{10}\log_2\frac{3}{10} = 0.88$$

<2> 计算各属性对样本集的信息熵和信息增益。这里仅列举属性"是否有房"对样本的信息熵，先分别计算该属性 yes、no 所包含的信息熵。"是否有房"属性值 yes 对应 3 条记录，其中"是否拖欠贷款"为 yes 的有 0 条，no 的有 3 条。"是否有房"属性值 no 对应 7 条记录，其中"是否拖欠贷款"为 yes 的有 3 条，为 no 的有 4 条。

$$\text{Entropy}(S_{\text{yes}}) = -\frac{0}{3}\log_2\frac{0}{3} - \frac{3}{3}\log_2\frac{3}{3} = 0$$

$$\text{Entropy}(S_{\text{no}}) = -\frac{3}{7}\log_2\frac{3}{7} - \frac{4}{7}\log_2\frac{4}{7} = 0.98$$

$$\text{Entropy}_{是否有房}(S) = \frac{3}{10}\text{Entropy}(S_{\text{yes}}) + \frac{7}{10}\text{Entropy}(S_{\text{no}}) = 0.68$$

$$\text{Gain}_{是否有房} = \text{Entropy}(S) - \text{Entropy}_{是否有房}(S) = 0.2$$

<3> 用同样的方法算出 $\text{Gain}_{婚姻状态} = 0.32$。

<4> 针对数值属性"年收入"，先对其进行递增排序，将每对相邻值的中点看做可能的分裂点。对于每个可能的分裂点，计算 $\text{Entropy}_{年收入}(S)$。

表 3-7 C4.5 对连续属性候选划分节点的计算

拖欠贷款	no	no	no	yes	yes	yes	no	no	no	no
年收入	60	70	75	85	90	95	100	120	125	220
相邻值中点		65	72.5	80	87.5	92.5	97.5	110	122.5	172.5
$\text{Entropy}_{年收入}(S)$		0.82	0.76	0.69	0.88	0.84	0.6	0.69	0.76	0.82

以中点 87.5 为例，计算 $\text{Entropy}_{年收入}(S)$。年收入小于 87.5 的记录中，yes 对应 1 条，no 对应 3 条；年收入大于 87.5 的记录中，yes 对应 2 条，no 对应 4 条，则

$$\text{Entropy}_{年收入}(S) = \frac{4}{10}\left(-\frac{1}{4}\log_2\frac{1}{4} - \frac{3}{4}\log_2\frac{3}{4}\right) + \frac{6}{10}\left(-\frac{2}{6}\log_2\frac{2}{6} - \frac{4}{6}\log_2\frac{4}{6}\right) = 0.88$$

选择 $\text{Entropy}_{年收入}(S)$ 值最小的分裂点即 97.5 作为年收入属性的最佳分裂点，因此

$$\text{Gain}_{年收入} = \text{Entropy}(S) - \text{Entropy}_{年收入}(S) = 0.88 - 0.6 = 0.28$$

<5> 计算各属性的分裂信息和信息增益率，对于"是否有房"属性，取值为 yes 的有 3 条，取值为 no 的有 7 条，因此

$$\text{SplitE}_{\text{是否有房}} = -\frac{7}{10}\log_2\frac{7}{10} - \frac{3}{10}\log_2\frac{3}{10} = 0.88$$

$$\text{GainRatio}_{\text{是否有房}} = \frac{\text{Gain}_{\text{是否有房}}}{\text{SplitE}_{\text{是否有房}}} = 0.23$$

对于"婚姻状况"属性，取值为 single 的有 4 条，取值为 married 的有 4 条，取值为 divorced 的有 2 条，因此

$$\text{SplitE}_{\text{婚姻状况}} = -\frac{4}{10}\log_2\frac{4}{10} - \frac{4}{10}\log_2\frac{4}{10} - \frac{2}{10}\log_2\frac{2}{10} = 1.522$$

$$\text{GainRatio}_{\text{婚姻状况}} = \frac{\text{Gain}_{\text{婚姻婚姻}}}{\text{SplitE}_{\text{婚姻婚姻}}} = \frac{0.32}{1.522} = 0.21$$

对于"年收入"属性，分裂点 97.5 将年收入值划分为两个区间，大于 97.5 的有 4 条记录，小于 97.5 的有 6 条记录，因此

$$\text{SplitE}_{\text{年收入}} = -\frac{6}{10}\log_2\frac{6}{10} - \frac{4}{10}\log_2\frac{4}{10} = 0.971$$

$$\text{GainRatio}_{\text{年收入}} = \frac{\text{Gain}_{\text{年收入}}}{\text{SplitE}_{\text{年收入}}} = \frac{0.28}{0.971} = 0.29$$

可以看出，"年收入"属性的信息增益率是最大的，所以选择"年收入"属性作为决策树的根节点，产生 2 个分支，对每个分支重复进行上面的运算过程，即可生成整个决策树，结果如图 3-11 所示。

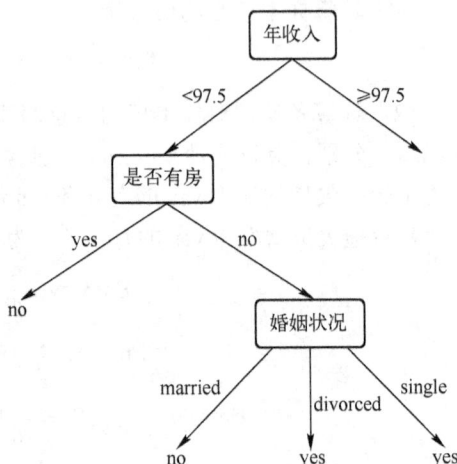

6. C4.5 算法优缺点

与其他分类算法相比，C4.5 分类算法具有如下优点：产生的决策树简单直观、产生的分类规则易于解释和应用，分类准确率较高。其缺点是：在构造树的过程中，需要对数据集进行多次的顺序扫描和排序，因而导致算法的低效。

图 3-11　拖欠银行贷款数据集 C4.5 决策树

C4.5 所产生的决策树不够稳定。例如在文字识别中，用 20000 个样本来训练，C4.5 的误差率为 4%，如果使用多折交叉验证，则误差率会有所增加，这说明训练样本的轻微变化也会对决策树带来很大影响，即不够稳定。因此对于 C4.5 来说，如何生成稳定的、恰当规模的决策树是一个有待解决的问题。

C4.5 的分类精度通常不是最高的。为了提高分类精度，C4.5 的商业应用改进版 C5.0 提出了一些改进方法，可以对一组决策树进行装袋或提升，生成一棵复杂的树，从而提高预测精度。但复杂的树通常难以解释，有时我们需要反过来，把一棵复杂树分解为多棵简单的决策树。此外，C4.5 只适合于能够驻留于内存的数据集，当训练集大得无法在内存容纳时，程序将无法运行。为适应大规模数据集，在 C4.5 后出现了 SLIQ 和 SPRINT 算法。

3.2.5　CART 算法

1. CART 算法介绍

CART（Classification and Regression Tree，分类与回归树）算法，由美国斯坦福大学和加

州大学伯克利分校的 Breiman 等人于 1984 年提出。CART 决策树采用的是二元递归划分方法，能够处理连续属性数据和标称属性作为预测变量和目标变量下的分类，当输出变量是标称属性数据时，所建立的决策树称为分类树（classification tree），用于分类的预测。当输出变量为数值型变量时，所建立的决策树称为回归树（regression tree），用于数值的预测。

分类回归树算法同样包括决策树生长和决策树剪枝两个过程，算法采用一种二分递归分割技术，将当前的样本集分为两个样本子集，使得生成的决策树的每个非叶节点都有两个分支。因此，CART 算法生成的决策树是结构简洁的二叉树，与 C4.5 相比，其主要差别体现在以下几个方面：

① CART 为二叉树，而 C4.5 可以为多叉树。

② CART 中的输入变量和输出变量可以是分类型也可以是数值型，而 C4.5 的输出变量只能是分类型。

③ CART 使用 Gini 系数作为变量的不纯度量，而 C4.5 使用信息增益率。

④ 如果目标变量是标称的，并且具有两个以上的类别，则 CART 可能考虑将目标类别合并成两个超类别。

⑤ 如果目标变量是连续的，则 CART 算法找出一组基于树的回归方程来预测目标变量。

⑥ 对于缺失值的处理方法不同，CART 采用代理测试（surrogate）来估计测试的输出值，而 C4.5 直接将其分配到该分支中概率最大的分类。

⑦ 对决策树的剪枝方法不同，CART 采用的是代价复杂度模型，通过交叉验证来估计对测试样本集的误分类损失，产生最小交叉验证误分类估计的树。而 C4.5 启发式地调整在训练集样本上估计出的误差率，使用调整的误差率，以找到使评分函数最大化的树。

2. CART 算法的基本概念

分类回归树的建树过程是对训练集的反复划分的过程，涉及如何从多个属性中选择当前最佳划分属性的问题。在分类回归树的建树过程中，针对每个属性都要进行相应的计算，以确定最佳划分属性。另外，针对 CART 的分类树和回归树，它们的计算方法有所不同，数值型和分类型属性变量的计算法方法也存在差异。

设训练样本集 $S=\{X_1, X_2, \cdots, X_m, Y\}$，其中 $X_1 \sim X_m$ 称为属性向量，Y 称为类标号向量。当 Y 是连续型数据时，称为回归树，当 Y 是离散型数据时，称为分类树。

（1）属性选择标准

ID3 使用信息增益作为属性选择标准，C4.5 使用信息增益率作为属性选择标准。CART 算法使用 Gini 系数来度量对某个属性变量测试输出的两组取值的差异性，理想的分组应该尽量使两组中样本输出变量取值的差异性总和达到最小，即"纯度"最大，也就是使两组输出变量取值的差异性下降最快，"纯度"增加最快。

设 t 为分类回归树中的某个节点，称函数

$$G(t) = 1 - \sum_{j=1}^{k} p^2(j \mid t)$$

为 Gini 系数，k 为当前属性下测试输出的类别数，$p(j \mid t)$ 为节点 t 中样本测试输出取类别 j 的概率。对节点 t 而言，$G(t)$ 越小，意味着该节点中所包含的样本越集中在某一类上，即该节点越纯，否则说明越不纯，差异性就越大。当节点样本的测试输出均取同一类别值时，输出变量取值的差异性最小，Gini 系数为 0，而当各类别取概率值相等时，测试输出取值的差异性最大，

Gini 系数也最大，为 $1-\dfrac{1}{k}$，其中 k 为目标变量的类别数。

设 t 为一个节点，ξ 为该节点的一个属性分枝条件，该分枝条件将节点 t 中样本分别分到左分支 S_L 和右分支 S_R 中，则称

$$\Delta G(\xi,t) = G(t) - \frac{|S_R|}{|S_L|+|S_R|}G(t_R) - \frac{|S_L|}{|S_L|+|S_R|}G(t_L)$$

为在分枝条件 ξ 下节点 t 的差异性损失，其中，$G(t)$ 为划分前测试输出的 Gini 系数，$|S_R|$ 和 $|S_L|$ 分别表示划分后左右分枝的样本个数。为了使节点 t 尽可能得纯，我们需选择某个属性分枝条件 ξ，使该节点的差异性损失尽可能大。用 $\xi(t)$ 表示所考虑的分枝条件 ξ 的全体，则选择分枝条件应为

$$\xi_{max} = \arg\max_{\xi\in\xi(t)} \Delta G(\xi,t)$$

（2）属性选择

① 分类树的属性选择

对于 CART 分类树的属性选择，针对属性类型为分类型和数值型，方法有所不同。

对于分类型属性，由于 CART 只能建立二叉树，对于取多个值的属性变量，需要将多类别合并成两个类别，形成"超类"，然后计算两"超类"下样本测试输出取值的差异性。

对于数值型属性，方法是将数据按升序排序，然后从小到大依次以相邻数值的中间值作为分隔，将样本分为两组，并计算所得组中样本测试输出取值的差异性。

理想的分组是使两组中样本测试输出取值的差异性总和达到最小，即"纯度"最大，也就是使两组输出变量取值的差异性下降最快，"纯度"增加最快。

② 回归树的属性选择

回归树确定当前最佳分组变量的策略与分类树相同，主要不同在于度量节点测试输出值差异性的指标有所不同。由于回归树的测试输出为数值型，因此方差是最理想的指标，其定义为

$$R(t) = \frac{1}{N-1}\sum_{i=1}^{N}(y_i(t)-\overline{y}(t))^2$$

其中，t 为节点，N 为节点 t 所含的样本个数，$y_i(t)$ 为节点 t 中测试输出变量值，$\overline{y}(t)$ 为节点 t 中测试输出变量的平均值。于是，差异性损失的度量指标为方差的减少量，其定义为

$$\Delta R(t) = R(t) - \frac{N_R}{N}R(t_R) - \frac{N_L}{N}R(t_L)$$

其中，$R(t)$ 和 N 分别为分组前输出变量的方差和样本个数，$R(t_R)$、N_R 和 $R(t_L)$、N_L 分别为分组后右子树的方差和样本量以及左子树的方差和样本量。

使 $\Delta R(t)$ 达到最大的属性变量为当前最佳划分属性变量。

3. CART 算法描述

CART 算法的基本描述如下：

> 函数名：CART(S,F)
> 输入：样本集数据 S，训练集数据属性集合 F
> 输出：CART 树
> （1）if 样本 S 全部属于同一个类别 C，then
> （2）　创建一个叶节点，并标记类标号为 C；
> （3）　return;

（4）else

（5）　　计算属性集 F 中每一个属性划分的差异性损失，假定差异性损失最大的属性为 A；

（6）　　创建节点，取属性 A 为该节点的决策属性；

（7）　　以属性 A 划分 S 得到 S_1 和 S_2 两个子集；

（8）　　　递归调用 CART(S_1,F)；

（9）　　　递归调用 CART(S_2,F)；

　　　end

在算法的第（7）步，当属性 A 有多于 2 个取值时，可能会有多个两组划分，此时取差异性损失最大的那个划分 S_1 和 S_2。

【例 3-7】 以表 3-1 中的银行贷款数据集为例，分析 CART 构建决策树的详细过程。

解答：

<1> 首先对数据集非类标号属性{是否有房,婚姻状况,年收入}分别计算它们的差异性损失，取差异性损失最大的属性作为决策树的根节点属性。

一开始创建的节点为根节点，假定为 r，该根节点的 Gini 系数为

$$G(r) = 1 - \left(\frac{3}{10}\right)^2 - \left(\frac{7}{10}\right)^2 = 0.42$$

① 对是否有房属性

$\Delta G(是否有房,r)$

$$= G(r) - \frac{|S_{是否有房=no}|}{|S_{是否有房=yes}| + |S_{是否有房=no}|} G(r_{是否有房=no}) - \frac{|S_{是否有房=yes}|}{|S_{是否有房=yes}| + |S_{是否有房=no}|} G(r_{是否有房=yes})$$

$$= 0.42 - \frac{7}{10} \times (1 - (\frac{3}{7})^2 - (\frac{4}{7})^2) - \frac{3}{10} \times 0$$

$$= 0.077$$

② 对婚姻状况属性

属性婚姻状况有三个可能的取值{married, single, divorced}，分别计算划分后的超类{married}/{single, divorced}、{single}/{married, divorced}、{divorced}/{single, married}的差异性损失。

当分组为{married}/{single, divorced}时，S_L 表示婚姻状况取值为 married 的分组，S_R 表示婚姻状况取值为 single 或 divorced 的分组，此时按属性婚姻状况划分的差异性损失结果为

$$\Delta G(婚姻状况,r) = G(r) - \frac{|S_R|}{|S_R| + |S_L|} G(r_R) - \frac{|S_L|}{|S_R| + |S_L|} G(r_L)$$

$$= 0.42 - \frac{4}{10} \times 0 - \frac{6}{10} \times (1 - (\frac{3}{6})^2 - (\frac{3}{6})^2) = 0.12$$

对分组{single}/{married, divorced}，S_L 表示婚姻状况取值为 single 的分组，S_R 表示婚姻状况取值为 married 或 divorced 的分组，此时按属性婚姻状况划分的差异性损失结果为

$$\Delta G(婚姻状况,r) = G(r) - \frac{|S_R|}{|S_R| + |S_L|} G(r_R) - \frac{|S_L|}{|S_R| + |S_L|} G(r_L)$$

$$= 0.42 - \frac{4}{10} \times 0.5 - \frac{6}{10} \times (1 - (\frac{1}{6})^2 - (\frac{5}{6})^2) = 0.053$$

对分组{divorced}/{single, married}，S_L 表示婚姻状况取值为 divorced 的分组，S_R 表示婚姻状况取值为 single 或 married 的分组，此时按属性婚姻状况划分的差异性损失结果为

$$\Delta G(\text{婚姻状况}, r) = G(r) - \frac{|S_R|}{|S_R| + |S_L|} G(r_R) - \frac{|S_L|}{|S_R| + |S_L|} G(r_L)$$

$$= 0.42 - \frac{2}{10} \times 0.5 - \frac{8}{10} \times [1 - (\frac{2}{8})^2 - (\frac{2}{8})^2] = 0.02$$

根据计算结果，属性婚姻状况划分根节点时取差异性损失最大的分组作为划分结果，即 {married}/{single, divorced}。

③ 对年收入属性

由于年收入属性为数值型属性，首先需要对数据按升序排序，然后从小到大依次以相邻值的中间值作为分隔将样本分为两组，取差异性损失值最大的分隔作为该属性的分组，如表 3-8 所示。

表 3-8　CART 对年收入属性候选划分节点的计算

拖欠贷款	no	no	no	yes	yes	yes	no	no	no	no
年收入	60	70	75	85	90	95	100	120	125	220
相邻值中点	65	72.5	80	87.5	92.5	97.5	110	122.5	172.5	
差异性损失	0.02	0.045	0.077	0.003	0.02	0.12	0.077	0.045	0.02	

下面仅介绍第一个相邻值的中间值 65 作为分隔点时属性年收入划分节点分组的差异性损失计算，其他分割点的分组划分计算留给读者自己完成。当前 S_L 表示年收入小于 65 的样本，S_R 表示年收入大于等于 65 的样本。

$$\Delta G(\text{年收入}, r) = G(r) - \frac{|S_R|}{|S_R| + |S_L|} G(r_R) - \frac{|S_L|}{|S_R| + |S_L|} G(r_L)$$

$$= 0.42 - \frac{1}{10} \times 0 - \frac{9}{10} \times (1 - (\frac{6}{9})^2 - (\frac{3}{9})^2) = 0.02$$

根据计算知道，三个属性划分根节点差异性损失最大的有 2 个：年收入属性和婚姻状况属性，它们的差异性损失值都为 0.12。此时 CART 采取的方法是，按照属性出现的先后顺序来选择其中一个作为当前节点划分的决策属性。在本例中，婚姻状况先于年收入属性顺序，因此取婚姻状况作为根节点的决策属性，此时得到第一次的划分，结果如图 3-12 所示。

<2> 采用同样的方法，分别计算三个属性对婚姻状况取 single 或 divorced 的数据子集进行划分的差异性损失，取最大的那个属性作为当前节点的决策属性。

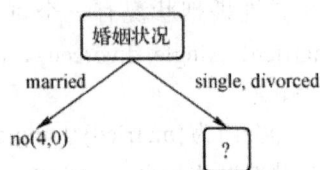

图 3-12　CART 算法结果（一）

假设当前节点为 t，它的 Gini 系数为

$$G(t) = 1 - \left(\frac{3}{6}\right)^2 - \left(\frac{3}{6}\right)^2 = 0.5$$

① 对是否有房属性

$$\Delta G(\text{是否有房}, t)$$

$$= G(t) - \frac{|S_{\text{是否有房=no}}|}{|S_{\text{是否有房=yes}}| + |S_{\text{是否有房=no}}|} G(t_{\text{是否有房=no}}) - \frac{|S_{\text{是否有房=yes}}|}{|S_{\text{是否有房=yes}}| + |S_{\text{是否有房=no}}|} G(t_{\text{是否有房=yes}})$$

$$= 0.5 - \frac{4}{6} \times \left(1 - \left(\frac{3}{4}\right)^2 - \left(\frac{1}{4}\right)^2\right) - \frac{2}{6} \times 0$$

$$= 0.25$$

② 对婚姻状况属性

分别计算三个不同的分组划分当前节点的差异性损失。

对 {married}/{single, divorced}：

$$\Delta G(婚姻状况, r) = G(r) - \frac{|S_{婚姻状况=single}|}{|S_{婚姻状况=single}| + |S_{婚姻状况=divorced}|} G(r_{婚姻状况=single})$$

$$- \frac{|S_L|}{|S_{婚姻状况=single}| + |S_{婚姻状况=divorced}|} G(r_{婚姻状况=divorced})$$

$$= 0.5 - \frac{4}{6} \times \left[1 - (\frac{1}{2})^2 - (\frac{1}{2})^2 \right] - \frac{2}{6} \times \left[1 - (\frac{1}{2})^2 - (\frac{1}{2})^2 \right] = 0$$

同理，计算其他分组的差异性损失，结果分别为：

对 {single}/{married, divorced} 的结果为：0.056。

对 {divorced}/{single, married} 的结果为：0.1。

根据计算结果，取差异性损失最大的分组作为该属性的分组，即 {married}/{single, divorced}。

③ 对年收入属性属性，计算结果如表 3-9 所示。

表 3-9　CART 对年收入属性候选划分节点的计算

拖欠贷款	no	no	yes	no	yes	yes
年收入	70	85	90	95	125	220
相邻值中点	77.5		87.5	92.5	110	172.5
差异性损失	0.1		0.25	0.05	0.25	0.1

根据计算知道，三个属性划分当前节点差异性损失最大值为 0.25，并且在三个属性上都为这个值，根据属性出现的先后顺序，选择是否有房作为当前节点划分的决策属性，此时得到第二次划分，结果如图 3-13。

<3> 类似于步骤<2>的方法，计算三个属性对剩下数据子集的划分，取差异性损失最大的划分属性作为当前节点的决策属性，最后的 CART 决策树如图 3-14 所示。

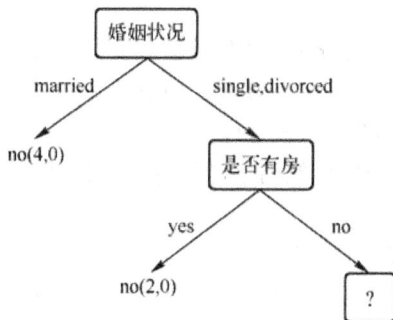

图 3-13　CART 算法结果（二）

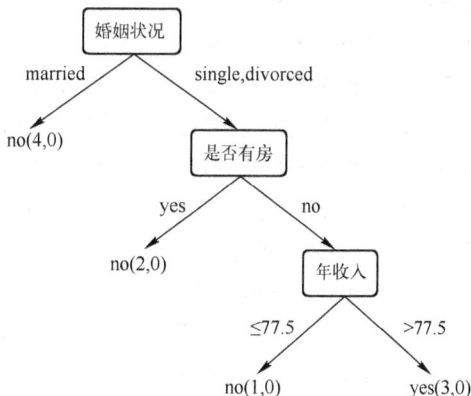

图 3-14　CART 决策树

4. CART 算法的剪枝

CART 采用预剪枝和后剪枝相结合的方式进行剪枝。

（1）CART 的预剪枝

预剪枝目标是控制决策树充分生长，通过事先指定一些控制参数来完成。

① 决策树最大深度：如果决策树的层数已经达到指定深度，则停止生长。

② 树中父节点和子节点所包含的最少样本量或比例：对父节点，是指如果节点所包含的样本量已低于最少样本量或比例，则不再划分；对子节点，是指如果划分后生成的子节点所包含的样本量低于最小样本量或比例，则不必进行划分。

③ 树节点中测试输出结果的最小差异减少量：如果划分后所产生的测试输出结果差异性变化量小于一个指定值，则不必进行划分。

（2）CART 的后剪枝

后剪枝允许决策树得到最充分生长，然后在此基础上根据一定的规则，剪去决策树中的那些不具有代表性的叶节点或子树，是一个边剪枝边检验的过程。在剪枝过程中，应不断计算当前决策子树对检验样本集中测试输出结果的预测精度或误差，并判断应继续剪枝还是停止剪枝。

CART 采用的后剪枝方法解决决策树对训练数据的过度拟合问题，它采用的策略是最小代价复杂度剪枝方法（Minimal Cost Complexity Prunning，MCCP）。该方法基于这样的考虑：复杂的决策树虽然对训练样本有很好的分类精度，但在测试样本和未知样本中分类效果不是太好，另外一棵复杂的决策树常常不太好理解和解释。因此，CART 的目的是希望得到一棵"恰当"的树，它在具有一定分类精度的基础上，树的复杂程度也一般。

可以借助叶节点的个数度量决策树的复杂程度，通常叶节点个数与决策树的复杂程度呈正比。因此，如果将决策树的误差看做代价，以叶节点的个数作为复杂程度的度量，则决策树 T 的代价复杂度 $R_\alpha(T)$ 可表示为

$$R_\alpha(T) = R(T) + \alpha |\tilde{T}|$$

其中，$|\tilde{T}|$ 表示决策树 T 的叶节点的个数，α 为复杂度参数，表示每增加一个叶节点所带来的复杂度，$\alpha \geqslant 0$。$R(T)$ 表示决策树 T 在测试样本集上的分类误差。

对于任意一棵决策树 T 中的节点 t，当节点 t 的代价复杂度小于以 t 为根的树中所有叶节点的复杂度之和时，则剪掉以 t 为根的树，否则在 T 中保留以 t 为根的树，即不进行剪枝。

CART 的后剪枝过程如下：

<1> 产生子树序列，分别表示为 T_1，T_2，T_3，…，T_k。其中，T_1 为充分生长的最大树，以后各子树所包含的节点数依次减少，T_K 只包含根节点；

CART 产生子树序列的过程是，首先对于最大树 T_1，令 $\alpha=0$，然后计算代价复杂度，并逐步增加 α 值，直到有一个子树可以被剪掉，得到子树 T_2。重复以上步骤，直到决策树只剩下一个根节点，最后得到子树序列 T_1，T_2，T_3，…，T_K 及它们的代价复杂度。

<2> 根据一定的标准在 K 个子树中确定一个代价复杂度最低的子树作为最终的剪枝结果。CART 选择最终子树 T 的标准为

$$R(T) \leqslant \min_k \{R_\alpha(T_k) + m \times \mathrm{SE}(R(T_k))\}$$

其中，m 为放大因子，$\mathrm{SE}(R(T_k))$ 为子树 T_k 在训练样本集上预测误差的标准误差，定义为

$$\mathrm{SE}(R(T_k)) = \sqrt{\frac{R(T_k)(1 - R(T_k))}{N'}}$$

其中，N' 是检验样本集的样本量，这意味着如果 $m=0$，最终子树 T 是 k 个子树中代价复杂度最小的树测试。但通常要考虑该子树的标准误差，m 代表需考虑几个标准误差，这样满足该

标准的子树就并非代价复杂度最小的子树。m 越大，最终所选择子树的误差越高，复杂度越小。合理的决策树是复杂度相对较小，预测误差在用户容忍的范围内。

3.3 贝叶斯分类方法

贝叶斯分类方法是一种基于统计的学习方法，利用概率统计进行学习分类，如预测一个数据对象属于某个类别的概率。主要算法有朴素贝叶斯分类算法、贝叶斯信念网络分类算法等。

贝叶斯分类方法的主要特点如下：

① 充分利用领域知识和其他先验信息，显式地计算假设概率，分类结果是领域知识和数据样本信息的综合体现。

② 利用有向图的表示方式，用弧表示变量之间的依赖关系，用概率分布表示依赖关系的强弱。表示方法非常直观，有利于对领域知识的理解。

③ 能进行增量学习，数据样本可以增量地提高或降低某种假设的估计，并且能方便地处理不完整数据。

朴素贝叶斯分类算法和贝叶斯信念网络分类算法都是建立在贝叶斯定理基础上，下面先介绍贝叶斯定理。

3.3.1 贝叶斯定理

假定 X 为类标号未知的数据样本，H 为样本 X 属于类别 C 的假设，分类问题就是计算概率 $P(H|X)$ 的问题，即给定样本 X，假设 H 成立的概率。换言之，给定样本 X，找出样本 H 属于类 C 的概率。

$P(H)$ 表示假设 H 的先验概率（prior probability）。

$P(X)$ 表示样本数据 X 的先验概率。

$P(H|X)$ 表示在条件 X 下，假设 H 的后验概率（posterior probability）。

$P(X|H)$ 表示在给定假设 H 的前提条件下，样本 X 的后验概率。

【例 3-8】假设数据集由三个属性构成，性别、年龄、是否购买基金产品。样本 X 为{男,30,?}，假设 Y 为顾客将购买基金产品，则：

$P(Y)$ 表示任意给定的顾客将购买基金产品的概率，而不考虑性别、年龄等其他信息。

$P(X)$ 表示数据集中，样本性别为男，年龄为 30 的概率。

$P(Y|X)$ 表示已知顾客的性别和年龄分别为男和 30，该顾客购买基金产品的概率。

$P(X|Y)$ 表示已知顾客购买了基金产品，该顾客性别和年龄属性值分别为男和 30 的概率。

先介绍贝叶斯定理。假设 X 和 Y 是一对随机变量，它们的联合概率 $P(X=x,Y=y)$ 是指 X 取值 x 且 Y 取值 y 的概率，条件概率是指一随机变量在另一随机变量取值已知的情况下取某一个特定值的概率。例如，$P(Y=y|X=x)$ 是指在变量 X 取值 x 的情况下，变量 Y 取值 y 的概率。贝叶斯定理是指 X 和 Y 的联合概率和条件概率满足如下关系：

$$P(X,Y) = P(Y|X)P(X) = P(X|Y)P(Y) \Rightarrow P(Y|X) = \frac{P(X|Y)}{P(X)}P(Y)$$

对应于样本 X 和假设 H，根据贝叶斯定理，满足如下关系：

$$P(H|X) = \frac{P(X|H)P(H)}{P(X)}$$

贝叶斯定理是在 H、X 的先验概率和 X 的后验概率已知的情况下，计算 H 的后验概率的方法。

【例 3-9】 有一堆水果，其中 60% 是苹果，剩下的是梨；苹果为黄色的概率为 20%，梨为黄色的概率为 80%。随机从这堆水果中拿到一个黄色的水果，问最有可能是拿到梨还是苹果？

解答：根据贝叶斯定理，假定随机变量 X 代表水果，X 取值范围为 {苹果,梨}，随机变量 Y 代表黄色。已知苹果在水果堆中的概率为 $P(X=苹果)=0.6$，梨在水果堆中的概率为 $P(X=梨)=0.4$，苹果为黄色的概率为 $P(Y=黄色|X=苹果)=0.2$，梨为黄色的概率为 $P(Y=黄色|X=梨)=0.8$；根据贝叶斯定理，分别计算 $P(X=苹果|Y=黄色)$ 和 $P(X=梨|Y=黄色)$ 的概率：

$$P(X=苹果|Y=黄色)=(P(Y=黄色|X=苹果)\times P(X=苹果))/P(Y=黄色)=(0.2\times 0.6)/P(Y=黄色)$$

$$P(X=梨|Y=黄色)=(P(Y=黄色|X=梨)\times P(X=梨))/P(Y=黄色)=(0.8\times 0.4)/P(Y=黄色)$$

根据计算结果，两者在分母相同的情况下，分子分别为 0.12 和 0.32，X 为梨的后验概率更大，因此最有可能拿到梨。

以贝叶斯定理为基础的分类器模型主要有以下几种。

① 朴素贝叶斯（Naïve Bayes，NB）分类器：贝叶斯分类器中最简单有效的，并且在实际使用中较为成功的一种分类器。其性能可以与神经网络、决策树分类器相比，在某些场合优于其他分类器。朴素分类器的特征是假定每个属性的取值对给定类的影响独立于其他属性的取值，即给定类变量的条件下各属性变量之间条件独立。

② 树扩展的朴素贝叶斯（Tree-Augmented Naive Bayes，TANB）分类器：其基本思想是在朴素贝叶斯分类器的基础上，在属性之间添加连接弧，在一定程度上消除朴素贝叶斯分类器的条件独立性假设，这样的弧称为扩展弧，说明树形约束。

③ BAN（Bayesian network-Augmented Naïve Bayes，BAN）分类器：一种增强的朴素贝叶斯分类器。BAN 分类器改进了朴素贝叶斯分类器的条件独立假设，并且取消了 TANB 分类器中属性变量之间必须符合树状结构的要求，假定属性之间存在贝叶斯网络关系而不是树状关系，从而能够表达属性变量的各种依赖关系。

④ 贝叶斯多网（Bayesian Multi-Net，BMN）分类器：TANB 或 BAN 分类器的一个扩展。BAN 或 TANB 分类器认为对不同的类别，各属性变量之间的关系是不变的，即对于不同的类别具有相同的网络结构。BMN 分类器则认为对类变量的不同取值，各属性变量之间的关系可能是不一样的。

⑤ GBN 分类器（General Bayesian Network）：如果抛弃条件独立假设，就可以用一般贝叶斯网络作为分类器。GBN 分类器是一种无约束的贝叶斯网络分类器，与前面 4 类贝叶斯分类器区别是，在前面 4 类分类器中均将类变量作为一个特殊节点，类节点在网络结构中是各个属性的父节点，而 GBN 分类器把类节点作为一个普通节点。

朴素贝叶斯分类器在以上 5 种分类器中应用最频繁，接下来详细介绍朴素贝叶斯分类器。

3.3.2 朴素贝叶斯分类算法

朴素贝叶斯分类算法利用贝叶斯定理来预测一个未知类别的样本属于各个类别的可能性，选择可能性最大的一个类别作为该样本的最终类别。

为了讨论算法方便，先介绍朴素贝叶斯分类算法相关的概念。

① 设数据集为 D，其所对应的属性集为：$U=\{A_1,A_2,\cdots,A_n,C\}$，其中 $A_1,A_2,\ldots,A_n$ 是样本的属性变量，C 是有 m 个值 C_1，C_2，$\cdots$，C_m 的类标号属性变量。数据集 D 中的每个样本 X 可以表示为 $X=\{x_1,x_2,\cdots,x_n,C_i\}$，描述 n 个属性 A_1，A_2，$\cdots$，A_n 的 n 个度量值以及所属的类标号值。

② 给定一个类标号未知的数据样本 X，朴素贝叶斯分类将预测 X 属于具有最大后验概率 $P(C_k|X)$ 的类（C_k 是 C_1，C_2，$\cdots$，C_m 中的某个值）。朴素贝叶斯分类器将未知的样本 X 分配给类 C_i 当且仅当

$$P(C_i \mid X) > P(C_j \mid X) \qquad (1 \leqslant j \leqslant m, \quad j \neq i)$$

③ 根据贝叶斯定理

$$P(C_i \mid X) = \frac{P(X \mid C_i)P(C_i)}{P(X)}$$

由于 $P(X)$ 对所有类为常数，只需要 $P(X|C_i)P(C_i)$ 最大，即最大化后验概率 $P(C_i|X)$ 可转化为最大化概率 $P(X|C_i)P(C_i)$ 的计算。一般地，类的先验概率 $P(C_i)$ 可以用 $|s_i|/|s|$ 来估计，其中 $|s_i|$ 是数据集 D 中属于类 C_i 的样本个数，$|s|$ 是数据集 D 的样本总数。

④ 给定具有多属性的数据集，计算 $P(X|C_i)$ 的开销可能非常大。为降低计算 $P(X|C_i)$ 的开销，朴素贝叶斯做了类条件独立假设，即假定一个属性值对给定类的影响独立于其他属性值，属性之间不存在依赖关系，则

$$P(X \mid C_i) = P(x_1, x_2, \cdots, x_n \mid C_i) = \prod_{k=1}^{n} P(x_k \mid C_i) = P(x_1 \mid C_i) \times P(x_2 \mid C_i) \times \cdots \times P(x_n \mid C_i)$$

可以从数据集中求得概率 $P(x_1|C_i) \times P(x_2|C_i) \times \cdots \times P(x_n|C_i)$。这里 x_k 表示样本 X 在属性 A_k 下的取值。对于每个属性，考察该属性是分类属性还是连续属性。

如果属性 A_k 是分类属性，则 $P(x_k|C_i) = |s_{ik}|/|s_i|$。其中，$|s_{ik}|$ 是 D 中属性 A_k 的值为 x_k 的 C_i 类的样本个数，$|s_i|$ 是 D 中属于 C_i 类的样本个数。

如果属性 A_k 是连续属性，朴素贝叶斯分类方法使用两种方法估计连续属性的类条件概率。

<a> 可以把每个连续的属性离散化，然后用相应的离散区间替换连续属性值。这种方法把连续属性转换为序数属性。通过计算类 C_i 的训练样本中落入 x_k 对应区间的比例来估计条件概率 $P(x_k|C_i)$。估计误差由离散策略和离散区间的数目决定。如果离散区间的数目太大，则会因为每个区间中训练样本太少而不能对 $P(x_k|C_i)$ 做出可靠的估计。相反，如果区间数目太小，有些区间就会含有来自不同类的样本，因此失去了正确的决策边界。

<b> 可以假设连续变量服从某种概率分布，然后使用训练样本估计分布的参数。正态分布通常被用来表示连续属性的类条件概率分布。该分布有两个参数，均值 μ 和方差 σ^2，类别 C_i 下属性 x_k 的类条件概率近似为

$$P(x_k \mid C_i) \approx g(x_k, \mu_{C_i}, \sigma_{C_i}) \Delta x = \frac{1}{\sqrt{2\pi}\sigma_{C_i}} e^{-\frac{(x_k - \mu_{C_i})^2}{2\sigma_{C_i}^2}} \Delta x$$

即 $P(x_k|C_i)$ 的最大值点等价于 $g(x_k, \mu_{C_i}, \sigma_{C_i})$ 的最大值点：

$$P(x_k \mid C_i) = \frac{1}{\sqrt{2\pi}\sigma_{C_i}} e^{-\frac{(x_k - \mu_{C_i})^2}{2\sigma_{C_i}^2}}$$

其中，μ_{C_i} 和 $\sigma_{C_i}^2$ 分别是数据集中属于 C_i 类的样本属性 A_k 的平均值和方差。

⑤ 为对未知样本 X 分类，对每个类 C_i，计算 $P(X|C_i)P(C_i)$，样本 X 被指派到类别 C_i 中，当且仅当

$$P(X \mid C_i)P(C_i) > P(X \mid C_j)P(C_j) \qquad (1 \leqslant j \leqslant m, \quad j \neq i)$$

即 X 被指派到 $P(X|C_i)P(C_i)$ 最大的类别 C_i 中。

根据朴素贝叶斯分类的原理，算法基本描述如下：

函数名：NaiveBayes

输入：类标号未知的样本 $X=\{x_1,x_2,\cdots,x_n\}$

输出：未知样本 X 所属类别号

（1）for j=1 to m

（2）　　计算 X 属于每个类别 C_j 的概率 $P(X|C_j)=P(x_1|C_j)\times P(x_2|C_j)\times\cdots\times P(x_n|C_j)$；

（3）　　计算训练集中每个类别 C_j 的概率 $P(C_j)$；

（4）　　计算概率值 $\mu=P(X|C_j)\times P(C_j)$；

（5）end for

（6）选择计算概率值 μ 最大的 C_i（$1\leqslant i\leqslant m$）作为类别输出。

【例 3-10】 下面以表 3-2 中的数据集 weather 为例，使用朴素贝叶斯算法预测未知样本 $X=\{rainy,hot,normal,weak,?\}$ 属性 play 为 yes 还是为 no。

解答：题目即求样本 X 在 play 为 yes 的后验概率 $P(play=yes|X)$ 和样本在 play 为 no 的后验概率 $P(play=no|X)$ 的问题，样本 X 将被预测为概率值大的那个类。根据朴素贝叶斯定理，则

$$P(play=yes|X)\approx P(X|play=yes)\times P(play=yes)$$
$$=P(x_1|play=yes)\times P(x_2|play=yes)\times P(x_3|play=yes)\times P(x_4|play=yes)\times P(play=yes)$$

其中：

$$P(x_1|play=yes)=P(outlook=rainy|play=yes)=3/9$$
$$P(x_2|play=yes)=P(temperature=hot|play=yes)=2/9$$
$$P(x_3|play=yes)=P(humidity=normal|play=yes)=6/9$$
$$P(x_4|play=yes)=P(wind=weak|play=yes)=6/9$$
$$P(play=yes)=9/14$$

因此

$$P(play=yes|X)= 1/3\times2/9\times2/3\times2/3\times9/14=0.0211$$

同样方法，计算

$$P(play=no|X)\approx P(X|play=no)\times P(play=no)$$
$$=P(x_1|play=no)\times P(x_2|play=no)\times P(x_3|play=no)\times P(x_4|play=no)\times P(play=no)$$

其中：

$$P(x_1|play=no)=P(outlook=rainy|play=no)=2/5$$
$$P(x_2|play=no)=P(temperature=hot|play=no)=2/5$$
$$P(x_3|play=no)=P(humidity=normal|play=no)=1/5$$
$$P(x_4|play=no)=P(wind=weak|play=no)=2/5$$
$$P(play=no)=9/14$$

因此

$$P(play=no|X)=2/5\times2/5\times1/5\times2/5\times9/14=0.0082$$

根据计算结果，$P(play=yes|X)>P(play=no|X)$。

所以，样本 $X=\{rainy,hot,normal,weak,?\}$ 的 play 类标号值应为 yes。

朴素贝叶斯分类算法在计算概率的时候存在概率为 0 及概率值可能很小的情况，因此在某些情况下需要考虑条件概率的 Laplace 估计和解决小概率相乘溢出问题。

1. 条件概率的 Laplace 估计

在后验概率的计算过程中，当有一个属性的条件概率等于 0，则整个类的后验概率就等于 0，简单地使用记录比例来估计类条件概率的方法显得太脆弱，尤其是当训练样本很少而属性数目很大的情况下。一种极端的情况是，当训练样例不能覆盖那么多的属性值时，我们可能无法分类某些测试记录。例如，P(outlook=overcast | play=no) 为 0 而不是 1/7，那么具有属性集 X=(outlook=overcast,temperature=hot,humidity=normal,wind=weak) 的记录的类条件概率如下：

$$P(X \mid play = yes) = 0 \times 2/9 \times 6/9 \times 6/9 = 0$$

$$P(X \mid play = no) = 0 \times 2/5 \times 1/5 \times 2/5 = 0$$

为避免这一问题，条件概率为零时一般采用 Laplace 估计来解决这个问题，Laplace 估计定义如下：

$$P(X_i \mid Y_j) = \frac{n_c + l \times p}{n + l}$$

其中，n 是类 Y_j 中的实例总数，n_c 是类 Y_j 的训练样例中取值为 X_i 的样例数，l 是称为等价样本大小的参数，而 p 是用户指定的参数。如果没有训练集（即 n=0），则 $P(X_i|Y_j)$=p。因此，p 可以看作是在类 Y_j 的记录中观察属性值 X_i 的先验概率。等价样本大小 l 决定先验概率 p 和观测概率 n_c/n 之间的概率。

在前面的例子中，条件概率 P(outlook=overcast |play=no)=0。使用 Laplace 估计方法，l=5，p=1/5，则条件概率不再是 0，而是 P(outlook=overcast |play=no)=(0+5×1/5)/(5+5)=0.1。

2. 将乘积的计算问题通过对数求和解决溢出问题

对于概率值 $P(X \mid C_i) = P(x_1, x_2, \cdots, x_n \mid C_i) = \prod_{k=1}^{n} P(x_k \mid C_i)$，即使每个乘积因子都不为零，但当 n 较大时，$p(X \mid C_i)$ 也可能几乎为零，此时将难以区分不同类别。注意到以下两个表达式取极大值的条件相同：

$$P(X \mid C_i)P(C_i) = P(C_i)\prod_{k=1}^{n} P(x_k \mid C_i)$$

$$\log P(X \mid C_i) = \log(P(C_i)\prod_{k=1}^{n} P(x_k \mid C_i)) = \log P(C_i) + \sum_{k=1}^{n} \log P(x_k \mid C_i)$$

为解决这一问题，将乘积的计算问题转化为加法计算问题，可以避免"溢出"。

【例 3-11】 以表 3-1 中的银行贷款数据为例，使用朴素贝叶斯算法预测未知样本 X={yes,single,80K,?}是否拖欠贷款。

解答：题目求样本 X 拖欠贷款为 yes 的后验概率 P(拖欠贷款=yes|X)和样本拖欠贷款为 no 的后验概率 P(拖欠贷款=no|X)的问题，样本 X 将被预测为概率值大的那个类。根据朴素贝叶斯定理：

P(拖欠贷款=yes|X)=P(X|拖欠贷款=yes)×P(拖欠贷款=yes)

　　　　　　　　=P(x_1|拖欠贷款=yes)×P(x_2|拖欠贷款=yes)×P(x_3|拖欠贷款=yes)×P(拖欠贷款=yes)

<1> 先计算 P(x_1|拖欠贷款=yes)

P(x_1|拖欠贷款=yes)=P(是否有房=yes|拖欠贷款=yes)，由于 P(是否有房=yes|拖欠贷款=yes)=0，这将导致计算后验概率 P(拖欠贷款=yes|X)为 0，这里使用 Laplace 估计，令 l=3，p=1/3，

则

$$P(x_1|拖欠贷款=yes)=(0+3×(1/3))/(3+3)=1/6$$

<2> 计算 $P(x_2|拖欠贷款=yes)$：

$$P(x_2|拖欠贷款=yes)= P(婚姻状况=single|拖欠贷款=yes)=2/3$$

<3> 计算 $P(x_3|拖欠贷款=yes)$。

数据集中拖欠贷款为 yes 的样本中，属性年收入的值的平均值 $\mu_{yes} = 90$，样本方差 $\sigma_{yes}^2 = 25$：

$$P(x_3|拖欠贷款=yes)= P(年收入=80|拖欠贷款=yes)$$

$$= \frac{1}{\sqrt{2\pi}\sigma_{C_i}} e^{-\frac{(x_k-\mu_{C_i})^2}{2\sigma_{C_i}^2}} = \frac{1}{\sqrt{2\pi}×5} e^{-\frac{(80-90)^2}{2×25}} = 0.589$$

<4> 计算 $P(拖欠贷款=yes)=3/10$，因此 $P(拖欠贷款=yes|X)=1/6×2/3×0.589×3/10=0.0196$。

同样方法，计算：

$$P(拖欠贷款=no|X)=P(X|拖欠贷款=no)×P(拖欠贷款=no)$$

$$=P(x_1|拖欠贷款=no)×P(x_2|拖欠贷款=no)×P(x_3|拖欠贷款=no)×P(拖欠贷款=no)$$

<5> 计算 $P(x_1|拖欠贷款=no)$：

$$P(x_1|拖欠贷款=no)=P(是否有房=yes|拖欠贷款=no)=3/7$$

<6> 计算 $P(x_2|拖欠贷款=no)$：

$$P(x_2|拖欠贷款=no)= P(婚姻状况=single|拖欠贷款=no)=2/7$$

<7> 计算 $P(x_3|拖欠贷款=no)$。数据集中拖欠贷款为 no 的样本中，属性年收入的值的平均值 $\mu_{yes}=110$，样本方差 $\sigma_{yes}^2 = 2975$，则

$$P(x_3|拖欠贷款=no)= P(年收入=80K|拖欠贷款=no)$$

$$= \frac{1}{\sqrt{2\pi}\sigma_{C_i}} e^{-\frac{(x_k-\mu_{C_i})^2}{2\sigma_{C_i}^2}} = \frac{1}{\sqrt{2\pi}×(54.54)} e^{-\frac{(80-110)^2}{2×2975}} = 0.0085$$

<8> 计算 $P(拖欠贷款=no)=7/10$，因此 $P(拖欠贷款=no|X)=3/7×2/7×0.0085×7/10=0.00073$。根据计算结果，$P(拖欠贷款=yes|X) > P(拖欠贷款=no|X)$。所以，样本 $X=\{yes,single,80K,?\}$ 的拖欠贷款类标号值预测为 yes。

朴素贝叶斯分类算法的优点在于容易实现，且在大多数情况下所获得的结果比较好。但是，算法有效的前提是假设各属性之间互相独立，当数据集满足这种独立性假设时，分类准确度较高。而实际领域中，数据集可能并不完全满足独立性假设，因而其分类准确性会下降。此时可以使用贝叶斯信念网络来进行学习，允许一部分属性的子集条件独立。

3.4 k-最近邻分类方法

3.4.1 k-最近邻分类算法的基本概念

基于决策树的分类框架包括两个步骤：首先由训练数据建立分类模型（如决策树），然后将模型应用于测试数据，对未知数据进行分类。这种先对训练数据学习得到分类模型，然后对未知数据进行分类的方法通常称为积极学习方法（eager learner），如 ID3、C4.5、CART 分类算法等均属于积极学习方法。另一种学习方法称为消极学习方法（lazy learner），这种学习方法的特点是不

需要事先对训练数据建立分类模型，而是当需要分类未知样本时才使用具体的训练样本进行预测。消极学习方法的典型代表是最近邻方法，该方法首先找出与测试样本相对接近的所有训练样本，这些样本被称为最近邻（nearest neighbour），然后使用这些最近邻的类标号来确定测试样本的类标号。使用最近邻来确定测试样本的类标号的基本思想可以用图 3-15 来表示，如果它走路像鸭子，叫声像鸭子，则它可能是一只鸭子。最近邻分类器把每个样本看做是 d 维空间上的一个数据点。给定一个测试样本，使用 2.4 节介绍的相似性度量方法来计算该测试样本最近邻，然后使用这 k 个最近邻中出现次数最多的类标号值作为测试样本的预测类标号值。

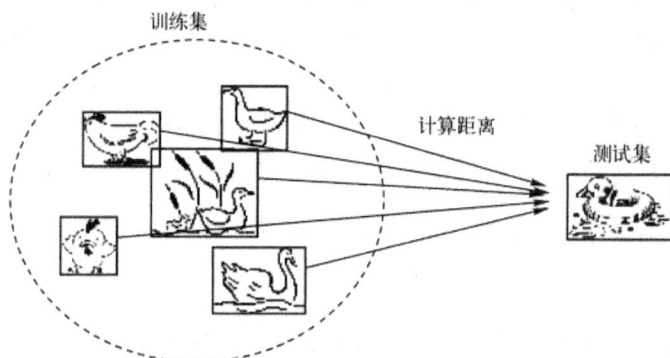

图 3-12　最近邻分类方法基本思想图示

3.4.2　k-最近邻分类算法描述

令 D 为训练集，Z 为测试集，k 为最近邻数目，每个样本可以表示为 (x, y) 的形式，即 $(x_1, x_2, \cdots, x_n, y)$。其中 $x_1, x_2, \cdots, x_n$ 表示样本的 n 个属性，y 表示样本的类标号，则 k-最近邻（kNN）分类算法的基本描述如下：

算法名：kNN

输入：最近邻数目 k，训练集 D，测试集 Z

输出：对测试集 Z 中所有测试样本预测其类标号值

（1）for 每个测试样本 $z = (x', y') \in Z$ do

（2）　　计算 z 与每个训练样本 $(x, y) \in D$ 之间的距离 $d(x', x)$

（3）　　选择离 z 最近的 k 最近邻集合 $D_z \subseteq D$

（4）　　返回 D_z 中样本的多数类的类标号

（5）end for

---

kNN 算法根据得到的最近邻列表中样本的多数类进行分类，实现方法是通过投票进行多数表决得到最终类标号 y'：

$$y' = \arg \max_{v} \sum_{(x_i, y_i) \in D_z} I(v = y_i)$$

其中，v 为类标号的所有可能取值，y_i 是测试样本 z 的一个最近邻类标号，$I(\cdot)$ 是指示函数，如果其参数为真，则返回 1，否则返回 0。

例如，在某个测试集中类标号 v 有 3 个取值，分别为 {0, 1, 2}，现在利用 kNN 对某个测试样本 z 进行分类，该测试样本有 7 个最近邻，这些最近邻的类标号分别为 {1, 0, 1, 1, 0, 2, 2}，根据投票公式：

当 v 取 0 时，$\sum_{(x_i,y_i)\in D_z} I(v=y_i) = 0+1+0+0+1+0+0 = 2$。

当 v 取 1 时，$\sum_{(x_i,y_i)\in D_z} I(v=y_i) = 1+0+1+1+0+0+0 = 3$。

当 v 取 2 时，$\sum_{(x_i,y_i)\in D_z} I(v=y_i) = 0+0+0+0+0+1+1 = 2$。

从而

$$\arg\max_v \sum_{(x_i,y_i)\in D_z} I(v=y_i) = 3$$

所以，测试样本 z 被预测为类标号 1，即多数类的类标号。

在多数表决方法中，每个近邻对分类的影响都一样，这使得算法对 k 的选择很敏感。如果 k 太小，则最近邻分类器容易受到训练数据中噪声的影响。如果 k 太大，则在计算得到的测试样本的最近邻样本列表中可能包含远离其近邻的数据点，这将可能导致误分类测试样本。为了降低 k 的影响，一种途径是根据测试样本到每个最近邻的距离 $d(x',x)$ 的不同对其作用进行加权，加权因子为 $w_i = \dfrac{1}{d(x',x)^2}$，结果使得远离测试样本的训练样本对分类的影响要比那些靠近测试样本的训练样本弱一些。使用距离加权表决后的类标号可以由下面的公式确定：

$$y' = \arg\max_v \sum_{(x_i,y_i)\in D_z} w_i \times I(v=y_i)$$

kNN 算法中另一个需要考虑的问题是，在寻找未知样本的近邻时，必须计算未知样本与训练集中样本的距离，应根据具体应用情况选择合适的度量方法。例如，一个二维数据集可以采用欧几里得或曼哈顿距离来度量。但是对于文档的分类，由于数据的维数非常高，就不能使用欧几里得距离，通常采用余弦相似度来计算两个文档之间的距离。

【例 3-12】 数据集 weather 如表 3-10 所示，测试样本 X=(rain, hot, normal, weak,?)，k 取 3，下面根据 kNN 邻方法预测该样本的类标号。

表 3-10　weather 数据集

outlook	temperature	humidity	wind	play ball
sunny	hot	high	weak	no
sunny	hot	high	strong	no
overcast	hot	high	weak	yes
rain	mild	high	weak	yes
rain	cool	normal	weak	yes
rain	cool	normal	strong	no
overcast	cool	normal	strong	yes
sunny	mild	high	weak	no
sunny	cool	normal	weak	yes
rain	mild	normal	weak	yes
sunny	mild	normal	strong	yes
overcast	mild	high	strong	yes
overcast	hot	normal	weak	yes
rain	mild	high	strong	no

解答：

（1）首先计算样本 X 到 14 个记录的距离（取曼哈顿距离）分别为：

Distance(X,p_1)=2, Distance(X,p_2)=3, Distance(X,p_3)=2, Distance(X,p_4)=2,

Distance(X,p_5)=1, Distance(X,p_6)=2, Distance(X,p_7)=3, Distance(X,p_8)=3,

Distance(X,p_9)=2, Distance(X,p_{10})=1, Distance(X,p_{11})=3, Distance(X,p_{12})=4,

Distance(X,p_{13})=1, Distance(X,p_{14})=3;

（2）取离样本 X 最近的三个近邻 p_5，p_{10}，p_{13}。

（3）3 个最近邻对应的类标号都为 yes，因此样本 X 的类标号被预测为 yes。

3.4.3　k-最近邻分类算法的优缺点

kNN 算法思想简单，易于实现，其缺点主要体现在两方面。一方面，最近邻分类对每个属性指定相同的权重，而数据集中的不同属性可能需要赋予不同的权值。针对这一问题，人们也研究了各种学习调整权值的方法来改进算法。另一方面，由于 kNN 存放所有的训练样本，不需要事先建立模型，直到有新的样本需要分类时才建立分类，因此当训练样本数量很大时，该学习算法的时间开销很大。

kNN 分类器基于局部信息进行决策，而决策树等分类器则试图找到一个拟合整个输入信息的全局模型。因此相对而言，最近邻分类器当 k 很小时，对噪音非常敏感。最近邻分类器可以生成任意形状的决策边界，比决策树这样的分类器所局限的直线决策边界提供更加灵活的模型表示。

kNN 的改进主要从提高分类的速度和准确度两方面着手，如先对训练样本集进行聚类，然后用聚类后形成的子簇代替属于该子簇的所有样本集，从而大大减少训练样本的数量，提高计算速度。也可以先对未知样本集进行预分类，划分出训练集和测试集，然后采用 kNN 分类器进行分类，从而提高分类精度并降低时间复杂度。

3.5　神经网络分类方法

神经网络（Neural Network）是模拟人脑思维方式的数学模型，是在现代生物学研究人脑组织成果的基础上提出的，用来模拟人类大脑神经网络的结构和行为。神经网络反映了人脑功能的基本特征，如并行信息处理、学习、联想、模式分类、记忆等。

神经网络具有以下优点。① 对噪声数据有较好适应能力，并且对未知数据也具有较好的预测分类能力。② 能逼近任意非线性函数，理论证明，任意的连续非线性函数映射关系可由某一多层神经网络以任意精度加以逼近。③ 对信息的并行分布式综合优化处理能力。神经网络的大规模互连网络结构，使其能很快地并行实现全局性的实时信息处理，并很好地协调多种输入信息之间的关系。④ 高强的容错能力。神经网络的并行处理机制及冗余结构特性使其具有较强的容错特性，提高了信息处理的可靠性和鲁棒性。⑤ 对学习结果的泛化能力和自适应能力。经过适当训练的神经网络具有潜在的自适应模式匹配功能，能对所学信息加以分布式存储和泛化。⑥ 便于集成实现和模拟。⑦ 可以多输入、多输出。

神经网络的缺点如下：① 当处理问题的规模很大时，计算开销变大，因此它仅适用于时间容许的应用场合；② 神经网络可以硬件实现，但不如软件灵活；③ 神经网络对于输入数据预处理有一定讲究；④ 神经网络对处理结果不能解释，相当于一个黑盒；⑤ 实际应用中，神经网络在学习时，需要设置一些关键参数，如网络结构等，神经网络的设计缺乏充分的理论指导，这些参数通常需要经验方能有效确定。

3.5.1 人工神经网络的基本概念

1. 人工神经网络的组成

人工神经网络（Artificial Neural Network，ANN）是由大量处理单元经广泛互连而组成的人工网络，用来模拟脑神经系统的结构和功能。这些处理单元被称为人工神经元。

人工神经网络可看成是以人工神经元为节点，用有向加权弧连接起来的有向图。在此有向图中，人工神经元就是对生物神经元的模拟，而有向弧则是轴突—突触—树突对的模拟。有向弧的权值表示相互连接的两个人工神经元间相互作用的强弱。图 3-16 和图 3-17 分别为神经元模型和人工神经网络的组成图。

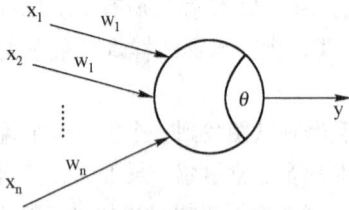

图 3-16 神经元模型

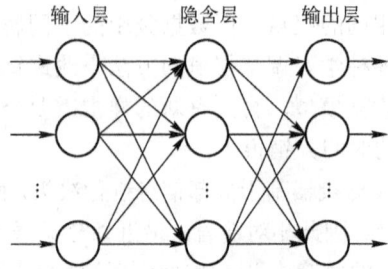

图 3-17 多层前向神经网络模型

2. 人工神经元的工作过程

对于某个处理单元（神经元）来说，假设来自其他处理单元（神经元）的信息为 x_i，它们与本处理单元的互相作用强度即连接权值为 w_i（$i=0,1,\cdots,n-1$），处理单元的内部阈值为 θ，则本处理单元（神经元）的输入为

$$\sum_{i=0}^{n-1} w_i x_i$$

处理单元的输出为

$$y = f(\sum_{i=0}^{n-1} w_i x_i - \theta)$$

x_i 为第 i 个元素的输入，w_i 为第 i 个处理单元与本处理单元的互联权重。f 称为激发函数或作用函数，决定节点（神经元）的输出。激发函数一般具有非线性特性，常用的非线性激发函数有图 3-18 中的 4 种。

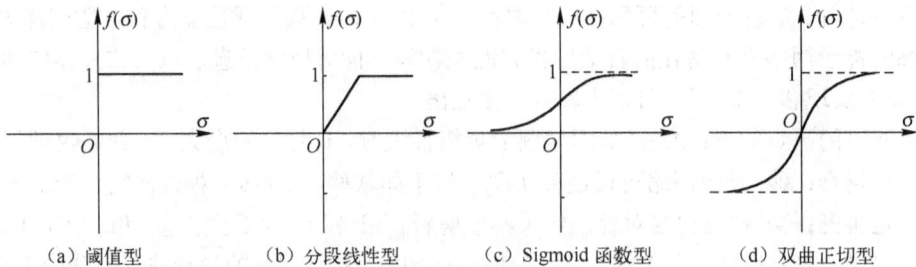

（a）阈值型　　　　（b）分段线性型　　　　（c）Sigmoid 函数型　　　　（d）双曲正切型

图 3-18 常用的激发函数

阈值型函数又称为阶跃函数，表示激活值 σ 和其输出 $f(\sigma)$ 之间的关系。线性分段函数可以看

做一种最简单的非线性函数，其特点是将函数的值域限制在一定的范围内，其输入、输出之间在一定范围内满足线性关系，一直延续到输出为最大域值为止。但当达到最大值后，输出就不再增大。例如，Sigmoid 型函数是一个有最大输出值的非线性函数，其输出值是在某个范围内连续取值的。以它为激发函数的神经元也具有饱和特性。双曲正切型函数实际只是一种特殊的Sigmoid 型函数，其饱和值是-1 和 1。

3. 人工神经网络的分类

按照各神经元的不同连接方式，神经网络分为前向网络、反馈网络、层内有互连的网络。

前向网络（Feedforward Networks）：神经元分层排列，组成输入层、隐含层和输出层，如图 3-19 所示。每层的神经元只接受前一层神经元的输入。输入模式经过各层的顺次变换后，由输出层输出。在各神经元之间不存在反馈。感知器和误差反向传播网络采用前向网络形式。从学习的观点来看，前向网络是一种强有力的学习系统，其结构简单而易于编程。大部分前向网络的分类能力和模式识别能力一般都强于反馈网络，典型的前向网络有感知器网络、BP 网络等。

反馈网络（Recurrent Networks）：在输出层到输入层存在反馈，即每个输入节点都有可能接受来自外部的输入和来自输出神经元的反馈，如图 3-20 所示。这种神经网络是一种反馈动力学系统，需要工作一段时间才能达到稳定。Hopfield 神经网络是反馈网络中最简单且应用广泛的模型。

按学习方法分类，神经网络分为有监督的学习网络和无监督的学习网络。无监督的学习网络基本思想是，当输入的实例模式进入神经网络后，网络按预先设定的规则自动调整权值。有监督的学习网络基本思想是，对实例 k 的输入，由神经网络根据当前的权值分布计算网络的输出，把网络的计算输出与实例 k 的期望输出进行比较，根据两者之间的差的某个函数的值来调整网络的权值分布，最终使差的函数值达到最小。

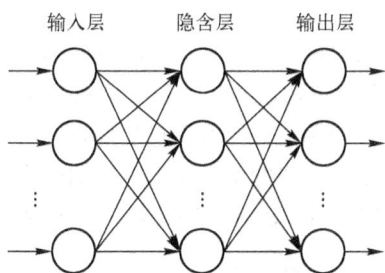

图 3-19　前向网络

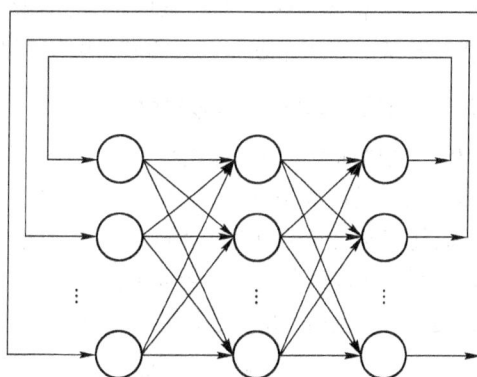

图 3-20　反馈网络

3.5.2　典型神经网络模型介绍

神经网络模型性能主要由以下因素决定：神经元（信息处理单元）的特性，神经元之间相互连接的形式——拓扑结构，为适应环境而改善性能的学习规则。

目前，神经网络模型相当丰富，已有 40 余种，典型的有感知器模型、多层前向传播网络、BP 模型、Hopfield 网络、ART 网络、SOM 自组织网络、学习矢量量化（LVQ）网络、Blotzman机网络等。下面以感知器模型和 BP 模型为例进行介绍。

1. 感知器模型

感知器神经网络是一个具有单层计算神经元的神经网络,网络的传递函数是线性阈值单元。原始的感知器神经网络只有一个神经元(如图 3-21 所示),主要用来模拟人脑的感知特征,由于采取阈值单元作为传递函数,所以只能输出两个值,适合简单的模式分类问题。当感知器用于两类模式分类时,相当于在高维样本空间用一个超平面将两类样本分开,但是单层感知器只能处理线性问题,对于非线性或者线性不可分问题无能为力。

单层感知器可将外部输入分为两类,如图 3-22 所示。

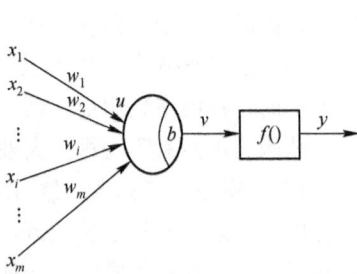

图 3-21 感知器模型

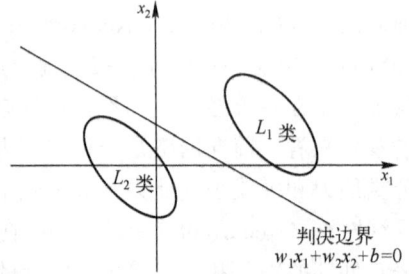

图 3-22 用一个超平面划分两类样本

当感知器的输出为 +1 时,输入属于 L_1 类,当感知器的输出为 -1 时,输入属于 L_2 类,从而实现两类目标的识别。在多维空间,单层感知器进行模式识别的判决超平面由 $\sum_{i=1}^{m} w_i x_i + b = 0$ 决定。

对于只有两个输入的判别边界是直线,选择合适的学习算法可训练出满意的 w_1 和 w_2,用于两类模式的分类时,相当于在高维样本空间中用一个超平面将两类样本分开,即 $w_1 x_1 + w_2 x_2 + b = 0$。

感知器模型简单易于实现,缺点是仅能解决线性可分问题。解决线性不可分问题可以采用多层感知器模型或功能更加强大的神经网络模型。

2. BP 模型(Back-propagation model)

BP 模型也称为反向传播模型,是一种用于前向多层的反向传播学习算法。之所以称它是一种学习方法,是因为用它可以对组成前向多层网络的各人工神经元之间的连接权值进行不断修改,从而使该前向多层网络能够将输入信息变换成所期望的输出信息。之所以将其称为反向学习算法,是因为在修改各人工神经元的连接权值时,所依据的是该网络的实际输出与其期望输出之差,将这一差值反向一层一层地向回传播,来决定连接权值的修改。BP 网络如图 3-23 所示。

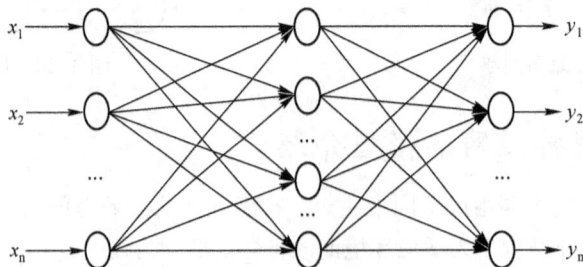

图 3-23 BP 网络

BP 模型的基本描述如下:

<1> 选择一组训练样例,每个样例由输入信息和期望的输出结果两部分组成。

<2> 从训练样例集中取一样例，把输入信息输入到网络中。

<3> 分别计算经神经元处理后的各层节点的输出。

<4> 计算网络的实际输出和期望输出的误差。

<5> 从输出层反向计算到第一个隐含层，并按照某种能使误差向减小方向发展的原则，调整网络中各神经元的连接权值。

<6> 对训练样例集中的每一个样例重复步骤<3>～<5>，直到对整个训练样例集的误差达到要求为止。

【例 3-13】 输入样本集 $S\{(x_1,y_1),(x_2,y_2)\}$，y_1 和 y_2 分别是样本的预期输出结果，初始化连接权值 w_{13}、w_{34}、w_{23}、w_{35}；选择其中一个样本 (x_1,y_1) 输入到神经网络中，经过神经元 1、3、4 得到输出结果 y_1'，由实际输出与期望输出计算出样本误差 e_1，按照某种能使误差向减小方向发展的原则，调整网络中各神经元的连接权值 w_{13}，w_{34}；按照同样的步骤对样本 (x_2,y_2) 进行操作，得到实际输出结果 y_2'，并计算出误差 e_2，并调整连接权重 w_{23} 和 w_{35}。若误差和 $E=E_1+E_2$ 小于给定阈值，则结束算法，否则按照调整后的连接权重重复上述步骤，直到误差和小于阈值。

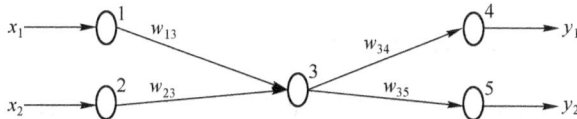

图 3-24　简单前向神经网络

BP 模型的优点：理论基础牢固，推导过程严谨，物理概念清晰，通用性好等，所以它是目前用来训练前向多层网络较好的算法。

BP 模型的缺点：算法的收敛速度慢；网络中隐含节点个数的选取尚无理论上的指导；从数学角度看，BP 算法是一种梯度最速下降法，这就可能出现局部极小的问题。所以，BP 算法是不完备的。

3.6　支持向量机

支持向量机（Support Vector Machine，SVM）分类器的特点是能够同时最小化经验误差和最大化几何边缘区，因此也被称为最大边缘区分类器。支持向量机将向量映射到一个更高维的空间，在这个空间里建立有一个最大间隔超平面。在分开数据的超平面的两边建有两个互相平行的超平面。平行超平面间的距离或差距越大，分类器的总误差越小。

支持向量机实现是通过某种事先选择的非线性映射（核函数）将输入向量映射到一个高维特征空间，在这个空间中构造最优分类超平面。使用 SVM 进行数据分类工作的过程为：首先通过预先选定的非线性映射将输入空间映射到高维特征空间，如图 3-25 所示，使得在高维属性空间中有可能对训练数据实现超平面的分割，避免了在原输入空间中进行非线性曲面分割计算。

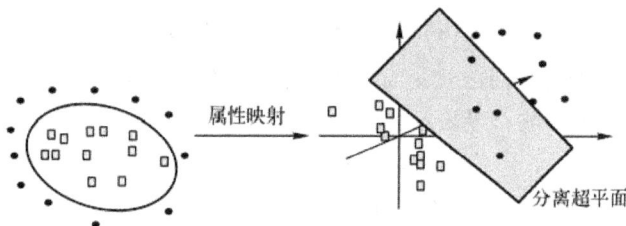

图 3-25　非线性映射将输入空间映射到高维特征空间

SVM 数据的分类函数具有这样的性质：它是一组以支持向量为参数的非线性函数的线性组合，因此分类函数的表达式仅和支持向量的数量有关，而独立于空间的维度。在处理高维输入空间的分类时，这种方法尤其有效。其工作原理如图 3-26 所示。其数学模型如图 3-27 所示。

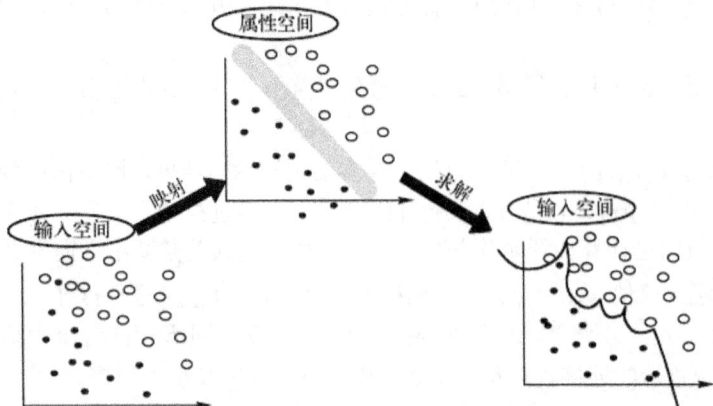

图 3-26 SVM 算法概念模型   图 3-27 SVM 算法数学模型

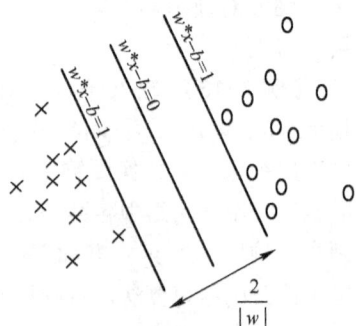

设样本属于两个类，用该样本训练 SVM 得到的最大间隔超平面，在超平面上的样本点称为支持向量。

我们考虑以下形式的样本点 $\{(x_1,c_1),(x_2,c_2),\cdots,(x_n,c_n)\}$。其中，$c_i$ 为 1 或-1，用以表示数据点属于哪个类；x_i 是一个 n 维向量，其每个元素都被缩放到[0,1]或[-1,1]，缩放的目的是防止方差大的随机变量主导分类过程。我们可以把这些数据称为训练数据，希望支持向量机能够通过一个超平面正确地把它们分开。超平面的数学形式可以写作 $w \cdot x - b = 0$，根据几何知识我们知道，w 向量垂直于分类超平面。加入位移 b 的目的是增加间隔，如果没有 b，那超平面将不得不通过原点，限制了这个方法的灵活性。

由于要求最大间隔，因此我们需要知道支持向量以及（与最佳超平面）平行的并且离支持向量最近的超平面，这些平行超平面可以由如下方程组来表示：

$$w \cdot x - b = 1$$
$$w \cdot x - b = -1$$

如果这些训练数据是线性可分的，就可以找到这样两个超平面，在它们之间没有任何样本点并且这两个超平面之间的距离也最大。不难得到这两个超平面之间的距离是 $1/2|w|$，因此我们需要最小化 $|w|$，同时为了使得样本数据点都在超平面的间隔区以外，需要保证对于所有的 i 满足其中的一个条件

$$w \cdot x_i - b \geqslant 1 \quad \text{或} \quad w \cdot x_i - b \leqslant -1$$

这两个式子可以写为

$$c_i(w \cdot x_i - b) \geqslant 1 \quad (1 \leqslant i \leqslant n)$$

现在寻找最佳超平面这个问题就变成了在这个约束条件下最小化$|w|$，这是一个二次规划中最优化的问题。更清楚地，它可以表示为最小化$1/2\|w\|^2$，满足

$$c_i(w \cdot x_i - b) \geqslant 1 \quad (1 \leqslant i \leqslant n)$$

因子 1/2 是为了数学上表达的方便加上的。

目前，用 SVM 构造分类器来处理海量数据面临以下两个困难。

① SVM 算法对大规模训练样本难以实施。由于 SVM 是借助二次规划来求解支持向量，而求解二次规划将涉及 m 阶矩阵的计算（m 为样本的个数），当 m 很大时，该矩阵的存储和计算将耗费大量的机器内存和运算时间。

② 用 SVM 解决多分类问题存在困难。经典的支持向量机算法只支持二类分类问题，而实际应用中一般要解决多类分类问题。可以通过多个二类支持向量机的集成来解决，主要有一对多集成模式、一对一集成模式和 SVM 决策树；再就是通过构造多个分类器的集成来解决。主要原理是克服 SVM 固有的缺点，结合其他算法的优势，解决多类问题的分类精度。

3.7　集成学习法

集成学习法（Ensemble Learning）是将多个分类方法聚集在一起来提高分类准确率。通常，一个集成分类器的分类性能会好于单个分类器。集成学习法由训练数据构建一组基分类器（base classifier），然后通过对每个基分类器的预测进行投票来进行分类。在构建分类器的过程中，一般有两种集成方法，一种是使用训练集的不同子集训练得到不同的基分类器，另一种方法是使用同一个训练集的不同属性子集训练得到不同的基分类器。图 3-28 是集成学习法的逻辑结构图，其基本思想是：在原始数据集上构建多个分类器，然后在分类未知样本时聚集它们的预测结果。构建集成分类器的一般过程可以描述如下：

集成学习方法的一般过程

（1）令 D 表示原始训练数据集，k 表示基分类器的个数，Z 表示测试数据集

（2）for i=1 to k do

（3）　　由 D 创建训练集 D_i

（4）　　由 D_i 创建基分类器 C_i

（5）end for

（6）for 每个测试样本 $x \in Z$ do

（7）　　$C^*(x)$=Vote($C_1(x), C_2(x), \cdots, C_k(x)$)

（8）end for

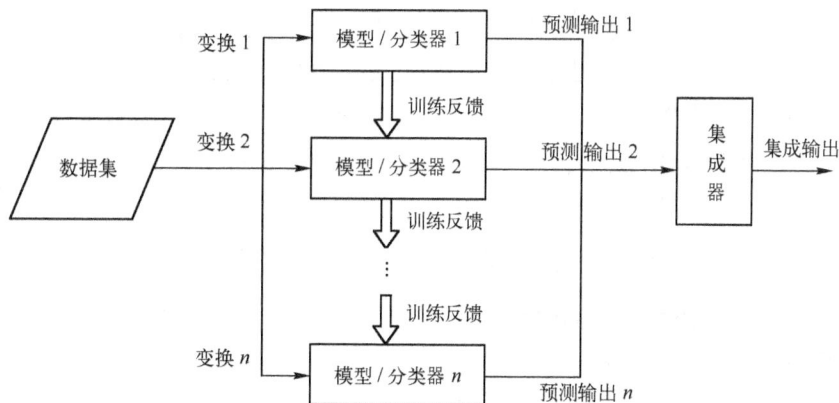

图 3-28　集成学习法结构图

集成学习法并不是简单地将数据集在多个不同分类器上重复训练，而是对数据集进行扰动，另外，一个分类训练中的错误还可以被下一个分类利用。分类器预测错误的原因之一就是未知

的实例与所学习的实例的分布有所区别，通过扰动，分类器能学习到更一般的模型，从而消除单个分类器所产生的偏差，得到更精准的模型。已有构建集成分类器的方法主要包括装袋（bagging）、提升（boosting）、AdaBoost 算法等。其中，AdaBoost 算法是由 Yoav Freund 和 Robert Schapire 提出的最重要的集成学习方法，该算法具有可靠的理论基础、精确的分类精度、简单的实现代码和广泛、成功的应用。

1. 装袋（Bagging）

装袋又称为自助聚集，是一种根据均匀概率分布从数据中重复抽样（有放回）的技术。每个自助样本集都和原数据集一样大。由于抽样过程是有放回的，因此一些样本可能在同一个训练集中出现多次，其他一些却可能被忽略。在每个抽样生成的自助样本集上训练一个基分类器，对训练过的 k 个基分类器投票，将测试样本指派到得票最高的类。

装袋算法的基本描述如下：

装袋算法
输入：大小为 N 的原始数据集 D，自助样本集的数目 k
输出：集成分类器 $C^*(x)$
（1）for $i=1$ to k do
（2）　　　通过对 D 有放回抽样，生成一个大小为 N 的自助样本集 D_i
（3）　　　在自助样本集体 D_i 上训练一个基分类器 C_i
（4）end for
（5）$C^*(x) = \arg\max_y \sum_i \delta(C_i(x) = y)$ {如果参数为真，则 $\delta(.) = 1$，否则 $\delta(.) = 0$}

为了说明装袋如何进行，考虑表 3-11 给出的数据集，设 x 表示一维属性，y 是类标号。假设使用的分类器是仅含一层的二叉决策树，具有一个测试条件 $x \leqslant k$，其中 k 是使得叶节点熵最小的分裂点。

表 3-11　用于构建装袋集成分类器的数据集例子

x	0.1	0.2	0.3	0.4	0.5	0.6	0.7	0.8	0.9	1
y	1	1	1	-1	-1	-1	-1	1	1	1

不进行装袋时，能产生最好的分裂点为 $k=0.35$ 或 $k=0.75$。

当 $k=0.35$ 时，x 取 $\{0.1,0.2,0.3\}$ 时，y 取 1，x 取 $\{0.4,0.5,0.6,0.7,0.8,0.9,1\}$ 时，y 取-1。这时的分类准确率为 70%。叶节点的熵值为

$$\frac{3}{10} \times 0 + \frac{7}{10} \times \left(-\frac{4}{7}\log_2\frac{4}{7} - \frac{3}{7}\log_2\frac{3}{7}\right) = 0.6895$$

当 $k=0.75$ 时，x 取 $\{0.1,0.2,0.3,0.4,0.5,0.6,0.7\}$ 时，y 取-1，x 取 $\{0.8,0.9,1\}$ 时，y 取 1。这时的分类准确率为 70%。叶节点的熵值为

$$\frac{7}{10} \times \left(-\frac{4}{7}\log_2\frac{4}{7} - \frac{3}{7}\log_2\frac{3}{7}\right) + \frac{3}{10} \times 0 = 0.6895$$

但无论选择哪一个，准确率最多为 70%。假设我们在数据集上应用 5 个自助样本的装袋过程，表 3-12 给出了每轮装袋的过程，在每个表的上方给出了每轮装袋产生的自助样本集中训练产生的分类器的最佳分裂点，及相应的分类准确率。

表 3-12 装袋的例子

（a）

第 1 轮装袋：最佳分裂点 $k=0.75$，$x\leq k$，$y=-1$，$x>k$，$y=-1$，准确率=90%									
x	0.1	0.4	0.5	0.6	0.6	0.7	0.8	0.8	0.9	0.9
y	1	-1	-1	-1	-1	-1	1	1	1	1

（b）

第 2 轮装袋：最佳分裂点 $k=0.65$，$x\leq k$，$y=-1$，$x>k$，$y=1$，准确率=80%									
x	0.1	0.2	0.3	0.4	0.5	0.8	0.9	1	1	1
y	1	1	1	-1	-1	1	1	1	1	1

（c）

第 3 轮装袋：最佳分裂点 $k=0.35$，$x\leq k$，$y=1$，$x>k$，$y=-1$，准确率=80%									
x	0.1	0.2	0.3	0.4	0.4	0.5	0.7	0.7	0.8	0.9
y	1	1	1	-1	-1	-1	-1	-1	1	1

（d）

第 4 轮装袋：最佳分裂点 $k=0.3$，$x\leq k$，$y=1$，$x>k$，$y=-1$，准确率=80%									
x	0.1	0.1	0.2	0.4	0.4	0.5	0.5	0.7	0.8	0.9
y	1	1	1	-1	-1	-1	-1	-1	1	1

（e）

第 5 轮装袋：最佳分裂点 $k=0.8$，$x\leq k$，$y=-1$，$x>k$，$y=1$，准确率=70%									
x	0.1	0.1	0.2	0.5	0.6	0.6	0.6	1	1	1
y	1	1	1	-1	-1	-1	-1	1	1	1

5 轮装袋过程产生 5 个基分类器，对每个基分类器所作的预测使用多数表决分类，表 3-13 给出了预测结果。由于类标号为+1 与-1，因此应用多数表决器等价于对 y 的预测值求和，然后考察结果的标号。结果发现，集成分类器完全正确地分类了原始数据集中的 10 个样本。

表 3-13 使用装袋方法构建集成分类器的例子

轮	0.1	0.2	0.3	0.4	0.5	0.6	0.7	0.8	0.9	1
1	-1	-1	-1	-1	-1	-1	-1	1	1	1
2	-1	-1	-1	-1	-1	1	1	1	1	1
3	1	1	1	-1	-1	-1	-1	-1	-1	-1
4	1	1	1	-1	-1	-1	-1	-1	-1	-1
5	1	1	1	-1	-1	-1	-1	1	1	1
和	1	1	1	-5	-5	-5	-3	1	1	1
符号	1	1	1	-1	-1	-1	-1	1	1	1
实际类	1	1	1	-1	-1	-1	-1	1	1	1

装袋通过降低基分类器的方差改善了泛化误差。装袋的性能依赖于基分类器的稳定性。如果基分类器是不稳定的，装袋有助于降低训练数据的随机波动导致的误差；如果基分类器是稳

定的，则集成分类器的误差主要由基分类器的偏倚引起。另外，由于每个样本被选中的概率相同，因此装袋并不侧重于训练数据集中的任何特定实例。所以对于噪声数据，装袋不太受过分拟合的影响。

2. 提升（Boosting）

提升是一个迭代的过程，用于自适应地改变训练样本的分布，使得基分类器聚焦在那些很难分的样本上。不像装袋，提升给每个训练样本赋予一个权值，而且可以在每轮提升过程结束时自动地调整权值。训练样本的权值可以用于以下方面：

① 抽样分布，从原始数据集中提取出自主样本集。

② 基分类器可以使用权值学习有利于高权值样本的模型。

本节描述的算法利用样本的权值来确定其训练集的抽样分布。开始时，所有样本都赋予相同的权值 $1/N$，从而使得它们被选作训练的可能性都一样。根据训练样本的抽样分布来抽取样本，得到新的样本集。然后，由该训练集归纳一个分类器，并用它对原数据集中的所有样本进行分类。每轮提升结束时更新训练集样本的权值。增加被错误分类的样本的权值，减小被正确分类的样本的权值，这迫使分类器在随后迭代中关注那些很难分类的样本。表 3-14 给出了每轮提升选择的样本。

表 3-14　每轮提升选择的样本

提升第 1 轮	7	3	2	8	7	9	4	10	6	3
提升第 2 轮	5	4	9	4	2	5	1	7	4	2
提升第 3 轮	4	4	8	10	4	5	4	6	3	4

开始所有的样本都赋予相同的权值。由于抽样是有放回的，因此某些样本可能被选中多次，如样本 3 和 7。然后使用由这些数据建立的分类器对所有样本进行分类。假定样本 4 很难分类，随着它被重复误分类，该样本的权值在后面的迭代中将会增加。同时，前一轮没有被选中的样本如样本 1 与样本 5，也有更好的机会在下一轮被选中，因为前一轮对它们的预测多半是错误的。随着提升过程进行，最难分类的那些样本将有更大的机会被选中。通过聚集每个提升轮得到的分类器，就得到最终的集成分类器。

3. AdaBoost 算法

AdaBoost 算法是对提升算法的一个具体实现。假定 S 表示样本数据集，Y 表示类标号集，$Y=\{-1, +1\}$。给定一个基分类器和一个训练集 $S = \{(x_i, y_i)\}$，其中 $y_i \in Y$（$i=1,\cdots,N$）。AdaBoost 算法描述如下：首先给所有的训练样本 (x_i, y_i)（$i=1,\cdots,N$）分配相同的权值，并指定第 t 轮提升的权值为 W_t，通过调用基分类器，AdaBoost 从训练集和 W_t 中产生一个弱学习器 $h_t:X \rightarrow Y$。然后使用训练样本来测试 h_t，并增加分类错误的样本的权重。这样就获得了一个更新的权重值 W_{t+1}。AdaBoost 从训练集和 W_{t+1} 中通过再次调用基分类器产生另一个弱学习器。这样反复执行 T 轮，最终的模型是由 T 个弱学习器基于权重的投票结果，这里每个弱学习器的权重是在训练阶段产生的。AdaBoost 的伪代码描述如下：

函数：AdaBoost(D, T)

输入：样本数据集 D，学习提升轮数 T

输出：集成分类器 $H(x)$

（1）初始化 N 个样本的权值 $W_1(i) = \dfrac{1}{N}$（$i = 1, 2, \cdots, N$）

（2）for　t=1　to　T　do　　　　　　　　//对每一轮

（3）　　　根据权重 W_t 的分布，通过对 D 进行有放回抽样产生训练集 D_t

（4）　　　在 D_t 上训练产生一个弱学习器（基分类器）h_t

（5）用 h_t 对原训练集 D 中所有样本进行分类，并度量 h_t 的误差 $e_t = \dfrac{1}{N}\left[\displaystyle\sum_{i=1}^{N} W_t(i)I(h_t(x_i) \neq y_i)\right]$

　　（如果 $h_t(x_i) \neq y_i$ 为真，则 $I(h_t(x_i) \neq y_i) = 1$，否则为 0）

（6）　　if　$e_t > 0.5$　then

（7）　　　　重新将权重初始化为 $\dfrac{1}{N}$，转步骤（3）重试

（8）　　　end if

（6）决定 h_t 的权重 $\alpha_t = \dfrac{1}{2}\ln\left(\dfrac{1-e_t}{e_t}\right)$

（7）更新权重分布 $W_{t+1}(i) = \dfrac{W_t(i)}{Z_t} \times \begin{cases} \exp(-\alpha_t) & \text{if} \quad h_t(x_i) = y_i \\ \exp(\alpha_t) & \text{if} \quad h_t(x_i) \neq y_i \end{cases} = \dfrac{W_t(i)\exp(-\alpha_t y_i h_t(x_i))}{Z_t}$

　　其中，Z_t 是一个正规因子，用来确保 $\displaystyle\sum_t W_{t+1}(i) = 1$

（8）end for

（9）$H(x) = sign(\displaystyle\sum_{t=1}^{T} \alpha_t h_t(x))$　　　　　　//返回具有最大权重的类

　　其中，$sign()$ 为符号函数，$sign(\displaystyle\sum_{t=1}^{T} \alpha_t h_t(x)) = \begin{cases} 1 & \text{if} \quad \displaystyle\sum_{t=1}^{T} \alpha_t h_t(x) \geq 0 \\ -1 & \text{if} \quad \displaystyle\sum_{t=1}^{T} \alpha_t h_t(x) < 0 \end{cases}$

【例 3-14】 下面以表 3-11 中的一维数据集为例，分析 AdaBoost 算法是如何对该数据集进行分类的。

解答：

<1> 初始化 10 个样本的权值为 $W_1(i) = \dfrac{1}{10} = 0.1$（$i = 1, 2, \cdots, 10$）。

<2> 第 1 轮提升过程

根据权重 W_1，在数据集 D 上抽样产生训练集 D_1，如表 3-15 第一轮数据所示，在 D_1 上训练产生一个基分类器 h_1，该分类器的最佳分裂点为 $k=0.75$，$x \leq k$，$y=-1$，$x>k$，$y=1$。使用该基分类器 h_1 对原数据集 D 进行分类，分类结果为 10 个样本中有三个样本分类错误，7 个样本分类正确，它们分别是分类正确的样本 {0.4,0.5,0.6,0.7,0.8,0.9,1}，分类错误的样本 {0.1,0.2,0.3}。

根据 h_1 对原数据集 D 的分类结果，度量它的误差

$$e_1 = \frac{1}{N}\left[\sum_{i=1}^{N} W_1(i)I(h_1(x_i) \neq y_i)\right] = \frac{1}{10}[0.1*1 + 0.1*1 + 0.1*1] = 0.03$$

计算 h_1 的权重为

$$\alpha_1 = \frac{1}{2}\ln\left(\frac{1-e_1}{e_1}\right) = \frac{1}{2}\ln\left(\frac{1-0.03}{0.03}\right) = 1.738$$

<3> 更新权重，进入第 2 轮提升过程。

根据算法计算更新后权重 $W_2(i) = 1$（$i = 1, 2, \cdots, 10$）分别如下：

$$W_2(1) = W_2(2) = W_2(3) = \frac{W_1(1)}{Z_1} \times \exp(\alpha_1) = \frac{0.568}{Z_1}$$

$$W_2(4) = W_2(5) = W_2(6) = W_2(7) = W_2(8) = W_2(9) = W_2(10) = \frac{W_1(4)}{Z_1} \times \exp(-\alpha_1) = \frac{0.0175}{Z_1}$$

因为 $\sum W_2(i) = 1$ （ $i=1,2,\cdots,10$ ），于是有 $\frac{0.568}{Z_1} \times 3 + \frac{0.0175}{Z_1} \times 7 = 1$ ，这样可以推算出

$$Z_1 = 0.568 \times 3 + 0.0175 \times 7 = 1.8265$$

于是更新后第二轮提升的权重分别为

$$W_2(i) = \frac{0.568}{Z_1} = 0.311 \qquad （ i=1,2,3 ）$$

$$W_2(j) = \frac{0.0175}{Z_1} = 0.0095 \qquad （ j=4,5,6,7,8,9,10 ）$$

根据权重 W_2 的分布，通过对 D 进行抽样产生训练集 D_2，如表 3-15 中的第 2 轮数据集所示。在 D_2 上训练产生基分类器 h_2，该分类器的最佳分裂点为 $k=0.05$，$x \leq k$，$y=-1$，$x > k$，$y=1$。使用该基分类器 h_2 对原数据集 D 进行分类，分类结果为 10 个样本中有 4 个样本分类错误，6 个样本分类正确，它们分别是分类正确的样本 {0.1,0.2,0.3,0.8,0.9,1}，分类错误的样本 {0.4,0.5,0.6,0.7}。

表 3-15　Adaboost 算法分类过程

	x	0.1	0.2	0.3	0.4	0.5	0.6	0.7	0.8	0.9	1
第 1 轮	y	1	1	1	−1	−1	−1	−1	1	1	1
	划分点 $k=0.75$，$x \leq k$，$y=-1$，$x > k$，$y=1$，$\alpha_1=1.738$										
第 2 轮	x	0.1	0.1	0.2	0.2	0.2	0.2	0.3	0.3	0.3	0.3
	y	1	1	1	1	1	1	1	1	1	1
	划分点 $k=0.05$，$x \leq k$，$y=1$，$x > k$，$y=-1$，$\alpha_2=2.7844$										
第 3 轮	x	0.2	0.2	0.4	0.4	0.4	0.4	0.5	0.6	0.6	0.7
	y	1	1	−1	−1	−1	−1	−1	−1	−1	−1
	划分点 $k=0.3$，$x \leq k$，$y=1$，$x > k$，$y=-1$，$\alpha_3=4.125365$										
x		0.1	0.2	0.3	0.4	0.5	0.6	0.7	0.8	0.9	1
y		1	1	1	−1	−1	−1	−1	1	1	1
第 1 轮权值 W_1		0.1	0.1	0.1	0.1	0.1	0.1	0.1	0.1	0.1	0.1
第 2 轮权值 W_2		0.311	0.311	0.311	0.0095	0.0095	0.0095	0.0095	0.0095	0.0095	0.0095
第 3 轮权值 W_3		0.0285	0.0285	0.0285	0.228	0.228	0.228	0.228	0.00087	0.00087	0.00087

根据 h_2 对原数据集 D 的分类结果，度量它的误差

$$e_2 = \frac{1}{N}\left[\sum_{i=1}^{N} W_2(i)I(h_2(x_i) \neq y_i)\right] = \frac{1}{10}[0.0095 \times 1 + 0.0095 \times 1 + 0.0095 \times 1 + 0.0095 \times 1] = 0.0038$$

计算 h_2 的权重为

$$\alpha_2 = \frac{1}{2}\ln\left(\frac{1-e_2}{e_2}\right) = \frac{1}{2}\ln\left(\frac{1-0.0038}{0.0038}\right) = 2.7844$$

<4> 更新权重，进入第 3 轮提升过程。

根据算法计算更新后，权重 $W_3(i) = 1$ （ $i=1,2,\cdots,10$ ）分别如下：

$$W_3(1) = W_3(2) = W_3(3) = \frac{W_2(1)}{Z_2} \times \exp(-\alpha_2) = \frac{0.0192}{Z_2}$$

$$W_3(4) = W_3(5) = W_3(6) = W_3(7) = \frac{W_1(4)}{Z_2} \times \exp(\alpha_2) = \frac{0.1538}{Z_2}$$

$$W_3(8) = W_3(9) = W_3(10) = \frac{W_2(8)}{Z_2} \times \exp(-\alpha_2) = \frac{0.000587}{Z_2}$$

因为 $\sum W_2(i) = 1$ （ $i = 1,2,\cdots,10$ ），于是有 $\frac{0.0192}{Z_2} \times 3 + \frac{0.1538}{Z_2} \times 4 + \frac{0.000587}{Z_2} \times 3 = 1$ ，这样可以推算出

$$Z_2 = 0.0192 \times 3 + 0.1538 \times 4 + 0.000587 \times 3 = 0.6745$$

于是，更新后第 3 轮提升的权重分别为

$$W_3(1) = W_3(2) = W_3(3) = \frac{W_2(1)}{Z_2} \times \exp(-\alpha_2) = \frac{0.0192}{Z_2} = 0.0285$$

$$W_3(4) = W_3(5) = W_3(6) = W_3(7) = \frac{W_1(4)}{Z_2} \times \exp(\alpha_2) = \frac{0.1538}{Z_2} = 0.228$$

$$W_3(8) = W_3(9) = W_3(10) = \frac{W_2(8)}{Z_2} \times \exp(-\alpha_2) = \frac{0.000587}{Z_2} = 0.00087$$

根据权重 W_3 的分布，通过对 D 进行抽样产生训练集 D_3，如表 3-15 中的第 3 轮数据集所示。在 D_3 上训练产生基分类器 h_3，该分类器的最佳分裂点为 $k=0.3$，$x \leqslant k$，$y=1$，$x>k$，$y=-1$。使用该基分类器 h_3 对原数据集 D 进行分类，分类结果为 10 个样本中有 3 个样本分类错误，7 个样本分类正确，分类正确的样本为{0.1, 0.2, 0.3, 0.4,0.5,0.6,0.7}，分类错误的样本为{0.8,0.9,1}。

根据 h_3 对原数据集 D 的分类结果，度量它的误差

$$e_3 = \frac{1}{N}\left[\sum_{i=1}^{N} W_3(i)I(h_3(x_i) \neq y_i)\right] = \frac{1}{10}[0.00087 \times 1 + 0.00087 \times 1 + 0.00087 \times 1] = 0.000261$$

计算 h_3 的权重为

$$\alpha_3 = \frac{1}{2}\ln\left(\frac{1-e_3}{e_3}\right) = \frac{1}{2}\ln\left(\frac{1-0.000261}{0.000261}\right) = 4.125365$$

表 3-13 为该数据集三轮提升过程中的权值分布。

<5> 经过三轮学习提升后，得到每一轮弱学习器 h_t 及其权重值 α_t（$t=1,2,3$）。最后计算三轮学习得到的弱学习器 h_1、h_2 和 h_3 的集成分类结果。下面以表 3-16 中的 $x=0.1$ 样本为例加以说明最后的集成分类的过程。

表 3-16 Adaboost 算法分类结果

x	0.1	0.2	0.3	0.4	0.5	0.6	0.7	0.8	0.9	1
第 1 轮	-1	-1	-1	-1	-1	-1	-1	1	1	1
第 2 轮	1	1	1	1	1	1	1	1	1	1
第 3 轮	1	1	1	-1	-1	-1	-1	-1	-1	-1
和	5.17	5.17	5.17	-3.08	-3.08	-3.08	-3.08	0.397	0.397	0.397
符号	1	1	1	-1	-1	-1	-1	1	1	1

第 1 轮训练得到了弱学习器 h_1，对 $x=0.1$ 分类结果为 -1（见表 3-16），权重值为 $\alpha_1 = 1.738$；第 2 轮训练得到了弱学习器 h_2，对 $x=0.1$ 分类结果为 1（见表 3-16），权重值为 $\alpha_2 = 2.7844$；第 3 轮训练得到了弱学习器 h_3，对 $x=0.1$ 分类结果为 1（见表 3-16），权重值为 $\alpha_3 = 4.125365$。这样，最后对样本 $x=0.1$ 的集成分类结果为

$$H(x) = \text{sign}(\sum_{t=1}^{T} \alpha_t h_t(x)) = \alpha_1 h_1(x) + \alpha_2 h_2(x) + \alpha_2 h_2(x)$$
$$= 1.738 \times (-1) + 2.7844 \times 1 + 4.125365 \times 1 = 5.17$$

这样，根据计算结果 $H(x) = 5.17$ 大于 0，因此其分类结果为 1。

同样，对于其他样本的计算步骤类似，最后的结果如表 3-16 所示。

在不使用提升算法时，该数据集的二叉分类准确率最多达到 70%，在使用 AdaBoost 集成分类算法后，所有 10 个样本完全分类正确。

3.8 不平衡数据分类

所谓不平衡数据，是指在同一数据集中某些类的样本数远大于其他类的样本数，其中样本少的类为少数类（以下称为正类），样本多的类为多数类（以下称为负类）。具有不平衡类分布的数据集出现在许多实际应用中，很多重要信息隐藏在少数类中。找出数据中相应的最有价值部分（如识别网络安全中的入侵行为，银行交易中的欺诈行为或洗钱行为，邮件系统中的垃圾邮件，企业客户中的高风险客户与高价值客户等），可能会给企业带来更多商业机会或让企业规避风险和危机，使企业避免或减少不必要的损失。

准确率经常被用来比较分类器的性能，然而在不平衡数据分类中，少数类的正确分类比多数类的正确分类更有价值，仅用准确率评价从不平衡数据集得到的分类模型并不合适。例如，如果 1% 的信用卡交易是欺诈行为，则预测每个交易都合法的模型具有 99% 的准确率，尽管它检测不到任何欺骗交易。

由于准确率度量将每个类看得同等重要，因此它可能不适合用来分析不平衡数据。为说明问题，这里仅考虑两类的不平衡分类问题。针对不平衡分类问题，重要的类别为"+"类，不太重要的类为"−"类。表 3-17 通过混淆矩阵描述对象分类情况。在混淆矩阵中，主对角线上分别是被正确分类的正例个数（T_P 个）和被正确分类的负例个数（T_N 个），次对角线上依次是被错误分类的负例个数（F_N 个）和被错误分类的正例个数（F_P 个）。实际正例数 $(P) = T_P + F_N$，实际负例数 $(N) = F_P + T_N$，实例总数 $(C) = P + N$。在这类问题中，并不关注正确分类的负例。

表 3-17 两类问题的混合矩阵

实际类别		预测类别	
		+	−
实际类别	+	正确的正例（T_P）	错误的负例（F_N）
	−	错误的正例（F_P）	正确的负例（T_N）

① 分类准确度（Accuracy），表示对测试集分类时，分类正确样本的百分比，其定义如下：

$$\text{Accuracy} = \frac{\text{正确预测数}}{\text{样本总数}} = \frac{T_P + T_N}{C}$$

② 错误率（Error rate），为错误分类的测试样本个数占测试样本总数的比例：

$$\text{Errorrate} = 1 - \text{Accuracy} = 1 - \frac{T_P + T_N}{C} = \frac{F_N + F_P}{C}$$

③ 精度（Precision）或真负率，定义为正确分类的正例个数占分类为正例的样本个数的比例：

$$p = \frac{T_P}{T_P + F_P}$$

④ 召回率（Recall）或真正率，定义为正确分类的正例个数占实际正例个数的比例：

$$r = \frac{\text{被正确分类的正例样本个数}}{\text{实际正例样本个数}} = \frac{T_P}{T_P + F_N}$$

⑤ F_1 度量表示精度和召回率的调和平均值 $F_1 = \frac{2rp}{r + p}$，F_1 度量趋向于接近精度和召回率中的较小者。

精度和召回率是评价不平衡数据分类模型的两个常用度量。可以构造一个基线模型，它最大化其中一个度量而不管另一个。例如，将每个记录都声明为正类的模型具有完美的召回率，但它的精度却很差；相反，将匹配训练集中任何一个正记录都指派为正类的模型具有很高的精度，但召回率很低。F_1 度量可以起到平衡两个度量的效果，高的 F_1 度量值确保精度和召回率都比较高。

在一个二分类模型中，对于所得到的连续结果，假设已确定一个阈值，如 0.6，大于这个值的实例划归为正类，小于这个值则划到负类中。如果减小阈值，减到 0.5，固然能识别出更多的正类，即提高了识别出的正例占所有正例的比，即 TPR，同时将更多的负例当做了正例，即提高了 FPR。为了形象化这一变化，引入 ROC（Receiver Operating Characteristic Curve）曲线。

通常，一个分类器中假正率和真正率很难都达到很高的值，提升一个值往往会降低另一个。采用 ROC 曲线分析方法显示分类器真正率 TPR（True Positive Rate）和假正率 FPR（False Positive Rate）之间关系的图形化方法。TPR 的计算公式为 TPR=$T_P / (T_P + F_N)$，刻画的是分类器所识别出的正实例占所有正实例的比例。FPR 计算公式为 FPR=$F_P / (F_P + T_N)$，计算的是分类器错认为正类的负实例占所有负实例的比例。在 ROC 曲线中，真正率（TPR）沿 Y 轴绘制，而假正率（FPR）显示在 X 轴上，如图 3-29 所示。沿着曲线的每个点对应于一个分类器归纳的模型。

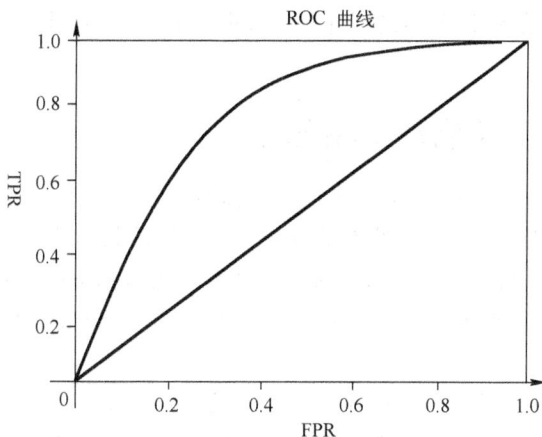

图 3-29　分类器的 ROC 曲线

一个好的分类模型的 ROC 曲线应该尽可能靠近图的左上角，而一个随机猜测的模型应位于连接点（TPR=0，FPR=0）和（TPR=1，FPR=1）的主对角线上。随机猜测该记录以固定的概率 p 分为正类，而不考虑其属性集。例如，考虑一个包含 n_+ 个正例和 n_- 个负例的数据集。随机分类器期望正确地分类 p_{n_+} 个正例，而误分 p_{n_-} 个负例，因此，分类器的 TPR 是 $p_{n_+} / n_+ = p$，而它的 FPR 是 $p_{n_-} / n_- = p$。由于 TPR 和 FPR 相等，因此随机预测分类器的 ROC 曲线总是位于主对角线上。

ROC 曲线下方的面积（AUC）提供了评价模型的平均性能的另一种办法，如果模型是完美的，则它的 ROC 曲线下方的面积等于 1。如果模型仅仅是简单的随机猜测，则 ROC 曲线下方面积等于 0.5，如果一个模型好于另一个模型，则它的 ROC 曲线下方面积较大。

与分类准确度评估方法相比，ROC 曲线分析方法具有以下优点：

① 充分利用了预测得到的概率值。

② 给出不同类的不同分布情况差别，即为不平衡数据时，不同的数据分布将得到不同的分类结果，而准确率评估则默认所有的数据集都是平衡数据集。

③ 考虑了不同种类错误分类代价的不同。

④ 二类分类的 ROC 曲线通过斜率反映了正例和反例之间的重要关系，同时反映出类的分布和代价之间的关系。

⑤ 可以使分类器的评估结果用曲线的形式更直观地展示在二维空间中。

许多数据挖掘方法在不平衡数据集上的性能不佳，因为少数类中的规律会被多数类中的规律所掩盖。一般的分类方法中，认为所有的错误分类代价是相同的，但在实际领域中，往往不同类别的错误代价是不同的。针对不平衡数据的分类方法主要有两类：其一是通过抽样改变两个类别的记录比例或插入合成新的小类样本，以平衡数据，如 SMOTE 方法；其二是引入代价敏感机制，通过代价最小化来分类数据，如 PNrule 方法。

3.9 分类模型的评价

分类过程一般分为两步：第一步是利用分类算法对训练集进行学习，建立分类模型；第二步是用建好的分类模型对类标号未知的测试数据进行分类。由于不同的分类方法可以得到不同的分类模型，我们需要知道，评价分类模型性能的标准有哪些？如何比较这些分类模型的好坏？后面详细介绍这些内容。

3.9.1 分类模型性能评价指标

比较不同的分类器时，需要参照的关键性能指标如下。

① 分类准确率：指模型正确地预测新的或先前未见过的数据的类标号的能力。通常，分类算法寻找的是分类准确率高的分类模型，分类准确率在一般情况下可以满足分类器模型的比较。影响分类准确率的因素有：训练数据集、记录的数目、属性的数目、属性中的信息、测试数据集记录的分布情况等。

② 计算复杂度：决定着算法执行的速率和占用的资源，依赖于具体的实现细节和软件、硬件环境。由于数据挖掘中的操作对象是海量的数据库，因而空间和时间的复杂度将是非常重要的问题。

③ 可解释性：分类结果只有可解释性好，容易理解，才能更好地用于决策支持。结果的可解释性越好，算法受欢迎的程度越高。

④ 可伸缩性：一个模型是可伸缩的，是指在给定内存和磁盘空间等可用的系统资源的前提下，算法的运行时间应当随数据库大小线性增加。

⑤ 稳定性：一个模型是稳定的，是指没有随着所针对数据的变化而过于剧烈变化。

⑥ 强壮性（鲁棒性）：指在数据集中含有噪声和空缺值的情况下，分类器正确分类数据的能力。

可以认为，模型的适当性是以上指标的一种综合衡量，而侧重点往往因具体领域和具体用户而异。例如，对于数据量特别大甚至不能存放在内存的数据集，分类算法的可伸缩性变得尤其重要，SLIQ、Raint 判定树归纳框架就是为了改善算法的可伸缩性而设计的。事实上，对于一个特定问题，如何在众多分类器中选择，目前还没有统一标准，必须依赖于问题、数据和目标的特征。

3.9.2　分类模型的过分拟合

分类模型的误差大致分为两种：训练误差（training error）和泛化误差（generalization error）。训练误差是在训练记录上错误预测分类样本的比例，泛化误差是模型在未知样本上的期望误差。

通常，我们希望通过分类算法学习后建立的分类模型能够很好地拟合输入数据中类标号和属性集之间的联系，还要能够正确地预测未知样本的类标号，即分类准确率要高。所以，我们对分类算法的要求是，建立的分类模型应该具有低训练误差和低泛化误差。

模型的过分拟合是指对训练数据拟合太好，即训练误差很低，但泛化误差很高，这将导致对分类模型未知记录分类的误差较高。

3.9.3　评估分类模型性能的方法

为了使分类结果更好地反映数据的分布特征，已经提出许多评估分类准确率的方法，评估准确率的常用技术包括：保持、随机子抽样、交叉验证和自助法等。它们都是基于给定数据的随机抽样划分来评估准确率的技术。下面依次介绍这些技术。

1. 保持方法

保持（Hold Out）方法是目前为止讨论准确率时默认的方法。其执行步骤如下。

以无放回抽样方式把数据集分为两个相互独立的子集：训练集和测试集。其中，训练集用于构建分类器，测试集用于评估分类器的性能。在通常情况下，指定 2/3 的数据作为训练集，其余 1/3 的数据作为测试集。保持方法评估过程如图 3-30 所示。

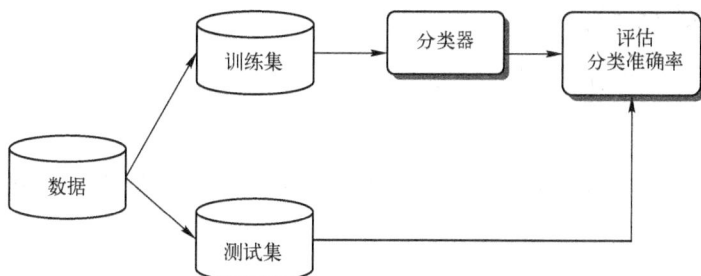

图 3-30　用保持方法评估分类器性能的流程

2. 随机子抽样

随机子抽样（Random Subsampling）方法可以看成是保持方法的多次迭代，并且每次都要把数据集分开，随机抽样形成测试集和训练集。其执行步骤如下：

<1> 以无放回抽样方式从数据集 D 中随机抽取样本。这些样本形成新的训练集 D_1，D 中其余的样本形成测试集 D_2。通常，D 中的 2/3 数据作为 D_1，而剩下的 1/3 数据作为 D_2。

<2> 用 D_1 来训练分类器，用 D_2 来评估分类准确率。

<3> 步骤<1>、<2>循环 k 次，k 越大越好。总准确率估计取每次迭代准确率的平均值。

随机子抽样方法和保持方法有同样的问题，因为在训练阶段也没有利用尽可能多的数据。并且由于它没有控制每个记录用于训练和测试的次数，因此有些样本用于训练可能比其他样本更加频繁。

3. k-折交叉验证

k-折交叉验证（k-fold Cross-Validation）方法的思想是：将初始数据集随机划分成 k 个互不相交的子集 D_1，D_2，$\cdots$，D_k，每个子集的大小大致相等，然后进行 k 次训练和检验过程。

第 1 次，使用子集 D_2，D_3，$\cdots$，D_k 一起作为训练集来构建模型，并在 D_1 子集上检验。

第 2 次，使用子集 D_1，D_3，$\cdots$，D_k 一起作为训练集来构建模型，并在 D_2 子集上检验。

$\cdots\cdots$

在第 i 次迭代，使用子集 D_i 检验，其余划分子集一起用于训练模型。

如此下去，直到每个划分都用于一次检验。

k-折交叉验证方法的一种特殊情况是令 $k=N$（N 为样本总数），这样每个检验集只有一个记录，该方法被称为留一方法（leave-one-out）。留一方法的优点是使用尽可能多的训练记录，检验集之间是互斥的，并且有效地覆盖了整个数据集。留一方法的缺点是整个过程重复 N 次，计算上开销很大，因为每个检验集只有一个记录，性能估计度量的方差偏高。

与保持和随机子抽样方法不同，这里每个样本用于训练的次数都为 $k-1$ 次，并且用于检验一次。较常用的是 10-折交叉验证，因为它具有相对较低的偏倚和方差。

3.10 回归

回归分析可以对预测变量和响应变量之间的联系建模。在数据挖掘环境下，预测变量是描述样本的感兴趣的属性，一般预测变量的值是已知的，响应变量的值是要预测的。当响应变量和所有预测变量都是连续值时，回归分析是一个好的选择。许多问题可以用线性回归解决，而很多问题可以通过对变量进行变换，将非线性问题转换为线性问题来处理。本节将简要介绍线性回归分析和非线性回归分析。

3.10.1 线性回归

线性回归包括一元线性回归和多元线性回归。

1. 一元线性回归

一元线性回归分析涉及一个响应变量 y 和一个预测变量 x，是最简单的回归形式，并用 x 的线性函数对 y 建模，即

$$y = b_0 + b_1 x$$

其中，y 的方差假定为常数，b_0 和 b_1 是回归系数，分别对应直线的 Y 轴截距和斜率。这些

系数可以通过最小二乘方法求解，将最佳拟合直线估计为最小化实际数据与直线的估计值之间的误差的直线。设 D 是训练集，由预测变量 x 的值和它们的相关联的响应变量 y 的值组成。训练集包含 n 个形如 (x_1,y_1)，(x_2, y_2)，…，(x_n, y_n) 的数据点。回归系数可以用下式估计：

$$b_1 = \frac{\sum_{i=1}^{n}(x_i-\overline{x})(y_i-\overline{y})}{\sum_{i=1}^{n}(x_i-\overline{x})^2}$$

$$b_0 = \overline{y} - b_1\overline{x}$$

其中，$\overline{x}$ 是 x_1，x_2，…，x_n 的均值，而 $\overline{y}$ 是 y_1，y_2，…，y_n 的均值。

表 3-18 某商店的前 10 个月的月销售额情况

月份	销售额（万元）
1	13.5
2	15
3	15.5
4	15
5	17.5
6	18
7	19
8	19.5
9	21
10	23

【例 3-15】 表 3-18 中的数据为某商店的前 10 个月的月销售额情况，请使用线性回归方法预测该商店 11 月份的销售额。

解答：图 3-31 为销售数据的散点图。从散布图判断，数据基本上是在一条线上。对于表 3-18 中的数据，分别计算 $\overline{x}$ 和 $\overline{y}$，$\overline{x}=5.5$，$\overline{y}=17.7$，然后代入 b_0 和 b_1 的公式，计算结果为

$$b_1 = \frac{(1-5.5)\times(13.5-17.7)+(2-5.5)\times(15-17.7)+...+(10-5.5)\times(23-17.7)}{(1-5.5)^2+(2-5.5)^2+...+(10-5.5)^2} = 0.9697$$

$$b_0 = 17.7 - (0.9697)\times(5.5) = 12.367$$

这样，最小二乘直线的方程估计为 $y=0.9697x+12.367$，使用该方程预测商场第 11 个月的销售额为 $y=0.9697\times11+12.367=23.034$ 万元。

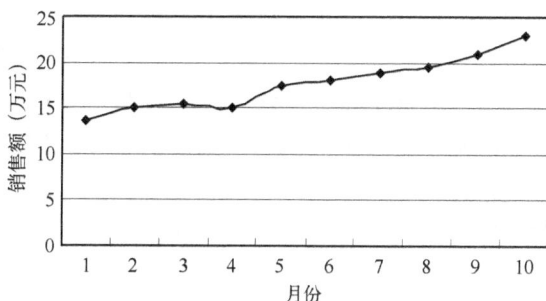

图 3-31　示例中数据集的二维散点图

2. 多元线性回归

多元线性回归是一元线性回归的扩展，涉及多个预测变量，允许响应变量 y 用描述样本 X 的 m 个预测变量或属性的线性函数建模。多元线性回归的基本原理和计算过程与一元线性回归相同，由于自变量个数多，计算相对麻烦。这里只介绍多元线性回归的一些基本描述。

由于各自变量的单位可能不一样，如在一个消费水平的关系式中，工资水平、受教育程度、职业、地区、家庭负担等因素都会影响到消费水平，而这些影响因素（自变量）的单位显然是不同的，因此自变量前的系数不能说明该因素的重要程度。更简单地说，同样工资收入，如果用元为单位就比用百元为单位所得的回归系数要小，但是工资水平对消费的影响程度并没有变，所以通常先将各自变量规划到统一的单位，再进行线性回归，此时得到的回归系数就能反映对应自变量的重要程度。

这时的回归方程称为标准回归方程，回归系数称为标准回归系数，表示如下：

设 y 为因变量，x_1，x_2，$\cdots$，x_k 为自变量，并且自变量与因变量之间为线性关系时，则多元线性回归模型为

$$y = b_0 + b_1 x_1 + b_2 x_2 + \cdots + b_k x_k + e$$

其中，b_0 为常数项，b_1，b_2，$\cdots$，b_m 为回归系数，当 b_1 为 x_1，x_2，$\cdots$，x_m 固定时，x_1 每增加一个单位对 y 的效应，即 x_1 对 y 的偏回归系数；同理，b_2 为 x_1，x_2，$\cdots$，x_m 固定时，x_2 每增加一个单位对 y 的效应，即 x_2 对 y 的偏回归系数，等等。

可以通过扩展的的最小二乘方法来求解 b_0，b_1，$\cdots$，b_k，并且一般对于多元线性回归方程常常使用统计软件来实现求解，如 SPSS、SAS 等。

3.10.2 非线性回归

在实际问题中，变量之间不能用线性方程描述它们之间的相关关系时，可以把非线性回归转化为线性回归来解决。如对于以下关系：

$$y = b_0 + b_1 e^x$$
$$y = b_0 + b_1 \ln x$$
$$y = b_0 + b_1 x + b_2 x^2 + \cdots + b_n x^n$$

可以通过变换将非线性回归转为线性回归来处理。例如，上面的模型可以转为如下线性回归来分析

$$y = b_0 + b_1 x_1 + b_2 x_2 + \cdots + b_m x_m$$

通过研究对象的物理背景或散点图，可帮助我们选择适当的非线性回归方程类型。可以先通过变量置换，把非线性回归化为线性回归，再利用线性回归的方法确定参数估计值。下面通过一个例子来说明。

【例 3-16】 在彩色显影中，析出银的光学密度 ξ 与形成染料 η 的光学密度的试验数据如表 3-19 所示，求 η 关于 ξ 的回归方程。

解答：根据数据的散点图（见图 3-32），可设回归方程为
$\hat{y} = A e^{\frac{b}{x}}$ （$b<0$）。其中，A 及 b 为参数，两边取对数，得

$$\ln \hat{y} = \ln A + \frac{b}{x}$$

表 3-19 银的光学密度 ξ 与形成染料 η 的光学密度的试验数据

ξ_i	η_i
0.05	0.1
0.06	0.14
0.07	0.23
0.1	0.37
0.14	0.59
0.2	0.79
0.25	1
0.31	1.12
0.38	1.19
0.43	1.25
0.47	1.29

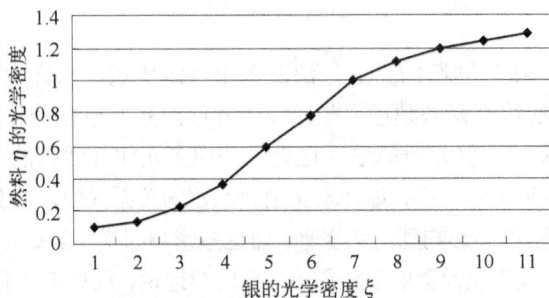

图 3-32 示例数据与其二维散点图

做变量置换：

$$X = \frac{1}{x}, Y = \ln \hat{y}$$

并设 $a = \ln A$，得

$$Y = a + bX$$

由试验数据 (ξ_i, η_i)，$(i=1,2,\cdots,11)$ 求出对应数据 (X_i, Y_i) $(i=1,2,\cdots,11)$，如表 3-20 所示，则

$$\overline{X} = 7.946, \quad l_{xx} \sum_{i=1}^{n} (x_i - \overline{x})(y_i - \overline{y}) = 406.614$$

$$\overline{Y} = -0.612, \quad l_{yy} \sum_{i=1}^{n} (x_i - \overline{x})(y_i - \overline{y}) = 8.690$$

$$l_{xy} = -112.835 - 11 \times 7.946 \times (-0.612) = -59.343$$

计算样本相关系数得

$$r = \frac{l_{xy}}{\sqrt{l_{xx}l_{yy}}} = \frac{-59.343}{\sqrt{406.614 \times 8.690}} = -0.998$$

查相关系数显著性检验表，当 $n=9$ 时，$r_{0.05(9)} = 0.602$，$r_{0.01}(9) = 0.735$，因为 $|r| > r_{0.01}(9) = 0.735$，所以认为 Y 与 X 之间的线性相关关系特别显著。

再求 a 及 b 的估计值：

$$\hat{b} = \frac{l_{xy}}{l_{xx}} = \frac{-59.343}{406.614} = -0.146$$

$$\hat{a} = \overline{Y} - \hat{b}\overline{X} = -0.162 - (-0.146) \times 7.946 = 0.548$$

得到 Y 关于 X 的线性回归方程为

$$Y = 0.548 - 0.146X$$

换回原变量，得

$$\ln \hat{y} = 0.548 - \frac{0.146}{x}$$

$$\hat{y} = e^{0.548 - \frac{0.146}{x}} = 1.73 e^{-\frac{0.146}{x}}$$

所以，η 关于 ξ 的回归方程为

$$\hat{y} = 1.73 e^{-\frac{0.146}{x}}$$

表 3-20　由实验数据求得对应数据

X_i	Y_i
20	-2.303
16.667	-1.966
14.286	-1.47
10	-0.994
7.143	-0.528
5	-0.236
4	0
3.226	0.113
2.632	0.174
2.326	0.223
2.128	0.255

3.10.3　逻辑回归

1. 逻辑回归原理

逻辑回归拓展了多元线性回归的思想，处理因变量 y 是二值的情形（为简单起见，通常用 0 和 1 对这些值进行编码），自变量 x_1，x_2，$\cdots$，x_m 可以是分类变量、连续变量或者二者的混合类型。

对列联表的分析，独立性检验可以初步了解属性之间是否相互独立，或是否相关。通过列联表的相合性检验，可以进一步知道属性之间的相合情况，包括方向和程度。Logistic 模型可以进一步拟合属性变量之间的函数关系，以描述变量之间的相互影响。

列联表中的数据是以概率的形式把属性变量联系起来的，而概率 p 的取值在 0 与 1 之间，因此要把概率 $p = \pi(x)$ 与 x 之间直接建立起函数关系是不合适的，即

$$\pi(x) = \alpha + \beta x$$

实践中，$\pi(x)$ 通常随着 x 连续增长或者连续下降，其直观的曲线形态是 S 型。一般有这种形状的数学函数的形式如下：

$$\pi(x) = \frac{e^{\alpha+\beta x}}{1+e^{\alpha+\beta x}}$$

$\pi(x)$ 称为逻辑回归函数。它所对应的曲线如图 3-34 所示。

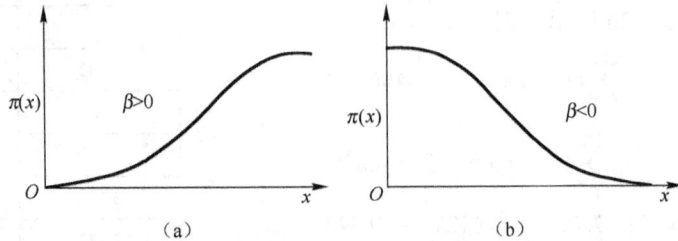

图 3-34　logistic 回归函数应的曲线

把函数 $\pi(x)$ 线性化后，可以得到

$$\ln\left[\frac{\pi(x)}{1-\pi(x)}\right] = \alpha + \beta x$$

最重要的逻辑回归模型是逻辑线性回归模型，其形式为

$$\ln\left(\frac{p}{1-p}\right) = \beta_0 + \beta_1 x_1 + \cdots + \beta_m x_m$$

其中，β_0，β_1，$\cdots$，β_k 是待估参数。根据上式，可以得到优势的值为

$$\frac{p}{1-p} = e^{\beta_0+\beta_1 x_1+\cdots+\beta_m x_m}$$

可以看出，参数 β_i 是控制其他 x 时 x_i 每增加一个单位对优势产生的乘积效应，概率 p 的值为

$$p = \frac{e^{\beta_0+\beta_1 x_1+\cdots+\beta_m x_m}}{1+e^{\beta_0+\beta_1 x_1+\cdots+\beta_m x_m}}$$

最简单的逻辑线性回归模型为

$$\ln\left(\frac{p}{1-p}\right) = \alpha + \beta x$$

则优势为

$$\frac{p}{1-p} = e^{\alpha+\beta x} = e^{\alpha}(e^{\beta})^x$$

以上指数关系说明：x 每增加 1 个单位，优势变为原来的 e^{β} 倍，此时的概率应为

$$p = \frac{e^{\alpha+\beta x}}{1+e^{\alpha+\beta x}}$$

多元逻辑回归模型参数的估计可以采用极大似然估计方法。假设 t 次观测中，对应 x_{i1}，x_{i2}，$\cdots$，x_{im} 的观测有 n_i 个，其中观测值为 1 的有 r_i 个，观测值为 0 的有 $n_i - r_i$ 个，则参数 β_0，β_1，$\cdots$，β_m 的似然函数为

$$\prod_{i=1}^{t}\left(\frac{e^{\beta_0+\beta_1 x_1+\cdots+\beta_m x_m}}{1+e^{\beta_0+\beta_1 x_1+\cdots+\beta_m x_m}}\right)^{r_i}\left(\frac{1}{1+e^{\beta_0+\beta_1 x_1+\cdots+\beta_m x_m}}\right)^{n_i-r_i}$$

可以使用迭代法求出参数的 ML 估计，由于计算的复杂性，可以利用统计软件得到。

2. 逻辑回归应用举例

【例 3-17】 一般认为，体质指数越大（BMI≥25），表示某人越肥胖。根据 3983 人的体检结果有 388 人肥胖，肥胖组中患心血管病的数据见表 3-21，试建立体质指数与患心血管病概率的逻辑回归模型。

表 3-21 肥胖组患心血管病的体检数据

是否患心血管病	年龄	体质指数					
		25	26	27	28	29	>=30
是	30～39	11	5	5	2	3	3
	40～49	13	14	18	7	4	3
	50～59	22	16	21	10	4	4
	60～69	17	18	17	11	8	12
	70 以上	5	2	5	2	2	3
否	30～39	15	11	1	3	5	2
	40～49	8	14	11	1	1	1
	50～59	10	5	6	4	0	1
	60～69	8	7	1	1	1	0
	70 以上	1	1	1	1	0	0

解答：根据题目知道是一元逻辑回归问题，建立一元逻辑回归模型如下：

$$\ln\frac{p}{1-p}=\beta_0+\beta_1 x_1$$

其中，变量 x_1 代表体质指数 BMI，是一个定量变量；y 表示是否患心血管病，是一个定性变量，$y=1$ 表示患上，$y=0$ 表示没有患上。根据表 3-21 数据建立相应的回归模型数据结构如表 3-22 所示，体质指数 BMI≥30 的看做 BMI=30。

表 3-22 肥胖组患心血管病的体检数据

变量 x_1	观测值个数	$y=1$ 的观察值个数	$y=0$ 的观察值个数
25	110	68	42
26	93	55	38
27	86	66	20
28	42	32	10
29	28	21	7
30	29	25	4

根据表 3-22，运用统计软件，可以得到 β_0 和 β_1 的极大似然估计值：

$$\hat{\beta}_0 = -6.0323, \qquad \hat{\beta}_1 = 0.257$$

于是得到逻辑回归模型为

$$\ln\frac{\hat{p}}{1-\hat{p}} = -6.0323 + 0.2570 \times x_1$$

由得到的模型可知，患病概率的拟合值为

$$\hat{p} = \frac{e^{-6.0323+0.257\times x_1}}{1+e^{-6.0323+0.257\times x_1}}$$

根据 BMI 和患心血管病之间的逻辑回归模型，下面判断两者之间的关系。设体质指数 BMI 为 x_1 时，患心血管病的概率为 p_1。当 BMI 变化一个单位时，即变为 x_1+1 时，记患心血管病的概率为 p_2，于是

$$\ln\frac{\hat{p}_1}{1-\hat{p}_1} = -6.0323 + 0.2570 \times x_1$$

$$\ln\frac{\hat{p}_2}{1-\hat{p}_2} = -6.0323 + 0.2570 \times (x_1+1)$$

所以

$$\ln(\hat{p}_2/(1-\hat{p}_2)) - \ln(\hat{p}_1/(1-\hat{p}_1)) = \ln\left(\frac{\hat{p}_2/(1-\hat{p}_2)}{\hat{p}_1/(1-\hat{p}_1)}\right) = 0.257$$

从而

$$\frac{\hat{p}_2/(1-\hat{p}_2)}{\hat{p}_1/(1-\hat{p}_1)} = e^{0.257} = 1.293$$

这说明

$$\frac{p_2}{1-p_2} \approx 1.293\frac{p_1}{1-p_1}$$

可以看出，BMI 对患心血管的影响随着它的增加而增加。

本章小结

本章介绍了分类与回归算法中的经典算法，包括决策树分类方法（ID3、C4.5 和 CART 算法）、贝叶斯分类方法、k-最近邻分类方法、神经网络分类方法、支持向量机分类方法、集成学习方法等，尽量对每个经典算法用详细的例子讲解来阐述算法的实现过程和原理；还详细介绍了不平衡类问题和分类模型的评价，以及回归部分对线性回归、非线性回归和逻辑回归。

习 题 3

3.1　简述决策树分类的主要步骤。

3.2　给定决策树，选项有：① 将决策树转换成规则，然后对结果规则剪枝；② 对决策树剪枝，然后将剪枝后的树转换成规则。相对于②，①的优点是什么？

3.3 计算决策树算法在最坏情况下的时间复杂度是重要的。给定数据集 D，具有 m 个属性和 $|D|$ 个训练记录，证明决策树生长的计算时间最多为 $m \times |D| \times \log(|D|)$。

3.4 根据表 3-23 的二元分类问题的数据集。

（1）计算按照属性 A 和 B 划分时的信息增益。决策树归纳算法将会选择哪个属性？

（2）计算按照属性 A 和 B 划分时 Gini 系数。决策树归纳算法将会选择哪个属性？

3.5 证明：将节点划分为更小的后续节点之后，节点熵不会增加。

3.6 为什么朴素贝叶斯称为"朴素"？简述朴素贝叶斯分类的主要思想。

3.7 考虑表 3-24 的数据集，请完成以下问题。

表 3-23 习题 3.4 数据集

A	B	类标号
T	F	+
T	T	+
T	T	+
T	F	+
T	T	+
F	F	-
F	F	-
F	F	-
T	T	-
T	F	-

表 3-24 习题 3.7 数据集

记录号	A	B	C	类
1	0	0	0	+
2	0	0	1	-
3	0	1	1	-
4	0	1	1	-
5	0	0	1	+
6	1	0	1	+
7	1	0	1	-
8	1	0	1	-
9	1	1	1	+
10	1	0	1	+

（1）估计条件概率 $P(A|+)$, $P(B|+)$, $P(C|+)$, $P(A|-)$, $P(B|-)$, $P(C|-)$。

（2）根据（1）中的条件概率，使用朴素贝叶斯方法预测测试样本（$A=0$，$B=1$，$C=0$）的类标号。

（3）使用 m 估计方法，其中 $p=1/2$，$m=4$，估计条件概率 $P(A|+)$, $P(B|+)$, $P(C|+)$, $P(A|-)$, $P(B|-)$, $P(C|-)$。

（4）同（2），使用（3）中的条件概率

（5）比较估计概率的两种方法，哪一种更好？为什么？

3.8 考虑表 3-25 中的一维数据集。

表 3-25 习题 3.8 数据集

X	0.5	3.0	4.5	4.6	4.9	5.2	5.3	5.5	7.0	9.5
Y	-	-	+	+	+	-	-	+	-	-

根据 1-最近邻、3-最近邻、5-最近邻、9-最近邻，对数据点 $x=5.0$ 分类，使用多数表决。

3.9 表 3-26 中的数据集包含两个属性 X 与 Y，两个类标号 "+" 和 "-"。每个属性取三个不同值策略：0、1 或 2。"+" 类的概念是 $Y=1$，"-" 类的概念是 $X=0$ and $X=2$。

表 3-26　习题 3.9 数据集

X	Y	实例数	
		+	-
0	0	0	100
1	0	0	0
2	0	0	100
1	1	10	0
2	1	10	100
0	2	0	100
1	2	0	0
2	2	0	100

（1）建立该数据集的决策树。该决策树能捕捉到"+"和"-"的概念吗？

（2）决策树的准确率、精度、召回率和 F_1 各是多少？（注意，精度、召回率和 F_1 量均是对"+"类定义）

（3）使用下面的代价函数建立新的决策树，新决策树能捕捉到"+"的概念么？

$$C(i,j) = \begin{cases} 0 & \text{如果 } i = j \\ 1 & \text{如果 } i = +, j = - \\ \dfrac{-\text{实例个数}}{+\text{实例个数}} & \text{如果 } i = -, j = + \end{cases}$$

（提示：只需改变原决策树的节点。）

3.10　什么是提升？它为何能提高决策树归纳的准确性？

3.11　表 3-27 给出了课程数据库中学生的期中和期末考试成绩。

表 3-27　习题 3.11 数据集

期中考试	期末考试	期中考试	期末考试
X	Y	X	Y
72	84	59	49
50	63	83	79
81	77	65	77
74	78	33	52
94	90	88	74
86	75	81	90

（1）绘制数据的散点图。X 和 Y 看上去具有线性联系吗？

（2）使用最小二乘法，由学生课程中成绩预测学生的期末成绩的方程式。

（3）预测期中成绩为 86 分的学生的期末成绩。

3.12　通过对预测变量变换，有些非线性回归模型可以转换成线性模型。如何将非线性回归方程 $y = aX^\beta$ 转换成可以用最小二乘法求解的线性回归方程？

第 4 章　聚类分析

聚类分析是一个既古老又年轻的学科分支，说它古老，是因为人们研究它的时间已经很长，说它年轻，是因为实际应用领域不断提出新的要求，已有方法不能满足实际应用新的需要，聚类分析的方法和技术仍需不断完善和发展，需要设计新的方法。

本章讨论聚类分析的基础内容，对聚类分析的应用、典型聚类方法（技术）、聚类算法的性能评价进行介绍。目前，没有任何一种聚类技术（聚类算法）可以普遍适用于揭示各种多维数据集所呈现出来的多种多样的结构。聚类分析方法可分为划分方法、层次方法、基于密度的方法、基于网格的方法、基于模型的方法等。实际使用时，需要根据数据的类型、实际问题的特点和聚类的目的等因素来选取适合的聚类方法。

4.1　概述

迄今为止，聚类还没有一个学术界公认的定义。简单地描述，聚类（Clustering）就是将数据集划分为由若干相似对象组成的多个组（group）或簇（cluster）的过程，使得同一组中对象间的相似度最大化，不同组中对象间的相似度最小化。或者说，一个簇就是由彼此相似的一组对象所构成的集合，不同簇中的对象通常不相似或相似度很低。

聚类作为数据挖掘与统计分析中的一个重要的研究领域，近年来备受关注。从机器学习的角度看，聚类就是一种无监督的机器学习方法，即事先对数据集的分布没有任何了解，是将物理或抽象对象的集合组成为由类似的对象组成的多个组的过程。聚类方法作为一种非常重要的数据挖掘技术，主要依据样本间相似性的度量标准将数据集自动分成几个组，使同一个组内的样本之间相似度尽量高，而属于不同组的样本之间相似度尽量低。聚类中的组不是预先定义的，而是根据实际数据的特征按照数据之间的相似性来定义的，聚类中的组也称为簇。一个聚类分析系统的输入是一组样本和一个度量样本间相似度（或距离）的标准，输出则是簇集，即数据集的几个组，这些簇构成一个分区或者分区结构。聚类分析的一个附加的结果是对每个簇进行综合描述，这种结果对于进一步深入分析数据集的特性尤其重要。聚类方法尤其适合用来讨论样本间的相互关联，从而对样本结构做一个初步的评价。

聚类分析起源于分类学，在考古的分类学中，人们主要依靠经验和专业知识来实现分类。随着生产技术和科学的发展，人类的认识不断加深，分类越来越细，要求也越来越高，有时单凭经验和专业知识是难以进行确切分类的，此时往往需要定性和定量分析结合起来去分类，于是数学工具逐渐被引进到分类学中，形成了数值分类学。后来随着多元统计分析的引进，聚类分析又逐渐从数值分类学中分离出来而形成一个相对独立的分支。聚类分析是人类活动中的一项重要内容。早在儿童时期，一个人就通过不断改进下意识中的分类模式来学会如何区分猫和狗，或者动物和植物，辨认出空旷和拥挤的区域。通过聚类，人们能够发现数据全局的分布模式以及数据属性之间一些有趣的相互关系。在许多实际问题中，对于只有很少先验信息（如统计模型）可用的数据，决策人员对于数据必须尽可能少做一些假定。在这种限制下，聚类方法特别适合于数据点之间的内部关系的探索，以评估（也许是初步的）它们的结构。

聚类分析正在蓬勃发展，并已广泛应用于一些探索性领域，如统计学与模式分析、金融分析、市场营销、决策支持、信息检索、Web挖掘、网络安全、图像处理、地质勘探、城市规划、土地使用、空间数据分析、生物学、天文学、心理学、考古学等。在商业领域中，聚类分析被用来发现不同的客户群，并且通过发现客户的购买或消费模式来刻画不同的客户群的特征。聚类分析是细分市场的有效工具，也可用于研究消费者行为，寻找新的潜在市场。在保险行业上，通过聚类分析使用平均消费来对汽车保险单持有者分组，同时可以根据住宅类型、价值、地理位置来鉴定一个城市的房产分组。在因特网应用领域，聚类分析可以根据文档内容的相关程度对文档进行分组归并、信息组织和导航。在地理上，聚类可以帮助从地球观测数据库中识别具有相似的土地使用情况的区域。在生物领域，聚类分析可以用来获取动物或植物所存在的层次结构，可根据基因功能对其进行分类，以获得对种群所固有的结构更深入的了解。在电子商务领域，通过分组聚类出具有相似浏览行为的客户，并分析客户的共同特征，可以更好地帮助电子商务运营商了解自己的客户，向客户提供更合适的服务。

聚类分析既可以作为一个独立的工具来使用，以帮助获取数据分布情况、了解各数据组的特征、确定所感兴趣的数据组以做进一步的分析；也可以作为其他算法（如特征构造与分类等）的预处理步骤，其他算法可以在聚类分析所生成的簇上对数据进行进一步处理。在许多应用中，可将一个簇中的数据对象作为一个整体来进行处理。

4.1.1 聚类分析研究的主要内容

典型的聚类分析任务包括以下5步：

<1> 模式表示（包括特征提取和/或选择）。

<2> 适合于数据领域的模式相似性定义。

<3> 聚类或划分算法。

<4> 数据摘要（如有必要）。

<5> 输出结果的评估（如有必要）。

图4-1描述了上述五步中前三步的典型顺序，包括反馈路径，这里的划分过程、输出结果可能会影响特征提取和相似度的计算。

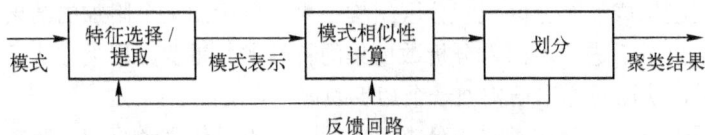

图4-1 聚类分析典型过程

模式表示是聚类算法的基础。一种好的模式表示能够产生简单、容易理解的簇，而一种差的模式表示可能会产生一种使真实结构难以甚至不可能辨别的复杂簇。特征选择是提高聚类质量的有效特征子集提取的过程。

模式相似性通常使用定义在模式之间的距离函数或相似系数来描述。模式相似性的度量是聚类分析的最基本问题，直接影响聚类结果的质量。可以说，许多聚类算法性能的差异主要体现在模式相似性度量方法上。

聚类的划分步骤可以使用许多方法执行，是聚类分析的核心。划分聚类可以是硬划分也可以是软划分。所谓硬划分，是指将每个对象严格地划分到不同的簇中，这种划分的界限是明确的；所谓软划分，是指并不明确地将一个对象划分到某个簇，而是通过描述每个对象属于不同簇的不确定性来描述，这种划分的界限是不明确的。

数据摘要是摘录一个数据集的简洁表示的过程，通常用聚类原型或典型的模式如质心来表示一个簇。

聚类有效性是对聚类算法输出结果的评估，有效性评估方法有两种。第一种有效性的评估方法是外部评估，通过将聚类获得的结构与先验的结构进行比较来实现。第二种是内部有效性评估，试图确定一个结构是否本质地符合数据。

作为一项任务，聚类本质上是主观的。由于不同的目的，相同的数据集可能需要进行不同的划分。例如，考虑鲸、大象、金枪鱼。鲸和大象形成一个哺乳动物类，然而，如果用户感兴趣的划分是基于水中生物，则鲸和金枪鱼将聚集在一起。这是一个典型的例子，这种主观性通过在一个或多个聚类步骤中整合领域知识而被整合到聚类准则中。每个聚类算法隐含地或明确地使用了一些领域知识。领域知识隐含地使用在人工神经网络、遗传算法、模拟退火算法等方法中。领域知识的选择影响算法性能的控制、学习参数值。隐含的领域知识在如下方面起着作用：选择模式表示策略（如使用先验经验以选择和编码特征），选择相似度度量方法，选择划分策略（如知道簇是超球体时，指定 k-means 算法）。

明确地使用有用的领域知识，以限制或指导聚类过程也是可能的，这种特殊的聚类算法已应用于一些应用领域。领域概念在聚类过程中可以在几方面发挥作用。一个极端是，有用的领域概念可以容易地作为一个额外的特征使用，而聚类的其他过程不受影响。另一个极端是，领域概念可以用来确认或否决一个由通常的聚类算法独立得到的决策，或用于影响使用亲近度的聚类算法中距离的计算。

4.1.2 数据挖掘对聚类算法的要求

在数据挖掘领域，一项重要的研究工作就是为大规模数据库寻找有效且高效的聚类分析方法。活跃的研究主题集中在聚类方法的可伸缩性、对复杂形状和类型的数据聚类分析、高维数据的聚类分析技术，以及针对大的数据库中混合数值和分类数据的聚类分析等。

聚类是一个富有挑战性的研究领域，其潜在应用对聚类算法提出了各自特殊的要求。数据挖掘对聚类的典型要求如下。

① 可伸缩性：许多聚类算法在小数据集上工作做很好，但是在包含几百万个对象的大规模数据集上进行聚类时性能不佳，因此需要具有高度可伸缩性的聚类算法。

② 处理不同类型属性的能力：许多算法被设计用来聚类数值类型的数据，但实际应用可能要求对其他类型的数据进行聚类，如二元类型（binary）数据、分类/标称类型（categorical/nominal）数据、序数型（ordinal）数据，或这些数据类型的混合。

③ 发现任意形状的聚类：许多聚类算法基于欧几里得或者曼哈顿距离度量来进行聚类。基于这样的距离度量的算法趋向于发现具有相近尺度和密度的球状簇。但是，一个簇可能是任意形状的。因此，提出能发现任意形状簇的算法是很重要的。

④ 用于决定输入参数的领域知识最小化：许多聚类算法在聚类分析中要求用户输入一定的参数，如希望产生的簇的数目。聚类结果对于输入参数十分敏感，参数通常很难确定，特别是对于包含高维对象的数据集来说。这样不仅加重了用户的负担，也使得聚类的质量难以控制。

⑤ 处理"噪声"数据的能力：现实中的绝大多数数据库都包含了离群点、缺失值，或者错

误的数据，一些聚类算法对于这样的数据很敏感，可能导致低质量的聚类结果。

⑥ 对于输入记录的顺序不敏感：一些聚类算法对于输入数据的顺序是敏感的。例如，同一个数据集合，当以不同的顺序输入给同一个算法时，可能生成差别很大的聚类结果。开发对数据输入顺序不敏感的算法具有重要意义。

⑦ 高维度（high dimensionality）：一个数据库或者数据仓库可能包含若干维或者属性。许多聚类算法擅长处理低维的数据，可能只涉及两到三维。人类的眼睛在最多三维的情况下能够很好地判断聚类的质量。在高维空间中，聚类数据对象是非常有挑战性的，特别是考虑到这样的数据可能分布非常稀疏，而且高度偏斜。

⑧ 基于约束的聚类：现实世界的应用可能需要在各种约束条件下进行聚类。假设你的工作是在一个城市中为给定数目的自动提款机选择安放位置，为了做出决定，你可以对住宅区进行聚类，同时需要考虑如城市的河流和公路网，每个地区的客户要求等情况。要找到既满足特定的约束，又具有良好聚类特性的数据分组是一项具有挑战性的任务。

⑨ 可解释性和可用性：用户希望聚类结果是可解释的、可理解的和可用的。也就是说，聚类可能需要与特定的语义解释、应用相联系。应用目标如何影响聚类方法的选择也是一个重要的研究课题。

不同类型的聚类方法不同程度地满足这些要求，但没有聚类方法能同时满足这些要求。

4.1.3　典型聚类方法简介

下面将简略介绍各种不同类型的聚类方法，主要的聚类算法可以划分为如下几类。

（1）划分方法（partitioning methods）

给定一个 n 个对象或元组的数据库，一个划分方法构建数据的 k 个划分，每个划分表示一个聚类，并且 $k \leqslant n$。也就是说，它将数据划分为 k 个组，同时满足如下要求：其一，每个组至少包含一个对象；其二，每个对象必须属于且只属于一个组。注意，在某些模糊划分技术中第二个要求可以放宽。

给定 k，即要求构建组的数目，划分方法首先创建一个初始划分，然后采用一种迭代重定位技术，试图通过对象在组间移动来改进划分。一个好的划分的常用准则是：在同一个簇中对象之间的距离尽可能小，而不同簇中对象之间的距离尽可能大。

为了达到全局最优，基于划分的聚类会要求穷举所有可能的划分。但对于稍大的数据集，这种穷举方式的时间代价太大，时间复杂度是指数级的，因此绝大多数应用采用了以下两个比较流行的启发式方法：① k-means 算法，每个簇用该簇中对象的平均值来表示；② k-medoids 算法，每个簇用接近聚类中心的一个对象来表示。这些启发式聚类方法对发现中小规模数据库中的球状簇很适用。为了实现对大规模的数据集进行聚类处理，以及处理复杂形状的聚类，基于划分的方法需要进一步的扩展。4.2 节将对基于划分的聚类方法进行深入的阐述。

一趟聚类算法是基于划分的聚类方法，具有近似线性时间复杂度，但这一算法本质上是将数据划分为大小几乎相同的超球体，不能用于发现非凸形状的簇，或具有各种不同大小的簇。对于具有任意形状簇的数据集，算法可能会将一个大的自然簇划分成几个小的簇，而难以得到理想的聚类结果。一趟聚类算法将在 4.6 节讨论。

（2）层次方法（hierarchical methods）

层次方法是将数据对象组成一棵聚类树。根据层次分解方式的不同，层次方法可分为凝聚层次聚类方法和分裂层次聚类方法。凝聚层次聚类方法也称为自底向上的方法，开始时将每个对象作为单独的一个组，然后继续合并相近的对象或组，直到所有的组合并为一个（层次的最上层），或者达到一个终止条件。分裂层次聚类方法也称为自顶向下的方法，起初将所有的对象置于一个簇中。在迭代的每一步中，一个簇被分裂为更小的簇，直到最终每个对象在单独的一个簇中，或者达到一个终止条件。

层次方法的缺陷在于，一旦一个步骤（合并或分裂）完成，它就不能被撤销。这个严格规定是有用的，由于不用担心组合数目的不同选择，计算代价会较小。但是，该技术的一个主要问题是它不能更正错误的决定。主要有两种可以改进层次聚类结果的方法：① 在每层划分中，仔细分析对象间的连接，如 CURE 和 Chameleon；② 综合层次凝聚和迭代重定位方法，先用自底向上的层次算法，然后用迭代重定位来改进结果，如 BIRCH 方法。

（3）基于密度的方法

绝大多数划分方法都是基于对象之间的距离大小进行聚类。这些方法能发现球状的簇，而在检测任意形状的簇上遇到了困难。人们随之提出了基于密度的聚类方法，其主要思想是：只要邻近区域的密度（对象或数据点的数目）超过某个阈值，就继续聚类。也就是说，对给定簇中的每个数据点，在给定范围的区域中必须包含至少某个数目的点。这样的方法可以用来过滤"噪音"数据，发现任意形状的簇。DBSCAN 是一个具有代表性的基于密度的方法，它根据一个密度阈值来控制簇的增长。基于密度的聚类方法将在 4.4 节中进行详细讨论。

（4）基于图的聚类算法

基于图的聚类算法利用图的许多重要性质和特性。算法运用这些特性的不同子集：① 稀疏化邻近度图，只保留对象与其最近邻之间的连接；② 基于共享的最近邻个数定义两个对象之间的相似性度量；③ 定义核心对象并构建环绕它们的簇；④ 使用邻近度图中的信息，提供两个簇是否应当合并的更复杂的评估。典型的基于图的聚类算法有 Chameleon 聚类算法和基于 SNN 密度的聚类算法。Chameleon 算法采用动态建模的层次聚类方法进行聚类，其正确性由下述事实保证：仅当合并后的结果簇类似于原来的两个簇时，这两个簇才应当合并。基于 SNN 密度的聚类算法是将 SNN 密度与 DBSCAN 结合在一起，创建出来的一种新的聚类算法。该算法类似基于 SNN 的聚类算法，都以 SNN 相似度图开始。然而，基于 SNN 密度的聚类算法是简单地使用 DBSCAN，而不是使用阈值稀疏化 SNN 相似度图。

（5）基于模型的方法（model-based methods）

基于模型的聚类方法就是试图将给定数据与某个数学模型达成最佳拟合。这类方法基于数据都有一个内在的混合概率分布的假设来进行聚类。后面将介绍期望最大化方法、概念聚类方法（COBWEB）和神经网络方法。

其他聚类算法还有基于网格的方法、谱聚类算法、蚁群聚类算法等。基于网格的方法把对象空间量化为有限数目的单元，形成一个网格结构，所有的聚类操作都在这个网格结构（即量化的空间）上进行。谱聚类算法建立在图论中的谱图理论基础上，其本质是将聚类问题转化为图的最优划分问题，是一种点对聚类算法，对数据聚类具有很好的应用前景。蚁群算法作为一种新型的优化方法，具有很强的鲁棒性和适应性。蚁群算法在数据挖掘聚类中的应用所采用的生物原型为蚁群的蚁穴清理行为和蚁群觅食行为。

一些聚类算法集成了多种聚类方法的思想，所以有时将某个给定的算法划分为属于某类聚类方法是很困难的。此外，某些应用可能有特定的聚类标准，要求综合多个聚类技术。

后续章节将详细介绍上述几种聚类方法，也将介绍一些综合多种聚类方法思想的算法。

4.2 基于划分的聚类算法

给定 n 个对象的数据集 D 和要生成的簇数目 k，划分算法将对象组织划分为 k 个簇（$k \leqslant n$），这些簇的形成旨在优化一个目标准则。例如，基于距离的差异性函数，使得根据数据集的属性，在同一个簇中的对象是"相似的"，而不同簇中的对象是"相异的"。划分式聚类算法需要预先指定簇数目或簇中心，通过反复迭代运算，逐步降低目标函数的误差值，当目标函数值收敛时，得到最终聚类结果。这类方法分为基于质心的（Centroid-based）划分方法和基于中心的（Medoid-based）划分方法，其中最具代表和知名的是 k-means 和 k-medoids 算法。

4.2.1 基本 k-means 聚类算法

基于质心的划分方法是研究最多的算法，包括 k-means 聚类算法及其各种变体，这些变体依据初始簇的选择、对象的划分、相似度的计算方法、簇中心的计算方法等不同而不同。基于质心的划分方法将簇中所有对象的平均值看做簇的质心，根据一个数据对象与簇质心的距离，将该对象赋予最近的簇。在这类方法中，需要给定划分的簇个数 k，首先得到 k 个初始划分的集合，然后采用迭代重定位技术，通过将对象从一个簇移到另一个簇来改进划分的质量。

k-means 算法是 1967 年由 MacQueen 首次提出的一种经典算法，迄今为止，很多聚类任务都选择该算法。k-means 聚类算法的处理流程如下：首先，随机选择 k 个对象，每个对象代表一个簇的初始均值或中心；对剩余的每个对象，根据其与各簇中心的距离，将它指派到最近（或最相似）的簇，然后计算每个簇的新均值，得到更新后的簇中心；不断重复，直到准则函数收敛。通常，采用平方误差准则，即对于每个簇中的每个对象，求对象到其中心距离的平方和，这个准则试图使生成的 k 个结果簇尽可能地紧凑和独立。k-means 聚类算法的形式化描述如下：

算法：k-means
输入：数据集 D，划分簇的个数 k
输出：k 个簇的集合
（1）从数据集 D 中任意选择 k 个对象作为初始簇中心；
（2）repeat
（3）　　for 数据集 D 中每个对象 P do
（4）　　　　计算对象 P 到 k 个簇中心的距离
（5）　　　　将对象 P 指派到与其最近（距离最短）的簇；
（6）　　end for
（7）　　计算每个簇中对象的均值，作为新的簇的中心；
（8）until　k 个簇的簇中心不再发生变化

对于 k-means 算法，通常使用误差平方和（Sum of Squared Error，SSE）作为度量聚类质量的目标函数。SSE 形式的定义如下：

$$SSE = \sum_{i=1}^{k} \sum_{x \in C_i} d(C_i, x)^2$$

其中，$d()$ 表示两个对象之间的距离（通常采用欧式距离）。

对于相同的 k 值，更小的 SSE 说明簇中对象越集中。对于不同的 k 值，越大的 k 值应该对应越小的 SSE。

【例 4-1】 对表 4-1 中的二维数据，使用 k-means 算法将其划分为 2 个簇，假设初始簇中

心选为 $P_7(4,5)$，$P_{10}(5,5)$，距离使用曼哈顿距离。

表 4-1 k-means 聚类过程示例数据集 1

	P_1	P_2	P_3	P_4	P_5	P_6	P_7	P_8	P_9	P_{10}
x	3	3	7	4	3	8	4	4	7	5
y	4	6	3	7	8	5	5	1	4	5

解答：图 4-2 显示了对于给定的数据集 k-means 聚类算法的执行过程。

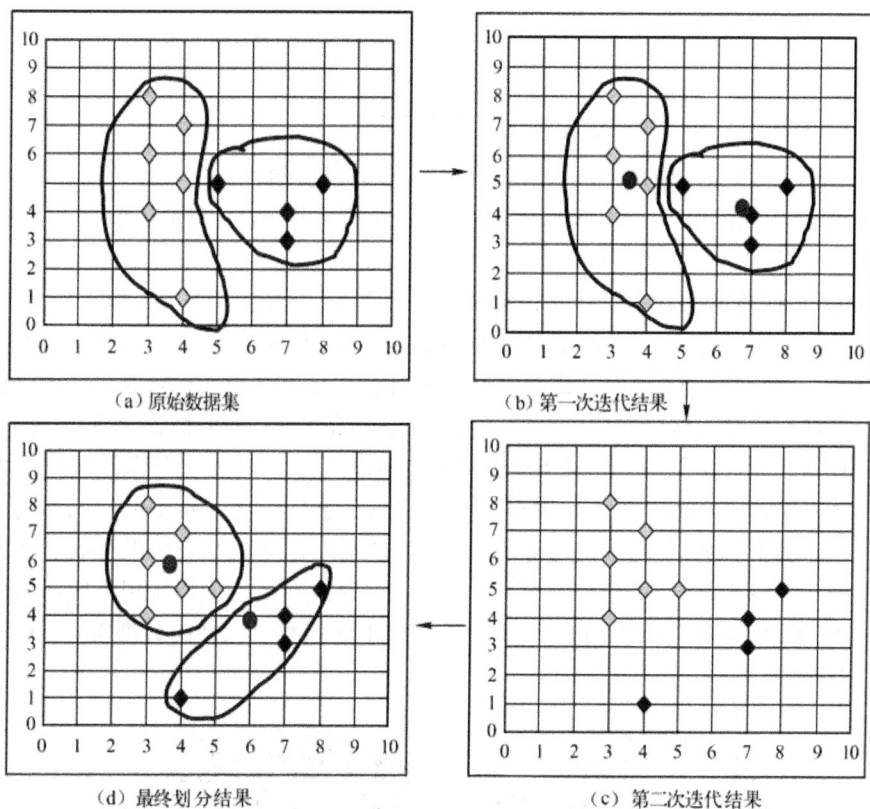

（a）原始数据集　　　　　（b）第一次迭代结果

（d）最终划分结果　　　　　（c）第二次迭代结果

图 4-2　k-means 算法聚类过程示例

<1> 根据题目，假设划分的两个簇分别为 C_1 和 C_2，中心分别为(4,5)和(5,5)，下面计算 10 个样本到这 2 个簇中心的距离，并将 10 个样本指派到与其最近的簇。

<2> 第一轮迭代结果如下。

属于簇 C_1 的样本有：{P_7，P_1，P_2，P_4，P_5，P_8}。

属于簇 C_2 的样本有：{P_{10}，P_3，P_6，P_9}。

重新计算新的簇的中心：C_1 的中心为(3.5,5.167)，C_2 的中心为(6.75,4.25)。

<3> 继续计算 10 个样本到新的簇的中心的距离，重新分配到新的簇中，第二轮迭代结果如下。

属于簇 C_1 的样本有：{ P_1，P_2，P_4，P_5，P_7，P_{10}}。

属于簇 C_2 的样本有：{ P_3，P_6，P_8，P_9}。

重新计算新的簇的中心：C_1 的中心为(3.67,5.83)，C_2 的中心为(6.5,3.25)。

<4> 继续计算 10 个样本到新的簇的中心的距离，重新分配到新的簇中，发现簇中心不再发生变化，算法终止。

注：在 k-means 算法的实现中，为了提高计算与存储效率。均值与方差的计算并非待所有对象划分到各自所在的簇后再计算的，而是同步计算的。其原理是：数列 $\{x_1, x_2, \cdots, x_n\}$ 的前 i 项的均值 $\overline{x_i}$、方差 σ_i^2 满足以下递推公式：

$$\begin{cases} \overline{x_1} = x_1, \sigma_1^2 = 0 \\ \overline{x_i} = \dfrac{(i-1)\overline{x_{i-1}} + x_i}{i} \qquad (i \geqslant 2) \\ \sigma_i^2 = \dfrac{i-2}{i-1}\sigma_{i-1}^2 + \dfrac{(x_i - \overline{x_{i-1}})^2}{i} \end{cases}$$

在聚类过程中，所有簇中属性的均值和方差都是动态更新的。

k-means 算法中通常用形式如<n,mean>来表示一个簇。其中，n 表示簇中包含的对象个数，mean 表示簇中对象的平均值（质心）。

k-means 算法描述容易、实现简单、快速，但存在如下不足：① k-means 算法中簇个数 k 需要预先给定。② 算法对初始值的选取依赖性极大以及算法常陷入局部最优解。③ 从 k-means 算法框架可以看出，该算法需要不断地进行样本分类调整，不断地计算调整后的簇中心，因此当数据量非常大时，算法的时间开销是非常大的。④ 由于将簇的质心（即均值）作为簇中心进行新一轮聚类计算，远离数据密集区的离群点和噪声点会导致聚类中心偏离真正的数据密集区，所以 k-means 算法对噪声点和离群点很敏感。⑤ k-means 算法不能用于发现非凸形状的簇，或具有各种不同大小或密度的簇，即很难检测到"自然的"簇。例如图 4-3 所示的两个簇，用 k-means 划分方法不能正确识别，原因在于它们所采用的簇的表示及簇间相似性度量不能反映这些自然簇的特征。⑥ 只能用于处理数值属性的数据集，不能处理包含分类属性的数据集。

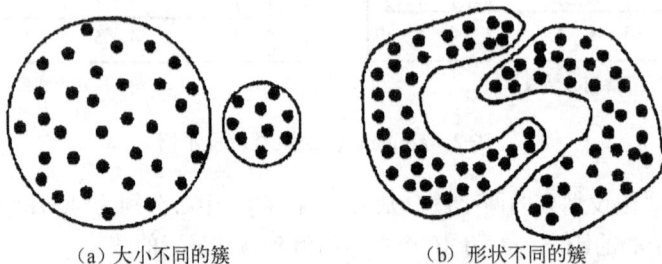

（a）大小不同的簇　　　　　　　（b）形状不同的簇

图 4-3　基于质心的划分方法不能识别的数据示例

针对 k-means 算法的缺点，人们提出了一些改进的方法。对于问题①的改进方法是通过簇的自动合并和分裂得到较为合理的簇数目 k，如 ISODATA 算法。关于 k-means 算法中簇数目 k 值的确定，有些文献根据方差分析理论，应用混合 F 统计量来确定最佳簇数，并应用模糊划分熵来验证最佳簇数的正确性。对于问题②的解决是，有些算法采用遗传算法 GA 进行初始化，以内部聚类准则作为评价指标。问题③可从算法的时间复杂度进行分析考虑，通过一定的相似性准则来去掉簇中心的候选集，也可使用 k-means 算法对样本数据进行聚类，这样可以提高算法的收敛速度。对于问题④，早期的 *k-medoid* 方法很好地解决了，即考虑不采用簇中对象的平均值作为参照点，而选用簇中位置最靠近中心的对象，即中心点作为质心。对于问题⑥有多种解决策略，4.2.3 节将具体介绍。

4.2.2　二分 *k-means* 算法

二分 *k-means* 算法是基本 *k-means* 算法的直接扩充，基于如下思想：为了得到 *k* 个簇，将所有点的集合分裂成两个簇，从中选择一个继续分裂，如此重复，直到产生 *k* 个簇。算法详细描述如下：

算法：二分 *k-means*

输入：数据集 *D*，划分簇的个数 *k*，每次二分试验的次数 *m*

（1）初始化簇表，最初簇表中只包含一个由所有样本组成的簇；

（2）repeat

（3）　　　按照某种方法从簇表中选取一个簇；

（4）　　　for *i*=1 to *m* do　　　　　　　　　//二分试验

（5）　　　　　使用基本 *k-means* 算法对选定的簇进行聚类，将其划分为两个子簇；

（6）　　　end for

（7）　　　从 *m* 次二分试验所聚类的子簇中选择具有最小总 SSE 的两个簇；

（8）　　　将这两个簇添加到簇表中；

（9）until　簇表中包含 *k* 个簇

算法中的第（3）步，从簇表中选择待分裂的簇有多种不同的选择方法。可以选择最大的簇，选择具有最大的 SSE 的簇，或者综合考虑簇的大小和总体 SSE 的标准进行选择，不同的选择策略可能导致不同的簇划分。二分 *k-means* 不太受初始化的影响。

4.2.3　*k-means* 聚类算法的拓展

k-means 算法中距离的计算是基于数值型数据，没有明确说明对于分类型数据如何处理。聚类算法中对于分类属性的处理，目前主要有三种不同的方法。

方法一是将分类型数据转化为数值型数据，再利用 *k-means* 算法进行聚类分析。对于具有 *k* 个类别的标称型变量，采用 *k* 个取值为 0 或 1 的数值型变量共同来表示。例如，变量 *x* 有 *A*、*B*、*C* 三个类别，则用 x_1、x_2、x_3 三个变量共同表示。如果 *x* 取 *A*，则 x_1、x_2、x_3 分别为 1、0、0；如果 *x* 取 *B*，则 x_1、x_2、x_3 分别为 0、1、0；如果 *x* 取 *C*，则 x_1、x_2、x_3 分别为 0、0、1。于是，原来具有 *k* 个类别的一个聚类变量派生出取 0 或 1 的 *k* 个变量。由此引发的另外一个问题是，分类型变量在欧式距离计算中的"贡献"将大于其他数值型变量。解决策略：可以将 1 调整为 $\sqrt{0.5} \approx 0.707$，以保证分类型变量在欧式距离中的"贡献"不大于 1。

方法二是适用于纯分类属性数据集的 *k-modes* 算法和适用于混合属性数据集的 *k-prototypes* 算法。*k-modes* 算法采用众数（mode，取值频度最大的属性值）代替数值属性的均值（mean），在聚类过程中，使用简单匹配来度量分类属性的不相似性（dissimilarity），从而将 *k-means* 算法的应用范围扩展到分类属性数据集。将 *k-modes* 算法和 *k-means* 结合到一起形成了 *k-prototypes* 算法，用来处理具有混合属性的数据集。

方法三是 *k-summary* 算法，下面详细介绍。

对于聚类分析而言，簇的表示和数据对象之间相似度的定义是最基础的问题，直接影响数据聚类的效果。针对不同类型的应用和数据类型，第 2 章介绍了常见的距离或相似度定义，这些距离或相似度定义大部分不能很好地处理分类属性及混合属性数据，而许多实际应用中的数据往往具有混合属性。下面介绍一种简单的聚类表示方法，并对 Minkowski（闵可夫斯基）距离进行推广，以使聚类算法可以有效处理包含分类属性的数据。

假设数据集 D 有 m 个属性，其中有 m_C 个分类属性和 m_N 个数值属性，$m = m_C + m_N$。不妨设分类属性位于数值属性之前，用 D_i 表示第 i 个属性取值的集合，由于对象与其标识（可理解为记录号）是唯一对应的，有时也将一个对象与其标识等同起来。

定义 4-1 给定簇 C，$a \in D_i$，a 在 C 中关于 D_i 的频度定义为 C 在 D_i 上的投影中包含 a 的次数：$\text{Freq}_{C|D_i}(a) = \left|\{\text{object}|\text{object} \in C, \text{object}.D_i = a\}\right|$。

定义 4-2 给定簇 C，C 的摘要信息 CSI（Cluster Summary Information）定义为：$\text{CSI} = \{n, summary\}$，其中 $n = |C|$ 为 C 中包含对象的个数，summary 由分类属性中不同取值的频度信息和数值型属性的质心两部分构成，即：

$$\text{summary} = \{< \text{Stat}_i, \text{Cen} > | \text{Stat}_i = \{(a, \text{Freq}_{C|D_i}(a)) | a \in D_i\}, \qquad (1 \leqslant i \leqslant m_C, Cen$$
$$= (c_{m_C+1}, c_{m_C+2}, \cdots, c_{m_C+m_N})\}$$

在具体应用中，可以根据需要对这一定义进行扩充，如增加簇中所包含的对象标识集合或簇的类别标识。

定义 4-3 给定 D 的簇 C、C_1 和 C_2，对象 $p = [p_1, p_2, \cdots, p_m]$ 与 $q = [q_1, q_2, \cdots, q_m]$，$x > 0$。

（1）对象 p，q 在属性 i 上的差异程度（或距离）$\text{dif}(p_i, q_i)$ 定义如下：

对于分类属性或二值属性，$\text{dif}(p_i, q_i) = \begin{cases} 1 & p_i \neq q_i \\ 0 & p_i = q_i \end{cases} = 1 - \begin{cases} 0 & p_i \neq q_i \\ 1 & p_i = q_i \end{cases}$；

对于连续数值属性或顺序属性，$\text{dif}(p_i, q_i) = |p_i - q_i|$。

（2）两个对象 p 和 q 之间的差异程度（或距离）定义为

$$d(p, q) = \left(\sum_{i=1}^{m} \text{dif}(p_i, q_i)^x\right)^{1/x}$$

（3）对象 p 与簇 C 间的距离 $d(p, C)$ 定义为 p 与簇 C 的摘要之间的距离

$$d(p, C) = \left(\sum_{i=1}^{m} \text{dif}(p_i, C_i)^x\right)^{1/x}$$

$\text{dif}(p_i, C_i)$ 为 p 与 C 在属性 D_i 上的距离。对于分类属性 D_i，其值定义为 p 与 C 中每个对象在属性 D_i 上的距离的算术平均值，即

$$\text{dif}(p_i, C_i) = 1 - \frac{\text{Freq}_{C|D_i}(p_i)}{|C|}$$

对于数值属性 D_i，其值定义为 $\text{dif}(p_i, C_i) = |p_i - c_i|$。

（4）簇 C_1 与 C_2 间的距离 $d(C_1, C_2)$ 定义为两个簇的摘要间的距离

$$d(C_1, C_2) = \left(\sum_{i=1}^{m} \text{dif}(C_i^{(1)}, C_i^{(2)})^x\right)^{1/x}$$

$\text{dif}(C_i^{(1)}, C_i^{(2)})$ 为 C_1 与 C_2 在属性 D_i 上的距离，对于分类属性 D_i，其值定义为 C_1 中每个对象与 C_2 中每个对象的差异的平均值：

$$\mathrm{dif}(C_i^{(1)}, C_i^{(2)}) = 1 - \frac{1}{|C_1| \times |C_2|} \sum_{p_i \in C_1} \mathrm{Freq}_{C_1|D_i}(p_i) \times \mathrm{Freq}_{C_2|D_i}(p_i)$$

$$= 1 - \frac{1}{|C_1| \times |C_2|} \sum_{q_i \in C_2} \mathrm{Freq}_{C_1|D_i}(q_i) \times \mathrm{Freq}_{C_2|D_i}(q_i)$$

对于数值属性 D_i，其值定义为

$$\mathrm{dif}(C_i^{(1)}, C_i^{(2)}) = \left| C_i^{(1)} - C_i^{(2)} \right|$$

在定义 4-3 的（2）中，当 $x=1$ 时，相当于曼哈顿（Manhattan）距离，当 $x=2$ 时，相当于欧式（Euclidean）距离。

【例 4-2】 假设描述学生的信息包含属性：性别，籍贯，年龄。有两条记录 p、q 及两个簇 C_1、C_2 的信息如下，分别求出记录和簇彼此之间的距离：

    $p=\{男, 广州, 18\}$，$q=\{女, 深圳, 20\}$

    $C_1=\{男:25, 女:5; 广州:20, 深圳:6, 韶关:4; 19\}$

    $C_2=\{男:3, 女:12; 汕头:12, 深圳:1, 湛江:2; 24\}$

按定义 4-3，取 $x=1$，得到的各距离如下：

    $d(p,q) = 1 + 1 + (20-18) = 4$

    $d(p,C_1) = (1-25/30) + (1-20/30) + (19-18) = 1.5$

    $d(p,C_2) = (1-3/15) + (1-0/15) + (24-18) = 7.8$

    $d(q,C_1) = (1-5/30) + (1-6/30) + (20-19) = 79/30$

    $d(q,C_2) = (1-12/15) + (1-1/15) + (24-20) = 77/15$

    $d(C_1,C_2) = 1 - (25 \times 3 + 5 \times 12)/(30 \times 15) + 1 - 6 \times 1/(30 \times 15) + (24-19) = 1003/150 \approx 6.69$

从定义 4-3 可知，每个分类属性上的距离在范围[0,1]之内。为了减小数值属性不同度量单位对结果的影响，以及不同属性上的差异具有可比性，需要对数值属性进行规范化，使之在数值属性上的差异也在[0,1]之间。

用定义 4-3 取代相关聚类算法中的距离定义，就可使原来仅适用于数值属性或分类属性的聚类算法不受数据类型的限制而可用于任何数据类型。k-summary 算法就是采用定义 4-3 推广了 k-means 算法，算法过程如下：

算法：k-summary

输入：数据集 D，划分簇的个数 k

输出：k 个簇的集合

（1）从数据集 D 中任意选择 k 个对象，并创建 k 个簇的摘要信息 CSI；

（2）repeat

（3）   for 数据集 D 中每个对象 P do

（4）   计算对象 P 到 k 个簇中心的距离

（5）   将对象 P 指派到与其最近（距离最短）的簇；

（6）   end for

（7）   更新簇的摘要信息 CSI；

（8）until k 个簇的摘要信息不再发生变化

---

k-mode 和 k-prototype 对分类属性的处理方法与 k-summary 的区别在于对于每个簇，用取值频率最高的属性值来代表整个属性的取值，表示更简洁，但偏差更大，特别是在不同取值频率差异不大的情况。

【例 4-3】 对于表 4-2 所示的数据集，请使用 k-summary 算法将其划分为 3 个簇。

表 4-2　聚类过程示例数据集 2

outlook	temperature	humidity	windy
sunny	85	85	FALSE
sunny	80	90	TRUE
overcast	83	86	FALSE
rainy	70	96	FALSE
rainy	68	80	FALSE
rainy	65	70	TRUE
overcast	64	65	TRUE
sunny	72	95	FALSE
sunny	69	70	FALSE
rainy	75	80	FALSE
sunny	75	70	TRUE
overcast	72	90	TRUE
overcast	81	75	FALSE
rainy	71	91	TRUE

解：

（1）假定选择第 5 条记录 { rainy,68,80,FALSE }，第 7 条记录 {overcast,64,65,TRUE} 和第 10 条记录 { rainy,75,80,FALSE } 作为三个簇 C_1、C_2 和 C_3 的初始中心（摘要）。

（2）划分对象到最近的簇，各记录与三个簇之间的距离 （使用欧几里得距离）如下所示。

记录号	到簇 C_1 的距离	到簇 C_2 的距离	到簇 C_3 的距离	所属簇标号
1	17.74824	29.034462	11.224972	3
2	15.634388	29.698484	11.269428	3
3	16.186414	28.337254	10.049876	3
4	16.124516	31.606962	16.763054	1
5	0.000000	15.588458	7.000000	1
6	10.488088	5.196152	14.177446	2
7	15.588458	0.000000	18.654758	2
8	15.556350	31.080540	15.329710	2
9	10.099504	7.211102	11.704700	2
10	7.000000	18.654758	0.000000	3
11	12.288206	12.124356	10.099504	3
12	10.862780	26.248810	10.535654	3
13	13.964240	19.748418	7.874008	3
14	11.445524	26.944388	11.747340	1

第一次划分后三个簇的摘要信息更新为：

簇 C_1：{ rainy:3;69.667; 89.000; FALSE:2,TRUE:1};

簇 C_2：{ overcast:1,rainy:1,sunny:1;66.0;68.333;FALSE:1,TRUE:2 };

簇 C_3:{ overcast:3,rainy:1,sunny:4;77.875;83.875; FALSE:5,TRUE:3}

（3）重新划分对象到最近的簇，第二次迭代结果如下。

记录号	到簇 C_1 的距离	到簇 C_2 的距离	到簇 C_3 的距离	所属簇标号
1	15.881506	25.291632	7.240296	3
2	10.450944	25.806976	6.532372	3
3	13.707256	24.535688	5.595758	3
4	7.015856	27.970222	14.489220	1
5	9.159088	11.874342	10.650704	1
6	19.576062	2.081666	18.958836	2
7	24.689178	3.958114	23.44275	2
8	6.523462	27.349588	12.596502	1
9	19.040892	3.559026	16.482472	2
10	10.466878	14.764824	4.918078	3
11	19.770910	9.183318	14.192318	2
12	2.808716	22.494444	8.533024	1
13	18.043158	16.441816	9.437294	3
14	2.494438	23.223552	9.959292	1

第二次划分后三个簇的摘要信息更新如下。

簇 C_1:{ overcast:1,rain:3,sunny:1 ;70.6;90.4; FALSE:3,TRUE:2};

簇 C_2:{ overcast:1,rainy:1,sunny:2; 68.25;68.75; FALSE:1,TRUE:3};

簇 C_3:{ overcast:2,rainy:1,sunny:2; 80.8;83.2; FALSE:4,TRUE:1}

（4）重新划分对象到最近的簇，第三次迭代结果如下。

记录号	到簇 C_1 的距离	到簇 C_2 的距离	到簇 C_3 的距离	所属簇标号
1	15.405194	23.354604	4.613026	3
2	9.461500	24.288630	6.919538	3
3	13.187874	22.721136	3.616628	3
4	5.660388	27.326726	16.767826	1
5	10.734990	11.302654	13.219682	1
6	21.166956	3.570714	20.619408	2
7	26.26252	5.722762	24.788708	2
8	4.890808	26.53182	14.733634	1
9	20.482188	1.713914	17.716658	2
10	11.306636	13.162446	6.675328	3
11	20.893062	6.887488	14.452682	2
12	1.766352	21.592822	11.166020	1
13	18.604300	14.239030	8.226786	3
14	1.019804	22.433234	12.576168	1

第三次划分后三个簇的摘要信息更新如下。

　　　簇 C_1:{ overcast:1,rain:3,sunny:1;70.6;90.4; FALSE:3,TRUE:2 };

　　　簇 C_2:{ overcast:1,rainy:1,sunny:2; 68.25;68.75; FALSE:1,TRUE:3};

　　　簇 C_3:{ overcast:2,rainy:1,sunny:2; 80.8;83.2; FALSE:4,TRUE:1}

（5）经过三轮划分后，三个簇的摘要不再发生改变，聚类结束。

　　簇 C_1 包含的记录集合为{1,2,3,10,13}，摘要信息为 C_1:{overcast:1,rain:3,sunny:1;70.6;90.4; FALSE:3,TRUE:2}；簇 C_2 包含的记录集合为{4,5,8,12,14}，摘要信息为 C_2:{overcast:1,rainy:1, sunny:2;68.25;68.75;FALSE:1,TRUE:3}；簇 C_3 包含的记录集合为{6,7,9,11}，摘要信息为 C_3:{overcast:2,rainy:1,sunny:2; 80.8;83.2; FALSE:4, TRUE:1}。

4.2.4　*k*-medoids 算法

　　k-means 算法对噪音和异常数据敏感，这是因为一个具有很大极端值的对象可能显著扭曲数据的分布，平方误差函数的使用会更进一步恶化这一影响。*k*-medoids 算法不采用簇中所有对象的均值作为簇中心，而是选用簇中离平均值最近的代表对象作为簇中心。

　　k-medoids 算法的基本过程是：首先为每个簇随机选择一个代表对象，其余数据对象根据其与代表对象的距离分配给最近的一个簇；然后反复用非代表对象来代替代表对象，以改进聚类的质量。聚类质量用一个代价函数来估算，如替换后的平方误差减去替换前的平方误差，当代价函数估算值为负，替换被执行，否则替换不被执行。

算法：*k*-medoids
输入：数据集 *D*，划分簇的个数 *k*
输出：*k* 个簇的集合
（1）任意选取 *k* 个不同对象作为初始中心点
（2）repeat
（3）　　把剩余对象分配到距它最近的代表点所在的簇；
（4）　　随机选择一个非中心点对象 O_r；
（5）　　计算用 O_r 交换 O_j 的总代价 *s*；
（6）　　如果 *s*<0，则用 O_r 替换 O_j，形成新的 *k* 个中心点；
（7）until *k* 个中心点不在发生变化

---

　　k-medoids 算法的核心是中心点的选择。假设簇 *C* 原先的中心点是 O_{c_old}，现拟改为 O_{c_new}，则根据数据对象属于与其距离最近的簇原则，可能引起各数据对象所属簇的情况发生调整。对于原先簇 *C* 中的任意数据对象 *p* 可能有两种情况：

　　① *p* 与 O_{c_new} 的距离仍然小于与其他各簇中心点的距离，因此 *p* 仍属于簇 *C*，如图 4-4（a）所示。如果用 O_{c_new} 代替 O_{c_old}，数据对象 *p* 的代价为 $d(p, O_{c\_new})-d(p, O_{c\_old})$，*d* 表示两点之间的距离。

　　② *p* 与其他某一簇 *r* 的中心点的距离最短，则 *p* 将改属于簇 *r*，如图 4-4（b）所示。如果用 O_{c_new} 代替 O_{c_old}，数据对象 *p* 的代价为 $d(p, O_r)-d(p, O_{c\_old})$，其中 O_r 为簇 *r* 的中心点，此时代价为正值。

　　类似地，原先簇 C 外的任意数据对象 *p* 也可能有两种情况：

　　① *p* 仍然与它原先所属的簇的中心点距离最短，则 *p* 仍将属于原先的簇，如图 4-5（a）所示。如果用 O_{c_new} 代替 O_{c_old}，数据对象 *p* 的代价不变。

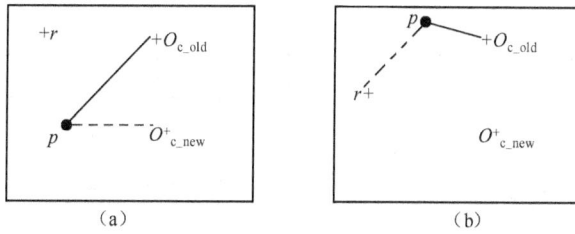

图 4-4　代价示例

② 在所有簇的中心点中，p 与 O_{c_new} 的距离最短，则 p 将改属于簇 O_{c_new}，如图 4-5（b）所示。如果用 O_{c_new} 代替 O_{c_old}，数据对象 p 的代价为 $d(p, O_{c\_new})-d(p, O_r)$，其中 O_r 为聚类 r 的中心点，此时代价为负值。

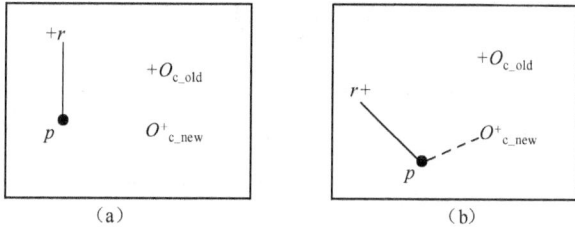

图 4-5　代价示例续

假如 O_{c_new} 使得总代价（所有数据对象的代价之和）小于 0，则 O_{c_new} 代替 O_{c_old} 成为簇的新中心，反之，则说明 O_{c_new} 目前不适合作为簇 C 的新中心，重新试探其他点。

当存在噪声和离群点时，k-medoids 方法比 k-means 更具鲁棒性，这是因为中心点不像均值那样容易受离群点或其他极端值影响，但仍不能有效识别图 4-3 所示的数据形状。k-medoids 方法的执行代价比 k-means 算法高。

4.3　层次聚类算法

层次聚类法是一种已得到广泛使用的经典方法，是通过将数据组织为若干组并形成一个相应的树来进行聚类。层次聚类方法可分为自顶向下和自下而上两种。

自下而上聚合层次聚类方法（或凝聚层次聚类）。这种自下而上策略就是最初将每个对象（自身）作为一个簇，然后将这些簇进行聚合以构造越来越大的簇，直到所有对象均聚合为一个簇，或满足一定终止条件为止。绝大多数层次聚类方法属于这一类，只是簇间相似度的定义有所不同。

自顶向下分解层次聚类方法（或分裂层次聚类）。这种方法的策略与自下而上的凝聚层次聚类方法相反。它首先将所有对象置于同一个簇，然后将其不断分解，而得到规模越来越小但个数越来越多的小簇，直到所有对象均独自构成一个簇，或满足一定终止条件为止。

图 4-6 描述了一种凝聚层次聚类算法 AGENS（AGglomerative NESting）和一种分裂层次聚类算法 DIANA（DIvisive ANAlysis）对一个包含 5 个对象的数据集合 $\{a,b,c,d,e\}$ 的处理过程。其中，从左往右的过程属于凝聚层次聚类方法：

step0：首先设置 5 个对象分别属于一个簇，假定分别用 $\{a\}$、$\{b\}$、$\{c\}$、$\{d\}$、$\{e\}$ 表示。

<1> 簇 $\{a\}$ 与簇 $\{b\}$ 进行合并，结果为簇 $\{a,b\}$。

<2> 簇 $\{d\}$ 与簇 $\{e\}$ 进行合并，结果为簇 $\{d,e\}$。

<3> 簇 $\{d,e\}$ 与簇 $\{c\}$ 进行合并，结果为簇 $\{c,d,e\}$。

<4> 簇 $\{c,d,e\}$ 与簇 $\{a,b\}$ 进行合并，结果为簇 $\{a,b,c,d,e\}$。

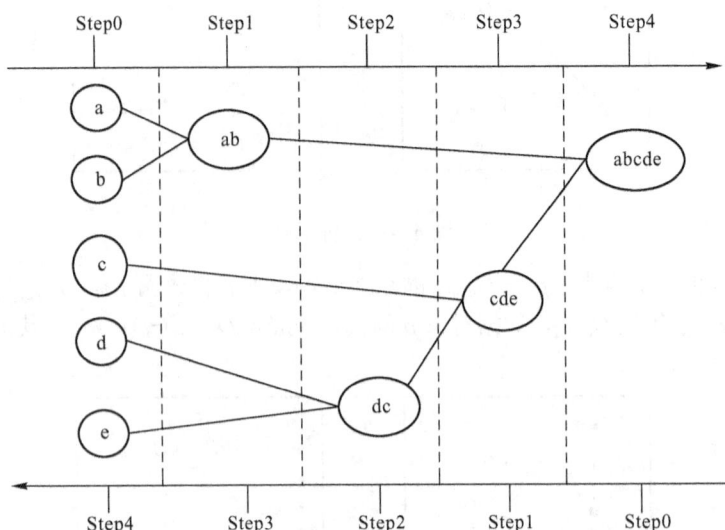

图 4-6　两种不同层次聚类算法

同样方法，从右往左是一个分裂的层次聚类过程，这里不再详述。

层次聚类方法尽管简单，但经常会遇到合并或分裂点选择的困难。合并和分裂点的选择非常关键，因为一旦一组对象合并或分裂，下一步将对新生成的簇进行，已做的处理不能撤销，簇之间不能交换对象。如果某个合并或分裂决策在后来证明是不好的选择，由于无法退回并更正，所以将导致低质量的聚类结果。此外，这种聚类方法的可扩展性较差，因为合并或分裂的决定需要检查和估算大量的对象或簇。

改进层次聚类质量的有效方法是集成层次聚类和其他聚类技术，形成多阶段聚类。下面将介绍三种改进的凝聚层次聚类方法：BIRCH、ROCK 和 CURE 算法。这三个算法的改进体现在：BIRCH 算法首先用树结构对对象进行层次划分，其中叶结点或者低层次的非叶结点可看成是由高分辨率决定的"微簇"，然后使用其他聚类算法对这些微簇进行宏聚类；ROCK 算法基于簇间的互联性进行合并；CURE 算法采用多个点而不是中心来表示一个簇。

4.3.1　BIRCH 算法

BIRCH（Balanced Iterative Reducing and Clustering using Hierarchies）方法通过集成层次聚类和其他聚类算法来对大量数据进行聚类。其中，层次聚类用于初始的微聚类阶段，其他方法如迭代划分，用于后面的宏聚类阶段。BIRCH 克服了凝聚聚类方法的不可伸缩性和不能撤销前一步所做的工作这样两个缺点。另外，BIRCH 算法采用 CF 和 CF-Tree 结构来节省 I/O 成本及内存开销，使其成本与数据集的大小呈线性关系，只需扫描数据集一次就可产生较高的聚类质量，因此它特别适合大数据集。

BIRCH 算法是一种基于距离的层次聚类算法，其核心是聚类特征 CF（Cluster Feature）和聚类特征树（CF-Tree），它们用于概括簇描述。这些结构可以帮助聚类方法在大型数据库中取得好的速度和伸缩性，使得 BIRCH 方法对增量和动态聚类也非常有效。下面详细讨论聚类特征和聚类特征树。

（1）CF 结构

一个 CF（聚类特征）是一个包含聚类信息的三元组，其定义如下：

给定一个簇中的 N 个 d 维的数据点 $\{\vec{X_i}\}$（$i=1,2,\cdots,N$），这个簇的聚类特征 CF 向量是一个三元组 $CF=(N,\vec{LS},SS)$。其中，N 是簇中数据点的个数，$\vec{LS}$ 是 N 个数据点的线性和，即 $\sum_{i=1}^{N}\vec{X_i}$，而 SS 是 N 个数据点的平方和，即 $\sum_{i=1}^{N}\vec{X_i}^2$。线性和反映了聚类的重心，平方和反映了簇的直径大小。

聚类特征具有可加性，定理如下：

CF 可加性定理　假设 $CF_1=(N_1,\vec{LS1},SS1)$ 与 $CF_2=(N_2,\vec{LS2},SS2)$ 分别为两个簇的聚类特征，合并后新簇的聚类特征为 $CF_1+CF_2=(N_1+N_2,\vec{LS1}+\vec{LS2},SS1+SS2)$。

假定在簇 C_1 中有三个点 $(2,5)$，$(3,2)$ 和 $(4,3)$。C_1 的聚类特征如下：

$$CF_1=<3,(2+3+4,5+2+3),(2^2+3^2+4^2,5^2+2^2+3^2)>=<3,(9,10),(29,38)>$$

假定 C_2 是与 C_1 不相交的簇，$CF_2=<3,(35,36),(417,440)>$。$C_1$ 和 C_2 合并形成一个新的簇 C_3，其聚类特征便是 CF_1+CF_2，即

$$CF_3=<3+3,(9+35,10+36),(29+417,38+440)>=<6,(44,46),(446,478)>$$

CF 结构概括了簇的基本信息，并且是高度压缩的，它存储了小于实际数据点的聚类信息。同时，CF 的三元组结构设置使得计算簇的半径、簇的直径、簇与簇之间的距离、簇与簇之间的差异等非常容易。

（2）CF-tree

一个 CF-tree 是一个高度平衡的树，具有两个参数：分支因子和阈值 T。分支因子包括非叶节点 CF 条目最大个数 B 和叶节点中 CF 条目的最大个数 L。这两个参数影响结果树的大小，其目标是通过参数调整，将 CF 树保存在内存中。每个非叶节点最多容纳 B 个形为 $[CF_i,Child_i]$（$i=1,2,\cdots,B$) 的 CF 条目，$Child_i$ 是一个指向它的第 i 个子节点的指针，CF_i 是由这个 $Child_i$ 指向的子节点所代表的子聚类的 CF。一个叶节点最多容纳 L 个 CF 条目。每个叶节点还有一个指向前面节点的指针 prev 和指向后面叶节点的指针 next，这样所有叶节点形成一个链表可以方便扫描。一个 CF-tree 的图形如图 4-7 所示，具体当 $B=5$，$L=6$ 时的一棵 CF-tree 的图形如图 4-8 所示。其中，每个叶节点中的所有条目都必须满足阈值 T 的要求，即所有条目的半径或直径都要小于阈值 T。

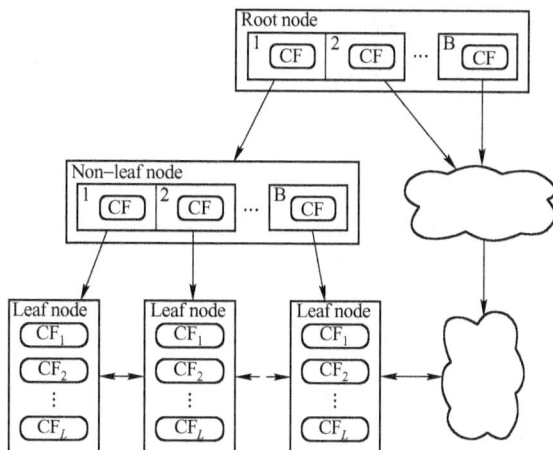

图 4-7　CF-树结构图

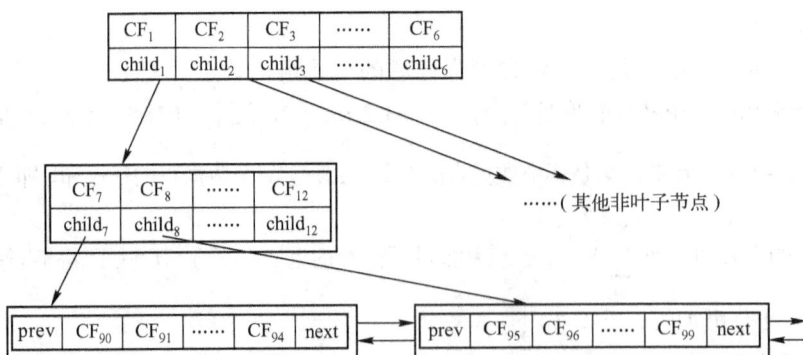

图 4-8 $B=6$，$L=5$ 的 CF 树结构图

CF-tree 的构造过程实际是一个数据点的插入过程，其步骤如下：

<1> 从根节点开始递归往下，计算当前条目与要插入数据点之间的距离，寻找距离最小的那个路径，直到找到与该数据点最接近的叶节点中的条目。

<2> 比较计算出的距离是否小于阈值 T，如果小于，则当前条目吸收该数据点；如果距离大于等于阈值 T，则转<3>。

<3> 判断当前条目所在叶节点的条目个数是否小于 L，如果是，则直接将数据点插入为该数据点的新条目，否则需要分裂该叶节点。分裂的原则是寻找该叶节点中距离最远的两个条目并以这两个条目作为分裂后新的两个叶节点的起始条目，其他剩下的条目根据距离最小原则分配到这两个新的叶节点中，删除原叶节点并更新整个 CF 树。

当数据点无法插入时，这个时候需要提升阈值 T 并重建树来吸收更多的叶节点条目，直到把所有数据点全部插入完毕。

（3）BIRCH 算法描述

BIRCH 算法主要分为四个阶段。第一阶段对整个数据集进行扫描，根据给定的初始阈值 T 建立一棵初始聚类特征树；第二阶段通过提升阈值 T 重建 CF 树，得到一棵压缩的 CF 树。第三、四阶段利用全局聚类算法对已有的 CF 树进行聚类得到更好的聚类结果。

其中，具体建树阶段算法步骤如下：

<1> 给定一个初始的阈值 T 并初始化一棵 CF-tree t_1。

<2> 扫描数据点并插入到 t_1 中。

<3> 判断内存是否溢出，如果没有溢出，转<4>，如果溢出，转<5>。

<4> 此时已经扫描完所有数据点，将存储在磁盘中的潜在离群点重新吸收到 t_1 中，结束建树。

<5> 提升阈值 T 的值并根据新的阈值通过 t_1 中各节点条目重建 CF-tree t_2：在重建过程中，如果 t_1 的叶节点条目是潜在的异常点并且磁盘仍有空间，则将该异常点写入磁盘，否则使用该条目重建树 t_2。整个树 t_2 建好后，重新将 t_2 赋给 t_1。

<6> 判断此时存储潜在异常点的磁盘是否已满，如果没有满，则转<2>，继续扫描下一个数据点。如果此时磁盘满了，则将存储在磁盘中的潜在异常点重新吸收到 t_1 中，并转<2>，继续扫描下一个数据点。

BIRCH 算法利用聚类特征树概括了聚类的有用信息，并且由于聚类特征树占用空间较原数据集合小得多，可以存放在内存中，因此在给定有限内存的情况下，BIRCH 能利用可用的资源产生较好的聚类结果。另外，BIRCH 算法的计算复杂度是 $O(N)$，具有与对象数目呈线性关系

的可伸缩性和较好的聚类质量。

但是，由于大小限制，CF-tree 的每个节点只能包含有限数目的条目，一个 CF-tree 节点并不总是对应于用户所考虑的一个自然簇。此外，如果簇不是球形的，BIRCH 不能很好地工作，因为它使用半径或直径的概念来控制簇的边界。

4.3.2　CURE 算法

绝大多数聚类算法在处理球形和相似大小的簇时效果较好，然而存在离群点时，这些聚类算法就变得比较脆弱。CURE（Clustering Using REpresentative）算法通过使用多个代表点来表示一个簇，提高算法挖掘任意形状簇的能力，较好地解决了非球形和非均匀大小簇聚类的问题，在处理孤立点上更加健壮。CURE 采用了一种新的层次聚类算法，该算法选择位于基于质心和基于代表对象点方法之间的中间策略，不用单个质心或对象来代表一个簇，而是选择数据空间中固定数目的具有代表性的点，这些点捕获了簇的几何特性。第一个代表点选择离簇中心最远的点，而其余的点选择离所有已经选取的点最远的点。这样，代表点自然地相对分散。选定代表点后，就以特定的收缩因子向簇中心"收缩"或移动它们。

每个簇有多于一个的代表点，使得 CURE 可以适应非球形的几何形状。簇的收缩或凝聚可以有助于控制孤立点的影响。因此，CURE 对孤立点的处理更加健壮，而且能够识别非球形和大小变化较大的簇。对于大规模数据库，CURE 采用了随机抽样和划分两种方法的组合，使它具有良好的伸缩性，而且没有牺牲聚类质量。

CURE 算法的思想主要体现在如下几方面：

① CURE 算法采用的是凝聚层次聚类。在最开始的时候，每个对象就是一个独立的簇，然后从最相似的对象开始进行合并。

② 为了处理大数据集，采用了随机抽样和分割（Partitioning）手段。采用抽样的方法可以降低数据量，提高算法的效率。在样本大小选择合适的情况下，一般能够得到比较好的聚类结果。另外，CURE 算法还引入了分割手段，即将样本集分割为几部分，然后针对各部分中的对象分别进行局部聚类，形成子簇。再针对子簇进行聚类，形成新的簇。

③ 传统的算法常常采用一个对象来代表一个簇，而 CURE 算法由分散的若干对象，在按收缩因子移向其所在簇的中心之后来代表该簇。由于 CURE 算法采用多个对象来代表一个簇，并通过收缩因子来调节簇的形状，因此能够处理非球形分布的对象。

④ 分两个阶段消除异常值的影响。第一个阶段的工作，在最开始的时候，每个对象就是一个独立的簇，然后从最相似的对象开始进行合并。由于异常值同其他对象的距离更大，所以其所在的簇中对象数目的增大就会非常缓慢，甚至不增长；第二个阶段的工作（聚类基本结束的时候）是将聚类过程中增长非常缓慢的簇作为异常值除去。

⑤ 由于 CURE 算法采用多个对象来代表一个簇，因此可以采用更合理的非样本对象分配策略。在完成对样本的聚类之后，各簇中只包含有样本对象，还需要将非样本对象按一定策略分配到相应的簇中。

CURE 是一种自底向上的层次聚类算法，首先将输入的每个点作为一个簇，然后合并相似的簇，直到簇的个数为 k 时停止。算法描述如下：

算法：CURE
输入：数据集 D

输出：簇集合

（1）从源数据对象中抽取一个随机样本 S；

（2）将样本 S 划分为大小相等的分组；

（3）对每个划分进行局部聚类；

（4）通过随机抽样剔除孤立点，如果一个簇增长得太慢，就去掉它；

（5）对局部的簇进行聚类。落在每个新形成的簇中的代表点根据用户定义的一个收缩因子 a 收缩或向簇中心移动，这些点描述和捕捉到了簇的形状；

（6）用相应的簇标签来标记数据。

CURE 算法的时间复杂性为 $O(N^2)$（低维数据）和 $O(N^2 \log N)$（高维数据），算法在处理大量数据时必须基于抽样、划分等技术。

4.3.3 ROCK 算法

CURE 和 BIRCH 算法只能用于处理纯数值型数据。ROCK（RObust Clustering Using Link）是一种层次聚类算法，针对具有分类属性的数据使用链接（指两个对象间共同的近邻数目）这一概念。实验表明，对于包含布尔或分类属性的数据，大多数聚类算法使用距离函数，这些距离度量不能产生高质量的簇；此外，在进行聚类时只估计点与点之间的相似度；在聚类过程中合并那些最相似的点到一个簇中，这种"局部"方法很容易导致错误。例如，两个完全不同的簇可能有少数几个点或者离群点的距离比较近，仅仅依据点之间的相似度来做出聚类决定就会导致这两个簇合并。ROCK 采用一种比较全局的观点，通过考虑成对点的邻域情况来进行聚类，如果两个相似的点同时具有相似的邻域，那么这两个点可能属于同一个簇而合并。

点的邻域概念定义如下：两个点 p_i 和 p_j 是近邻，如果 $\mathrm{sim}(p_i, p_j) \geqslant \theta$，其中 sim 是相似度函数，$\theta$ 是用户指定的阈值。如果两个点的链接数很大，则它们很可能属于相同的簇。由于在确定点对之间的关系时考虑邻近的数据点，ROCK 比起只关注点间相似度的聚类方法更加鲁棒。

包含分类属性数据的一个很好的例子就是购物篮数据。这种数据由事务数据库组成，其中每个事务都是商品的集合。事务可以看做具有布尔属性的记录，每个属性对应于一个单独的商品，如面包或奶酪。如果一个事务包含某个商品，那么该事务的记录中对应于此商品的属性值就为真，否则为假。其他含有分类属性的数据集可以用类似的方式处理。两个"点"即两个事务 T_i 和 T_j 之间的相似度用 Jaccard 系数定义：

$$sim(T_i, T_j) = \frac{|T_i \bigcap T_j|}{|T_i \bigcup T_j|}$$

【例 4-4】 同时使用点间相似度和邻域链接信息的影响分析示例。

假定一个购物篮数据库包含关于商品 a，b，…，g 的事务记录。考虑这些事务的两个簇 C_1 和 C_2。C_1 涉及商品 $\{a,b,c,d,e\}$，包含事务 $\{a,b,c\}$，$\{a,b,d\}$，$\{a,b,e\}$，$\{a,c,d\}$，$\{a,c,e\}$，$\{a,d,e\}$，$\{b,c,d\}$，$\{b,c,e\}$，$\{b,d,e\}$，$\{c,d,e\}$。C_2 涉及商品 $\{a,b,f,g\}$，包含事务 $\{a,b,f\}$，$\{a,b,g\}$，$\{a,f,g\}$，$\{b,f,g\}$。假设我们首先只考虑点间的相似度而忽略邻域信息。C_1 中事务 $\{a,b,c\}$ 和 $\{b,d,e\}$ 之间的 Jaccard 系数为 1/5=0.2。事实上，C_1 中任意一对事务之间的 Jaccard 系数都在 0.2～0.5 之间（如 $\{a,b,c\}$ 和 $\{a,b,d\}$）。而属于不同簇的两个事务之间的 Jaccard 系数也可能达到 0.5（如 C_1 中的 $\{a,b,c\}$ 和 C_2 中的 $\{a,b,f\}$ 或 $\{a,b,g\}$）。明显，仅仅使用 Jaccard 系数，无法得到所期望的簇。

ROCK 基于链接的方法可以成功地把这些事务划分到恰当的簇中。直观地看，对于每个事务，与之链接最多的那个事务总是和它处于同一个簇中。例如，令 $\theta = 0.5$，则 C_2 中的事务 $\{a,b,f\}$ 与同样来自同一簇的事务 $\{a,b,g\}$ 之间的链接数为 5（因为它们有共同的近邻 $\{a,b,c\}$，$\{a,b,d\}$，$\{a,b,e\}$，$\{a,f,g\}$ 和 $\{b,f,g\}$）。然而，C_2 中的事务 $\{a,b,f\}$ 与 C_1 中事务 $\{a,b,c\}$ 之间的链接数仅为 3（其共同近邻为 $\{a,b,d\}$，$\{a,b,e\}$ 和 $\{a,b,g\}$）。类似地，C_2 中的事务 $\{a,f,g\}$ 与 C_2 中其他每个事务之间的链接数均为 2，而与 C_1 中所有事务的链接数都为 0。因此，这种基于链接的方法能够正确地区分出两个不同的事务簇，因为它除了考虑对象间的相似度之外还考虑近邻信息。

基于这些思想，ROCK 使用一个相似度阈值和共享近邻的概念从一个给定的数据相似度矩阵中首先构建一个稀疏图，然后在这个稀疏图上执行凝聚层次聚类，使用优度（goodness measure）度量评价聚类，采用随机抽样处理大规模的数据集。

ROCK 算法的聚类过程描述如下：

算法：ROCK
输入：数据集 D
输出：簇集合
（1）随机选择一个样本；
（2）在样本上用凝聚算法进行聚类，簇的合并是基于簇间的相似度，即基于来自不同簇而有相同邻居的样本的数目；
（3）将其余每个数据根据它与每个簇之间的连接，判断它应归属的簇。

ROCK 算法在最坏情况下的时间复杂度为 $O(n^2 + nm_m m_a + n^2 \log n)$。其中，$m_m$ 和 m_a 分别是近邻数目的最大值和平均值，n 是对象的个数。

4.4 基于密度的聚类算法

绝大多数划分方法都基于对象之间的距离进行聚类，这些方法只能发现球状的簇，而在发现任意形状的簇上遇到了困难。为了能够发现如图 4-9 所示的具有任意形状的簇，人们提出了基于密度的聚类方法。这类方法通常将簇看做数据空间中被低密度区域（代表噪声）分割开的稠密对象区域。DBSCAN（Density-Based Spatial Clustering of Applications with Noise）是典型的基于密度的方法，DBSCAN 依据基于密度的连通性分析增长簇。

图 4-9 基于密度的聚类算法可聚类的形状

DBSCAN 是一种基于高密度连通区域的聚类方法。该算法将具有足够高密度的区域划分为簇，并在具有噪声的空间数据库中发现任意形状的簇，它将簇定义为密度相连的点的最大的集合。根据点的密度，点可分为三类：稠密区域内部的点（核心点），稠密区域边缘上的点（边界点），稀疏区域中的点（噪声或背景点）。下面介绍一些基本概念。

给定一个对象集合 D，对象之间的距离函数为 distance()，邻域半径为 Eps。

数据集中特定点的密度通过该点的 Eps 半径之内包含的点数（包括点本身）来估计。

Eps 邻域：给定对象半径 Eps 内的邻域称为该对象的 Eps 邻域。我们用 $N_{Eps}(q)$ 表示点 q 的 Eps 半径内的点的集合，即

$$N_{Eps}(q) = \{q \mid q \text{在数据集} D \text{中}, \ distance(p,q) \leqslant Eps\}$$

MinPts：给定邻域 $N_{Eps}(p)$ 包含的点的最小数目，用于决定点 p 是簇的核心部分还是边界点或噪声。

核心对象：如果对象的 Eps 邻域包含至少 MinPts 个的对象，则称该对象为核心对象。

边界点：不是核心点，但落在某个核心点的邻域内。

噪音点：既不是核心点，也不是边界点的任何点。

直接密度可达：如果 p 在 q 的 Eps 邻域内，而 q 是一个核心对象，则称对象 p 从对象 q 出发时是直接密度可达的（directly density-reachable）。

密度可达：如果存在一个对象链 p_1，p_2，…，p_n，$p_1 = q$，$p_n = p$，对于 $p_i \in D$（$1 \leqslant i \leqslant n$），$p_{i+1}$ 是从 p_i 关于 Eps 和 MinPts 直接密度可达的，则对象 p 是从对象 q 关于 Eps 和 MinPts 密度可达的（density-reachable）。

密度相连：如果存在对象 $O \in D$，使对象 p 和 q 都是从 O 关于 Eps 和 MinPts 密度可达的，那么对象 p 到 q 是关于 Eps 和 MinPts 密度相连的（density-connected）。

密度可达是直接密度可达的传递闭包，这种关系是非对称的。只有核心对象之间相互密度可达。然而，密度相连性是一个对称关系。

基于密度的簇是基于密度可达性的最大的密度相连对象的集合。不包含在任何簇中的对象被认为是噪声。DBSCAN 通过检查数据集中每点的 Eps 邻域来搜索簇。如果点 p 的 Eps 邻域包含的点多于 MinPts 个，则创建一个以 p 为核心对象的簇。然后，DBSCAN 迭代地聚集从这些核心对象直接密度可达的对象，这个过程可能涉及一些密度可达簇的合并。当没有新的点添加到任何簇时，该过程结束。DBSCAN 算法具体描述如下：

算法：DBSCAN
输入：数据集 D，参数 MinPts 和 Eps
输出：簇集合
（1）首先将数据集 D 中的所有对象标记为未处理状态
（2）for 数据集 D 中每个对象 p do
（3）　　if p 已经归入某个簇或标记为噪声 then
（4）　　　　continue;
（5）　　else
（6）　　　　检查对象 p 的 Eps 邻域 $N_{Eps}(p)$；
（7）　　　　if $N_{Eps}(p)$ 包含的对象数小于 MinPts then
（8）　　　　　　标记对象 p 为边界点或噪声点;
（9）　　　　else
（10）　　　　　　将 $N_{Eps}(p)$ 中的所有点加入 C，标记对象 p 为核心点，并建立新簇 C;
（11）　　　　　　for $N_{Eps}(p)$ 中所有尚未被处理的对象 q do
（12）　　　　　　　　检查其 Eps 邻域 $N_{Eps}(q)$，若 $N_{Eps}(q)$ 包含至少 MinPts 个对象，则将 $N_{Eps}(q)$ 中未归入任何一个簇的对象加入 C;
（13）　　　　　　end for

（14）   end if
（15）   end if
（16） end for

【例4-5】 DBSCAN 概念示例。如图 4-10 所示，Eps 用一个相应的半径表示，设 MinPts=3。

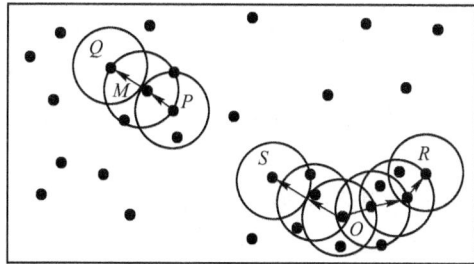

图 4-10 "直接密度可达"和"密度可达"概念示意描述

解答：根据以上概念知道：由于有标记的各点 M、P、O 和 R 的 Eps 近邻均包含 3 个以上的点，因此它们都是核对象；M 是从 P "直接密度可达"；而 Q 则是从 M "直接密度可达"。

基于上述结果，Q 是从 P "密度可达"，但 P 从 Q 无法"密度可达"（非对称）。类似地，S 和 R 从 O 是"密度可达"的，O、R 和 S 均是"密度相连"的。

【例4-6】 表 4-3 所示二维平面上的数据集如图 4-11，取 Eps=3，MinPts=3，演示 DBSCAN 算法的聚类过程（使用曼哈顿距离）。

表 4-3 聚类过程示例数据集 3

P_1	P_2	P_3	P_4	P_5	P_6	P_7	P_8	P_9	P_{10}	P_{11}	P_{12}	P_{13}
1	2	2	4	5	6	6	7	9	1	3	5	3
2	1	4	3	8	7	9	9	5	12	12	12	3

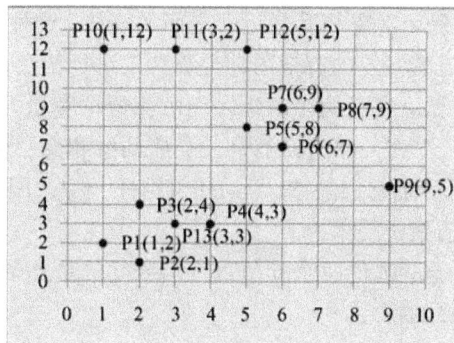

图 4-11 表 4-3 的数据分布图

解答：

（1）随机选择一个点，如 $P_1(1,2)$，其 Eps 邻域中包含 $\{P_1,P_2,P_3,P_{13}\}$，P_1 是核心点，其邻域中的点构成簇 1 的一部分，依次检查 P_2、P_3、P_{13} 的 Eps 邻域，进行扩展，将点 P_4 并入，P_4 为边界点。

（2）检查点 P_5，其 Eps 邻域中包含 $\{P_5,P_6,P_7,P_8\}$，P_5 是核心点，其邻域中的点构成簇 2 的

一部分，依次检查 P_6、P_7、P_8 的 Eps 邻域，进行扩展，每个点都不是核心点，不能扩展。

（3）检查点 P_9，其 Eps 邻域中包含 $\{P_9\}$，P_9 为噪声点或边界点。

（4）检查点 P_{10}，其 Eps 邻域中包含 $\{P_{10},P_{11}\}$，P_{10} 为噪声点或边界点；检查 P_{11}，其 Eps 邻域中包含 $\{P_{10},P_{11},P_{12}\}$，P_{11} 为核心点，其邻域中的点构成簇 3 的一部分；进一步检查，P_{10}、P_{12} 为边界点。

所有点标记完毕，P_9 没有落在任何核心点的邻域内，为噪声点。

最终识别出三个簇，P_9 为噪声点。簇 1 包含 $\{P_1,P_2,P_3,P_4,P_{13}\}$，$P_4$ 为边界点，其他点为核心点；簇 2 包含 $\{P_5,P_6,P_7,P_8\}$，其全部点均为核心点；簇 3 包含 $\{P_{10},P_{11},P_{12}\}$，P_{10}、P_{12} 为边界点，P_{11} 为核心点。

如果 MinPts=4，则簇 3 中的点均被识别成噪声点。

关于参数 Eps 和 MinPts 的选择问题。观察点到它的 k 个最近邻的距离（称为 k-距离）的特性。对于属于某个簇的点，如果 k 不大于簇的大小，则 k-距离将很小。对于不在簇中的点，k-距离相对较大。如果对于某个 k，计算所有点的 k-距离，以递增次序将它们排序，然后绘制排序后的值，则会看到 k-距离的急剧变化，对应于合适的 Eps 值。如果选取该距离为 Eps 参数，而取 k 的值为 MinPts 参数，则 k-距离小于 Eps 的点将标记为核心点，其他点被标记为噪声点或边界点。

DBSCAN 算法的优点：可以识别具有任意形状和不同大小的簇，自动确定簇的数目，分离簇和环境噪声，一次扫描数据即可完成聚类。如果使用空间索引，DBSCAN 的计算复杂度是 $O(N \log N)$，否则计算复杂度是 $O(N^2)$。

4.5 基于图的聚类算法

基于图的观点来分析数据，数据对象用节点表示，数据对象之间的邻近度用对应节点之间边的权值来表示，可以利用图的许多重要性质来研究聚类问题。这类算法需要用到一些重要方法。

① 稀疏化邻近度图，只保留对象与其最近邻之间的连接。这种稀疏化有利于降低噪声和离群点的影响。可以利用为稀疏图开发的有效图划分算法来进行稀疏化。

② 基于共享的最近邻个数，定义两个对象之间的相似性度量。该方法基于这样的观察，对象和它的最近邻通常属于同一个簇。该方法有助于克服高维和变密度簇的问题。

③ 定义核心对象并构建环绕它们的簇。与 DBSCAN 一样，围绕核心对象构建簇，设计可以发现不同形状和大小的簇的聚类技术。

④ 使用邻近度图中的信息，提供两个簇是否应当合并的更复杂的评估。两个簇合并仅当结果簇具有相似于原来的两个簇的特性。

本节介绍两种基于图的聚类算法，Chameleon 聚类算法和基于 SNN 密度的聚类算法。

4.5.1 Chameleon 聚类算法

Chameleon 算法是一种基于图划分的层次聚类算法，该算法利用基于图的方法得到的初始数据划分与一种新颖的层次聚类方法相结合，使用簇间的互连性和紧密性概念以及簇的局部建模来发现具有不同形状、大小和密度的簇。其关键思想是：仅当合并后的结果簇类似于原来的两个簇时，这两个簇才合并。本节首先介绍自相似性，然后详细介绍 Chameleon 算法。

（1）确定合并哪些簇

Chameleon 力求合并这样的一对簇，合并后产生的簇，用互连性和紧密性来度量时，其与原来的一对簇最相似。为了理解互连性和紧密性概念，需要用邻近图的观点，并且需要考虑簇内和簇间点之间的边数和这些边的强度。

相对互连度（Relative Interconnectivity，RI）：簇 C_i 和 C_j 之间的绝对互连度是连接簇 C_i 和 C_j 中顶点的所有边的权重之和，其本质是同时包含簇 C_i 和 C_j 的边割（edge cut，EC），用 $EC(C_i, C_j)$ 表示。簇 C_i 的内部互连度可以通过它的最小二分边割 $EC(C_i)$ 的大小（即将图划分成两个大致相等的部分的边的加权和）表示。簇 C_i 和 C_j 间的相对互连度 $RI(C_i, C_j)$ 定义为用簇 C_i 和 C_j 的内部互连度规格化簇 C_i 和 C_j 间的绝对互连度，计算公式如下：

$$RI(C_i, C_j) = \frac{\left| EC(C_i, C_j) \right|}{\dfrac{\left| EC(C_i) \right| + \left| EC(C_j) \right|}{2}}$$

这里，$\left| EC(C_i, C_j) \right|$ 为绝对互连度，其值为"跨越两个簇的所有边的权重和"，$\left| EC(C_i) \right|$ 表示内部互连度，其值为"簇 C_i 内所有边的权重和"。

图 4-12 解释了相对互连度的概念。两个圆形簇（c）和（d）比两个矩形簇（a）和（b）具有更多连接，然而，合并（c）和（d）产生的簇具有非常不同于（c）和（d）的连接性。相比之下，合并（a）和（b）产生的簇的连接性与簇（a）和（b）非常类似。

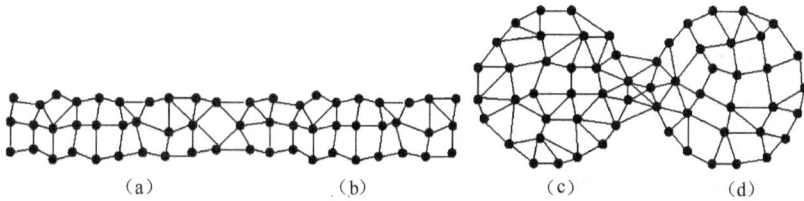

（a）　　　　　　（b）　　　　　　（c）　　　　　　（d）

图 4-12　第一对簇更"紧密"

相对紧密度（Relative Closeness，RC）：簇 C_i 和 C_j 间的相对紧密度被定义为用簇 C_i 和 C_j 的内部紧密度规格化簇 C_i 和 C_j 间的绝对紧密度。度量两个簇的紧密度的方法是取簇 C_i 和 C_j 间连接边的平均权重。具体计算公式如下：

$$RC(C_i, C_j) = \frac{\overline{S}_{EC}(C_i, C_j)}{\dfrac{|C_i|}{|C_i| + |C_j|} \times \overline{S}_{EC}(C_i) + \dfrac{|C_j|}{|C_i| + |C_j|} \times \overline{S}_{EC}(C_j)}$$

式中，$\overline{S}_{EC}(C_i, C_j)$ 为簇 C_i 和 C_j 间的绝对紧密度，通过簇 C_i 和 C_j 的连接边的平均权重来度量，即 $\overline{S}_{EC}(C_i, C_j) = \dfrac{\left| EC(C_i, C_j) \right|}{|C_i| \times |C_j|}$，$\overline{S}_{EC}(C_i)$ 是内部紧密度，通过簇 C_i 内连接边的平均权重来度量，即 $\overline{S}_{EC}(C_i) = \dfrac{\left| EC(C_i) \right|}{|C_i|^2}$。

RI 和 RC 可以用多种不同的方法组合，以产生自相似性（self-similarity）的总度量。Chameleon 使用的是合并最大化 $RI(C_i, C_j) \times RC(C_i, C_j)^\alpha$ 的簇对，其中 α 是用户指定的参数，通常大于 1。

（2）Chameleon 算法

Chameleon 算法由三个关键步骤组成：稀疏化、图划分和子图合并，如图 4-13 所示。

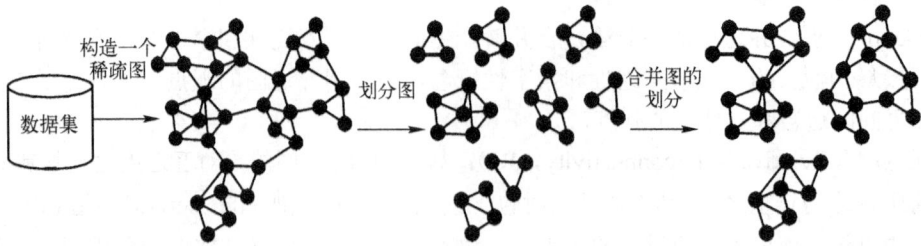

图 4-13　Chameleon 算法聚类步骤

Chameleon 算法具体描述如下。

<1> 构建稀疏图：由数据集构造成 k-最近邻图集合 G_k。

<2> 多层图划分：通过一个多层图划分算法将图 G_k 划分成大量的子图，每个子图代表一个初始子簇。

<3> 合并子图：合并关于相对互连度和相对紧密度而言，最好地保持簇的自相似性的簇。

<4> 重复步骤<3>，直至不再有可以合并的簇或者用户指定停止合并时的簇个数。

三个关键步骤进一步说明如下。

构建稀疏图：图的表示基于 k-最近邻方法，节点表示数据项，边表示数据项间的相似度，节点 v、u 之间的边表示节点 v 在节点 u 的 k 个最相似点中，或节点 u 在节点 v 的 k 个最相似点中。使用图的表示有以下优点：

① 距离很远的数据项完全不相连。

② 边的权重代表了潜在的空间密度信息。

③ 在密集和稀疏区域的数据项都同样能建模。

④ 表示的稀疏便于使用高效的算法。

多层图划分：基于得到的稀疏图，使用如 HMETIS 等有效的多层图划分算法来划分数据集，划分步骤如下：

<1> 从得到的稀疏图开始。

<2> 二分当前最大的子图。

<3> 直到没有一个簇多于 MIN_SIZE 个点（MIN_SIZE 是用户指定的参数）。

合并子簇：采用凝聚层次聚类方法合并子簇。合并子簇有以下两种方法，其中第二种方法是经常使用的方法。

方法一：阈值法，即预先设定两个阈值 TRI 和 TRC，只有满足条件 $RI\{C_i, C_j\} \geqslant TRI$ 且 $RC\{C_i, C_j\} \geqslant TRC$ 时，子簇才会被合并。

方法二：簇间的相似度函数采用函数 $MAX[\, RI\{C_i, C_j\} \times RC\{C_i, C_j\}^\alpha\,]$，即取相对互连性和相对近似性之积最大者合并。

Chameleon 算法能够有效地聚类空间数据，能识别具有不同形状、大小和密度的簇，对噪声和异常数据不敏感。Chameleon 算法的时间复杂度为 $O(N^2)$，因此，使用 Chameleon 算法对中小规模数据集的聚类分析是个很好的选择，但对于在大规模数据集其应用受到了限制。

【例 4-7】 Chameleon 算法演示示例。对表 4-4 所示数据集（图形化显示如图 4-14 所示），演示 Chameleon 算法聚类过程。

表 4-4　Chameleon 算法示例数据集

Point	1	2	3	4	5	6	7	8	9	10	11	12	13	14
x	2	3	3	5	9	9	10	11	1	2	1	12	11	13
y	2	1	4	3	8	7	10	8	6	7	7	5	4	4

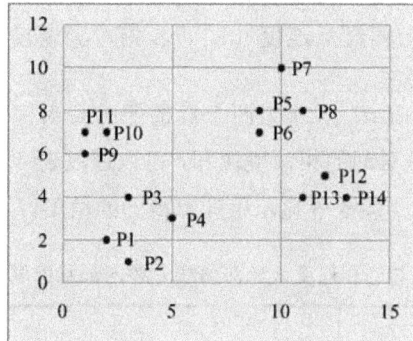

图 4-14　Chameleon 算法示例数据集

解答：对于表 4-4 中所示数据，采用 $s(p_i, p_j) = \dfrac{1}{1+d(p_i, p_j)} = \dfrac{1}{1+\sqrt{(x_i - x_j)^2 + (y_i - y_j)^2}}$ 计算点 p_i、p_j 之间的相似度，得到的相似度矩阵如表 4-5 所示。

表 4-5　相似度矩阵

		Point	1	2	3	4	5	6	7	8	9	10	11	12	13	14
		x	2	3	3	5	9	9	10	11	1	2	1	12	11	13
	x	y	2	1	4	3	8	7	10	8	6	7	7	5	4	4
1	2	2	1.00	0.41	0.31	0.24	0.10	0.10	0.08	0.08	0.20	0.17	0.16	0.09	0.10	0.08
2	3	1	0.41	1.00	0.25	0.26	0.10	0.11	0.08	0.09	0.16	0.14	0.14	0.09	0.10	0.09
3	3	4	0.31	0.25	1.00	0.31	0.12	0.13	0.10	0.10	0.26	0.24	0.22	0.10	0.11	0.09
4	5	3	0.24	0.26	0.31	1.00	0.14	0.15	0.10	0.11	0.17	0.17	0.15	0.12	0.14	0.11
5	9	8	0.10	0.10	0.12	0.14	1.00	0.50	0.31	0.33	0.11	0.12	0.11	0.19	0.18	0.15
6	9	7	0.10	0.11	0.13	0.15	0.50	1.00	0.24	0.31	0.11	0.13	0.11	0.22	0.22	0.17
7	10	10	0.08	0.08	0.10	0.10	0.31	0.24	1.00	0.31	0.09	0.10	0.10	0.16	0.14	0.13
8	11	8	0.08	0.09	0.10	0.11	0.33	0.31	0.31	1.00	0.09	0.10	0.09	0.24	0.20	0.18
9	1	6	0.20	0.16	0.26	0.17	0.11	0.11	0.09	0.09	1.00	0.41	0.50	0.08	0.09	0.08
10	2	7	0.17	0.14	0.24	0.17	0.12	0.13	0.10	0.10	0.41	1.00	0.50	0.09	0.10	0.08
11	1	7	0.16	0.14	0.22	0.15	0.11	0.11	0.10	0.09	0.50	0.50	1.00	0.08	0.09	0.07
12	12	5	0.09	0.09	0.10	0.12	0.19	0.22	0.16	0.24	0.08	0.09	0.08	1.00	0.41	0.41
13	11	4	0.10	0.10	0.11	0.14	0.18	0.22	0.14	0.20	0.09	0.10	0.09	0.41	1.00	0.33
14	13	4	0.08	0.09	0.09	0.11	0.15	0.17	0.13	0.18	0.08	0.08	0.07	0.41	0.33	1.00

在 Chameleon 聚类算法的第一阶段，采用图划分方法得到细粒度子簇。对于所考虑的数据，

得到 4 个初始的子簇，即：

簇 1：C_1={(2,2),(3,1),(3,4),(5,3)}，这些点的索引集为{1,2,3,4}。

簇 2：C_2={(9,8)，(9,7)，(10,10)，(11,8)}，这些点的索引集为{5,6,7,8}。

簇 3：C_3={(1,6)，(2,7)，(1,7)}，这些点的索引集为{9,10,13}。

簇 4：C_4={(11,4)，(12,5)，(13,4)}，这些点的索引集为{11,12,14}。

为了便于说明，我们对数据进行重新排序，使得同一组内点的编号是连续的。

在算法的第二阶段，基于相对互连度（RI）和相对紧密度（RC）度量，寻找可以合并的簇对。

对于不同的簇 C_i 和 C_j，$|EC(C_i, C_j)|$ 为两个簇的所有点对间的相似度之和，$|EC(C_i)|$（即 $|EC(C_i, C_i)|$）为 C_i 内的所有点对间的相似度之和，可以通过表 4-5 中的阴影区域和非阴影区域不同块中所有元素之和而得到，表 4-6 显示了计算得到的结果。

表 4-6 簇对的互连度（非对角线）和内部互连度（对角线）度量

	1	2	3	4
1	7.56	1.69	2.18	1.22
2	1.69	8.00	1.26	2.18
3	2.18	1.26	5.82	0.76
4	1.22	2.18	0.76	5.30

由 $RI(C_i, C_j) = \dfrac{|EC(C_i, C_j)|}{\dfrac{|EC(C_i)| + |EC(C_j)|}{2}}$，计算簇 C_i 和 C_j 间的相对互连性度量，利用表 4-6 中得

到的数据进行计算，计算结果如表 4-7 所示。

表 4-7 相对互连性度量

	1	2	3	4
1	—	0.22	0.32	0.19
2	0.22	—	0.18	0.33
3	0.32	0.18	—	0.14
4	0.19	0.33	0.14	—

以 $RI(C_3, C_2)$ 为例说明计算过程，$RI(C_3, C_2) = \dfrac{|EC(C_3, C_2)|}{\dfrac{|EC(C_3)| + |EC(C_2)|}{2}} = \dfrac{2 \times 1.26}{5.82 + 8} \approx 0.18$。

利用表 4-6 中数据及已知的每个簇包含元素的数目，按下列公式计算相对紧密度。

$$RC(C_i, C_j) = \frac{\overline{S}_{EC}(C_i, C_j)}{\dfrac{|C_i|}{|C_i| + |C_j|} \times \overline{S}_{EC}(C_i) + \dfrac{|C_j|}{|C_i| + |C_j|} \times \overline{S}_{EC}(C_j)}$$

下面以 $RC(C_4, C_1)$ 为例，说明计算过程：

$$RC(C_4,C_1) = \frac{SEC(C_4,C_1)}{\frac{|C_4|}{|C_4|+|C_1|} \times SEC(C_4) + \frac{|C_1|}{|C_4|+|C_1|} \times SEC(C_1)}$$

$$= \frac{\frac{1.22}{4 \times 3}}{\frac{3}{4+3} \times \frac{5.32}{3^2} + \frac{4}{4+3} \times \frac{7.56}{4^2}} \approx 0.19$$

表 4-8 给出了所有簇之间的相对紧密性度量计算结果。

表 4-8　相对紧密性度量

	1	2	3	4
1	—	0.22	0.33	0.19
2	0.22	—	0.19	0.34
3	0.33	0.19	—	0.14
4	0.19	0.34	0.14	—

接下来，我们结合相对互连度（RI）和相对紧密度（RC）度量来决定要合并的簇。为了达到这个目的，通过把表 4-7 和表 4-8 中的元素对应相乘得到表 4-8。

表 4-9　互连性和紧密性度量积（RI×RC）

	1	2	3	4
1	—	0.05	0.11	0.04
2	0.05	—	0.03	0.11
3	0.11	0.03	—	0.02
4	0.04	0.11	0.02	—

从表中可以发现，簇对(1,3)和(2,4)使得 RI×RC 最大化，因此合并相应的两个簇，现在我们只剩两个簇，分别用 C_{13} 和 C_{24} 表示。

为了画出树状图，需要计算簇之间的距离，可以从平均紧密度度量推导。$EC(C_1,C_3) = 2.16$ 是簇 C_1 与 C_3 内 12 个点对间的相似度之和，因此平均值 $\overline{S}_{EC}(C_1,C_3) = \frac{2.16}{12} = 0.18$。我们可以利用关系 $S_{ij} = \frac{1}{1+d_{ij}}$ 或者 $d_{ij} = \frac{1}{S_{ij}} - 1$ 将它转换为距离度量，得到 $d_{13} = \frac{1}{0.18} - 1 = 4.55$。类似地，可以得到 $d_{24} = 4.50$。

对于簇 C_{13} 和 C_{24}，进一步计算可以得到：

$$EC(C_{13}) = 17.74 \,, \quad EC(C_{24}) = 17.66 \,, \quad EC(C_{13},C_{24}) = 4.93$$

$$\overline{S}_{EC}(C_{13},C_{24}) = \frac{4.93}{7 \times 7} \approx 0.1 \,, \quad d_{13,24} = \frac{1}{0.1} - 1 = 9$$

聚类结果树状图显示在图 4-15 中。

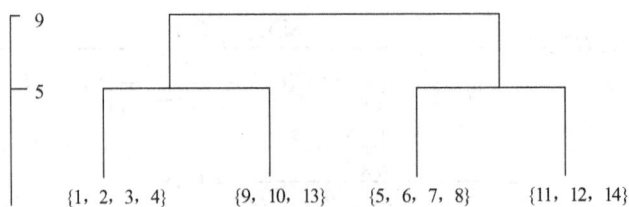

图 4-15　树状图

4.5.2　基于 SNN 的聚类算法

（1）共享最近邻相似度

对于高维数据集、密度不同的数据集，一般依赖于相似度和密度的密度聚类技术产生的聚类结果不理想。

在高维空间，相似度低的情况很常见。例如，考虑如下包含洛杉矶时报不同板块的文档集合{娱乐,财经,国外,都市,国内,体育}，这些文档可以看做高维空间中的向量，向量的每个分量记录词汇表中每个词在文档中出现的次数。通常，利用余弦相似性来度量文档之间的相似性。表4-10 给出了每个版块和整个文档集的平均余弦相似度。每个文档与其最相似的文档（第一个最近邻）之间的相似性高一些，平均为 0.39。然而在同一类中具有低相似性对象间的最近邻也常常不在同一类。在表 4-10 对应的文档集合中，大约20%的文档有不同类中的最近邻。一般而言，如果直接相似度低，则对于聚类，特别是凝聚层次聚类，相似度将成为不可靠的指导。尽管如此，一个对象的大多数最近邻通常仍然属于同一个类。

对于图 4-16 所示的由多个不同密度的区域所构成的数据集。左边簇的较低密度反映在点之间的较低平均距离上，尽管左边不太稠密的簇中的点形成了同样合法的簇，通常的基于全局观点的聚类方法（如 k-means，DBSCAN，BIRCH）难以发现这样的簇。

表 4-10　不同版块文档之间的相似度统计

版块	平均余弦相似度
娱乐	0.032
财经	0.030
国外	0.030
都市	0.021
国内	0.027
体育	0.036
所有版块	0.014

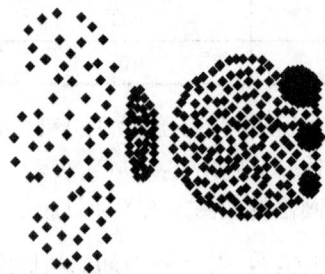

图 4-16　不同密度构成的二维数据集

针对上述两种情况，在定义相似性度量时，考虑点的局部环境，引进共享最近邻（Shared Nearest Neighbor, SNN）的概念。当两个对象都在对方的最近邻列表中时，SNN 相似度就是它们共享的近邻个数。计算共享最近邻相似度的具体方法如下：

（1）找出所有点的 k-最近邻
（2）if 两个点 x 和 y 不是相互在对方的 k-最近邻中　then
（3）　　　Similarity(x,y)=0
（4）else
（5）　　　Similarity(x,y)=共享的近邻个数
（6）end if

SNN 相似度是有用的，因为它解决了使用直接相似度出现的一些问题，旨在解决低相似度和不同密度这两个问题。由于它通过使用共享最近邻的个数，考虑了对象的局部环境，当一个对象碰巧与另一个对象相对接近，但属于不同的类，这时它们一般不共享许多近邻，因而它们的 SNN 相似度低。对于多个密度簇的问题，在低密度区域中，对象比高密度区域对象分开得更远。然而，一对点之间的 SNN 相似度只依赖于两个对象共享的最近邻的个数，而不是这些近邻之间的距离。SNN 相似度关于点的密度可以自动进行缩放。

（2）基于 SNN 的聚类算法

Levent Ertoz 等人基于共享最近邻相似度，提出了一种基于 SNN 的算法。该算法的主要步骤如下：

<1> 构造 SNN 相似度矩阵。

<2> 进行最近 k 邻居的稀疏处理（使用相似度阈值），并以此构造出最近邻居图，使得具有较强联系的样本间有链接。

<3> 统计出所有样本点的链接强度，以此确立聚类核心点和噪声点，将噪声点从样本点中排除出来，并再次对图中的链接进行一次过滤。

<4> 最后依据确定的聚类核心点和剩下的最近邻居图来进行聚类处理。

SNN 聚类算法的优势如下：有效地实现了对时空数据集进行聚类，并具有很高的可伸缩性和处理噪声的能力，同时具有对输入样本的顺序不敏感、输入参数的领域知识最小化等特点。

SNN 聚类算法的缺点如下：

① 噪声点检测的时间复杂度很高，必须对所有样本点建立了 SNN 图，并且计算出所有样本点之间的链接强度，才可以判断一个点是否为噪声点。计算相似度矩阵和构造 SNN 图的复杂度为 $O(N^2)$。

② 确定核心点、边界点、噪声点，以及用于过滤链接强度的阈值没有明确定义。

③ 虽然经过对样本数据的统计，能得出用于确定核心点、边界点、噪声点的阈值，但由于统计步骤本身具有较大的时空复杂度，这无疑额外增加了整个算法的复杂度。

（3）基于 SNN 密度的聚类算法

基于 SNN 密度的聚类算法是将 SNN 密度与 DBSCAN 结合在一起的一种聚类算法，类似于基于 SNN 的聚类算法，都以 SNN 相似度图开始。然而，基于 SNN 密度的聚类算法是简单地使用 DBSCAN，而不是使用阈值稀疏化 SNN 相似度图。由于 SNN 相似度反映了数据的局部特性，因此对密度的变化和空间的维度相对不太敏感。以 SNN 相似度取代 DBSCAN 中的距离而重新定义密度、核心点、边界点和噪声点概念。

核心点：在给定的邻域（由 SNN 相似度和用户提供的参数 Eps 确定）内含有超过阈值 MinPts 数目的点，则该点为核心点。

边界点：边界点不是核心点（即该点的 Eps 邻域内点的数量小于 MinPts），但是在某个核心点的邻域内。

噪音点：既不是核心点也不是边界点的点。

基于 SNN 密度概念，相应的聚类算法如下：

<1> 计算 SNN 相似度。

<2> 以用户指定的参数 Eps 和 MinPts，使用 DBSCAN 进行聚类。

该算法可以自动地确定数据中簇的个数。在这里，并非所有的点都被聚类，一些噪声、离群点和没有很好地链接到一组点的那些点都将被丢弃。

4.6　一趟聚类算法

许多聚类算法存在以下不足：① 对于大规模数据集，聚类时效性和准确性难以满足要求；② 难以直接处理混合属性的数据；③ 聚类结果依赖于参数，而参数的选择主要靠经验或试探，没有简单、通用的方法。针对这些不足，这里介绍一种面向大规模、混合属性数据集的高效聚类算法——基于最小距离原则的聚类算法。

4.6.1　算法描述

基于最小距离原则的聚类算法 CABMDP（Clustering Algorithm Based on Minimal Distance Principle）采用摘要信息 CSI 表示一个簇，采用定义 4-3 来度量距离，其将数据集分割为半径几乎相同的超球体（簇）。具体过程如下：

<1> 初始时，簇集合为空，读入一个新的对象。

<2> 以这个对象构造一个新的簇。

<3> 若已到数据库末尾，则转<6>，否则读入新对象，利用给定的距离定义，计算它与每个已有簇间的距离，并选择最小的距离。

<4> 若最小距离超过给定的半径阈值 r，转<2>。

<5> 否则将该对象并入具有最小距离的簇中并更新该簇的各分类属性值的统计频度及数值属性的质心，转<3>。

<6> 结束。

这里的最小距离原则聚类算法是一种特殊的一趟聚类算法，只需扫描数据集一遍即得到聚类结果。其时间复杂度与数据集大小呈线性关系，与属性个数和最终的聚类个数成近似线性关系，这使得算法具有好的扩展性。

4.6.2　聚类阈值的选择策略

聚类算法中参数 r 将影响聚类的结果和算法的时间效率。r 越小，得到的簇的个数越多，算法时间开销越大，当 r 大到一定值时只能得到极少的簇甚至一个簇，当 $r=0$ 时，每个簇只有一个元素，也就是说，r 太大或太小都不能得到有意义、有用的聚类结果。从聚类过程直观地可以理解，阈值 r 应大于簇内的距离，而又小于簇间的距离。考虑到数据集很大的情况，采用抽样技术来计算阈值范围，具体描述如下：

<1> 在数据集 D 中随机选择 N_0 对对象。

<2> 计算每对对象间的距离。

<3> 计算<2>中距离的平均值 EX 和标准差 DX。

<4> 取 r 在 EX+0.5DX～EX-0.5DX 之间（不同的问题可能要求的范围不同）。

在许多数据集上的实验结果表明：当 r 在 EX-0.25DX～EX+0.25DX 时，参数 r 的改变，对聚类结果精度影响不大，但簇的个数在一定范围内变化。当 r 在适当的范围内减小时，少部分对象将由一个簇移到另一个簇。实际使用时根据问题的特殊要求在这范围内选取一个或多个具体值。

【例 4-8】　一趟聚类算法聚类。

对于表 4-11 所示的数据集，请使用一趟聚类算法对其进行聚类（使用 Mahattan 距离公式）。

表 4-11 聚类过程示例数据集 2

outlook	temperature	humidity	windy
sunny	85	85	FALSE
sunny	80	90	TRUE
overcast	83	86	FALSE
rainy	70	96	FALSE
rainy	68	80	FALSE
rainy	65	70	TRUE
overcast	64	65	TRUE
sunny	72	95	FALSE
sunny	69	70	FALSE
rainy	75	80	FALSE
sunny	75	70	TRUE
overcast	72	90	TRUE
overcast	81	75	FALSE
rainy	71	91	TRUE

解：

聚类阈值取 $r=16$。经计算得，EX=19，DX=10。

<1> 取第 1 条记录作为簇 C_1 的初始簇中心，其摘要信息为{sunny:1;85;85;FALSE:1}。

<2> 读取第 2 条记录，其到簇 C_1 的距离 d=0+5+5+1=11<r，将其归并到簇 C_1 中，簇 C_1 的摘要信息更新为{sunny:2;82.5;87.5;FALSE:1,TRUE:1}。

<3> 计算第 3 条记录到簇 C_1 的距离 d=1-0/2+0.5+1.5+1-1/2=3.5<r，将其归并到簇 C_1 中，簇 C_1 的摘要信息更新为{sunny:2,overcast:1;82.67;87;FALSE:2,TRUE:1}。

<4> 计算第 4 条记录到簇 C_1 的距离 d=1-0/3+12.67+9+1-2/3=23>16，以第 4 条记录构建一个新的簇 C_2，其摘要信息为{ rainy:1;70;96;FALSE:1}。

<5> 读取第 5 条记录，其到簇 C_1 的距离为 1-0/3+14.67+7+1-2/3=23>16，到簇 C_2 的距离为 0+2+16+0=18>16，以第 5 条记录构建一个新的簇 C_3，其摘要信息为{ rainy:1;68;80;FALSE:1}。

<6> 读取第 6 条记录，其到簇 C_1 的距离 1-0/3+17.67+17+1-1/3=36.33>16，到簇 C_2 的距离为 0+5+26+1=32>16，到簇 C_3 的距离为 0+3+10+1=14<16，将第 6 条记录划分到簇 C_3 中，簇 C_3 的摘要信息更新为{rainy:2;66.5;75;FALSE:1,TRUE:1}。

<7> 读取第 7 条记录，其到簇 C_1 的距离为 1-1/3+18.67+22+1-1/3=42>16，到簇 C_2 的距离为 1+6+31+1=39>16，到簇 C_3 的距离为 1+2.5+10+1-1/2=14<16，所以将第 7 条记录划分到簇 3 中，更新簇 C_3 的摘要信息为{rainy:2,overcast:1;65.67;71.67;FALSE:1,TRUE:2}。

<8> 读取第 8 条记录，其到簇 C_1 的距离为 1-2/3+10.67+8+1-2/3=19.33>16，到簇 C_2 的距离为 1+2+1+0=4<16，到簇 C_3 的距离为 1-0/3+6.33+23.33+1-1/3=31.33>16，将第 8 条记录划分到簇 C_2 中，簇 C_2 的摘要信息更新为{rainy:1,sunny:1;71;95.5;FALSE:2}。

<9> 读取第 9 条记录，其到簇 C_1 的距离为 1-2/3+13.67+17+1-2/3=31.33>16，到簇 C_2 的距离为 1-1/2+2+25.5+1-2/2=28>16，到簇 C_3 的距离为 1-0/3+3.33+1.67+1-1/3=6.67<16，将第 9 条记录划分到簇 C_3 中，簇 C_3 的摘要信息更新为{rainy:2,sunny:1,overcast:1;66.5;71.25;FALSE:2,

TRUE:2}。

<10> 读取第 10 条记录，其到簇 C_1 的距离为 1-0/3+7.67+7+1-2/3=16<16，到簇 C_2 的距离为 1-1/2+4+15.5+1-2/2=20>16，到簇 C_3 的距离为 1-2/4+8.5+8.75+1-2/4=18.25>16，将第 10 条记录划分到簇 C_1 中，簇 C_1 的摘要信息更新为{rainy:1,sunny:2,overcast:1;80.75;85.25;FALSE:3,TRUE:1}。

<11> 读取第 11 条记录，其到簇 C_1 的距离为 1-2/4+5.75+15.25+1-1/4=22.25>16，到簇 C_2 的距离为 1-1/2+4+25.5+1-0/2=31>16，到簇 C_3 的距离为 1-1/4+8.5+1.25+1-2/4=11<16，将第 11 条记录划分到簇 C_3 中，簇 C_3 的摘要信息更新为{rainy:2,sunny:2,overcast:1;68.2;71;FALSE:2,TRUE:3}。

<12> 读取第 12 条记录，其到簇 C_1 的距离为 1-1/4+8.75 +4.75+1-1/4=15<16，到簇 C_2 的距离为 1-0/2+1+5.5+1-0/2=8.5<16，到簇 C_3 的距离为 1-1/5+3.8+19+1-3/5=24>16，将第 11 条记录划分到簇 C_2 中，簇 C_2 的摘要信息更新为{rainy:1,sunny:1,overcast:1;71.33;93.67;FALSE:2,TRUE:1}。

<13> 读取第 13 条记录，其到簇 C_1 的距离为 1-1/4+0.25+10.25+1-3/4=11.5<16，到簇 C_2 的距离为 1-1/3+9.67+18.67+1-2/3=29.34>16，到簇 C_3 的距离为 1-1/5+12.8+ 4+1-2/5=18.2>16，将第 11 条记录划分到簇 C_1 中，簇 C_1 的摘要信息更新为{rainy:1,sunny:2,overcast:2;80.8;83.2;FALSE:4,TRUE:1}。

<14> 读取第 14 条记录，其到簇 C_1 的距离为 1-1/5+9.8+7.8+1-1/5=19.2>16，到簇 C_2 的距离为 1-1/3+0.33+2.67+1-1/3=4.33<16，到簇 C_3 的距离为 1-2/5+2.8+20+1-3/5=23.8>16，将第 11 条记录划分到簇 C_2 中，簇 C_2 的摘要信息更新为{rainy:2,sunny:1,overcast:1;71.25;93;FALSE:2,TRUE:2}。

<15> 全部记录处理完之后，得到 3 个簇。簇 C_1 包含的记录集合为{1,2,3,10,13}，摘要信息为{rainy:1,sunny:2,overcast:2;80.8;83.2;FALSE:4,TRUE:1}；簇 C_2 包含的记录集合为{4,8,12,14}，摘要信息为{rainy:2,sunny:1,overcast:1;71.25;93;FALSE:2,TRUE:2}；簇 C_3 包含的记录集合为{5,6,7,9,11}，摘要信息为{rainy:2,sunny:2,overcast:1;68.2;71;FALSE:2,TRUE:3}。

一趟聚类算法具有近似线性时间复杂度，类似于 k-means 算法，其本质上是将数据划分为大小几乎相同的超球体，不能用于发现非凸形状的簇，或具有各种不同大小的簇。对于具有任意形状簇的数据集，算法可能将一个大的自然簇划分成几个小的簇，而难以得到理想的聚类结果。与 k-means 算法不同，一趟聚类算法对数据样本的顺序比较敏感，通过聚类阈值的改变来影响聚类得到的簇个数。大规模数据集的聚类可以采用类似 BIRCH 算法的两阶段聚类思想，结合一趟聚类算法的高效性及其他可识别任意形状簇的聚类算法的优点得到混合聚类算法。如选取较小的阈值，利用一趟聚类算法产生初始聚类，将得到的簇作为整体看成对象，再利用 DBSCAN、Chameleon、SNN 等可以识别任意形状数据的算法进行聚类，可以得到很好的效果。

4.7　基于模型的聚类算法

基于模型的聚类方法就是试图将给定数据与某个数学模型达成最佳拟合，在这类方法中，任何对象离定义该簇的原型比离定义其他簇的原型更近。k-means 方法是一种简单的基于模型的聚类算法，使用簇中对象的质心作为簇的模型。这类方法基于数据都有一个内在的混合概率分布假设来进行。下面介绍期望最大化方法、概念聚类方法和自组织神经网络方法。

4.7.1 期望最大化方法

每个簇可以用带参数的概率分布来描述，整个数据就是这些分布的混合，这样可以使用 k 个概率分布的有限混合密度模型对数据进行聚类，其中每个分布代表一簇。其难点是如何估计概率分布的参数，使得分布最好地拟合数据。

期望最大化 EM（Expectation Maximization）算法是一种流行的迭代求精算法，可以用来求参数的估计值，可以看做 k-mean 算法的一种扩展，基于簇的均值把对象指派到最相似的簇中。EM 不是把每个对象指派到特定的簇，而是根据一个代表隶属概率的权重将每个对象指派到簇。换言之，簇之间没有严格的边界。因此，新的均值基于加权的度量来计算。

EM 首先对混合模型的参数（整体称为参数向量）进行初始的估计，反复地根据参数向量产生的混合密度对每个对象重新打分，重新打分后的对象又用来更新参数估计。算法描述如下：

<1> 对参数向量做初始估计：包括随机选择 k 个对象代表簇的均值或中心（就像 k-means 算法），以及估计其他参数。

<2> 按如下两个步骤反复求精参数（或簇）。

① 期望步：计算每个对象 x_i 指派到簇 C_k 的概率；换言之，这一步对每个簇计算对象 x_i 的簇隶属概率。

② 最大化步：利用前一步得到的概率估计重新估计（或求精）模型参数。这一步是对给定数据的分布似然"最大化"。

EM 算法比较简单且容易实现。实践中，它收敛很快，但是可能达不到全局最优。对于某些特定形式的优化函数，其收敛性可以保证。其计算复杂度线性于输入特征数、对象数和迭代次数。

贝叶斯聚类方法关注条件概率密度的计算，广泛应用于统计学界。AutoClass 是一种业界流行的贝叶斯聚类方法，是 EM 算法的一个变种。给定对象的正确簇，最好的簇最大可能预测出对象的属性。

4.7.2 概念聚类

机器学习中的概念聚类就是一种形式的聚类分析。给定一组无标记数据对象，它根据这些对象产生一个分类模式。传统聚类方法主要识别相似的对象，与传统聚类不同，概念聚类则更进一步，它发现每组的特征描述。其中每一组均代表一个概念或类，因此概念聚类过程主要有两个步骤：首先完成聚类，然后进行特征描述。因此它的聚类质量不再仅仅是一个对象的函数，而且还包含了其他因素，如所获特征描述的普遍性和简单性。大多概念聚类都采用统计方法，也就是利用概率参数来帮助确定概念或聚类。每个所获得的聚类通常都是由概率描述来加以表示。

COBWEB 是一个常用的且简单的增量式概念聚类方法，其输入对象是采用符号值对（属性-值）来加以描述的。COBWEB 方法采用分类树的形式来创建一个层次聚类。

图 4-17 是动物数据的一棵分类树。它与决策树有所不同，前者每个结点均代表一个概念，并包含对（相应结点分类）数据总结概念的一个概率描述。这一概率描述包括：概念的概率和形如 $p(A_i = v_{ji} | C_k)$ 的条件概率，其中 $A_i = v_{ij}$ 是一个属性-值对（即第 i 个属性取它的第 j 个可能值），C_k 是概念类。计数累积和存储在每个节点中，用于计算概率。在分类树给定层次上的兄

弟节点形成一个划分。为了用分类树对一个对象进行分类，使用一个部分匹配函数沿着"最佳"匹配节点的路径在树中向下移动。

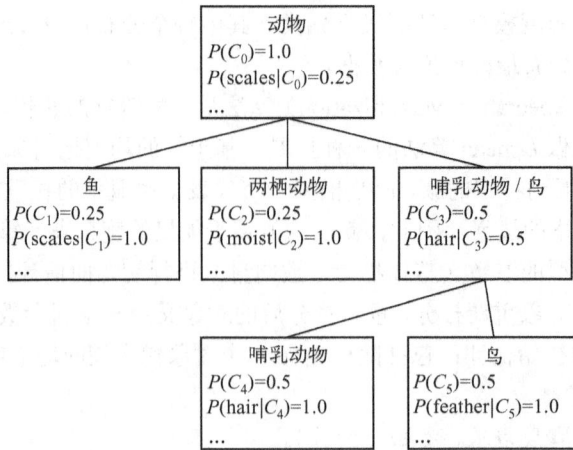

图 4-7　一棵动物分类树示意描述

COBWEB 采用启发式估算度量——分类效用来指导树的建构，将对象增量地加入到分类树中。COBWEB 沿着树中一条适当的路径向下，一路更新计数，搜索分类该对象的"最佳宿主"或节点。这个决策基于将对象临时置于每个节点，计算结果划分的分类效用。产生最高分类效用的位置应当是对象的好宿主。

COBWEB 也计算为给定对象创建一个新的节点所产生的划分的分类效用，与基于现存节点的计算相比较。根据产生最高分类效用值的划分，将对象置于一个已存在的类，或者为它创建新类。注意，COBWEB 具有自动调整划分中类的数目的能力，不依赖于用户提供的输入参数。

上面提到的两个操作符对对象的输入顺序都非常敏感。为了降低它对对象输入顺序的敏感度，COBWEB 有两个附加的操作符：合并和分裂。当一个对象加入时，考虑将两个最佳宿主合并为单个类。此外，COBWEB 考虑在现有的分类中分裂最佳宿主的孩子。这些决定基于分类效用。合并和分裂操作符使得 COBWEB 能执行一种双向搜索，如一个合并可以撤销一个以前的分裂。

COBWEB 也有局限性。首先，它基于这样一个假设：各属性的概率分布是彼此统计独立的。然而，由于属性之间经常存在相关，这个假设并不总是成立。此外，簇的概率分布表示使得更新和存储相当昂贵。因为时间和空间复杂度不仅依赖属性的数目，而且依赖于每个属性的值的数目，所以当属性有大量值时，情况尤其严重。此外，分类树对于偏斜的输入数据不是高度平衡的，它可能导致时间和空间复杂度急剧恶化。

4.7.3　SOM 方法

基于生物神经元之间"加强中心而抑制周围"的现象，芬兰赫尔辛基大学 Teuvo Kohonen 教授于 1981 年提出了自组织特征映射神经网络（Self-Organizing-Feature-Map，SOFM 或 SOM），SOM 采用 WTA（Winner Takes All）竞争学习算法，其聚类过程通过若干单元对当前单元的竞争来完成，与当前单元权值向量最接近的单元成为赢家或获胜单元，获胜神经元不但加强自身，且加强周围邻近神经元，同时抑制距离较远的神经元。SOM 可以在不知道输入数据任何信息结构的情况下，学习到输入数据的统计特征。

SOM 方法假设在输入对象中有一些布局和次序，其网络结构如图 4-18 所示，二维阵列神经网络由输入层和竞争层（或称输出层）组成。输入层的神经元个数由输入模式的特征数决定，通常一个特征对应一个输入神经元，输出层则是由输出层神经元按照一定的方式排列在二维平面上，输出层的神经元个数的选取直接影响 SOM 网络的性能。其网络是全连接的，即输入层的神经元和二维阵列竞争层的神经元每个都相互连接。这些连接有不同的强度或权值，在这种网络中有两种连接权值：一是神经元与输入层之间的连接权值，二是输出层神经元之间的连接权值，控制和影响着输出层神经元之间的交互作用。当网络接收到外部的输入信号以后，经过一系列的运算，输出层中的某个神经元便会激活兴奋起来。神经元受兴奋刺激的强度，以区域中心为最大，伴随着区域半径的增大，强度逐渐减弱，远离区域中心的神经元相反要受到抑制作用，这就是把输出层安排在一个二维网格上的原因。

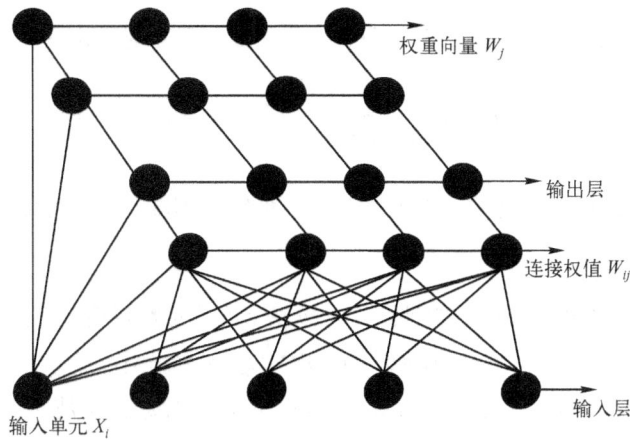

图 4-18 二维阵列 SOM 模型

SOM 学习算法由最优匹配神经元（竞争）的选择和网络中权值的自组织（确定权值更新邻域和方式）过程两部分组成，相辅相成，它们共同作用完成自组织特征映射的学习过程。选择最优匹配神经元实质是选择输入模式对应的中心神经元。权值的自组织过程则是以"墨西哥帽"的形态来使输入模式得以存放。每执行一次学习，SOM 网络中就会对外部输入模式执行一次自组织适应过程；其结果是强化现行模式的映射形态，弱化以往模式的映射形态。下面讨论 SOM 算法的形式化描述。

在 SOM 模型中，每一个权值的有序序列 $W_j = (W_{1j}, W_{2j}, \cdots, W_{nj})$，$j = 1, 2, \cdots, p$（$p$ 为网络中神经元总数）都可以看作是神经网络的一种内部表示，是有序输入序列 $X = (x_1, x_2, \cdots, x_n)$ 的相对应映象。先介绍获胜神经元、拓扑邻域和学习率参数等概念。

（1）获胜神经元

对于输入向量 x，使用 $i(x)$ 表示最优匹配输入向量 x 的神经元，则可以通过下列条件决定 $i(x)$：

$$i(x) = \arg \min_j \| x - W_j \| \qquad (j = 1, 2, \cdots, p)$$

这个条件概括了神经元竞争的本质，满足这个条件的神经元称为最佳匹配或获胜神经元。

（2）拓扑邻域

获胜神经元决定兴奋神经元的拓扑邻域空间位置，一个获胜神经元倾向于激活它紧接的邻域内神经元而不是隔得远的神经元，这导致对获胜神经元的拓扑邻域的侧向距离可以光滑地缩减。具体地，设 $h_{j,i}$ 表示以获胜神经元 i 为中心的拓扑邻域，设 $d_{j,i}$ 表示获胜神经元 i 和兴奋神经元 j 的侧向距离，然后可以假定拓扑邻域 $h_{j,i}$ 是侧向距离 $d_{j,i}$ 的单峰函数，并满足下面两个要求：拓扑领域 $h_{j,i}$ 关于 $d_{j,i}=0$ 定义的最大点是对称的；拓扑邻域 $h_{j,i}$ 的幅度值随 $d_{j,i}$ 单调递减，当 $d_{j,i}\to\infty$ 时趋于零。

满足这些要求的典型选择是高斯（Gauss）函数：$h_{j,i(x)}=\exp\left(-\dfrac{d_{j,i(x)}^2}{2\sigma^2}\right)$。

SOM 算法的另一个特征是拓扑邻域的大小随着时间而收缩，可以通过 σ 随时间而下降来实现：

$$\sigma(t)=\sigma_0\exp\left(-\frac{t}{\tau_1}\right)\qquad(t=0,1,2,\cdots)$$

式中，σ_0 是初始值，τ_1 是时间常数。因此拓扑邻域具有时变形式，表示如下：

$$h_{j,i(x)}(t)=\exp\left(-\frac{d_{j,i(x)}^2}{2\sigma^2(t)}\right)\qquad(t=0,1,2,\cdots)$$

关于拓扑邻域函数 $h_{j,i(x)}(t)$ 还有一些其他形式，如矩形邻域，六边形邻域等。

（3）权值更新与学习率参数

对于获胜神经元 i 的拓扑邻域里的神经元，按以下方式更新权值：

$$W_j(t+1)=W_j(t)+\eta(t)h_{j,i(x)}[W_j(t)-x]$$

这里 $\eta(t)$ 为学习率参数，它随时间的增加单调下降，一种选择就是

$$\eta(t)=\eta_0\exp\left(-\frac{t}{\tau_2}\right)\qquad(t=0,1,2,\cdots)$$

这里，τ_2 是另一个时间常数。学习率参数 $\eta(t)$ 也可以选择线性下降函数。

SOM 学习完整的训练过程如下：

<1> 初始化：随机选取连接权值 $W_{ij}(0)$（$i=1,2,\cdots,m$，m 是输入神经元的个数；$j=1$, 2, $\cdots$, p，p 为输出神经元的个数），其值定义在[-1, 1]之间；初始化学习率参数，定义拓扑邻域函数并初始化参数；设置 t=0。

<2> 检查停止条件。如果失败，继续；如果成功（在特征映射里没有观察到明显的变化），退出；

<3> 对每个输入样本 x，执行步骤<4>～<7>。

<4> 竞争——确定获胜神经元：计算输入样本 x 与连接权值间的距离，并求得最小距离神经元：

$$i(x)=\arg\min_j\|x-W_j(t)\|\qquad(j=1,2,\cdots,p)$$

<5> 更新连接权值：

$$W_j(t+1)=\begin{cases}W_j(t)+\eta(t)h_{j,i(x)}[W_j(t)-x] & j\in h_{j,i(x)}(t)\\ W_j(t) & j\notin h_{j,i(x)}(t)\end{cases}$$

<6> 调整学习率参数。

<7> 适当缩减拓扑邻域 $h_{j,i(x)}(t)$。

<8> 设置 $t \leftarrow t+1$；然后转步骤<2>。

经过上面算法的处理，神经网络得到全面的训练，相似的记录应该在输出层中相邻显示，而相差较大的记录会相距较远，神经网络形成了关于正常与异常的初步模式。

Kohonen 已经证明：在学习结束时，每个权系数向量 W_j 都近似落入到由神经元 j 所对应的类别的输入模式空间的中心，可以认为，权系数向量 W_j 形成了这个输入模式空间的概率结构。所以，权系数向量 W_j 可作为这个输入模式的最优参考向量。

注意：由于原始数据中某些变量的分布范围比较大，这些变量将屏蔽其他变量的影响，因此原始数据在输入网络前必须经过规范化处理。

与其他聚类方法相比，SOM 的优点在于：可以实现实时学习，网络具有自稳定性，不需外界给出评价函数，能够识别向量空间中最有意义的特征，抗噪声能力强。其缺点为：时间复杂度较高，难以用于大规模数据集。

4.8 聚类算法评价

一个好的聚类方法产生高质量的簇：高的簇内相似度和低的簇间相似度。评估聚类结果质量的准则有两种：内部质量评价准则（internal quality measures）和外部质量评价准则。

为描述的方便，假设数据集 D 被聚集为 k 个簇 $D = \{C_1, C_2, \cdots, C_k\}$，用 $n(C_i)$（或 $|C_i|$）或 n_i 表示簇 C_i 中包含的对象个数，$n(T_j, C_i)$ 表示簇 C_i 中包含类别 T_j 的对象个数，则

$$n_i = n(C_i) = \sum_j n(T_j, C_i)$$

$$N = \sum_{i=1}^{k} n(C_i) \text{ 是总的记录数}$$

用 $u_{i,j}$ 表示第 i 个对象 x_i 属于第 j 个簇 C_j 的隶属度，$\|\cdots\|$ 表示某种距离的计算。

（1）内部质量评价准则

内部质量评价准则是利用数据集的固有特征和量值来评价一个聚类算法的结果，数据集的结构未知。通过计算簇内部平均相似度、簇间平均相似度或整体相似度来评价聚类效果，内部质量评价准则与聚类算法有关。聚类有效性指标主要用来评价聚类效果的优劣和判断簇的最优个数，理想的聚类效果是具有最小的簇内距离和最大的簇间距离，因此已有聚类有效性主要通过簇内距离和簇外距离的某种形式的比值来度量。这类指标常用的包括 DB 指标、Dunn 指标、I 指标、CH 指标、Xie-Beni 指标等。

① CH 指标

Calinski-Harabasz（CH）指标定义为

$$V_{\mathrm{CH}}(k) = \frac{\mathrm{traceB}/(k-1)}{\mathrm{traceW}/(N-k)}$$

其中，$\mathrm{traceB} = \sum_{j=1}^{k} n_j \| z_j - z \|^2$，$\mathrm{traceW} = \sum_{j=1}^{k} \sum_{x_i \in z_k} \| x_i - z_j \|^2$，$z$ 是整个数据集的均值，z_j 是第 j 簇 C_j 的均值。CH 指标计算簇间距离和簇内距离的比值，CH 值越大，聚类效果越好。

② I 指标

I 指标定义为

$$V_I(k) = \left(\frac{E_1 \times D_k}{k \times E_k}\right)^p = \left(\frac{1}{k} \times \frac{E_1}{E_k} \times D_k\right)^p$$

其中，$D_k = \max_{i,j=1}^k \| z_i - z_j \|$，$E_k = \sum_{j=1}^k \sum_{i=1}^N u_{ij} \| x_i - z_j \|$，$p$ 用来调整不同的簇结构的对比，通常取 2。使聚类有效性函数 $I(k)$ 最大的 k 值，就是最优的簇个数。

③ Xie-Beni 指标

Xie-Beni 指标定义为

$$V_{XB}(k) = \frac{\sum_{j=1}^k \sum_{i=1}^N u_{ij}^2 \| x_i - z_j \|^2}{N \min_{i,j}\{\| z_i - z_j \|^2\}}$$

④ Davies-Bouldin 指标

Davies-Bouldin（DB）指标定义为

$$V_{DB}(k) = \frac{\sum_{i=1}^k \max_{j, j \neq i}\left\{\frac{S_i + S_j}{d_{ij}}\right\}}{k}$$

其中，$S_i = \frac{1}{n_i}\sum_{x \in C_i} \| x - z_i \|$ 度量了簇 C_i 的样本之间的紧密程度，$d_{ij} = \| z_i - z_j \|$ 度量簇 C_i 的样本与簇 C_j 的样本之间的分散程度。DB 指标实际上是关于同一类中样本的紧密程度与不同簇之间样本分散程度的一个函数，从几何学的角度，使簇内样本间距最小而簇间样本距离最大的分类应该是最佳的分类结果，因此使 DB 最小化的类别数 k 被认为是最优类别数。

⑤ Dunn 指标

从几何学的角度看，Dunn 指标与 DB 指标的基本原理是相同的，它们都适用于处理簇内样本分布紧密、而簇间样本分布分散的数据集合。设 S 和 T 是非空数据集，S 的直径 Δ，S 与 T 之间的距离 δ 分别定义为

$$\Delta(S) = \max_{x,y \in S}\{d(x,y)\}, \quad \delta(S,T) = \min_{x \in S, y \in T}\{d(x,y)\}$$

这里，$d(x,y)$ 表示两个对象之间的距离。

Dunn 的有效性指标定义为

$$V_D(k) = \min_{1 \leqslant i \leqslant c}\left\{\min_{\substack{1 \leqslant j \leqslant c \\ j \neq i}}\left\{\frac{\delta(C_i, C_j)}{\max_{1 \leqslant l \leqslant k}\{\Delta(C_l)\}}\right\}\right\}$$

使 V_D 取值大的类别数 k，即为最佳类别数。

Maulik[2002]对这些有效性函数的性能进行了对比研究，实验表明，I 指标与 CH 指标的效果相对较好。

（2）外部质量评价准则

外部质量评价准则是基于一个已经存在的人工分类数据集（已经知道每个对象的类别）进行评价的，这样可以将聚类输出结果直接与之进行比较。外部质量评价准则与聚类算法无关，理想的聚类结果是：具有相同类别的数据被聚集到相同的簇中，具有不同类别的数据聚集在不同的簇中。

Boley 提出采用聚类熵（cluster entropy）作为外部质量的评价准则，考虑簇中不同类别数据的分布。对于簇 C_i，聚类熵 $e(C_i)$ 定义为

$$e(C_i) = -\sum_j \frac{n(T_j, C_i)}{n(C_i)} \log \frac{n(T_j, C_i)}{n(C_i)}$$

整体聚类熵定义为所有聚类熵的加权平均值：

$$e = \frac{1}{\sum\limits_{i=1}^{m} n(C_i)} \sum_{i=1}^{m} n(C_i) e(C_i)$$

聚类熵越小，聚类效果越好。

评估聚类结果质量的另一外部质量评价准则——聚类精度，基本出发点是使用簇中数目最多的类别作为该簇的类别标记。对于簇 C_i，聚类精度 $\phi(C_i)$ 定义为

$$\phi(C_i) = \frac{1}{n(C_i)} \max_j \{ n(T_j, C_i) \}$$

整体聚类精度 ϕ 定义为所有聚类精度的加权平均值：

$$\phi = \frac{1}{\sum\limits_{i=1}^{k} n(C_i)} \sum_{i=1}^{k} n(C_i) \phi(C_i) = \frac{\sum\limits_{i=1}^{k} N_i}{N}$$

这里，$N_i = \max_j \{ n(T_j, C_i) \}$ 是簇 C_i 中占支配地位的类别的对象数。$1-\phi$ 定义为相对聚类错误率，聚类精度 ϕ 大或聚类错误率 $1-\phi$ 小，说明聚类算法将不同类别的记录较好地聚集到了不同的簇中，其聚类准确性高。

本章小结

本章首先介绍了聚类分析的应用场景，对聚类分析的经典方法，包括划分方法、层次方法、基于密度的方法、基于模型的方法的原理进行了介绍，并通过实例，对这些经典算法的使用进行说明，然后对聚类算法的评价方法进行了概述。

习 题 4

4.1 什么是聚类？简单描述如下聚类方法：划分方法、层次方法、基于密度的方法、基于模型的方法。为每类方法给出例子。

4.2 假设数据挖掘的任务是将如下 8 个点（用(x,y)代表位置）聚类为三个簇：A1(2,10),A2(2,5),A3(8,4),B1(5,8),B2(7,5),B3(6,4),C1(1,2),C2(4,9)。距离函数是 Euclidean 函数。假设初始选择 A1、B1 和 C1 为每个簇的中心，用 k-means 算法来给出。

（1）在第一次循环执行后的三个簇中心。

（2）最后的三个簇中心及簇包含的对象。

4.3 聚类被广泛地认为是一种重要的数据挖掘方法，有着广泛的应用。对如下每种情况给出一个应用例子。

（1）采用聚类作为主要的数据挖掘方法的应用。

（2）采用聚类作为预处理工具，为其他数据挖掘任务作数据准备的应用。

4.4 假设你将在一个给定的区域分配一些自动取款机以满足需求。住宅区或工作区可以被聚类，以便每个簇被分配一个 ATM。但是，这个聚类可能被一些因素所约束，包括可能影响 ATM 可达性的桥梁、河流和公路的位置。其他约束可能包括对形成一个区域的每个地域的 ATM 数目的限制。给定这些约束，怎样修改聚类算法来实现基于约束的聚类？

4.5 给出一个数据集的例子，它包含三个自然簇。对于该数据集，k-means（几乎总是）能够发现正确的簇，但二分 k-means 不能。

4.6 总 SSE 是每个属性的 SSE 之和。如果对于所有的簇，某变量的 SSE 都很低，这意味什么？如果只对一个簇很低呢？如果对所有的簇都很高？如果仅对一个簇高呢？如何使用每个变量的 SSE 信息改进聚类？

4.7 使用基于中心、邻近性和密度的方法，识别图 4-19 中的簇。对于每种情况指出簇个数，并简要给出理由。注意，明暗度或点数指明密度。如果有帮助，假定基于中心即 K 均值，基于邻近性即单链，而基于密度为 DBSCAN。

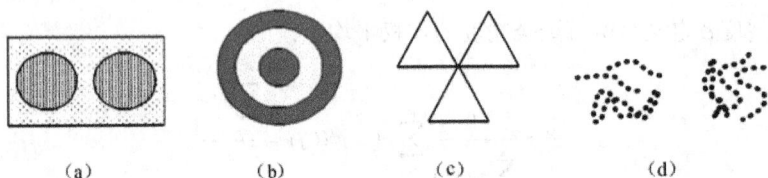

（a）　　　　（b）　　　　（c）　　　　（d）

图 4-19 题 4.7 图

4.8 传统的凝聚层次聚类过程每步合并两个簇。这样的方法能够正确地捕获数据点集的（嵌套的）簇结构吗？如果不能，对结果进行后处理，以得到簇结构更正确的视图？

4.9 可以将一个数据集表示成对象节点的集合和属性节点的集合，其中每个对象与每个属性之间有一条边，该边的权值是对象在该属性上的值。对于稀疏数据，如果权值为 0，则忽略该边。双划分聚类（Bipartite）试图将该图划分成不相交的簇，其中每个簇由一个对象节点集和一个属性节点集组成。目标是最大化簇中对象节点和属性节点之间的边的权值，并且最小化不同簇的对象节点和属性节点之间的边的权值。这种聚类称为协同聚类（co-clustering），因为对象和属性之间同时聚类。

（1）双划分聚类（协同聚类）与对象和属性集分别聚类有何不同？

（2）是否存在某些情况，这些方法产生相同的结果？

（3）与一般聚类相比，协同聚类的优点和缺点是什么？

4.10 表 4-12 中列出了 4 个点的两个最近邻。使用 SNN 相似度定义，计算每对点之间的 SNN 相似度。

表 4-12 题 4.10 表

点	第一个近邻	第二个近邻
1	4	3
2	3	4
3	4	2
4	3	1

4.11　对于 SNN 相似度定义，SNN 距离的计算没有考虑两个最近邻表中共享近邻的位置。换言之，可能希望基于以相同或粗略相同的次序共享最近邻的两个点以更高的相似度。

（1）描述如何修改 SNN 相似度定义，基于以粗略相同的次序共享近邻的两个点以更高的相似度。

（2）讨论这种修改的优点和缺点。

4.12　一种稀疏化邻近度矩阵的方法如下：对于每个对象，除对应于对象的 k-最近邻的项之外，所有的项都设置为 0。然而，稀疏化之后的邻近度矩阵一般是不对称的。

（1）如果对象 a 在对象 b 的 k-最近邻中，为什么不能保证 b 在对象 a 的 k-最近邻中？

（2）至少建议两种方法，可以用来使稀疏化的矩阵是对称的。

4.13　给出一个簇集合的例子，其中基于簇的接近性的合并得到的簇集合比基于簇的连接强度（互连性）的合并得到的簇集合更自然。

第 5 章 关联分析

在商业、科研、医疗等众多领域事物间存在着广泛的联系，通过关联规则挖掘发现这些事物间存在的关系，通过序列模式分析发现有序事物间存在的先后关系，我们可以总结出有意义的规律，进而指导我们的决策。本章主要讨论如何高效地从这些领域收集的大量数据中发掘出这些潜在的联系，以及如何评价这些联系的有效性。

5.1 概述

我们在日常的银行交易、商场销售记录及医疗诊断中积累了大量的数据，这些数据内部可能存在某些隐含的关系。关联分析就是挖掘出隐藏在大型数据集中令人感兴趣的联系。例如，通过关联分析挖掘商场销售数据，发现商品间的联系，为商场进行商品促销及摆放货架提供辅助决策信息；通过关联分析挖掘医疗诊断数据，可以发现某些症状与某种疾病之间的关联，为医生进行疾病诊断和治疗提供线索。

关联分析的典型应用就是购物篮分析。表 5-1 为一个购物篮数据集。每行对应一名顾客的一次交易。TID 代表交易的流水号，Items 代表本次交易购买的商品。通过对该数据集进行关联分析，可以找出关联规则{Diaper}→{Beer}，该规则说明购买 Diaper 的顾客通常都会购买 Beer。关联规则中的前件和后件不存在必然的因果关系，只是表示如果前件出现了，后件也很有可能出现。零售商可以根据这条规则制订相应的营销策略，如将 Diaper 和 Beer 摆放在相近的位置，进行捆绑促销等。

表 5-1 购物篮数据集

TID	Items
100	Cola，Egg，Ham
200	Cola，Diaper，Beer
300	Cola，Diaper，Beer，Ham
400	Diaper，Beer

我们要在大量的数据中找出有价值的联系，并用关联规则或频繁项集的形式表示所发现的联系。为了便于让计算机帮助我们完成这个任务，需要首先对要解决的问题进行形式化描述。

设 $I = \{ i_1, i_2, \cdots, i_m \}$ 是全部项的集合，数据集 D 是事务的集合，包含 N 个事务。D 中每个事务 T 是项的集合，使得 $T \subseteq I$。每个事务有一个标识符，称为 TID。

在关联分析中，包含 0 个或多个项的集合称为项集（itemset），一个包含 k 个数据项的项集就称为 k-项集。事务 T 包含项集 A 当且仅当 $A \subseteq T$。一个项集的出现次数就是整个交易数据集中包含该项集的事务数，也称为该项集的支持度计数（support count）。一个项集的出现次数与数据集所有事务数的百分比称为项集的支持度。若一个项集的支持度大于或等于某个阈值，则称为频繁项集。例如，在表 5-1 所示的数据集中，$I=\{\text{Cola, Egg, Diaper, Beer, Ham}\}$。$\{\text{Diaper, Beer}\}$ 是一个 2-项集，包含在事务 200、300、400 中，所以其支持度计数为 3，支持度为 3/4=0.75。如果阈值设为 0.5，由于项集{Diaper, Beer}的支持度大于 0.5，所以该项集为频繁项集。

关联规则是形如 $A \rightarrow B$ 的蕴涵表达式，其中 $A \subset I$，$B \subset I$，并且 $A \cap B = \varnothing$。规则 $A \rightarrow B$ 的度量包括支持度（support）和置信度（confidence）。支持度是 D 中事务包含 $A \cup B$（即 A 和 B 二者）的百分比，支持度表示规则在数据集上的普遍性，说明规则并不是偶然出现的。在商业环境中，一个覆盖了太少事务的规则很可能没有任何价值。置信度是 D 中包含 A 事务同时包含 B 事务的百分比，置信度确定 B 在包含 A 的事务中出现的频繁程度，表示规则在数据集上的可靠性。如果一条规则的置信度太低，那么从 A 很难可靠地推断出 B。支持度和置信度可用如下公式表示，其中 support_count 表示支持度计数，N 表示数据集的事务数：

$$\text{support}(A \to B) = \text{support\_count}(A \cup B) / N \tag{5-1}$$

$$\text{confidence}(A \to B) = \text{support\_count}(A \cup B) / \text{support\_count}(A) \tag{5-2}$$

【例 5-1】 数据集如表 5-1 所示，求规则{Diaper}→{Beer}的支持度和置信度。

Diaper 和 Beer 同时在事务 200、300 和 400 中出现，所以{Diaper,Beer}的支持度计数是 3。事务的总数是 4。规则的支持度为 3/4 = 0.75，说明 75%的顾客同时购买了 Diaper 和 Beer。

{Diaper,Beer}的支持度计数是 3，{Diaper}的支持度计数为 3，所以规则的置信度是 3/3 = 1，说明购买了 Diaper 的顾客中 100%的顾客会购买 Beer。

由定义 5-1 和 5-2 可知，规则的支持度关于规则的前件和后件是对称的，但置信度不对称。

大于最小支持度阈值和最小置信度阈值的关联规则称为强关联规则。关联分析的任务就是找出数据集中隐藏的强规则。

关联分析挖掘的关联规则种类有很多，可以按照不同的标准进行分类：

① 根据规则中处理的值的类型，关联规则可分为布尔关联规则和量化关联规则。布尔关联规则只考虑数据项之间是否同时出现，如{购买电子词典}→{购买电池}；量化关联规则考虑数据项间是否存在某种数量上的关系，如{购买电子词典}→{购买 2 块电池}

② 根据规则中涉及的维度，关联规则可分为单维关联规则和多维关联规则。单维关联规则中的数据项只涉及一个维，如{购买电子词典}→{购买电池}只涉及"购买"这一个维度。多维关联规则中的数据项涉及两个或多个维度，如{部门经理}→{购买 iPad}涉及"职务"和"购买"两个维度。

③ 根据规则中数据的抽象层次，关联规则可分为单层关联规则和多层关联规则。单层关联规则只针对具体的数据项，多层关联规则还会考虑数据项的层次关系。例如，单层关联规则{联想笔记本}→{惠普打印机}，由于很少有人同时购买这两个品牌的产品，使得该规则支持度较低。但是如果考虑高一层次的多层关联规则{笔记本}→{打印机}，则会有较高的支持度。

本章只讨论单维布尔关联规则的挖掘。其他类型关联规则的挖掘可以通过转换，采用类似的方法实现，具体可参阅相关的参考文献。

根据关联规则的定义，可以把关联规则挖掘算法分为两个步骤。

<1> 产生频繁项集：发现满足最小支持度阈值的所有项集，即频繁项集。

<2> 产生规则：从上一步发现的频繁项集中提取大于置信度阈值的规则，即强规则。

下面将重点介绍这两个步骤的实现方法。

5.2　频繁项集发现算法

5.2.1　Apriori 算法

发现频繁项集的方法是先找出所有可能是频繁项集的项集，即候选项集，然后根据最小支持度计数筛选出频繁项集。最简单的方法是穷举法，即把每个项集都作为候选项集，统计它在数据集中出现的次数，如果出现次数大于最小支持度计数，则为频繁项集。穷举法的缺点是计算开销比较大，每个项集都要与所有的事务比较，共需要 $O(NMw)$ 次比较，其中 N 是事务数，M 是可能的项集数，w 是事务包含的最多项数。如果数据集中共有 k 个不同的项，则项集总数 $M=2^k-1$。以表 5-1 的数据集为例，所有可能的项集有 31 个，如图 5-1 所示。其中每个节点表示一个项集，项集间的连线表示项集间存在包含关系。

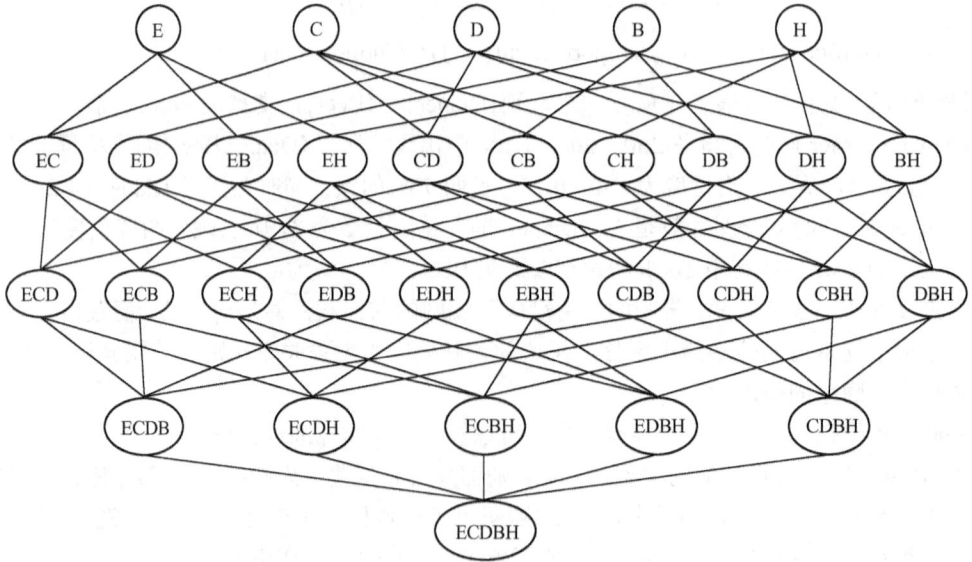

图 5-1　所有可能的项集（E：Egg；C：Cola；D：Diaper；B：Beer；H：Ham）

针对穷举法的候选项集过多的缺点，降低时间复杂度的一种方法是利用如下性质减少候选项集的数量。

① Apriori 性质：一个频繁项集的任一子集也应是频繁项集。

Apriori 性质可以通过反证法证明。假设一个频繁项集 S 的某个子集 A 不是频繁的，即 A 的支持度计数小于最小支持度计数 c，support_count(A) < c。由于项集 S 出现的次数小于等于子集 A 出现的次数，即 support_count(S)≤support_count(A)。因此，support_count(S)<c，S 也不是频繁的，与之前的假设矛盾。

根据 Apriori 性质，如果一个项集是非频繁的，则它的超集也是非频繁的，将不作为候选项集。Apriori 算法采用逐层的方式找出频繁项集。首先找出 1 频繁-项集，然后通过迭代的方法利用频繁 $k-1$-项集生成 k 候选项集，扫描数据库后从候选 k-项集中找出频繁 k-项集。直到生成的候选项集为空时算法结束。

生成频繁项集的 Apriori 算法描述如下：

算法 5.1：　Apriori 算法的频繁项集的产生
输入：数据集 D；最小支持度阈值 min_sup
输出：D 中的频繁项集 L
（1）　L_1 = find_frequent_1-itemset(D);
（2）　for (k = 2; $L_{k-1} \neq \Phi$; k++) {
（3）　　C_k = apriori_gen(L_{k-1});　　// 产生候选项集
（4）　　for all transactions　$t \in D$ {
（5）　　　　C_t = subset(C_k, t);　　// 识别 t 包含的所有候选

```
（6）    for all candidates c ∈ C_t {
（7）            c.count++;                              // 支持度计数增值
（8）        }
（9）    }
（10）        L_k = { c ∈ C_k | c.count ≥ min_sup}      //提取频繁 k-项集
（11）    }
（12）    return L =  ∪_k L_k;

procedure apriori_gen(L_{k-1} )
（1）    for each itemset l_1 ∈ L_{k-1}
（2）    for each itemset l_2 ∈ L_{k-1}
（3）        if (l_1[1]=l_2[1])∧...∧(l_1[k-2]=l_2[k-2])∧(l_1[k-1]<l_2[k-2]) then {
（4）            c = join(l_1, l_2);                     // 连接：产生候选
（5）            if  has_infrequent_subset(c, L_{k-1}) then
（6）                delete c;                           //剪枝:移除非频繁的候选
（7）            else
（8）                add c to C_k;
（9）        }
（10）    return C_k;

procedure has_infrequent_subset(c, L_{k-1})
// 使用先验知识判断候选项集是否频繁
（1）    for each (k-1)-subset s of c
（2）    if s∉L_{k-1} then
（3）        return TRUE;
（4）    return FALSE;
```

该算法首先通过单遍扫描数据集，确定每个项的支持度。一旦完成这一步，就得到所有频繁 1-项集的集合 L_1（步骤 1）。

接下来，该算法将使用上一次迭代发现的频繁(k-1)-项集，产生新的候选 k-项集（步骤 3）。候选项集的产生使用 apriori-gen 函数实现。apriori_gen 函数通过频繁(k-1)-项集生成候选 k-项集，包括连接和剪枝两步。

<1> 连接。频繁(k-1)-项集集合 L_{k-1} 中每个项集中的元素按照字典序排序。任意两个(k-1)-项集 F'_{k-1} 和 F''_{k-1}，如果它们包含的前 k-2 个项相同，则连接成为一个候选 k-项集 F_k。

<2> 剪枝。has_infrequent_subset 函数判断生成的候选 k-项集的某个(k-1)-项子集是否为频繁项集。如果候选 k 项集的某个(k-1)-项子集是不频繁的，则删除这个候选项集。

为了对候选项的支持度进行计数，算法需要再次扫描一遍数据集（步骤 4～9）。对候选项的支持度计数主要包括两个步骤。

<1> 枚举每个事务包含的 k-项集。为了避免项集的重复，要求每个项集中的项按照字典序排序。首先将事务中的项按照字典序排序，然后通过先选取最小项，再选取次小项的迭代方法枚举项集。例如，给定事务 T={1, 2, 3, 5, 6}，枚举它所包含的所有 3-项集。枚举的过程如图 5-2 所示。首先选取 3-项集第一项，可以是 1、2 或 3，不存在以 5 或 6 为第一项的 3-项集。在第一项选定的基础上，在剩下的项中以同样方法选取项集的第二项。以此类推，直至找出 3-项集。

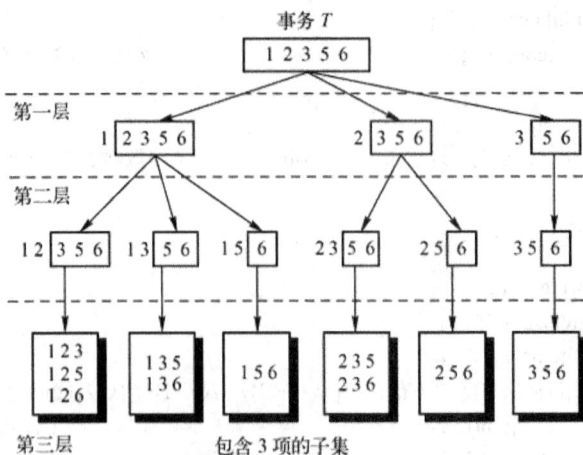

图 5-2　枚举事务 T 包含的所有 3-项集

<2>　利用事务 T 包含的所有 k-项集对候选 k-项集计数。如果候选 k-项集很大，用事务 T 包含的每个 k-项集依次与每个候选 k-项集比较，时间复杂度较高。在 apriori 算法中，用候选 k-项集构造一棵 Hash 树，提高匹配的效率。候选项集中项出现的顺序决定候选项集的搜索路径，叶子节点保存所有的候选项集。例如，有 15 个长度为 3 的候选项集：{1 4 5}、{1 2 4}、{4 5 7}、{1 2 5}、{4 5 8}、{1 5 9}、{1 3 6}、{2 3 4}、{5 6 7}、{3 4 5}、{3 5 6}、{3 5 7}、{6 8 9}、{3 6 7}、{3 6 8}，使用 Hash 函数 $h(p)=p \bmod 3$ 来构造候选项集的 Hash 树，利用余数相同的原则将序号分组，最终的 Hash 树如图 5-3 所示。树中的每个非叶子节点，利用 Hash 函数确定候选项集应当沿着当前结点的哪个分支向下，最终保存到叶子节点中。如候选项集{1 5 9}中每个项的 hash 值依次为 1，2，0，所以沿路径 1-2-0 最终保存到对应的叶子节点中。Hash 树构造好后，用事务 T 枚举的每个 k-项集匹配叶子节点中的候选 k-项集，如果匹配到某个候选 k-项集，则该候选 k-项集的计数加 1。

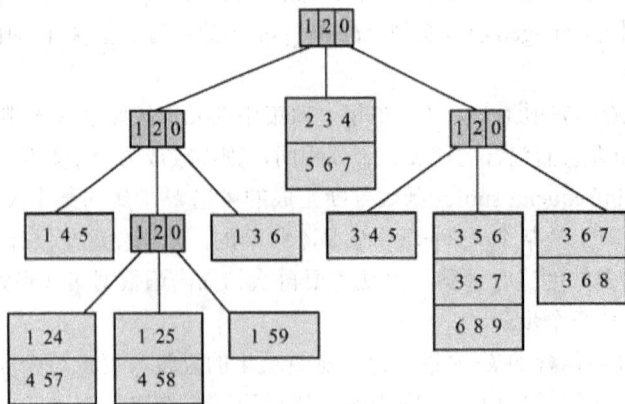

图 5-3　候选 3-项集构造的 Hash 树

<3>　以上枚举和匹配的步骤可以合并同时进行。例如，事务 $T=\{1,2,3,5,6\}$ 对候选 3-项集计数，如图 5-4 所示。首先枚举 3-项集中的第一项，分别为 1、2 和 3，根据第一项的 Hash 值映射到 Hash 树的第二层结点，如图 5-4 中的虚线箭头所示。在剩下的项中继续选取 3-项集中的

154

第二项，映射到 Hash 树的第三层结点。以此类推，直至映射的结点为叶子节点，查看叶子节点中是否有与枚举的 3-项集匹配的候选 3-项集。如果有，则该候选 3-项集的计数加 1。

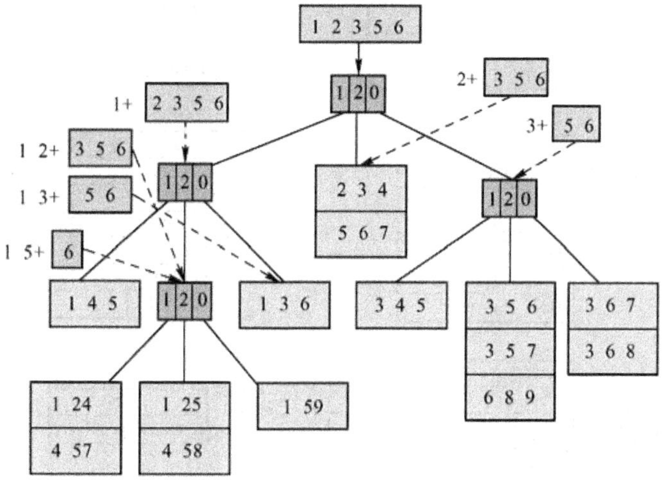

图 5-4　事务 T 利用 Hash 树对候选 3-项集计数

计算候选项的支持度计数后，将删去支持度计数小于 min_sup 的所有候选项集（步骤 10）。当没有新的频繁项集产生，即 L_k 为空集时，算法结束。

【例 5-2】 挖掘图 5-1 所示数据集的频繁项集，支持度阈值设定为 50%。

频繁项集发现过程如下：

<1> 扫描数据集中的所有事务，对每个项的出现次数计数。

<2> 最小事务支持度计数为 2（即 4×50% = 2），确定频繁 1-项集的集合 L_1，由大于或等于最小支持度计数的 1-项集组成，L_1={{Cola}{Diaper}{Beer}{Ham}}。

<3> 为发现频繁 2-项集的集合 L_2，算法连接 L_1 产生候选 2-项集的集合 C_2 = {{Cola,Diaper},{Cola,Beer},{Cola,Ham},{Diaper,Beer},{Diaper,Ham},{Beer,Ham} }。

<4> 扫描 D 中事务，计算 C_2 中每个候选项集的支持计数。如果某个事务包含该候选项集，则该候选项集的支持计数加 1。

<5> 确定频繁 2-项集的集合 L_2，它由 C_2 中大于或等于最小支持度的候选 2-项集组成，L_2={{Cola, Diaper},{Cola, Beer},{Cola, Ham},{Diaper, Beer}}。

<6> 候选 3-项集的集合 C_3 由频繁 2-项集产生。频繁 2-项集中的每项按照字典顺序排序，并且两两比较。如果第一项相同，则合并组合生成候选 3-项集，C_3 = {{Cola, Diaper, Beer}, {Cola, Diaper, Ham},{Cola, Beer, Ham}}。根据 Apriori 性质，频繁项集的所有子集必须是频繁的。由于候选 3-项集{Cola, Diaper, Ham}的子集{Diaper, Ham}不是频繁的，所以这个候选项集不可能是频繁的。同理，候选项集{Cola, Beer, Ham}的子集{Beer, Ham}不是频繁的，因而不可能是频繁的。因此，把它们从 C_3 中删除。这样，在此后扫描 D 确定 L_3 时就不必再求它们的计数值。

<7> 扫描 D 中事务，统计出 C_3 中候选项集{Cola, Diaper, Beer}的支持计数为 2，所以{Cola, Diaper, Beer}为频繁项集。

频繁项集发现的详细过程如图 5-5 所示。

Apriori 算法利用 Apriori 性质对候选项集进行剪枝，减少了候选项集的数量，提高了算法的效率。剪枝的数量是指数级的，经剪枝后的候选项集如图 5-6 所示，阴影部分为剪去的候选项集。

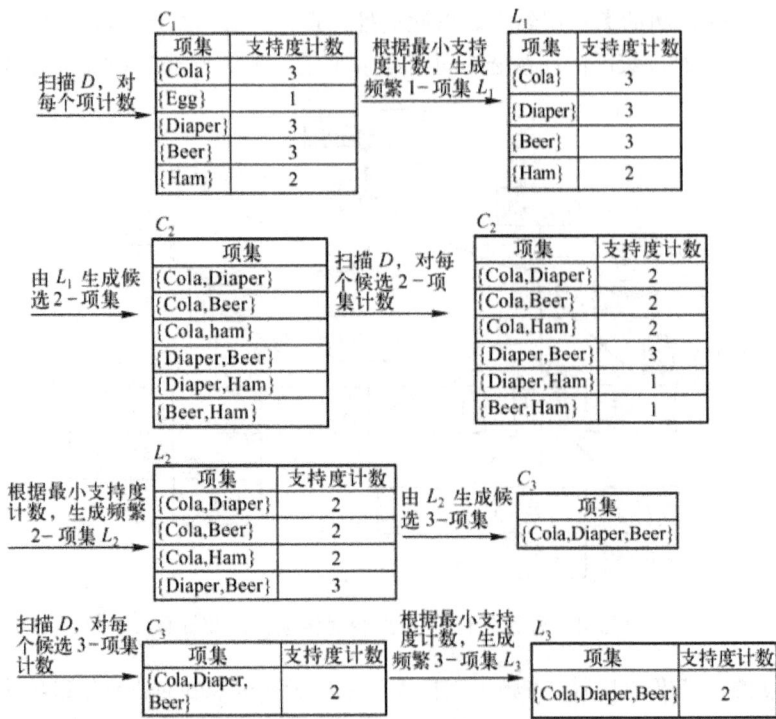

图 5-5 频繁项集的发现过程

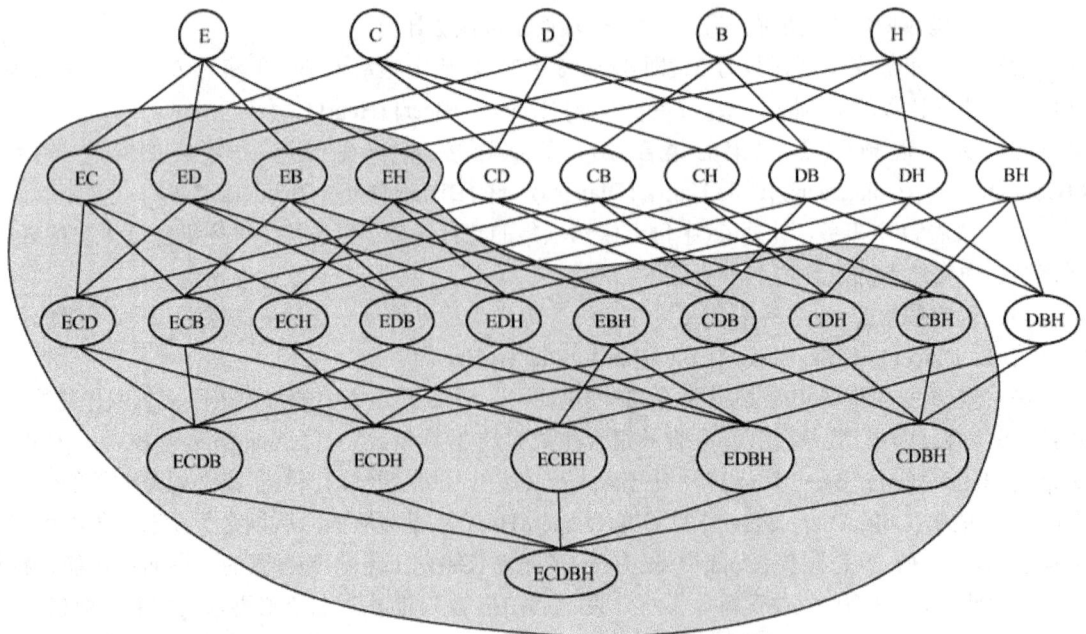

图 5-6 剪枝后的候选项集（E：Egg；C：Cola；D：Diaper；B：Beer；H：Ham）

Apriori 算法尽管减少了候选项集的数量，但仍不可避免地对大量的候选项集进行频繁性的检验，并且要重复地扫描数据库，当数据库足够大时需要反复扫描外存，使得其效率低下。对于大规模数据的处理 I/O 操作成为提高效率的瓶颈。

5.2.2　FP-growth 算法

FP-growth 算法不同于 Apriori 算法生成候选项集再检验是否频繁的"产生-测试"方法，而是使用一种称为频繁模式树（FP-tree）的紧凑数据结构组织数据，并直接从该结构中提取频繁项集。FP-树是一种输入数据的压缩表示，通过逐个读入事务，并把每个事务映射到 FP-tree 中的一条路径来构造。由于不同的事务可能会有若干个相同的项，因此它们的路径可能部分重叠。路径相互重叠越多，使用 FP-tree 结构获得的压缩效果越好。如果 FP-树足够小，能够存放在内存中，就可以直接从这个内存中的结构提取频繁项集，而不必重复地扫描放在硬盘上的数据，从而提高处理的效率。

【例 5-3】　利用 FP-growth 算法挖掘表 5-1 中的数据集，最小支持度计数为 2。

首先扫描一次数据库，找出频繁项的列表 L，按照它们的支持度计数递减排序，即 L=<(Cola:3), (Diaper:3), (Beer:3), (Ham:2)>。再次扫描数据库，利用每个事务中的频繁项构造 FP-tree。FP-tree 的根节点为 null。处理每个事务时按照 L 中的顺序将事务中出现的频繁项添加到 FP-tree 中的一个分支。例如，第一个事务创建一个分支<(Cola:1), (Ham:1)>。第二个事务中包含的频繁项排序后为<Cola,Diaper,Beer>，与树中的分支共享前缀<Cola>，因此将树中节点"Cola"的计数分别加 1，在"Cola"节点上创建分支<(Diaper:1), (Beer:1)>。以此类推，将数据库中的所有事务都添加到 FP-tree 中。为便于遍历树，创建一个头节点表，使得每个项通过一个结点链指向它在树中的出现，相同的项目链接在一个链表中。构造好的 FP-tree 如图 5-7 所示。这样数据库频繁模式的挖掘问题就转换成挖掘 FP-tree 问题。

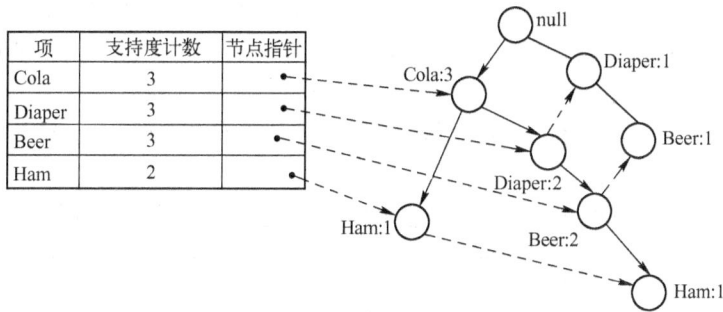

项	支持度计数	节点指针
Cola	3	•
Diaper	3	•
Beer	3	•
Ham	2	•

图 5-7　根据表 5-1 构造的 FP-tree

挖掘 FP-tree 采用自底向上的迭代方式。首先查找以"Ham"为后缀的频繁项集，然后依次是"Beer"、"Diaper"、"Cola"。

查找以"Ham"为后缀的频繁项集。首先在 FP-tree 中找出所有包含"Ham"的记录。利用头节点表和树节点的链接，找出包含"Ham"的两个分支，<Cola: 3,Ham: 1>和<Cola: 3,Diaper: 2,Beer: 2,Ham: 1>，说明在该 FP-tree 所代表的数据集中记录(Cola, Ham)和(Cola, Diaper, Beer, Ham)各出现了 1 次。利用这两个分支代表的记录构造"Ham"的条件模式基。条件模式基可以看作是一个"子数据集"，由 FP-tree 中与后缀模式一起出现的前缀路径组成。Ham 作为后缀模式时，"Ham"的两个前缀路径{(Cola: 1),(Cola Diaper Beer: 1)}构成了"Ham"的条件模式基。利用"Ham"的条件模式基构造 FP-树，即"Ham"的条件 FP-树。"Ham"的条件模式基中，Diaper、Beer 只出现了 1 次，Cola 出现了 2 次，所以 Diaper、Beer 是非频繁项，不包含在"Ham"的条件 FP-树中。"Ham"的条件 FP-树只有 1 个分支<Cola: 2>，得到条件频繁项集{Cola:2}。条件频繁项集{Cola:2}与后缀模式"Ham"合并，得到频繁项集{Cola Ham:2}。

查找以"Beer"为后缀的频繁项集。"Beer"的条件模式基为{(Cola Diaper:2),(Diaper:1)}，

构造的条件 FP-树如图 5-8 所示。采用类似的方法迭代挖掘条件 FP-树，产生模式集{{Diaper Beer:3},{Cola Diaper Beer:2},{Cola Beer:2}}。模式集中的模式同样是由后缀模式"Beer"和条件 FP-树中频繁模式合并而成。

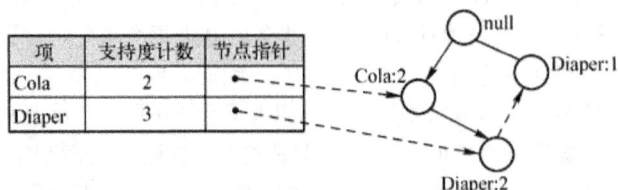

图 5-8 "Beer"的条件 FP-树

查找以"Diaper"为结尾的频繁项集。"Diaper"的条件模式基为{(Cola:2)}，所以频繁项集为{Cola Diaper:2}。

FP-growth 算法（算法 5.2）分为两个过程，首先根据原始数据构造 FP-tree，然后在 FP-tree 上挖掘频繁模式。FP-tree（Frequent Pattern Tree）是一种压缩数据结构，可以方便进行有效的频繁模式挖掘。FP-tree 由以下三部分组成：

① 树包含：一个根节点，用"null"标记；一个项目前缀子树（item prefix subtree）集合作为根节点的孩子；一个频繁项头表（frequent-item header table）。

② 项前缀子树中的每个节点由三个域构成：项目名（item-name）、计数（count）和节点链（node-link）。项目名表示该节点代表的项的名称，计数表示包含到本节点为止的路径的事务数，节点链指向 FP-树中具有相同项目名的节点，当 FP-tree 中不存在与该节点相同项目名的节点时，该节点链设置为空。

③ 频繁项头表中的每个条目由两个域组成：项目名和节点链头。节点链头指向所有具有相同项目名节点的第一个节点。

下面分别介绍 FP-tree 的构造算法以及在 FP-tree 上进行频繁模式挖掘的 FP-growth 算法。

算法：FP-tree 构造算法

输入：事务数据集 D，最小支持度阈值 min_sup

输出：FP-tree

（1） 扫描事务数据集 D 一次，获得频繁项的集合 F 和其中每个频繁项的支持度。对 F 中的所有频繁项按其支持度进行降序排序，结果为频繁项表 L；

（2） 创建一个 FP-tree 的根节点 T，标记为"null"；

（3） for 事务数据集 D 中每个事务 Trans do

（4） 对 Trans 中的所有频繁项按照 L 中的次序排序；

（5） 对排序后的频繁项表以[p|P]格式表示，其中 p 是第一个元素，而 P 是频繁项表中除去 p 后剩余元素组成的项表；

（6） 调用函数 insert_tree([p|P], T)；

（7） end for

算法 FP-tree 中函数 insert_tree 的伪代码定义如下：

函数：insert_tree([p|P],root)

输入：排序后频繁项表[p|P]，根节点 root

输出：FP-tree

（1）if root 有孩子节点 N and N.item-name=p.item-name then

（2）　　　N.count++;

（3）Else　　　　　　　　　　　　　　　　　　//根节点为空，无孩子节点

（4）　　创建新节点 N；

（5）　　N.item-name=p.item-name;

（6）　　N.count++;

（7）　　p.parent=root;

（8）　　将 N.node-link 指向树中与它同项目名的节点；

（9）end if

（10）if P 非空 then

（11）　　把 P 的第一个项赋值给 p，并把它从 P 中删除

（12）　　递归调用 InsertTree([p|P], N)

（13）end if

在 FP-tree 上进行频繁模式挖掘的 FP-growth 算法描述如下：

算法：FP_growth(FP-tree, α)；

输入：已经构造好的 FP-tree Tree，项集 α（初值为空），最小支持度 min_sup；

输出：事务数据集 D 中的频繁项集 L；

（1）　L 初值为空

（2）　if Tree 只包含单个路径 P then

（2）　　for 路径 P 中节点的每个组合（记为 β） do

（3）　　　产生项目集 $\beta \cup \alpha$，其支持度 support 等于 β 中节点的最小支持度数；

（4）　　　return L=L∪ 支持度数大于 min_sup 的项目集 $\beta \cup \alpha$

（4）　else //包含多个路径

（5）　　for Tree 的头表中的每个频繁项 α_f do

（6）　　　产生一个项目集 $\beta = \alpha_f \cup \alpha$，其支持度等于 α_f 的支持度；

（7）　　　构造 β 的条件模式基 B，并根据该条件模式基 B 构造 β 的条件 FP-Tree $Tree_\beta$；

（8）　　　if $Tree_\beta \neq \Phi$ then

（9）　　　　递归调用 FP_growth ($Tree_\beta$, β)；

（10）　　　end if

（11）　　end for

（12）end if

（5）　　产生一个模式 $\beta = a_i \cup \alpha$，其支持度 support = a_i.support；

（6）　　构造 β 的条件模式基，然后构造 β 的条件 FP-树 $Tree_\beta$；

（7）　　if $Tree_\beta \neq \Phi$ then

（8）　　　调用 FP_growth ($Tree_\beta$, β)；

（9）　　}

5.3　关联规则的生成

频繁项集生成后，可以从中提取出关联规则。由于频繁项集已经保证规则满足支持度的要求，因此只需考虑置信度。给定频繁项集 X，取 X 的每个非空真子集 S，如果规则 $X-S \rightarrow S$ 满足置信度阈值，则该规则为强关联规则。由于 X 的任一子集都为频繁项集，它们的支持度计数在生成频繁项集的时候已经计算出来，所以在计算规则置信度的时候无需再次扫描数据集。

【例 5-4】　根据频繁项集{Cola Diaper Beer}生成强关联规则，置信度阈值为 80%。

{Cola,Diaper,Beer}共有 6 个非空真子集，可产生 6 个候选关联规则。置信度见表 5-2。强关联规则为{Cola,Diaper}→{Beer}和{Cola,Beer}→{Diaper}。

表 5-2　候选关联规则的置信度

频繁项集	支持度计数
{Cola}	3
{Diaper}	3
{Beer}	3
{Ham}	2
{Cola,Diaper}	2
{Cola,Beer}	2
{Cola,Ham}	2
{Diaper,Beer}	3
{Cola,Diaper,Beer}	2

关联规则	置信度
{Cola Diaper}→{Beer}	2 / 2 = 100%
{Cola Beer}→{Diaper}	2 / 2 = 100%
{Diaper,Beer}→{Cola}	2 / 3 = 67%
{Cola}→{Diaper,Beer}	2 / 3 = 67%
{Diaper}→{Cola,Beer}	2 / 3 = 67%
{Beer}→{Cola,Diaper}	2 / 3 = 67%

以上穷举方法枚举有可能从频繁项集生成的每一个关联规则，然后计算关联规则的置信度判断该规则是否为强关联规则。一个频繁 k-项集能够产生 2^k-2 个候选关联规则。当频繁项集包含的项很多时，会生成大量的候选关联规则。为了避免产生过多的候选关联规则，可以利用如下性质进行剪枝。

关联规则的 Apriori 性质：已知频繁项集 X，S 为 X 的任一非空子集。如果规则 $X-S{\rightarrow}S$ 为关联规则，则 $X-S'{\rightarrow}S'$ 也必然是关联规则，其中 S' 是 S 的子集。

该性质成立是由于以上两个规则的置信度分别为 support_count(X)/support_count($X-S$) 和 support_count(X)/support_count($X-S'$)，而 support_count($X-S$)$\geqslant$support_count($X-S'$)，所以规则 $X-S'{\rightarrow}S'$ 的置信度大于或等于规则 $X-S{\rightarrow}S$ 的置信度，也为强关联规则。

Apriori 算法利用以上性质，逐层生成关联规则。先产生后件只包含一项的关联规则，然后两两合并这些关联规则的后件，生成后件包含两项的候选关联规则，从这些候选关联规则中再找出强关联规则，以此类推。例如，$\{a\,b\,c\,d\}$ 是频繁项集，如果 $\{a\,c\,d\}{\rightarrow}\{b\}$ 和 $\{a\,b\,d\}{\rightarrow}\{c\}$ 是两个高置信度的规则，则通过合并这两个规则的后件生成候选规则的后件 $\{b\,c\}$，候选规则的前件为 $\{a\,b\,c\,d\}-\{b\,c\}=\{a\,d\}$，得到候选规则 $\{a\,d\}{\rightarrow}\{b\,c\}$。图 5-9 显示了由频繁项集 $\{a\,b\,c\,d\}$ 产生关联规则的格结构。如果格中的任意结点具有低置信度，则根据关联规则的 Apriori 性质，可以立即剪掉该结点生成的整个子图。假设规则 $\{b\,c\,d\}{\rightarrow}\{a\}$ 具有低置信度，则不会生成后件包含 a 的所有规则，包括 $\{c\,d\}{\rightarrow}\{a\,b\}$，$\{b\,d\}{\rightarrow}\{a\,c\}$，$\{b\,c\}{\rightarrow}\{a\,d\}$ 和 $\{d\}{\rightarrow}\{a\,b\,c\}$。

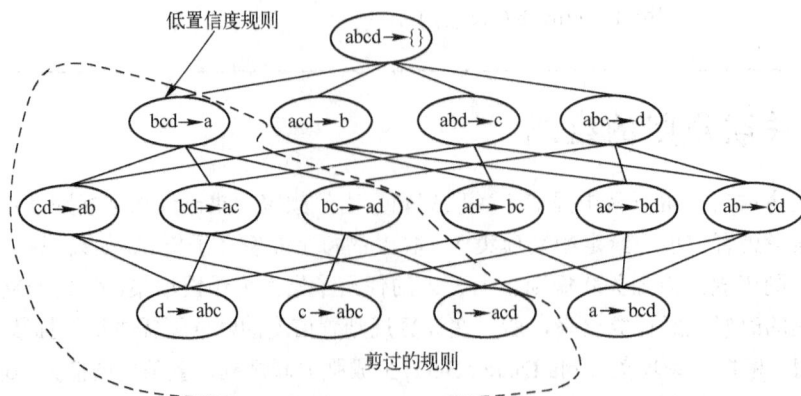

图 5-9　使用置信度度量对关联规则进行剪枝

算法 5.3 给出了关联规则产生的伪代码。注意，算法 5.3 中的 ap-genrules 过程与算法 5.1 中频繁项集产生的过程类似，二者唯一的不同是，在规则产生时，不必再次扫描数据集来计算候选项规则的置信度，而是使用在生成频繁项集时计算的支持度计数来确定每个规则的置信度。

算法 5.3 Apriori 算法规则的产生

输入： 频繁项集 L，最小置信度阈值 min_conf

输出：关联规则集合

（1）　for each frequent k-itemset f_k, $k \geqslant 2$ do

（2）　　$H_1 = [i \mid i \in f_k]$ {1-item consequents of the rule}

（3）　　call ap-genrules(f_k, H_1)

（4）　end for

Procedure ap-genrules(f_k, H_m)

（1）　$k = |f_k|$　　　　　　　　// f_k 为频繁项集，k 为频繁项集的大小

（2）　$m = |H_m|$　　　　　　　// H_m 为 m-后件的集合，m 为规则后件的大小

（3）　if $k > m+1$ then

（4）　　H_{m+1} = apriori-gen(H_m)　　//两两合并 H_m 中的后件，生成后件大小为 $m+1$ 的集合 H_{m+1}

（5）　　for each $h_{m+1} \in H_{m+1}$ do　　　//找出后件大小为 $m+1$ 的强关联规则

（6）　　　conf = support_count(f_k)/support_count($f_k - h_{m+1}$)

（7）　　　if　conf $\geqslant$ min_conf　then

（8）　　　　output the rule $(f_k - h_{m+1}) \rightarrow h_{m+1}$

（9）　　　else

（10）　　　　delete h_{m+1} from H_{m+1}

（11）　　　end if

（12）　　end for

（13）　　call ap-genrules(f_k, H_{m+1})

（14）　end if

5.4　非二元属性的关联规则挖掘

以上讨论的关联规则挖掘算法针对的是购物篮数据，其特点是数据的属性都是二元属性。现实数据集中往往有些属性值是标称或者连续的，无法直接利用上述算法挖掘出关联规则。

【例 5-5】 挖掘表 5-3 所示的笔记本销售数据集中的关联规则。年龄字段为连续属性，文化程度为标称属性。

表 5-3　笔记本销售数据集

TID	年龄	文化程度	购买笔记本
100	49	研究生	否
200	29	研究生	是
300	35	研究生	是
400	26	本科	否
500	31	研究生	是

对于数据集中年龄和文化程度的非二元属性，可以利用数据预处理的方法，将它们转换为

二元属性，再应用针对购物篮数据的关联规则挖掘算法。

有 n 个离散取值的标称属性可以转换为 n 个二元属性。例如，标称属性文化程度有高中、大学和研究生三个取值，可以转换为文化程度=高中、文化程度=大学、文化程度=研究生三个二元属性。连续属性先进行离散化处理。例如，将年龄按年龄段划分为 0～20、20～40 和 40以上。转换后的数据集显示于表 5-4 中。

表 5-4　转换后的笔记本销售数据集

TID	年龄 0～20	年龄 21～40	年龄 40 以上	文化程度 高中	文化程度 本科	文化程度 研究生	购买笔记本
100	否	否	是	否	否	是	否
200	否	是	否	否	是	是	是
300	否	是	否	否	是	是	是
400	否	是	否	是	否	是	否
500	否	是	否	是	是	否	是

如果设定支持度阈值为 70%，置信度阈值为 80%。利用之前的关联规则挖掘算法，可以得到关联规则{年龄在 21-40 }→{购买笔记本}，{文化程度为研究生}→{购买笔记本}。

在进行属性的转换过程中，要结合数据集的属性值的分布特点，否则会导致无法挖掘出有意义的关联规则。转换过程需要注意如下问题。

① 标称属性取值过多。例如，文化程度中研究生的取值细化为博士和硕士。TID 为 200和 500 的记录文化程度取值为硕士，TID 为 300 的记录取值为博士。由于没有满足支持度阈值的频繁项集，因此无法发现任何关联规则。所以对于有较多可能取值的标称属性，最好利用概念分层将多个标称值聚合为一个二元属性。

② 连续属性离散区间划分太宽或太窄。区间划分太窄会导致不满足支持度，而无法发现关联规则。例如，如果将年龄的区间宽度设为 10，关联规则{年龄在 20-30}→{购买笔记本}和{年龄在 30-40}→{购买笔记本}都无法满足支持度；如果将年龄的区间宽度设为 30，尽管{年龄在30-60}满足支持度，但无法满足置信度的要求。

5.5　关联规则的评价

在包含海量数据的商业数据集上进行关联分析时，往往会产生成百上千的关联规则，而其中大部分的关联规则是没有价值的。如何筛选这些模式，以识别最有趣的模式是比较复杂的任务，因为"一个人的垃圾可能是另一个人的财富"。因此，建立一组广泛接受的评价关联规则质量的标准是非常重要的。

第一组标准可以通过统计论据建立，即客观兴趣度度量：涉及相互独立的项或覆盖少量事务的模式被认为是不令人感兴趣的，因为它们可能反映数据中的伪联系。这些模式可以使用客观兴趣度度量来排除，客观兴趣度度量使用从数据推导出的统计量来确定模式是否是有趣的。客观兴趣度度量包括支持度，置信度和相关性等。

第二组标准可以通过主观论据建立，即主观兴趣度度量：一个模式被主观地认为是无趣的，除非它能够解释料想不到的信息或提供导致有益行动的信息。例如，规则{黄油}→{面包}可能不是有趣的，尽管有很高的支持度和置信度，但是它表示的关系显而易见。另一方面，规则

{Diaper}→{Beer}是有趣的，因为这种联系十分出乎意料，并且可能为零售商提供新的交叉销售机会。将主观知识加入到模式评价中是一项困难的任务，因为需要来自领域专家的大量先验信息。

本章主要介绍客观兴趣度量方法。

计算机可以利用兴趣度的客观度量有效地自动去除大量无趣的关联规则。客观度量常常基于相依表中列出的频度计数来计算。表 5-5 给出了一维二元变量 A 和 B 的相依表。

表 5-5　变量 A 和 B 的 2 路相依表

	B	$\overline{B}$	
A	f_{11}	f_{10}	f_{1+}
$\overline{A}$	f_{01}	f_{00}	f_{0+}
	f_{+1}	f_{+0}	N

使用记号 $\overline{A}$ 表示 A 不在事务中出现。在这个 2×2 的表中，每个 f_{ij} 都代表一个频度计数。例如，f_{11} 表示 A 和 B 同时出现在一个事务中的次数，f_{01} 表示包含 B 但不包含 A 的事务个数。行和 f_{1+} 表示 A 的支持度计数，列和 f_{+1} 表示 B 的支持度计数。

下面分别介绍兴趣度的客观度量，包括支持度、置信度、相关性的意义和局限性。

5.5.1　支持度和置信度

支持度的度量反映了关联规则是否具有普遍性，支持度高说明这条规则可能适用于数据集中的大部分事务。置信度的度量反映了关联规则的可靠性；置信度高说明如果满足了关联规则的前件，同时满足后件的可能性也非常大。尽管在生成关联规则的过程中，利用支持度和置信度进行剪枝大大减少了生成的关联规则数量，但是不能完全依赖提高支持度和置信度的阈值来筛选出有价值的关联规则。

支持度过高会导致一些潜在的有价值的关联规则被删去。例如，在商场的销售记录中奢侈品的购买记录只占很小的比例，奢侈品的购买模式会由于包含支持度低的项无法发现。但是奢侈品的销售由于利润高，它的购买模式对于商场来说非常重要。支持度过低则会生成过多的关联规则，其中有些关联规则可能是虚假的规则。

置信度有时也不能正确反映前件和后件之间的关联。

【例 5-6】　早餐麦片的销售商调查在校的 5000 名学生早晨进行的活动。调查数据以相依表的形式列出，如表 5-6 所示。设定支持度为 40%，置信度为 60%，针对表中的调查数据进行关联分析

表 5-6　早餐与运动调查结果

	打篮球	不打篮球	
吃麦片	2000	1750	3750
不吃麦片	1000	250	1250
	3000	2000	5000

关联规则{打篮球}→{吃麦片}的支持度为 $\dfrac{2000}{5000}=40\%$，置信度为 $\dfrac{2000}{3000}=67\%$。这条规则是

强关联规则，表明打篮球的学生通常也会吃麦片。但是所有学生中吃麦片比例为75%，要大于67%。这说明一个学生如果打篮球，那么他吃麦片的可能性就从75%降到了67%。而且{不打篮球}→{吃麦片}的可能性为$\frac{1750}{2000} = 87.5\%$。因此，尽管规则{打篮球}→{吃麦片}有着较高的置信度，却是一个误导，因为打篮球反而会抑制早餐吃麦片。麦片销售商根据关联规则{打篮球}→{吃麦片}去赞助篮球比赛可能会是一个错误的商业行为。

5.5.2 相关性分析

从上面的分析可以看出支持度和置信度的度量存在一定的局限性，无法过滤掉某些无用的关联规则，因此可以在支持度和置信度的基础上增加相关性的度量。相关性度量可采用提升度、相关系数、余弦度量等方法。

提升度（lift）是一种简单的相关度量。对于项集 A 和项集 B，如果 $P(A\cup B)=P(A)P(B)$，则 A 和 B 是相互独立的，否则存在某种依赖关系。关联规则的前件项集 A 和后件项集 B 之间的依赖关系通过提升度计算：

$$\mathrm{lift}(A,B) = \frac{P(A\cup B)}{P(A)P(B)} = \frac{\mathrm{confidence}(A\to B)}{\mathrm{support}(B)} \tag{5-3}$$

提升度可以评估项集 A 的出现是否能够促进项集 B 的出现。值大于1，表示二者存在正相关，小于1，表示二者存在负相关，值等于1，表示二者没有相关性。

对于二元变量，提升度等价于兴趣因子（interest factor）的客观度量，定义如下，其中 N 为记录总数：

$$\mathrm{lift}(A,B) = I(A,B) = \frac{\mathrm{support}(A\cup B)}{\mathrm{support}(A)\mathrm{support}(B)} = \frac{Nf_{11}}{f_{1+}f_{+1}} \tag{5-4}$$

【例5-7】 以表5-6的数据为例计算关联规则{打篮球}→{吃麦片}的提升度。

$$P(\{打篮球\}\cup\{吃麦片\}) = \frac{2000}{5000} = 0.4$$

$$P(\{打篮球\}) = \frac{3000}{5000} = 0.6$$

$$P(\{吃麦片\}) = \frac{3750}{5000} = 0.75$$

$$\mathit{lift}(\{打篮球\}\to\{吃麦片\}) = \frac{P(\{打篮球\}\cup\{吃麦片\})}{P(\{打篮球\})\,P(\{吃麦片\})} = \frac{0.4}{0.6\times0.75} = 0.89$$

由于关联规则{打篮球}→{吃麦片}的提升度小于1，所以前后件存在负相关关系，即推广"打篮球"不但不会提升"吃麦片"的人数，反而会减少。

项集间的相关性也可以用相关系数度量。对于二元变量，相关系数ϕ定义为

$$\phi = \frac{f_{11}f_{00} - f_{01}f_{10}}{\sqrt{f_{1+}f_{+1}f_{0+}f_{+0}}} \tag{5-5}$$

相关系数为0表示不相关，大于0表示正相关，小于0表示负相关。

【例5-8】 计算"打篮球"和"吃麦片"的相关系数。

通过表5-6的相依表，计算相关系数ϕ

$$\phi = \frac{2000\times250 - 1000\times1750}{\sqrt{3750\times3000\times1250\times2000}} = -0.23$$

相关系数小于 0，说明"打篮球"和"吃麦片"负相关。

相关性的度量还可以用余弦度量，即

$$\cos ine(A, B) = \frac{P(A \bigcup B)}{\sqrt{P(A) \times P(B)}} = \frac{\sup port(A \bigcup B)}{\sqrt{\sup port(A) \times \sup port(B)}}$$ （5-6）

余弦度量可以看作调和的提升度量，余弦值仅受 A、B 和 $A \bigcup B$ 的支持度影响，而不受事务总个数的影响。

5.5.3 辛普森悖论

在对数据集按照某个变量进行分组后，之前对整个数据集分析得到的关联规则可能并不适用于分组数据。这种现象就是所谓的辛普森悖论。

【例 5-9】 为了分析某大学的招生时录取是否与性别有关，将招生的数据做了如表 5-7 的汇总统计。规则{性别=男}→{录取=是}的置信度是 209/304=68.8%，而规则{性别=女}→{录取=是}的置信度是 143/253=56.5%。这说明男生更有可能被录取。

表 5-7　性别和录取之间的 2 路相依表

性别	录取		总数
	是	否	
男	209	95	304
女	143	110	253
总数	352	205	557

将招生数据按照学院分组后的数据如表 5-8 所示，表中男女及录取的总人数与表 5-7 中所示的相等。从表 5-8 可知，商学院的录取人数要远高于法学院。

表 5-8　学院、性别和录取的 3 路相依表

学院	性别	录取		总数
		是	否	
法学院	男	8	45	53
	女	51	101	152
商学院	男	201	50	251
	女	92	9	101

对于法学院：

$$confidence(\{性别=男\} \rightarrow \{录取=是\}) = \frac{8}{53} = 15.1\%$$

$$confidence(\{性别=女\} \rightarrow \{录取=是\}) = \frac{51}{152} = 33.6\%$$

对于商学院：

$$confidence(\{性别=男\} \rightarrow \{录取=是\}) = \frac{201}{251} = 80.1\%$$

$$\text{confidence}(\{性别=女\}\rightarrow\{录取=是\})=\frac{92}{101}=91.1\%$$

以上分组数据中关联规则的置信度表明，对于每个学院，女生更有可能录取，这与先前由包含两个学院的数据得到的结论恰好相反。即使采用其他度量（如相关性、几率或兴趣因子）也会发现，在所有数据情况下男性和录取之间存在正相关，但是在分组数据情况下却存在负相关的情况。得到的这两种截然不同的结论就是辛普森悖论。

辛普森悖论的出现可以用下面的方法解释。假设 $\frac{a}{b}$ 和 $\frac{p}{q}$ 是规则 $A\rightarrow B$ 对于两个不同分组的置信度，$\frac{c}{d}$ 和 $\frac{r}{s}$ 是规则 $\overline{A}\Rightarrow B$ 对于这两个不同分组的置信度，并且 $\frac{a}{b}<\frac{c}{d}$，$\frac{p}{q}<\frac{r}{s}$，说明规则 $\overline{A}\Rightarrow B$ 成立。对于全体数据，规则 $A\rightarrow B$ 的置信度是 $\frac{a+p}{b+q}$，规则 $\overline{A}\Rightarrow B$ 的置信度是 $\frac{c+r}{d+s}$。如果 $\frac{a+p}{b+q}>\frac{c+r}{d+s}$，说明规则 $A\rightarrow B$ 成立，与分组数据中结论不一致，出现辛普森悖论，从而导致变量间联系出现错误结论。所以在进行关联分析时，有时候需要对数据进行适当的分组，才能避免因辛普森悖论产生虚假的模式。例如，大型连锁超市的购物篮数据应该依据商店的位置分组，而不同病人的医疗记录应当按照不同的因素（如年龄和性别）分组。

5.6　序列模式

针对购物篮数据的关联分析主要是发现同一事务中的项之间存在的某种联系，而不考虑事务间的在时间维度上存在的联系。然而，在很多应用中这样的联系是很重要的。购物篮数据中的事务记录通常也包含事务发生的时间。利用这一信息，将顾客在一段时间内的购买记录拼接成一个事务序列，通过序列模式挖掘，发现事务间的项存在某种联系。例如购买了笔记本电脑的顾客很可能会在一个月内购买激光打印机。序列模式也可以应用到其他领域，如 Web 访问模式分析、天气预报、网络入侵检测等。序列模式挖掘主要研究符号模式，而数值序列的分析属于统计学中的时间序列分析和趋势分析研究的范畴。

5.6.1　问题描述

我们通过挖掘序列数据集找出其中的序列模式。序列是项集的有序列表。其中项集是非空的项的集合。序列 s 表示为 $<s_1 s_2\cdots s_n>$，其中 s_i 为项集。每个项在一个项集中最多出现一次，但在序列的不同项集中可以出现多次。

例如，顾客购买商品的序列：

<{笔记本电脑,鼠标}{移动硬盘,摄像头}{刻录机,刻录光盘}{激光打印机,刻录光盘}>

Web 站点访问者访问的 Web 页面序列：

<{主页}{电子产品}{照相机和摄像机}{数码相机}{购物车}{订购确认}{返回购物}>

计算机科学必修课程序列：

<{程序设计语言}{数据结构,操作系统}{数据库原理,计算机体系结构}{计算机网络,软件工程}>

序列中所有项的个数称作序列的长度。如顾客购买商品序列的长度为 8。长度为 k 的序列称为 k 序列。序列 $a=<a_1 a_2\cdots a_m>$ 是序列 $b=<b_1 b_2\cdots b_n>$ 的子序列，如果存在整数 $1\leqslant i_1<i_2<\cdots<i_m$

≤n 使得 $a_1 \subseteq b_{i1}$, $a_2 \subseteq b_{i2}$, $\cdots$, $a_m \subseteq b_{im}$，记作 $a \subseteq b$。例如，序列< {3}{4 5}{8}>是序列<{7}{3 8}{9}{4 5 6}{8}>的子序列，由于{3} $\subseteq$ {3 8}，{4 5} $\subseteq$ {4 5 6}，{8} $\subseteq$ {8}。

序列数据库 S 是元组<SID,s>的集合，其中 SID 是序列 ID，s 是一个序列。如果序列 a 是 s 的子序列，则称元组<SID,s>包含序列 a。序列 a 在序列数据库中的支持度是数据库中包含 a 的元组的比例，即 support(a) = |{<SID, s>|(<SID, s>∈S)∧($a \subseteq s$)}| / N，其中 N 为序列数据库元组的个数。给定一个最小支持度阈值 min_sup，如果 support(a)≥min_sup，则称 a 是频繁的，频繁序列叫做序列模式。

包含时间信息的数据库可以转变为序列数据库。表 5-9 所示的数据库利用 Customer Id 聚集和 Transaction Time 排序后，可以转换为表 5-10 所示的序列数据库。

表 5-9　原始数据库

事 务 时 间	顾客 ID	购买的商品
June 10 '93	2	10, 20
June 12 '93	5	90
June 15 '93	2	30
June 20 '93	2	40, 60, 70
June 25 '93	4	30
June 25 '93	3	30, 50, 70
June 25 '93	1	30
June 30 '93	1	90
June 30 '93	4	40, 70
July 25 '93	4	90
July 25 '93	2	90

表 5-10　序列数据库

顾客 ID	商品购买序列	顾客 ID	商品购买序列
1	<{30}{90}>	4	<{30}{40,70}{90}>
2	<{10,20}{30}{40,60,70}{90}>	5	<{90}>
3	<{30,50,70}>		

如果设定最小支持度阈值为 25%，则频繁序列最少要包含在 2 个元组中。序列<{30}{90}>和<{30}{40, 70}>是频繁的，因为元组 1、4 包含序列<{30}{90}>，元组 2、4 包含序列< {30}{40, 70}>。

5.6.2　序列模式发现算法

序列模式的发现可以采用蛮力方法枚举所有可能的序列，并统计它们的支持度计数。但是这种方法的计算量非常大。由于 Apriori 性质对序列模式也成立，即序列模式的每个非空子序列都是序列模式。例如，若序列<(1, 2)(3, 4)>是序列模式，则序列<(1)(3,4)>、<(2)(3,4)>、<(1,2{3}>、<{1,2}{4}>都是序列模式。可以利用这一个性质剪裁序列模式的搜索空间。

目前已提出了许多频繁序列模式挖掘算法,归纳起来,这些算法大体可分为4类:类Apriori（Apriori-based）方法、GSP算法、基于投影（Projection-based）方法、SPADE方法。下面详细介绍类Apriori方法。

类Apriori方法将序列模式挖掘过程分为5个步骤进行。

<1> 排序阶段。以事务的客户号为主键,交易时间为次键,对原事务数据库D进行排序,将其转换成由客户序列数据组成的序列数据库SD。

<2> 频繁项集阶段。这一阶段找出所有的频繁项集L。所谓频繁项集,是指支持度超过最小支持度的项集。这里项集的支持度是指序列数据库中包含该项集的事务数。在表5-10所示的数据库中,频繁项集是{10}、{30}、{40}、{70}、{40,70}和{90}。为了便于后续处理,频繁项集的集合被映射为一个连续整数的集合,如表5-11所示。

表5-11　频繁项集映射表

频 繁 项 集	映 射 为	频 繁 项 集	映 射 为
{30}	1	{40, 70}	4
{40}	2	{90}	5
{70}	3		

<3> 转换阶段。将序列数据库中各客户序列数据的每一次事务用该事务所包含的频繁项集代替。转换后的数据库如表5-12所示。

表5-12　转换后的数据库

顾客ID	商品购买序列	转换后序列	映射后
1	<{30}{90}>	<{{30}}{{90}}>	<{1}{5}>
2	<{10,20}{30}{40,60,70}{90}>	<{{30}}{{40}{70}{40,70}}{{90}}>	<{1}{2,3,4}{5}>
3	<{30,50,70}>	<{{30}{70}}>	<{1, 3}>
4	<{30}{40,70}{90}>	<{{30}}{{40}{70}{40,70}}{{90}}>	<{1}{2, 3, 4}{5}>
5	<{90}>	<{{90}}>	<{5}>

<4> 序列阶段。利用转换后的数据库挖掘出所有频繁序列模式。序列模式的挖掘采用类似关联规则的Apriori方法,通过挖掘出的长度为k的序列模式,生成长度为$k+1$的候选序列模式,然后扫描数据库,对每个候选序列模式进行支持度计数,找出所有长度为$k+1$的序列模式。以此类推,直至没有新的序列模式出现。序列模式挖掘的类Apriori算法如下。

算法5.4：生成频繁序列的类Apriori算法

输入：序列数据集D；最小支持度阈值 min_sup

输出：D中的频繁序列L

(1) L_1 = {large 1-sequences};
(2) for ($k = 2$; $L_{k-1} \neq \varPhi$; $k{+}{+}$) do
(3) begin
(4) 　　利用频繁序列L_{k-1}生成候选k-序列C_k
(5) 　　对于数据库中的每个序列c
(6) 　　　　C_k中的每一个候选序列如果包含在c中,则计数加1
(7) 　　计数大于最小支持度计数的候选序列组成频繁k-序列集L_k

（8）end

（9）$L = \cup_k L_k$

其中，第 4 步候选序列的生成包括两个步骤：

① 合并。候选序列通过 L_{k-1} 生成。L_{k-1} 中的任意两个序列 s_1 和 s_2，如果 s_1 与 s_2 的前 $k-2$ 项相同，即 $s_1=<a_1\ a2\cdots a_{k-2}\ b_1>$，$s_2=<a_1\ a2\cdots a_{k-2}\ b_2>$ 则合并序列 s_1 与 s_2，得到候选序列 $<a_1\ a2\cdots a_{k-2}\ b_1\ b_2>$ 和 $<a_1\ a2\cdots a_{k-2}\ b_2\ b_1>$。

② 剪枝。一个候选 k-序列，如果它的 $(k-1)$-序列有一个是非频繁的，则被去掉。

表 5-13 说明了利用频繁 3-序列生成候选 4-序列时连接和剪枝的两个步骤。

表 5-13　候选序列的生成

频繁 3-序列	候选 4-序列	
	连接后	剪枝后
<1 2 3> <1 2 4> <1 3 4> <1 3 5> <2 3 4>	<1 2 3 4> <1 2 4 3> <1 3 4 5> <1 3 5 4>	<1 2 3 4>

在连接阶段，序列 <1 2 3> 与 <1 2 4> 连接生成 <1 2 3 4> 和 <1 2 4 3>，序列 <1 3 4> 与 <1 3 5> 连接生成 <1 3 4 5> 和 <1 3 5 4>。在剪枝阶段，<1 2 4 3> 被去掉，由于它的子序列 <2 4 3> 不包含在 L_3 中。同理，<1 3 4 5> 和 <1 3 5 4> 也被剪枝

<5> 最大化阶段。在频繁序列模式集中找出最大频繁序列模式集，最大频繁序列模式集是指该集合中所有的序列模式都是频繁的，并且集合中任何一个序列的子序列都不出现在这个集合中。

【例 5-10】 利用如表 5-12 转换映射后的序列数据库挖掘序列模式，最小支持度计数为 2。

在序列数据库的转换和映射过程中已得到频繁 1-序列 $L_1=\{<1>, <2>, <3>, <4>, <5>\}$。利用频繁 1-序列生成候选 2-序列 $C_2=\{<1\ 2>, <2\ 1>, <1\ 3>, <3\ 1>, \cdots, <4\ 5>, <5\ 4>\}$，共包含 10 个候选 2-序列。扫描数据库并对候选 2-序列计数（如 <1 2> 的计数为 2，<1 5> 的计数为 3 等），得到频繁 2-序列为 $L_2=\{<1\ 2>, <1\ 3>, <1\ 4>, <1\ 5>, <2\ 3>, <2\ 4>, <2\ 5>, <3\ 4>, <3\ 5>, <4\ 5>\}$。频繁 2-序列连接并剪枝后得到候选 3-序列 $C_3=\{<1\ 2\ 3>, <1\ 2\ 4>, <1\ 2\ 5>, <1\ 3\ 4>, <1\ 3\ 5>, <1\ 4\ 5>, <2\ 3\ 4>, <2\ 3\ 5>, <2\ 4\ 5>, <3\ 4\ 5>\}$（频繁 2-序列连接生成 20 个候选 3-序列。10 个序列被剪枝，如 <1 3 2>，由于子序列 <3 2> 不频繁被剪枝）。对候选 3-序列计数得到频繁 3-序列 $L_3=\{<1\ 2\ 5>, <1\ 3\ 5>, <1\ 4\ 5>\}$。最后，根据表 5-11，将频繁序列转换为真实的频繁序列。如频繁 3-序列 L_3 转换后为 $\{<\{30\}\{40\}\{90\}>, <\{30\}\{70\}\{90\}>, <\{30\}\{40, 70\}\{90\}>\}$。

本章小结

关联分析的任务是找出满足最小支持度和最小置信度的强关联规则。本章主要讨论针对购物篮数据的关联分析。关联分析包括生成频繁项集和生成关联规则两个步骤。生成频繁项集的典型方法有 Apriori 和 FP-Growth，利用频繁项集生成关联规则时可以利用 Apriori 性质进行剪枝，提高关联规则生成的效率。并不是所有获得的关联规则都是有用的，需要利用主观和客观

的方法对关联规则进行评估，找到真正有用的关联规则，关联规则的客观评价标准包括支持度、置信度和相关度等。关联分析时如果需要考虑项之间存在的顺序关系，则可以利用序列模式发现算法找出包含时序关系的关联规则。

习 题 5

5.1 列举关联规则在不同领域中应用的实例。

5.2 给出如下几种类型的关联规则的例子，并说明它们是否是有价值的。

（1）高支持度和高置信度的规则。

（2）高支持度和低置信度的规则。

（3）低支持度和低置信度的规则。

（4）低支持度和高置信度的规则。

5.3 数据集如表 5-14 所示。

（1）把每一个事务作为一个购物篮，计算项集 $\{e\}$、$\{b, d\}$ 和 $\{b, d, e\}$ 的支持度。

（2）利用（1）中结果，计算关联规则 $\{b, d\} \to \{e\}$ 和 $\{e\} \to \{b, d\}$ 的置信度。置信度是一个对称的度量吗？

表 5-14 习题 5.3 数据集

Customer ID	Transaction ID	Items Bought	Customer ID	Transaction ID	Items Bought
1	0001	$\{a, d, e\}$	3	0022	$\{b, d, e\}$
1	0024	$\{a, b, c, e\}$	4	0029	$\{c, d\}$
2	0012	$\{a, b, d, e\}$	4	0040	$\{a, b, c\}$
2	0031	$\{a, c, d, e\}$	5	0033	$\{a, d, e\}$
3	0015	$\{b, c, e\}$	5	0038	$\{a, b, e\}$

（3）把每一个用户购买的所有商品作为一个购物篮，计算项集 $\{e\}$、$\{b, d\}$ 和 $\{b, d, e\}$ 的支持度。

（4）利用（2）中结果计算关联规则 $\{b, d\} \to \{e\}$ 和 $\{e\} \to \{b, d\}$ 的置信度。置信度是一个对称的度量吗？

5.4 关联规则是否满足传递性和对称性的性质？举例说明。

5.5 Apriori 算法使用先验性质剪枝，试讨论如下类似的性质

（1）证明频繁项集的所有非空子集也是频繁的

（2）证明项集 s 的任何非空子集 s′的支持度不小于 s 的支持度

（3）给定频繁项集 1 和它的子集 s，证明规则 "$s' \to (1 - s')$" 的置信度不高于 $s \to (1 - s)$ 的置信度，其中 s′是 s 的子集

（4）Apriori 算法的一个变形是采用划分方法将数据集 D 中的事务分为 n 个不相交的子数据集。证明 D 中的任何一个频繁项集至少在 D 的某一个子数据集中是频繁的。

5.6 考虑如下频繁 3-项集：$\{1, 2, 3\}$，$\{1, 2, 4\}$，$\{1, 2, 5\}$，$\{1, 3, 4\}$，$\{1, 3, 5\}$，$\{2, 3, 4\}$，$\{2, 3, 5\}$，$\{3, 4, 5\}$。

（1）根据 Apriori 算法的候选项集生成方法，写出利用频繁 3-项集生成的所有候选 4-项集。

（2）写出经过剪枝后的所有候选 4-项集

5.7　一个数据库有 5 个事务，如表 5-15 所示。设 min_sup=60%，min_conf = 80%。

表 5-15　习题 5.7 数据集

事务 ID	购买的商品	事务 ID	购买的商品
T100	{M, O, N, K, E, Y}	T400	{M, U, C, K, Y}
T200	{D, O, N, K, E, Y}	T500	{C, O, O, K, I ,E}
T300	{M, A, K, E}		

（1）分别用 Apriori 算法和 FP-growth 算法找出所有频繁项集，比较两种挖掘方法的效率。

（2）比较穷举法和 Apriori 算法生成的候选项集的数量。

（3）利用（1）所找出的频繁项集，生成所有的强关联规则和对应的支持度和置信度。

5.8　购物篮分析只针对所有属性为二元布尔类型的数据集。如果数据集中的某个属性为连续型变量时，说明如何利用离散化的方法将连续属性转换为二元布尔属性。比较不同的离散方法对购物篮分析的影响。

5.9　分别说明利用支持度、置信度和提升度评价关联规则的优缺点。

5.10　表 5-16 所示的相依表汇总了超级市场的事务数据。其中，hot dogs 指包含热狗的事务，$\overline{\text{hot dogs}}$ 指不包含热狗的事务。hamburgers 指包含汉堡的事务，$\overline{\text{hamburgers}}$ 指不包含汉堡的事务。

表 5-16　习题 5.10 相依表

	hot dogs	$\overline{\text{hot dogs}}$	Σrow
Hamburgers	2,000	500	2,500
$\overline{\text{hamburgers}}$	1,000	1,500	2,500
Σcol	3,000	2,000	5,000

假设挖掘出的关联规则是"hot dogs $\Rightarrow$ hamburgers"。给定最小支持度阈值 25%和最小置信度阈值 50%，这个关联规则是强规则吗？

计算关联规则"hot dogs $\Rightarrow$ hamburgers"的提升度，能够说明什么问题？购买热狗和购买汉堡是独立的吗？如果不是，两者间存在哪种相关关系？

5.11　对于如下的序列数据集，如表 5-17 所示，设最小支持度计数为 2，请找出所有的频繁模式。

表 5-17　习题 5.12 数据集

Sequence ID	Sequence ID
1	<a(abc)(ac)d(c f)>
2	<(ad)c(bc)(ae)>
3	<(e f)(ab)(d f)cb>
4	<eg(a f)cbc>

第6章 离群点挖掘

离群点（Outlier）是在数据集中偏离大部分数据的数据，使人怀疑这些数据的偏离并非由随机因素产生，而是产生于完全不同的机制。前面讨论的聚类、分类、关联分析等数据挖掘方法的重点是发现适用于大部分数据的常规模式，应用这些方法时，离群点通常作为噪音而被忽略，许多数据挖掘算法试图降低或消除离群数据的影响。但在安全管理、风险控制等应用领域，识别离群点的模式比正常数据的模式更有价值。本章将离群点作为一种"财富"来讨论，介绍离群点挖掘的常用方法。

6.1 概述

在有些应用领域中，识别离群点是许多工作的基础和前提。一般地，离群点可能对应于稀有事件或异常行为。所以，离群点挖掘会带给我们新的视角和发现，离群点往往具有特殊的意义和很高的实用价值，需要对其认真审视和研究。因为它们表示一种偏差或新的模式的开始，这可能会对用户带来危害，或造成巨大损失。如在欺诈检测中，离群点可能意味欺诈行为的发生，在入侵检测中，离群点可能意味着入侵行为的发生。离群点检测目前已成为数据挖掘的一个重要方面，正在得到越来越广泛的应用，在许多应用领域（如风险控制领域），特别是在"广义安全问题"中，离群点检测正逐步成为一种有用的工具，被用来发现稀有模式或数据集中显著不同于其他数据的对象，如电信、保险、银行、电子商务的欺诈检测，灾害气象预报，商业营销中的客户分类（如查找消费极高或极低的客户类），医学诊断研究中发现新的疾病、医疗方案或药品所产生的异常反应，网络安全中的入侵检测，海关报关中的价格隐瞒，天文学中一些稀有的、新类型天体的发现，运动员的成绩分析，过程控制中的故障检测与诊断以及文字编辑系统的设计等。对离群点的分析可以迅速、准确地甄别异常事件。

离群点挖掘问题由两个子问题构成：① 定义在一个数据集中什么数据是不一致或离群的数据；② 找出所定义的离群点的有效挖掘方法。离群点挖掘问题可以概括为如何度量数据偏离的程度和有效发现离群点的问题。

离群点可能是由于测量、输入错误或系统运行错误而造成的，也可能是数据内在特性所决定的，或因客体的异常行为所导致的。例如：一个人的年龄为-999，就可能是由于程序处理默认数据、设置默认值造成的；一个公司的高层管理人员的工资明显高于普通员工的工资而可能成为离群数据，却是合理的数据；一部住宅电话的话费由每月200元以内增加到数千元，可能是因为被盗打或其他特殊原因所导致的；一张信用卡出现明显的高额消费也许是因为该卡被盗用了。

由于离群点产生的机制是不确定的，离群点挖掘算法检测出的"离群点"是否真正对应实际的异常行为，不是由离群点挖掘算法来说明、解释的，只能由领域专家来解释。离群点挖掘算法只能从数据体现的规律角度为用户提供可疑的数据，以便用户引起特别的注意并最后确定是否为真正的异常。对于离群点的处理方式也取决于应用，并由领域专家决策。

由于 Outlier 有的翻译为离群点，也有的翻译为异常，以及与 Outlier 含义相近的有 Exception、Rare event，因而中文文献中就有异常数据挖掘、离群数据挖掘、例外数据挖掘和稀有事件挖掘等类似术语。

从 20 世纪 80 年代起，离群点挖掘（或离群点检测）问题在统计学领域中得到了广泛的研究，随着离群点挖掘应用领域的扩展，以及不同领域中方法的引入，这一分支得到了越来越多的关注。许多研究人员从不同角度思考，不断拓展离群点的定义，涵盖更多类型的离群点。人们已经提出了许多刻画离群点的定义和相应的检测方法。这些方法从使用的主要技术路线角度看，大体可分为基于统计的方法、基于距离的方法、基于密度的方法、基于聚类的方法、基于偏差的方法、基于深度的方法以及其他方法（基于小波变换的方法、基于图的方法、基于模式的方法、基于神经网络的方法等）。依据类信息（正常或离群）可利用的程度，离群点挖掘可分为以下三种基本方法：① 无监督的离群点检测方法，在实际情况下，没有提供类标号；② 有监督的离群点检测方法，要求存在包含离群点和正常点的训练集；③ 半监督的离群点检测方法，训练数据包含被标记的正常数据，但是没有关于离群对象的信息。本章将主要从技术路线角度介绍几种典型的离群点挖掘方法。

离群点挖掘中需要处理如下几个问题。

（1）全局观点和局部观点

离群点与众不同，但具有相对性。一个对象可能相对于所有对象是离群的，但相对于它的局部近邻不是离群的。例如，身高 1.90m 对于一般人群是不常见的（正如鹤立鸡群），但对于职业篮球运动员不算什么。

（2）点的离群程度

某些技术方法是以二值方式来报告对象是否为离群点，即：离群点或正常点。但这不能反映某些对象比其他对象更加偏离群体的基本事实。这时，可以通过定义对象的偏离程度来给对象打分——离群因子（Outlier Factor）或离群值得分（Outlier Score），即都为离群点的情况下，还有分高和分低的区别。

（3）离群点的数量及时效性

数据集中离群点的数量通常是未知的，正常点的数量远远超过离群点的数量，离群点的数量在大规模数据集中所占的比例较低，小于 5% 甚至 1%。

在许多应用中数据没有标号且有时效性的要求，因此离群点检测面临的挑战是如何在大规模的数据集中在无监督的情况下快速找出稀有的离群点，就像在着火的干草堆中寻找一根针。

6.2　基于统计的方法

基于统计的方法是研究最早也是研究最多的方法，早期大部分离群点检测都是基于统计的方法，或者说是统计"不一致性检验"方法。这类方法大部分是从针对不同分布的离群点检验方法发展起来的，通常使用分布来拟合数据集，假定所给定的数据集存在一个分布或概率模型（如正态分布或泊松分布），然后将与模型不一致（即分布不符合）的数据标识为离群数据。应用基于统计分布的离群点检测方法时，其依赖于数据分布，如参数分布（如均值或方差）、期望离群点的数目（置信度区间）。如果一个对象关于数据的概率分布模型具有低概率值时，则认为其是离群点。

概率分布模型通过估计用户指定的分布参数，由数据创建。例如，假定数据具有正态分布，则其分布的均值和标准差可以通过计算数据的均值和标准差来估计（即从训练集中估计），然后可以估计每个对象在该分布下的概率。

下面介绍如何利用统计学中最常用的正态分布来检测离群点。标准正态分布 $N(0,1)$ 的概率密度函数如图 6-1 所示。

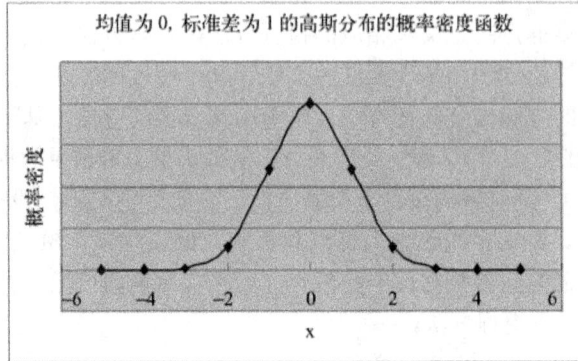

图 6-1　标准正态分布 $N(0，1)$ 的概率密度函数

来自 $N(0,1)$ 分布的对象（值）出现在分布尾部的机会很小。例如，对象落在 ± 3 标准差的中心区域以外的概率仅有 0.0027。更一般地，如果 x 是属性值，c 是给定的正数，则 $|x| \geq c$ 的概率随 c 增加而迅速减小。设 $\alpha = P(|x| \geq c)$，表 6-1 显示了部分 c 的值和 α 值的对应表。

表 6-1　标准正态分布 $N(0,1)$ 下，(c, α) 对应表

c	α
1	0.3173
1.5	0.1336
2	0.0455
2.5	0.0124
3	0.0027
3.5	0.0005
4	0.0001

【定义 6-1】　设属性 x 取自标准正态分布 $N(0,1)$，如果属性值 x 满足：$P(|x| \geq c) = \alpha$，其中 c 是给定的常量，则 x 以概率 $1-\alpha$ 为离群点。

为了使用该定义，需要指定 α 值。从不寻常的值（对象）预示来自不同分布的观点来说，α 表示我们错误地将来自给定分布的值分类为离群点的概率，从离群点是 $N(0,1)$ 分布的稀有值的观点来说，α 表示稀有程度。最常使用的有 $\alpha=0.05$，由于 $p(|x| \geq 2)=0.0455$，$p(|x| \geq 3)=0.0027$，因此当 $|x| \geq 2$ 或 3 时，即认定 x 为离群点。

如果（正常对象的）一个感兴趣的属性的分布是具有均值 μ 和标准差 σ 的正态分布，即 $N(\mu, \sigma^2)$ 分布，则可以通过变换 $z=(x-\mu)/\sigma$ 转换为标准正态分布 $N(0,1)$。通常，μ 和 σ 是未知的，可以通过样本均值和样本标准差估计。实践中，当观测值很多时，这种估计的效果很好；另一方面，由概率统计中的大数定律可知，在大样本的情况下可以用正态分布近似其他分布。这

样一种思想在质量控制图中有广泛应用，图 6-2 是质量控制示意图，中心线是观测值的预测值，$\mu \pm 3\sigma$ 对应上下控制线，$\mu \pm 2\sigma$ 对应上、下警告线。根据 3σ 原则，99.73%的观测值将落在 $\mu \pm 3\sigma$ 区间内，仅有 0.27%的观测值落在此区间之外。

对于观测样本 x：

① 如果此点在上、下警告线之间区域内，则测定过程处于控制状态，生产过程或样本分析结果有效。

② 如果此点超出上、下警告线，但仍在上、下控制线之间的区域内，提示质量开始变劣，可能存在"失控"倾向，应进行初步检查，并采取相应的校正措施。

③ 如果此点落在上、下控制线之外，表示生产或

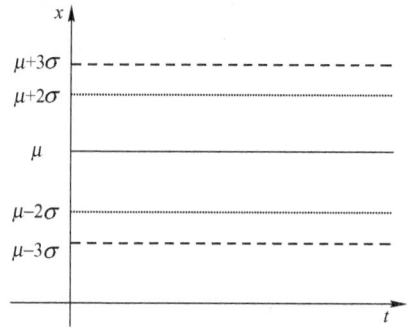

图 6-2　质量控制示意图

测定过程"失控"，生产的是废品或观测样本无效。应立即检查原因，予以纠正。

基于统计分布的离群点检测方法具有坚实的理论基础，其建立在概率统计理论基础（如分布参数的估计）之上。当存在充分的数据和所用的检验类型的知识时，这种检验方法可能非常有效，也存在以下几方面的不足：

① 尽管许多类型的数据可以用少量常见的分布（如高斯分布、泊松分布或二项式分布）来描述，但在许多应用中，数据的分布是未知的或数据几乎不可能用单一标准的分布来拟合。

② 这类方法要求已知数据集的分布类型及参数的知识，然而，在许多情况下，数据分布是未知的。当观察到的分布不能恰当地用任何标准的分布建模时，统计学方法不能确保所有的离群点被发现。另外，要确定哪种分布能最好地拟合数据集的代价也非常大。

③ 这类方法绝大多数是针对低维数据的（特别是针对单个属性的），不能用于检测高维数据中的离群点。

④ 这类方法不适合混合类型数据。

6.3　基于距离的方法

基于距离的离群点检测方法思想直观、简单，一个对象如果远离大部分点，则认为是离群点。这种方法比统计学方法更容易使用，基于距离的离群点检测方法有多种变形，这里介绍一种利用 k-最近邻距离的大小来判定离群点的方法。

【定义 6-2】　对于正整数 k，对象 p 的 k 最近邻距离 $k\_distance(p)$ 定义为：

① 除 p 外，至少有 k 个对象 o 满足 $distance(p,o) \leqslant k\_distance(p)$。

② 除 p 外，至多有 $k-1$ 个对象 o 满足 $distance(p,o) < k\_distance(p)$。

一个对象的 k-最近邻的距离越大，越可能远离大部分数据，因此可以将对象的 k-最近邻距离看成是它的离群程度（或离群点得分），称为离群因子 OF（Outlier Factor）。

【定义 6-3】　点 x 的离群因子定义为：

$$\mathrm{OFl}(x,k) = \frac{\sum_{y \in N(x,k)} \mathrm{distance}(x,y)}{|N(x,k)|}$$

这里 $N(x,k)$ 是不包含 x 的 k-最近邻的集合 $N(x,k) = \{y \mid distance(x,y) \leqslant k - distance(x)\}$，$|N(x,k)|$ 是该集合的大小。

算法 6.1　基于距离的离群点检测算法。

输入：数据集 D；最近邻个数 k
输出：离群点对象列表
1：for all　对象 x do
2：　　确定 x 的 k-最近邻集合 $N(x,k)$
3：　　确定 x 的离群因子 $OF1(x,k)$
4：end for
5：对 $OF1(x,k)$ 降序排列，确定离群因子大的若干对象
6：return

应注意：x 的 k-最近邻的集 $N(x,k)$ 包含的对象数可能超过 k。

如何选择合适的离群因子阈值来区分正常值和离群值呢？一种形式上简单的方法是指定离群点个数。这里介绍另一种确定 $OF1(x,k)$ 分割阈值的方法：对 $OF1(x,k)$ 降序排列，选择 $OF1(x,k)$ 急剧下降的点作为离群值、正常值的分隔点，如图 6-3 所示，其中有两个点判定为离群点。

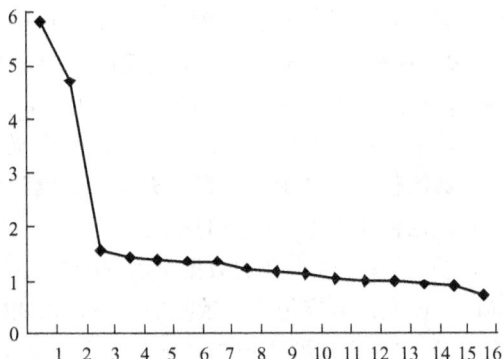

图 6-3　离群阈值选择策略示意图

【例 6-1】　在图 6-4 所示的二维数据集中，当 $k=2$ 时，P_1、P_2 哪个点具有更高的离群点得分？（使用欧式距离）

x	y
1	2
1	3
1	1
2	1
2	2
2	3
6	8
2	4
3	2
5	7
5	2

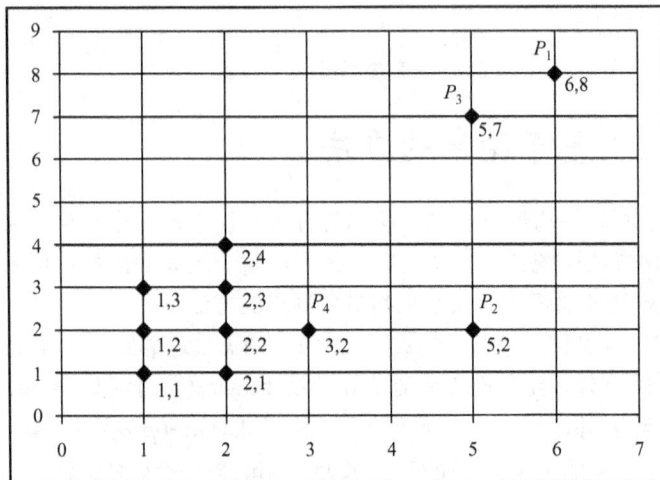

图 6-4　二维数据集

解答：

对 P_1 点进行分析：$k=2$，最近邻的点为 $P_3(5,7)$，$P_2(5,2)$，distance(P_1,P_2) 与 distance(P_1,P_3) 分别为 $6.08, 1.41$，平均距离为

$$OF1(P_1,k) = \frac{\text{distance}(P_1,P_2) + \text{distance}(P_1,P_3)}{2} = \frac{6.08+1.41}{2} = 3.745$$

对 P_2 点进行分析：$k=2$，最近邻的点为 P_3 和 P_4，同理有

$$OF1(P_2, k) = \frac{\text{distance}(P_2, P_3) + \text{distance}(P_2, P_4)}{2} = \frac{5+2}{2} = 3.5$$

因为 $OF1(P_1, K) > OF1(P_2, K)$，因此 P_1 点更有可能是离群点。

【例6-2】 在图6-5所示的二维数据集中，当 $k=5$ 时，哪个点具有最大的离群因子，B 的离群因子和 D 的离群因子哪个小？

解答：图6-5所示的二维数据集主体由一个紧密的簇和一个松散的簇组成，图6-6以灰度图显示了各点的离群因子情况，D 的离群因子低于松散簇中部分点的离群因子。点 C 的离群因子最大，B 点的离群因子大于 D 点的离群因子。这个例子说明，当数据集包含不同密度的区域时，基于距离的离群点检测方法不能很好地识别离群点。

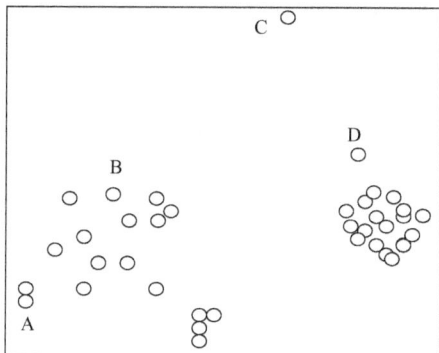

图6-5　一个二维数据分布图　　　　图6-6　基于第5个最近邻近距离的离群因子

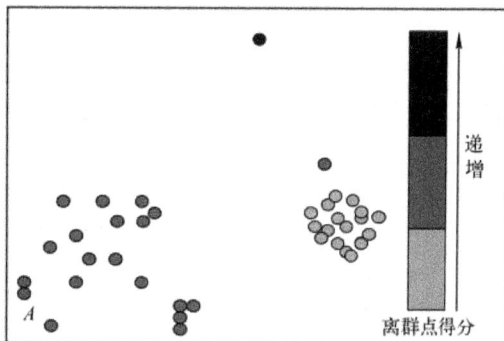

基于距离的离群点检测方案简单，主要不足在于：① 检测结果对参数 k 的选择较敏感，如果 k 太小（如 $k=1$），则少量的邻近离群点可能导致较低的离群程度，如果 k 太大，则点数少于 k 时，有较多的点被划分为离群点，尚没有一种简单而有效的方法来确定合适的参数 k；虽然可以通过观察不同的 k 值，然后取最大离群程度来处理该问题，然而仍然需要选择这些值的上下界。② 时间复杂度为 $O(n^2)$，难以用于大规模数据集，这里 n 为数据集的规模。③ 需要有关离群因子阈值或数据集中离群点个数的先验知识，在实际使用中有时由于先验知识的不足会造成一定的困难。④ 因为它使用全局阈值，不能处理不同密度区域的数据集，如例6-2所示。

6.4　基于相对密度的方法

基于统计的方法与基于距离的方法都是从全局角度来考虑的全局一致的方法，不能处理不同密度区域的数据集，然而，实际应用中数据通常并非是单一分布的。当数据集含有多种分布或数据集由不同密度子集混合而成时，这些全局方法效果不佳。一个对象是否为离群点不仅取决于它与周围数据的距离大小，而且与邻域内的密度状况有关。一个对象的邻域密度可以用包含固定节点个数的邻域半径或指定半径邻域中包含的节点数来描述，因而产生了两类不同的基于密度的离群点检测方法。这里仅介绍基于前一策略的方法，这一策略采用相对密度来度量对象的离群程度，6.3节中介绍的基于距离的方法可以说是一种绝对密度的方法。

如果一个对象相对于它的局部邻域，特别是关于邻域密度，它是远离的，则称为是局部离群点，它依赖于对象相对于其邻域的孤立情况。从基于密度的观点来看，离群点是在低密度区域中的对象。这里需要对象的局部邻域密度及相对密度的概念。

【定义 6-4】 （1）对象的局部邻域密度定义为

$$\text{density}(x,k) = \left(\frac{\sum_{y \in N(x,k)} \text{distance}(x,y)}{|N(x,k)|} \right)^{-1}$$

（2）相对密度

$$\text{relative density}(x,k) = \frac{\sum_{y \in N(x,k)} \text{density}(y,k)/|N(x,k)|}{\text{density}(x,k)}$$

其中，$N(x,k)$ 是包含 x 的 k-最近邻的集合，$|N(x,k)|$ 是该集合的大小。

基于相对密度的离群点检测方法通过比较对象的密度与它的邻域中的对象平均密度来检测离群点。下面介绍使用相对密度的离群点检测方法的细节。首先，对于指定的邻近个数 k，基于对象的最近邻计算对象的密度 $\text{density}(x,k)$，然后计算点的近邻平均密度，并使用它们计算点的相对密度。一个数据集由多个自然簇构成，在簇内靠近核心点的对象的相对密度接近于 1，而处于簇的边缘或是簇的外面的对象的相对密度相对较大。这个相对密度表示 x 是否在比它的近邻更稠密或更稀疏的邻域内，以相对密度作为 x 的离群因子，即 $\text{OF2}(x,k) = \text{relative density}(x,k)$，其值越大，越可能是离群点。

算法 6.2 基于相对密度的离群点检测算法。

输入：数据集 D；最近邻个数 k
输出：离群点对象列表
1：for all 对象 x do
2：　　确定 x 的 k-最近邻集合 $N(x,k)$
3：　　使用 x 的最近邻（即 $N(x,k)$ 中的对象），确定 x 的密度 $\text{density}(x,k)$。
4：end for
5：for all 对象 x do
6：　　确定 x 的相对密度 $\text{relative density}(x,k)$，并赋值给 $\text{OF2}(x,k)$。
7：end for
8：对 $\text{OF2}(x,k)$ 降序排列，确定离群因子大的若干对象
9：return

离群因子阈值的确定方法同算法 6.1。

基于相对密度的方法在检测具有不同密度分布的数据时，较基于距离的方法具有更好的性能，但其他方面存在的不足与基于距离的方法相同。

【例 6-3】 给定二维数据集，表 6-2 给出了点的坐标，可视化的图形如图 6-7 所示（对象间的距离采用曼哈顿距离计算），计算 P_4、P_{15} 中哪个点的离群程度更高？

表 6-2 一个二维数据集

	P_1	P_2	P_3	P_4	P_5	P_6	P_7	P_8	P_9	P_{10}	P_{11}	P_{12}	P_{13}	P_{14}	P_{15}	P_{16}
X	1	1	1	2	2	2	2	3	3	3	3	4	4	4	5	5
Y	2	3	4	1	2	3	4	1	2	3	4	1	2	3	0	1

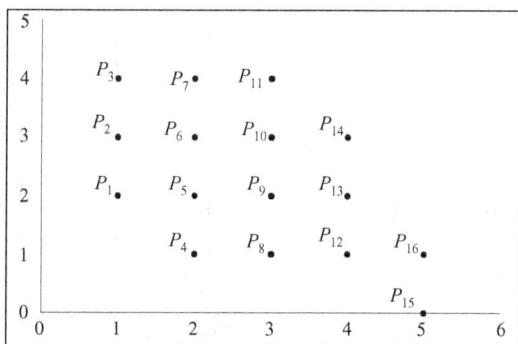

图 6-7　一个二维数据分布图

取 $k=2$，计算点 P_4 和 P_{15} 的局部邻域密度 $\text{density}(x,k)$ 及相对密度 $\text{relative density}(x,k)$，哪个点更可能是离群点？

取 $k=2$，按照基于距离的离群点检测，P_4 和 P_{15} 哪个点更可能是离群点？

解答：

（1）对于 P_4，k-最近邻邻域包含两个对象：$N(P_4,k)=\{P_5,P_8\}$。

$$\text{density}(P_4,k)=\left(\frac{\sum_{y\in N(P_3,k)}\text{distance}(P_4,y)}{|N(P_4,k)|}\right)^{-1}=\left(\frac{1+1}{2}\right)^{-1}=1$$

$$N(P_5,k)=\{P_1,P_4,P_6,P_9\},\quad \text{density}(P_5,k)=\left(\frac{\sum_{y\in N(P_2,k)}\text{distance}(P_5,y)}{|N(P_5,k)|}\right)^{-1}=\left(\frac{4}{4}\right)^{-1}=1$$

$$N(P_8,k)=\{P_4,P_9,P_{12}\},\quad \text{density}(P_8,k)=\left(\frac{\sum_{y\in N(P_8,k)}\text{distance}(P_8,y)}{|N(P_8,k)|}\right)^{-1}=\left(\frac{3}{3}\right)^{-1}=1$$

$$\text{OF}_2(P_4)=\text{relative density}(P_4,k)=\frac{(1+1)/2}{1}=1$$

对于 P_{15}，k-最近邻邻域包含两个对象：$N(P_{15},k)=\{P_{12},P_{16}\}$。

$$N(P_{15},k)=\{P_{16},P_{12}\},\quad \text{density}(P_{15},k)=\left(\frac{\sum_{y\in N(P_{16},k)}\text{distance}(P_{15},y)}{|N(P_{15},k)|}\right)^{-1}=\left(\frac{1+1}{2}\right)^{-1}=1$$

P_{12} 和 P_{16} 的密度均为 1，则

$$\text{OF}_2(P_{15})=\text{relative density}(P_{15},k)=\frac{(1+1)/2}{2/3}=1.5$$

相对点 P_4，点 P_{15} 更可能是离群点。

（2）对于 $k=2$

P_4 的 k 最近邻邻域为 $N(P_4,k)=\{P_5,P_8\}$，k-最近邻距离均值为 1。

P_{15} 的 k 最近邻邻域为 $N(P_{15},k)=\{P_{12},P_{16}\}$，$k$-最近邻距离均值为 1.5。

经过比较可以看出，点 P_{15} 的离群程度要高。

【例 6-4】　模拟图 6-8 中类似数据，k 取 2，3，5 时，以表格方式给出所有点的局部邻域密度及相对密度、基于距离的离群因子。（采用欧式距离）

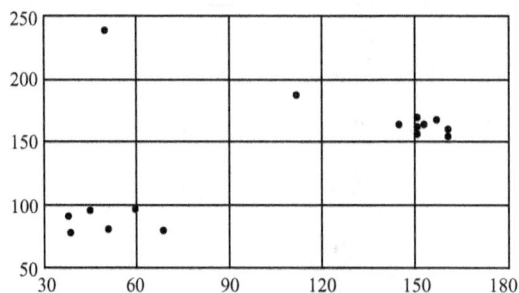

图 6-8 一个二维数据分布图

解答：k 取 2，3，5 时，所有点的局部邻域密度、相对密度、基于距离的离群因子如表 6-3 所示。

表 6-3　不同 k 值的计算结果

点的坐标		k=2			k=3			k=5		
x	y	局部邻域密度	相对密度	距离离群因子	局部邻域密度	相对密度	距离离群因子	局部邻域密度	相对密度	距离离群因子
45	95	0.07	0.88	14.00	0.06	0.87	16.33	0.04	0.90	22.60
60	96	0.05	1.34	20.50	0.04	1.15	22.33	0.04	1.11	27.00
51	80	0.06	0.96	17.00	0.05	0.96	18.33	0.05	0.80	20.60
38	90	0.08	0.91	13.00	0.06	0.94	16.33	0.04	0.96	23.80
39	77	0.07	0.98	14.50	0.06	1.04	17.67	0.04	1.02	25.00
69	79	0.04	1.21	22.50	0.04	1.33	25.67	0.03	1.35	31.80
151	169	0.13	1.39	8.00	0.13	1.16	8.00	0.10	1.07	9.80
145	163	0.13	1.56	8.00	0.11	1.40	9.33	0.09	1.27	11.40
151	156	0.14	1.36	7.00	0.12	1.20	8.67	0.10	1.09	10.40
153	163	0.17	1.04	6.00	0.15	0.87	6.67	0.14	0.76	7.40
161	154	0.12	1.11	8.50	0.09	1.49	11.33	0.07	1.49	13.60
151	161	0.22	0.70	4.50	0.18	0.70	5.67	0.14	0.76	7.40
157	167	0.13	1.17	8.00	0.11	1.40	9.33	0.09	1.24	11.20
161	159	0.12	1.44	8.50	0.10	1.20	9.67	0.09	1.14	10.40
112	186	0.02	7.00	56.00	0.02	7.99	58.67	0.02	6.68	60.80
50	238	0.01	5.85	131.00	0.01	5.66	138.00	0.01	5.52	146.60

从计算结果可以看出，右上角区域的密度较左下角区域的密度大，采用基于距离的离群点检测方法时，右上角区域中点的离群点得分明显低于左下角区域中点的离群点得分；但采用相对密度时，两个区域中点的离群点点得分差异不大；在这两种方式下，两个离散的点都有显著高的离群点得分。

6.5　基于聚类的方法

聚类分析发现强相关的对象组，而离群点检测发现不与其他对象强相关的对象。可见，聚类可应用于离群点检测，有些聚类算法，如 DBSCAN、BIRCH、ROCK 等具有一定的离群数据处理能力，但由于它们的主要目标是产生有意义的簇，而不是离群点检测，离群点检测只是副产品，这些算法在处理过程中通常将离群点作为噪音而忽略或容忍，阻碍了产生好的离群点检测结果。

类似基于相对密度的方法，基于聚类的离群点检测方法也考虑到了数据的局部特性，这些方法大多利用了距离或相似度的基本概念，并通过对象或簇的特定"离群因子"来度量对象的偏离程度。

基于聚类的方法有两个共同特点：

① 先采用特殊的聚类算法处理输入数据而得到簇，再在聚类的基础上来检测离群点。

② 只需要扫描数据集若干次，效率较高，适用于大规模数据集。

基于聚类的离群点检测方法分为静态数据的离群点检测和动态数据的离群点检测。静态数据的离群点检测用于离线数据分析，如税务稽查；而动态数据离群点检测用于实时性高的数据处理问题中，如在线的入侵检测。

静态数据的离群点检测分两步：

第一步，对数据进行聚类，将数据集划分为不相交的簇。

第二步，计算对象或簇的离群因子，将离群因子大的对象或簇中对象判定为离群点。

动态数据的离群点检测分两步：

第一步，利用静态数据的离群点检测方法建立离群点检测模型。

第二步，利用对象与已有模型间的相似程度来检测离群点。

基于聚类的离群点检测方法需要解决的关键问题是离群程度的度量方法。

6.5.1　基于对象的离群因子方法

基于对象的离群因子方法的基本思路是：首先聚类所有对象，然后评估对象属于簇的程度，如果一个对象不强属于任何簇，则称该对象为基于聚类的离群点。对于基于模型的聚类，可以用对象到它的簇中心的距离来度量对象属于簇的程度。有些聚类技术（如 k-means 方法、一趟聚类方法）的时间和空间复杂度是线性或接近线性的，因而基于这种算法的离群点检测技术可能是高效的。此外，簇的定义通常是离群点的补，因此可能同时发现簇和离群点，聚类创建数据的模型，而离群点扭曲该模型。例如，基于模型的算法产生的簇可能因数据中存在离群点而扭曲，如图 6-9 所示。聚类算法产生的簇的质量对该算法产生的离群点的质量影响非常大，因而需要小心地选择聚类算法。

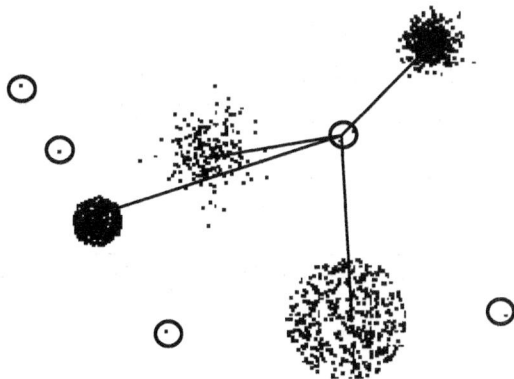

图 6-9　因数据中存在离群点而扭曲聚类

下面介绍一种基于聚类的两阶段的离群点挖掘方法 TOD（Two-stage Outlier Detection），相关概念及算法描述如下。

【定义 6-5】 给定簇 C，C 的摘要信息 CSI（Cluster Summary Information）定义为 CSI $= \{n, \text{Summary}\}$，其中 n 为簇 C 的大小，Summary 由分类属性中不同取值的频度信息和数值属性的质心两部分构成，即：

$$\text{Summary} = \{< \text{Stat}_i, \text{Cen} > \big| \text{Stat}_i = \{(a, \text{Freq}_{C|D_i}(a)) \big| a \in D_i\}, 1 \leqslant i \leqslant m_C, \text{Cen} = (c_{m_C+1}, c_{m_C+2}, \cdots, c_{m_C+m_N})\}$$

注：定义 6-5 其实就是定义 4-2，只是为了阅读方便，重新列出来。

【定义 6-6】 假设据集 D 被聚类算法划分为 k 个簇 $C = \{C_1, C_2, \cdots, C_k\}$，对象 p 的离群因子（Outlier Factor）$OF3(p)$ 定义为 p 与所有簇间距离的加权平均值：$OF3(p) = \sum_{j=1}^{k} \frac{|C_j|}{|D|} \cdot d(p, C_j)$。

注：采用定义 4-3 计算对象与簇之间的距离。$OF3(p)$ 度量了对象 p 偏离整个数据集的程度，其值越大，说明 p 偏离整体越远。离群数据是在数据集中偏离大部分数据的数据，而对象的离群因子度量了一个对象偏离整个数据集的程度，自然地将离群因子大的对象看成离群点。

【引理】 如果随机变量 ξ 服从正态分布 $\xi \sim N(\mu, \sigma^2)$，则有概率值：$P(\xi \geqslant \mu + 2 \cdot \sigma) = 0.023$，$P(\xi \geqslant \mu + 1.645 \cdot \sigma) = 0.05$，$P(\xi \geqslant \mu + 1.285 \cdot \sigma) = 0.10$，$P(\xi \geqslant \mu + \sigma) = 0.16$。

假设随机变量 ξ 服从正态分布 $\xi \sim N(\mu, \sigma^2)$，记 $\alpha = P(\xi \geqslant \mu + \beta \cdot \sigma)$，其中 β 是给定的常量，在 1～2 之间取值；如果其观测值 x 满足，$x \geqslant \mu + \beta \cdot \sigma$，则 x 以概率 $1-\alpha$ 为离群点。

根据概率论中的中心极限定理可知，由大量微小且独立的随机因素引起并积累而成的变量，必服从正态分布。在大样本情况下，可以将 $OF3(p)$ 近似地看成服从正态分布。两阶段离群点挖掘方法 TOD 描述如下：

第一步，对数据集 D 采用一趟聚类算法进行聚类，得到聚类结果 $D = \{C_1, C_2, \cdots, C_k\}$。

第二步，计算数据集 D 中所有对象 p 的离群因子 $OF3(p)$，及其平均值 Ave_OF 和标准差 Dev_OF，满足条件：$OF3(p) \geqslant \text{Ave\_OF} + \beta \cdot \text{Dev\_OF}$（$1 \leqslant \beta \leqslant 2$）的对象判定为离群点。

离群点挖掘方法 TOD 的两个阶段需要扫描数据集两趟和聚类结果一趟，时间复杂度与数据集大小成线性关系，与属性个数以及最终的聚类个数成近似线性关系，算法具有好的扩展性。

这里给出了一种离群因子阈值的策略，阈值依赖于参数 β；β 越小检测率可能越高，但误报率也会越高，通常取 $\beta = 1$ 或 1.285。

【例 6-5】 基于聚类的离群点检测示例一。对于如图 6-10 所示的二维数据集，比较点 $P_1(6,8)$ 和 $P_2(5,2)$，哪个更有可能成为离群点？

假设数据集经过聚类后得到聚类结果为 $C = \{C_1, C_2, C_3\}$，图中红色圆圈标注，三个簇的质心分别为 $C_1(5.5, 7.5)$、$C_2(5, 2)$、$C_3(1.75, 2.25)$，试计算所有对象的离群因子。

解答：根据定义 6-6，公式 $OF3(p) = \sum_{j=1}^{k} \frac{|C_j|}{|D|} \cdot d(p, C_j)$，对于 P_1 点有：

$$OF3(p_1) = \sum_{j=1}^{k} \frac{|C_j|}{|D|} \cdot d(p_1, C_j) = \frac{8}{11}\sqrt{(6-1.75)^2 + (8-2.25)^2} + \frac{1}{11}\sqrt{(6-5)^2 + (8-2)^2} + \frac{2}{11}\sqrt{(6-5.5)^2 + (8-7.5)^2} = 5.9$$

对于 P_2 点有：

$$OF3(p_2) = \sum_{j=1}^{k} \frac{|C_j|}{|D|} \cdot d(p_2, C_j) = \frac{8}{11}\sqrt{(5-1.75)^2 + (2-2.25)^2} + \frac{1}{11}\sqrt{(5-5)^2 + (2-2)^2} + \frac{2}{11}\sqrt{(5-5.5)^2 + (2-7.5)^2} = 3.4$$

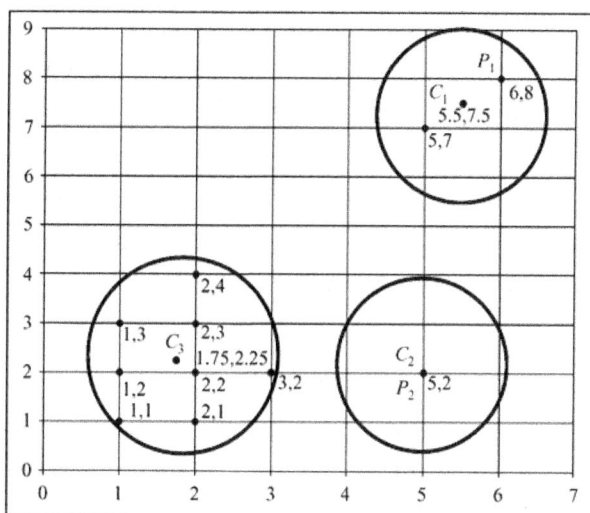

图 6-10 一个二维数据集

可见，点 P_1 较 P_2 更可能成为离群点。

同理可求得所有对象的离群因子，结果如表 6-4 所示。

表 6-4 图 6-10 中点的离群因子

x	y	OF3
1	2	2.2
1	3	2.3
1	1	2.9
2	1	2.6
2	2	1.7
2	3	1.9
6	8	5.9
2	4	2.5
3	2	2.2
5	7	4.8
5	2	3.4

进一步求得所有点的离群因子平均值 Ave_OF=2.95，标准差 Dev_OF=1.3，假设 $\beta=1$；则阈值 E=Ave_OF + β ×Dev_OF=2.95+1.3=4.25。

离群因子大于 4.25 的对象可视为离群点，P_1 是离群点，P_2 不是离群点，但相对而言，P_1 更有可能成为离群点。

6.5.2 基于簇的离群因子方法

基于下面的考虑：① 在某种度量下，相似对象或相同类型的对象会聚集在一起，或者说正常数据与离群数据会聚集在不同的簇中；② 正常数据占绝大部分，且离群数据与正常数据的表现明显不同，或者说离群数据会偏离正常数据（即大部分数据）。这里介绍簇的离群因子概念，利用簇的离群因子将簇区分为正常簇和离群簇。

【定义 6-7】 给定簇 C，C 的摘要信息 CSI（Cluster Summary Information）定义为：CSI = $\{kind, n, \text{Cluster}, \text{Summary}\}$，其中 kind 为簇的类别（取值'normal'或'outlier'），$n = |C|$ 为簇 C 的大小，Cluster 为簇 C 中对象标识的集合，Summary 由分类属性中不同取值的频度信息和数值型属性的质心两部分构成，即：

$$\text{Summary} = \{< \text{Stat}_i, \text{Cen} > \big| \text{Stat}_i = \{(a, \text{Freq}_{C|D_i}(a)) \big| a \in D_i\}, 1 \leqslant i \leqslant m_C, \text{Cen} = (c_{m_C+1}, c_{m_C+2}, \cdots, c_{m_C+m_N})\}$$

【定义 6-8】 假设据集 D 被聚类算法划分为 k 个簇 $D = \{C_1, C_2, \cdots, C_k\}$，簇 C_i 的离群因子 OF4(C_i) 定义为簇 C_i 与其他所有簇间距离的加权平均值：

$$\text{OF4}(C_i) = \sum_{j=1, j \neq i}^{k} \frac{|C_j|}{|D|} \cdot d(C_i, C_j)$$

如果一个簇离几个大簇的距离都比较远，则表明该簇偏离整体较远，其离群因子也较大。$OF4(C_i)$ 度量了簇 C_i 偏离整个数据集的程度，其值越大，说明 C_i 偏离整体越远。也可以将簇 C_i 的离群因子定义为簇 C_i 与所有簇间距离的调和平均值

$$\text{OF5}(C_i) = \frac{k-1}{\sum\limits_{j=1, j \neq i}^{k} \dfrac{1}{d(C_i, C_j)}}$$

离群数据是在数据集中偏离大部分数据的数据，而簇的离群因子度量了一个簇（也即簇中所有对象）偏离整个数据集的程度，自然地将离群因子大的簇看成离群簇，也就是将其中的所有对象看成离群点。由此得到一种基于聚类的离群点挖掘方法 CBOD（Clustering-Based Outlier Detection）。CBOD 方法由两个阶段构成：第一阶段是利用一趟聚类算法对数据集进行聚类；第二阶段是计算每个簇的离群因子，并按离群因子对簇进行排序，最终确定离群簇，也即确定离群点。算法具体描述如下：

第一阶段，聚类：对数据集 D 利用一趟聚类算法进行聚类，得到聚类结果 $D = \{C_1, C_2, \cdots, C_k\}$。

第二阶段，确定离群簇：计算每个簇 C_i（$1 \leqslant i \leqslant k$）的离群因子 OF4($C_i$)，按 OF4($C_i$) 递减的顺序重新排列 C_i（$1 \leqslant i \leqslant k$），求满足：$\dfrac{\sum\limits_{i=1}^{b} |C_i|}{|D|} \geqslant \varepsilon$（$0 < \varepsilon < 1$）的最小 b，将簇 $C_1, C_2, \cdots, C_b$ 标识为'outlier'类（即其中每个对象均看成离群点），而将 $C_{b+1}, C_{b+2}, \cdots, C_k$ 标识为'normal'类（即其中每个对象均看成正常）。

参数选择对检测结果的影响分析。ε 实际上是离群数据所占比例的近似值，ε 越小，检测率越低，同时误报率也越低。根据统计经验，一个数据集中受污染的数据（或离群数据）通常小于 5%，最多不超过 15%，因此在没有先验知识的情况下一般取 ε 在 0.05～0.1 之间。实际使用时可根据性能要求和离群数据所占比例的先验知识更准确地选择 ε。

【例 6-6】 基于聚类的离群点检测示例二。

对例 6-5 中的数据集，聚类后得到三个簇 $C = \{C_1、C_2、C_3\}$，簇心分别为：$C_1(5.5, 7.5)$、$C_2(5, 2)$、$C_3(1.75, 2.25)$。簇之间的距离分别为

$$d(C_1, C_2) = \sqrt{(5.5-5)^2 + (7.5-2)^2} = 5.52$$

$$d(C_1, C_3) = \sqrt{(5.5-1.75)^2 + (7.5-2.25)^2} = 6.45$$

$$d(C_2, C_3) = \sqrt{(5-1.75)^2 + (2-2.25)^2} = 3.26$$

进一步计算三个簇的离群因子，具体如下：

$$\text{OF4}(C_1) = \frac{1}{11}d(C_1, C_2) + \frac{8}{11}d(C_1, C_3) = \frac{1}{11} \times 5.52 + \frac{8}{11} \times 6.45 = 5.19$$

$$\text{OF4}(C_2) = \frac{2}{11}d(C_2, C_1) + \frac{8}{11}d(C_2, C_3) = \frac{2}{11} \times 5.52 + \frac{8}{11} \times 3.26 = 3.37$$

$$\text{OF4}(C_3) = \frac{2}{11}d(C_3, C_1) + \frac{1}{11}d(C_3, C_2) = \frac{2}{11} \times 6.45 + \frac{1}{11} \times 3.26 = 1.47$$

可见，簇 C_1 的离群因子最大，其中包含的对象判定为离群点，与例 6-5 得到的结论相同。

6.5.3　基于聚类的动态数据离群点检测方法

前面介绍的两种基于聚类的离群点检测方法属于静态数据的离群点检测方法，在聚类的基础上，以对象或簇的离群因子来度量离群程度，进而检测离群点。

在实际领域中，很多场合离群数据的判定不是离线静态的，而是在线动态的，这里介绍一种动态数据的离群点检测方法，基本思想如下：在对训练集聚类的基础上，按照簇的离群因子排序簇，并按一定比例将簇标识为 normal 或 outlier，以标识的簇作为分类模型，按照对象与分类模型中最接近簇的距离来判断它是否为离群点。该方法由三大部分组成，具体描述如下：

（1）模型建立

第一步，聚类：采用一趟聚类算法对训练集 T_1 进行聚类，得到聚类结果 $T_1 = \{C_1, C_2, \cdots, C_k\}$。

第二步，给簇作标记：计算每个簇 C_i（$1 \leqslant i \leqslant k$）的离群因子 $\text{OF4}(C_i)$，按 $\text{OF4}(C_i)$ 递减的

顺序重新排列 C_i（$1 \leqslant i \leqslant k$），求满足 $\dfrac{\sum\limits_{i=1}^{b}|C_i|}{|T_1|} \geqslant \varepsilon$ 的最小 b，将簇 $C_1, C_2, \cdots, C_b$ 标识为'outlier'类，

而将 $C_{b+1}, C_{b+2}, \cdots, C_k$ 标识为'normal'类。

第三步，确定模型：以每个簇的摘要信息，聚类半径阈值 r 作为分类模型。

（2）模型评估

利用改进的最近邻分类方法 INN（Improved Nearest Neighbor）评估测试集 T_2 中的每个对象。INN 方法具体描述如下：

对于测试集 T_2 中对象 p，计算 p 与每个簇的距离 $d(p, C_i)$。若 $\min\{d(p, C_i), 1 \leqslant i \leqslant k\} = d(p, C_{i_0}) \leqslant d$，则表明 p 是已知类型的行为，将簇 C_{i_0} 的标识作为 p 的标识，否则表明 p 是一种新的行为，将 p 标识为可疑对象——候选离群点。

改进的最近邻分类方法 INN 可用于入侵检测、欺诈检测、垃圾邮件识别等领域，从理论上保证了可以检测新类型的离群点。

（3）模型更新

对于测试集 T_3 中对象 p，按照前面聚类的方式，对新增对象进行增量式聚类，更新 $T_3 = \{\overline{C}_1, \overline{C}_2, \cdots, \overline{C}_k\}$，并用建立模型同样的方法对所有簇重新标记其类别。

第 8 章将介绍一种基于这一思想的垃圾邮件识别方法。

6.6　离群点挖掘方法的评估

可以通过表 6-5 所示混淆矩阵来描述离群点挖掘方法的检测性能。在离群点检测问题中，并不关注预测正确的 normal 类对象，重点关注的是正确预测的 outlier 类对象。

表 6-5　离群点检测问题的混合矩阵

		预 测 类 别	
		outlier	normal
实际类别	outlier	预测正确的 outlier	预测错误的 outlier
	normal	预测错误的 normal	预测正确的 normal

由于在离群点挖掘问题中，离群数据所占比例通常在 5%以下，通常分类准确率的度量指标不适合于评价离群点挖掘方法。检测率、误报率是度量离群点检测方法准确性的两个指标。检测率（detection rate）表示被正确检测的离群点记录数占整个离群点记录数的比例；误报率（false positive rate）表示正常记录被检测为离群点记录数占整个正常记录数的比例。期望离群点挖掘方法对离群数据有高的检测率，对正常数据有低的误报率，但两个指标之间会有一些冲突，高的检测率常常会导致高的误报率。也可以采用 ROC 曲线来显示检测率和误报率之间关系。

【例 6-7】　采用基于聚类的离群点挖掘方法处理 UCI 中 KDDCUP99 数据集

入侵检测问题可以看成一类特殊的离群点挖掘问题。KDDCUP99 数据集包含了约 4900000 条攻击记录，总共 22 种攻击，分为 DOS、R2L、U2R、Probing 等 4 类；总共有 41 个特征，其中 9 个分类特征，32 个数值型特征。整个数据集太大，通常使用一个 10%的子集来测试算法的性能，将这个子集随机分割为 P_1, P_2 和 P_3 三个子集，其中 P_1 含 40459 条记录（normal 占 96%），P_2 含 19799 条记录（normal 占 98.7%）。P_3 中包含有 P_1 中没有出现过的 ftpwrite, guess_passwd, imap, land, loadmodule, multihop, perl, phf, pod, rootkit, spy, warezmaster 等攻击类型。

（1）模型建立

以 P_1 为训练集建立模型（取 ε =0.05），求得 EX=0.234，DX=0.134，r 取 EX+0.5DX=0.30。表 6-6 给出了按离群因子给 P_1 聚类结果簇标识的结果，可见，聚类较好地将 normal 记录和 outlier 记录划分到不同簇中，簇的离群因子能很好地将簇区分为"normal"和"outlier"（即对应于攻击记录），使得建立的模型具有很好的分类能力。

表 6-6　按离群因子标识簇的结果

序　号	簇 大 小	正常记录数	攻击记录数	簇 标 识
1	360	0	360	outlier
2	5	0	5	outlier
3	94	0	94	outlier
4	1339	203	1136	outlier
5	2134	2134	0	normal
6	2408	2405	3	normal
7	7	6	1	normal
8	16	16	0	normal
9	132	130	2	normal
10	15	15	0	normal
11	19	18	1	normal
12	171	171	0	normal
13	5442	5440	2	normal

序　　号	簇　大　小	正常记录数	攻击记录数	簇　标　识
14	22618	22607	11	normal
15	3896	3896	0	normal
16	61	61	0	normal
17	1742	1736	6	normal

从静态离群点检测的角度看，对于数据集 P_1，利用离群因子可以检测 P_1 中 98.4% 的攻击记录。

（2）模型检验

用建立的模型在 P_3 上进行测试，检测率结果如表 6-7。

表 6-7　在 KDDCUP99 数据集上的检测性能

总的检测率	误报率	对未见攻击的检测率
98.62%	0.20%	4.30%

（3）模型更新效果

在 P_1 上建立模型，然后用 P_2 更新模型，再在 P_3 上检测。表 6-8 结果表明随着模型的更新（即有效信息的不断增加），检测率和误报率没有明显变化，但对未见攻击的检测率明显提高。如果初始建模时训练集不够大，检测准确性将会随着模型的更新而逐步提高，直到稳定在某个水平。

表 6-8　增量更新模型时的检测结果

总的检测率	误　报　率	对未见攻击的检测率
98.47%	0.12%	34.30%

注：由于 P_3 包含有 P_1 中不存在的攻击类型，通常的误用检测方法难以检测。这个例子说明，这种无监督的离群点检测方法具有一定的检测新的攻击的能力。

本章小结

在介绍离群点概念及离群点挖掘意义的基础上，本章从技术的角度介绍了离群点挖掘的几种常用方法：基于统计的方法、基于距离的方法、基于相对密度和基于聚类的方法，对这几种方法的优劣进行了分析；并通过实例说明了这些离群点检测方法的应用。

习　题　5

6.1　为什么离群点挖掘是重要的？

6.2　讨论基于如下方法的离群点检测方法潜在的时间复杂度：使用基于聚类的、基于距离的和基于密度的方法。不需要专门技术知识，而是关注每种方法的基本计算需求，如计算每个对象的密度的时间需求。

6.3　许多用于离群点检测的统计检验方法是在这样一种环境下开发的：数百个观测就是一

个大数据集。我们考虑这种方法的局限性：

（1）如果一个值与平均值的距离超过标准差的 3 倍，则检测称它为离群点。对于 1000000 个值的集合，根据该检验，有离群点的可能性有多大？（假定正态分布）；

（2）一种方法称离群点是具有不寻常低概率的对象。处理大型数据集时，该方法需要调整吗？如果需要，如何调整？

6.4　假定正常对象被分类为离群点的概率是 0.01，而离群点被分类为离群点概率为 0.99，如果 99%的对象都是正常的，那么假警告率或误报率和检测率各为多少？（使用下面的定义）

$$检测率 = \frac{检测出的离群点个数}{离群点的总数}$$

$$假警告率 = \frac{假离群点的个数}{被分类为离群点的个数}$$

6.5　从包含大量不同文档的集合中选择一组文档，使得它们尽可能彼此相异。如果我们认为相互之间不高度相关（相连接、相似）的文档是离群点，那么我们选择的所有文档可能都被分类为离群点。一个数据集仅由离群对象组成可能吗？或者，这是误用术语吗？

6.6　考虑一个点集，其中大部分点在低密度区域，少量点在高密度区域。如果我们定义离群点常为低密度区域的点，则大部分点被划分为离群点。这是对基于密度的离群点定义的适当使用吗？是否需要用某种方式修改该定义？

6.7　一个数据分析者使用一种离群点检测算法发现了一个离群子集。出于好奇，该分析者对这个离群子集使用离群点检测算法。

（1）讨论本章介绍的每种离群点检测技术的行为。（如果可能，使用实际数据和算法来做）

（2）当用于离群点对象的集合时，你认为离群点检测算法将做何反应？

下篇 实践篇

第7章 数据挖掘在电信业中的应用

电信业是典型的数据密集型行业，随着计算机与通信技术的发展和电信业的市场国际化，我国电信市场正在迅速扩张且竞争越发激烈。电信业长期积累的大量客户行为数据是运营商的重要资源和财富。然而，电信业务数据量庞大，业务系统众多，在电信业中引入数据挖掘技术，可以帮助理解商业行为、识别电信模式、更好地利用资源和提高服务质量，具有重要的应用价值。本章主要介绍数据挖掘在电信行业中的应用概貌，并通过案例具体介绍相关技术的应用。

7.1 数据挖掘在电信业的应用概述

近年来，我国电信业发展迅速，电信市场逐渐饱和，竞争日益加剧，行业发展面临着新的机遇和挑战。电信行业的运营商都储备着大量与客户有关的数据，运营商如果能够正确地分析这些数据，可以得到有用的知识，从而能更好地为客户提供服务，才能在激烈的市场竞争中挖掘出更多的商机。数据挖掘作为一种从海量数据中提取或挖掘知识的手段，在电信业中已有许多成功的应用。

如何更深入地理解客户行为，如何预测客户的流失，如何挖掘潜在客户，如何进行交叉销售提升客户价值，如何进行欺诈识别防范经营风险，如何推出适合客户消费特点的产品及服务，这些已经成为经营者必须面对的问题。

数据挖掘技术在为电信运营商制定营销策略、争夺客户资源、扩大市场份额、拓展业务领域等方面都可以起到不可或缺的作用，在客户关系管理和市场营销方面可以发挥重要作用。在客户关系管理中，数据挖掘主要有以下应用：通过对客户进行分类，以发现不同价值的客户群体；通过对客户的流失预测，以进行客户挽留；对客户之间的社会关系进行分析，以获取潜在客户和保持现有客户；对呼叫骚扰客户的识别及整治，以提供更优服务。这些应用成为电信运营商提高客户满意度、忠诚度，增加收入和利润的有效方法。

在市场营销方面，电信运营商不仅可以使用购物篮分析进行业务的交叉销售和提升销售，还可以使用客户细分的方法对客户进行一对一的营销，以提高现有客户的满意度。与购物篮分析最密切的数据挖掘技术是关联规则，有助于确定如何把业务捆绑到一起、预测现有客户使用不同业务的可能性，以获得最佳收益。

电信业的经营也会存在着一定的风险问题，如骗费、欠费等客户欺诈行为，这些问题无法完全消除而只能采取一定的手段进行防范或避免。在所有电信业的客户中，虽然欺诈客户所占比例很小，却给运营商的正常经营和管理带来许多负面的影响。数据挖掘技术中的离群点检测是识别欺诈客户的有效方法，通过检测客户数据中的异常模式来发现欺诈行为。

根据电信业在不同方面的业务需求，将使用不同的数据挖掘技术来解决不同的问题，这里只讨论与客户相关的业务数据挖掘，重点介绍客户细分、客户流失分析、客户社会关系挖掘、业务交叉销售和欺诈客户识别等。

7.1.1　客户细分

客户市场细分是指将客户划分成互不相交的类别。在同一类别里，客户具有相似的特性，如将客户分成一级、金卡级和白金级持卡人，分成家庭客户和政企客户等。市场细分对企业的作用很大，但并非每次的市场细分都会达到预期的效果，没有建立客户数据的市场细分已无法满足客户市场种类的多样性。利用数据挖掘技术，从海量的客户消费数据中构建的客户细分模型具有很好的市场信息反馈能力。

客户细分是有效实施市场策略的第一步，也是成功管理客户关系的基石。企业通过客户消费行为分类，一方面，能够识别出具有价值的客户，并针对他们做个性化的营销服务；另一方面，可以有效地识别企业的潜在客户，并有针对性地开展新客户的获取工作。这样可以大大节约企业有限的资源和新客户的获取成本，提高企业的竞争力。

客户细分是将一个大的消费群体划分成多个小类别的操作，同属于一个细分类别的客户消费行为彼此相似，而隶属于不同细分类别的消费者彼此之间的消费行为存在较大差异。在电信市场业务中，清楚地了解客户类别是对每个客户群采取有针对性措施的基础。

传统的客户分类方法一般是基于经验或统计的简单划分方法，这些简单的划分虽然有助于预测客户未来的购买行为，却无法满足对客户的潜在价值、客户忠诚度等深入分析的需求。而数据挖掘技术为解决海量电信数据的复杂客户细分问题提供了新的解决方法，为客户提供个性化产品和服务奠定基础。

客户细分并没有统一的模式，企业数据特性不同，要求不同，用于客户细分的方法也不同。总的来说，客户细分方法分为人口统计的分类，基于客户生命周期的分类，基于客户价值的分类。基于人口统计的分类就是将人作为统计变量进行分类，这些变量包括年龄、性别、家庭人口、受教育水平和职业等因素。基于客户生命周期的分类是根据不同阶段的客户行为特征来划分客户群体的，可分为未来潜在客户、形成期客户、真正的客户、离开的客户。基于客户价值的分类是根据客户为企业创造的价值来划分客户群体的。

对电信业而言，不同的客户群对企业创造的价值会有所不同，其消费特征也有所区别，这就需要将不同的群体分别对待。聚类是划分客户群体的常用数据挖掘技术。客户聚类是根据一个或多个客户特征组合，把所有客户划分成更小、更精细的客户群体，相同群体的客户间具有最大的行为相似性，不同群体的客户之间具有最大的行为差异性。在对客户进行聚类后，可以得到不同的客户群，不同客户群的客户对电信业运营商创造的价值是不同的，所以需要分析每个群体的特性。

通过对客户合理的划分，并对当前客户以及潜在的客户群做阶段分析，判断不同阶段的突出特点，电信企业可以对客户总体构成有准确的认识，同时对客户的服务和营销更具针对性。对客户聚类可以达到如下目标：了解客户群体的消费特征，了解客户的总体构成，了解各种客户价值的客户群体特征，了解流失客户的客户群体特征。

7.1.2　客户流失预测分析

客户流失是指企业原来的客户中止继续购买或者接受竞争对手的商品或服务。对于数据密集型的电信行业来说，客户流失问题具有普遍性，代价昂贵并难以控制，所以不利于企业的发展。据统计，在一般情况下，赢得一个新客户的成本比保持一位老客户要高出5～6倍。客户流失，一方面会造成收入的下降、市场占有率下降、营销成本增加等问题，另一方面，恶意流失会造成客户恶意欠费，带来不必要的经济损失。面对激烈的市场竞争，各运营商正在寻找一种最有效的方法，通过维护与客户的关系，创造客户价值来保留和争取优质客户，从而减小客户流失率，提高客户价值，最终提高企业的收益率。

客户流失预测分析是解决客户流失问题的一种主要手段，使用数据挖掘的方法，整合客户历史数据，通过对客户基本状态属性与历史行为属性等数据进行深入分析，提炼出已流失客户在流失前具有的特征或行为，建立客户流失预测模型，从而预测企业在近期内将可能流失的客户。

客户流失预测分析给电信企业的经营决策提供了大量信息，需要对企业的市场情况进行深入分析，并对企业的客户历史数据进行深入的挖掘。客户识别主要将客户流失预测当作一个识别问题，利用统计分析和数据挖掘中的分类算法建立预测模型，通过在包含了一定比例的已流失和未流失的客户样本集上建立模型进行训练，得到能够区分客户是否具有流失倾向的分类器，然后将该模型用于预测客户未来的流失倾向。而建立模型之前还需要对客户细分后的各客户群的价值、消费行为、消费偏好及流失原因等进行分析。所以，客户流失预测提供给企业的并不仅仅是一个流失预测名单，还会给企业带来大量有价值的市场信息。

客户流失预测能显著提高企业的赢利能力及市场竞争力。通过客户流失预测，电信企业可以开展有针对性的市场营销活动，提高客户满意度和忠诚度，提升客户价值，找出有流失倾向的、有价值的以及潜在价值的客户，让更多客户享受更优、更好的服务和实惠，从而降低客户流失率，提高客户保留率，从根本上提升客户关系管理水平，达到全面提高企业赢利能力和核心竞争能力的目的。

7.1.3 客户社会关系挖掘

电信运营商拥有其客户打出和接入的每个电话呼叫的详细记录，每条通话记录表示两个客户之间发生的一次联系，而客户的呼叫模式则隐含在这些联系当中，这些呼叫模式不仅包括客户的通话行为和习惯，还可以从这些呼叫模式中体现客户在人群中的影响力。从这些联系中得到的信息可以帮助电信运营商更好地发现潜在客户、提高客户忠诚度和防止客户流失。电信运营商可以特别瞄准具有高影响力的客户，因为他们可能带入新的入网客户和带来更多的价值。

客户呼叫图表示的是电信运营商的客户之间的通话关联关系，在一定程度上体现了社会中人与人之间的社交关系，因此电信呼叫图可以作为一种社会网络来研究。从数据挖掘的角度看，社会网络分析技术可以看作是一种链接分析技术。

在对电信客户的通话网络进行社会网络分析之前，需要先构造客户呼叫图，将通话客户看成网络图中的节点，客户之间的通话关系看成网络图中的边，这样就构成了一个网络，称为客户呼叫图。一个客户呼叫图为 $<V,E>$，其中 V 是节点（电话号码）的有限集合，E 是边（呼叫双方电话号码的连接）的有限集合。若客户 u 呼叫客户 v，则边 $<u,v>$ 存在于 E 中。大型的电信呼叫图实际上是一个复杂网络，对于复杂网络来说，通过分析其节点的统计特征，可以发现一种概括它们的共同特性的观点和方法，进而能够抓住这类网络的基本结构属性，包括入度和出度分布、度相关性分析、中心性分析等，还可以分析电信客户呼叫网的社区结构，以发现现实世界中客户的关系网。利用网络可视化技术对客户的呼叫模式进行展示，可以给电信运营商提供从客户通话联系角度出发而得到的客户信息。

电信运营商的客户群每天都处在一个动态的变化过程当中，这些变化可以直接体现在呼叫图中。对于电信运营商来说，主要关注两种客户趋势：客户离网和客户入网。为了保持客户，运营商可能采取一些措施，如不断推出新的业务，以增加客户的黏着度，或者适时推出价格优惠活动。对于这些策略的投放客户群体和投放时机，静态的呼叫图分析不能提供足够的支持。但是如果加入时间信息，分析一段时间内客户的通话行为，就能够发现客户忠诚度与客户通话联系模式的关系。

随众离网是指由个别客户的离网带动的更多客户的离网现象，这种现象对于运营商来说要特别注意。作为社会网络中的个体，人们的行为总是会受到周围的人们的影响。对于电信客户，当有一个客户转网时，他的行为可能会给别人这样的信息——他对当前的电信服务提供商的服务不满意了，别的运营商提供了更好的服务。他的联系人会考虑是否与他一样更换服务提供商。这种行为一旦扩散，会对电信运营商的客户群产生更大的影响。然而传统的数据挖掘技术在客户关系管理中的应用是针对单个客户消费特征进行的传统客户关系管理，不但需要花费大量的管理成本，而且无法挖掘单个客户之间行为的相互影响。因此，可以利用链接分析建立客户社会关系模型，使用社区替代单个客户作为电信客户关系管理的对象，一方面可以掌握社区内客户的行为影响，另一方面可以将社区内的消息传播用于产品推销，从而节省推销成本。同样，运营商还可以借助通话网络的社区结构信息传播特性进行重要信息的快速发布，如灾害气象等。

7.1.4　业务交叉销售

交叉销售通过分析以往客户的购买行为，可以发现频繁地被同时购买的产品组合，可以为只购买部分产品的客户来推荐组合中的其他产品，以提高企业的利润，其实现的方法有关联规则挖掘、相关分析、主成分分析等。

基于关联规则的交叉销售方法主要是从业务的角度来进行分析的，通过关联分析，发现客户使用业务的潜在规则和同时被使用频率较高的业务组合。企业再根据挖掘出来的有趣的关联规则和业务组合进行组合营销和业务的打包销售，从而实现各业务间的交叉销售。电信行业拥有众多的业务种类，不同性质的客户通常会使用不同的业务组合，使用关联规则发现不同业务之间的关联，可以了解客户频繁使用哪些业务，哪些业务倾向于被一起使用，哪些客户更可能接受促销的新业务，哪些业务有必要以促销的方式提供给客户。

关联规则就是要发现一些有趣的规则。规则的支持度和置信度是两个规则兴趣度度量，它们分别发现规则的普遍性和可靠性。满足最小支持度和最小置信度阈值的规则称为强关联规则，这些阈值可以由业务分析员设定。在电信行业中，关联规则将所有业务集合看作项目集，每种业务对应一个项。关联规则的分析结果可以帮助运营商用于市场规划、广告策划和相应业务政策的制定。例如，电信业中典型的购物篮分析是通过分析客户申请业务之间的关联关系，挖掘各个业务之间隐藏的关系，能够有目标地对客户进行业务的交叉销售，指导何时采取优惠策略等，与盲目营销相比，可以在很大程度上降低营销成本，提高成功率，并减少客户不满。

序列模式的关联规则是挖掘有序序列或时间序列中频繁序列模式，主要包括频繁子序列、周期模式等，可以预测客户未来的行为，运营商从而可以通过该模式在合适的时间向客户促销可能接下来会使用的业务。例如，某客户使用某业务 A 一段时间以后，很可能会使用另外一种业务 B。

7.1.5　欺诈客户识别

异常点或孤立点分析通过检测数据中的异常数据，发现异常模式。电信运营商通过客户异常行为分析，不仅可以检测出潜在的客户诈欺行为，从而减少企业收入损失，也可以检测出呼叫骚扰客户，从而为其他客户提供更好的服务。异常客户分析识别主要是对电信客户所处状态的一种判断。根据已有的异常客户数据归纳其特性，当拥有新的客户数据时，以此预测识别具有异常倾向的客户，如识别具有离网倾向或欺诈倾向的客户。这样可有助于改进电信运营商的服务水平，减少收益流失，增强客户的忠诚度等。

随着电信业务的迅猛发展，电信业的收入日益增长。但随之而来的电信网络的欺诈行为也不断涌现，我国电信运营商都面临着被欺诈的严重问题，大量客户及分销商、增值业务提供商的恶意欠费、欺诈行为导致电信运营商的收入受到巨大的损失，额外支出的增加，进而致使利润下降，而电信客户的合法权益也受到损害，电信运营商的信誉无法得到保障。

可以采用聚类、分类、离群点分析等方法检测客户欺诈行为。聚类、分类和离群点分析主要研究欺诈客户与其他客户群在属性空间分布的差异，发现潜在的欺诈客户，或者通过分析客户当前行为与历史行为的差异来发现欺诈行为。如可以选择适当的属性，通过聚类、分类或离群点分析找到欺诈客户，或采用基于距离、信息增益的评价函数来生成决策树，或通过关联分析找到与欺诈相关的属性并得到关联规则，以检测客户的欺诈行为。

通过数据挖掘，总结电信客户各种骗费、欠费、呼叫骚扰等行为的内在规律，并建立一套欺诈和欠费行为的规则。当客户的话费行为与某一规则吻合时，系统可以提示运营商相关部门采用措施，从而降低运营商的损失风险。

7.2 案例一：客户通话模式分析

7.2.1 概述

电信业已把目光从以基础建设为中心的业务转移到以客户为中心的业务上来。了解客户行为是这项业务战略中最关键的部分，而详细的交易数据中包含了丰富的、一般而言尚未被这些公司开发利用的信息。

以下针对客户详细通话数据进行几方面的业务分析。

① 通话模式有地区性的不同。对定价部门而言，了解这一点非常重要，因为它能显示不同地区应该以不同的方式来衡量收费规则。

② 通话模式有时间性的不同。一天中的不同时段，通话的频率有所不同，了解这一点可以知道通话的闲时和忙时，也可以帮助业务人员制定合理的收费方式。

③ 分析高利润的通话模式。国际电话仅占所有通话量的很少部分，但利润贡献与其通话量并不对称。数据能告诉我们哪些是与国际通话模式有关的信息。

7.2.2 数据描述

客户通话数据可以从三个典型的来源得到。

① 直接交换机记录。即直接从交换机产生的记录。大体来说，这是最不干净的数据，但却包含了最多的信息。

② 计费系统的输入数据。交换机的记录最终要转换成计费记录。这里的数据比较干净，但不完整；有些记录如免费电话记录（如打给公共服务电话的通话记录），就不会输入到计费系统中。

③ 数据仓库提供的输入数据。这里的数据更加干净，但会受业务需求的限制。

本案例使用的客户通话数据源自某电信运营商固定电话直接交换机记录 11 天的通话明细记录，共有 2000 多万条记录。当然，我们还需要其他辅助信息的数据，如客户基本信息、国际电话的国家代码、中国各地市的区号、中国电信运营商归属号码描述信息等。

（1）通话明细数据

每条通话明细记录都是由电话网络对每次通话进行的详细记录，每条记录保存的信息如表7-1 所示。因为通话量非常大，所以通话明细记录也非常大。通常，通话明细数据用来让计费系统产生客户的账单。这样的数据源不仅包含拨打者必须付费的通话，也包含接入电话（因为受话端的人通常不需因此付费）、免付费电话或者公司内部电话等。

表 7-1　通话明细数据表

字段顺序	字段名	字段名称	数据类型	说明
1	from_number	主叫	Char(20)	在中国，截止 2007 年 8 月，共有 61 个城市的固定电话号码为 8 位，剩下大多数的电话号码为 7 位
2	to_number	被叫	Char(20)	
3	start_date	开始日期	NUMBER(8)	
4	start_time	开始时间	NUMBER(8)	
5	end_date	结束日期	NUMBER(8)	
6	end_time	结束时间	NUMBER(8)	
7	duration_of_call	通话时间	NUMBER(8)	通话时间（通常以秒计）
8	type	话单类型	NUMBER(8)	话单类型，如市内通话、国际长途等

（2）客户基本信息

除了通话明细记录外，本案例还需要客户基本信息（如表7-2 所示）。由于部分信息是在客户入网时采取自愿方式进行登记的，所以含有较多的缺失值。

表 7-2　客户基本信息表

字段顺序	字段名	字段名称	数据类型
1	region_id	区县标识	Char(10)
2	cust_type_id	客户类型码	Char(13)
3	cust_type	客户类型	Char(8)
4	compute_0013	行业类别	Char(30)
5	compute_0014	行业子类	Char(26)
6	billing_no	电话号码	Char(15)
7	serv_id	服务编码	Char(8)
8	product_name	产品名称	Char(30)
9	user_type	客户性质	Char(8)
10	State	状态	Char(8)

（3）辅助文件

通话明细分析，通常需要地级市区号、国家代码等参考表，如中国各地级市区号列表（如表 7-3 所示）、国家代码以及对应国家的列表（如表 7-4 所示）、国内公共服务电话号码、中国电话号码归属及收费说明表（如表 7-5 所示）。

表 7-3 中国各地级市区号列表

字 段 顺 序	字 段 名	字 段 名 称	数 据 类 型
1	Province	省份	Char(10)
2	City	城市	Char(10)
3	Code	区号	Char(8)
4	Weishu	电话号码位数	Number(8)

表 7-4 国家代码及对应国家列表

字 段 顺 序	字 段 名	字 段 名 称	数 据 类 型
1	country_eng	国家英文名	Char(25)
2	country_chn	国家中文名	Char(25)
3	Short	国家名称缩写	Char(4)
4	cnt_code	国家代码	Number(8)
5	time_diff	时差	Number(8)

表 7-5 中国电话号码归属及收费说明表

字 段 顺 序	字 段 名	字 段 名 称	数 据 类 型
1	num_start	号码开头字段	Number(8)
2	Compay	归属运营商	Char(24)
3	Description	收费说明	Char(124)
4	Attach	备注	Char(130)

7.2.3 数据预处理

高质量的决策必须依赖于高质量的数据。要使数据挖掘技术能更有效地挖掘知识，就必须提供干净、准确、简洁的数据。然而，实际的电信应用系统收集到的原始数据极易受噪声数据、空缺数据和不一致性数据的侵扰，这些数据可能影响甚至改变数据挖掘的结果，导致无效或错误的决策。因此在进行数据挖掘之前，应使用数据预处理技术，提高数据挖掘模式的质量。

本案例使用 SAS 软件的编程工具进行通话数据预处理工作，并将处理后干净的数据保存在 SAS 数据集中。采用的数据预处理技术包括：数据清洗、数据集成和数据变换。数据预处理流程如图 7-1 所示。

（1）数据清洗

数据清洗是指去除源数据集中的噪声或无关数据、处理缺失值空值和纠正不一致数据。

在通话记录数据中，由于机器通信信号或者机器记录时的故障，可能会出现缺失值、不完整数据或者噪声数据，如类似被叫为空值、"0"、"00"、"000"，通话时长为0的电话号码。这些数据在检测设备故障时可能会起到重要作用，但这些数据会降低数据挖掘的效率，影响数据挖掘的结果。在通话数据中，还包含了客户由于失误而拨打的错误无效号码的数据，此类数据并不产生通讯费用。本案例将上述的两类数据输出到单独的数据集中。

本实验数据集中有一个表示通话时长的变量，在分析之前先通过时长验证公式（通话时长=通话结束时间−通话开始时间），以验证通话数据的正确性。

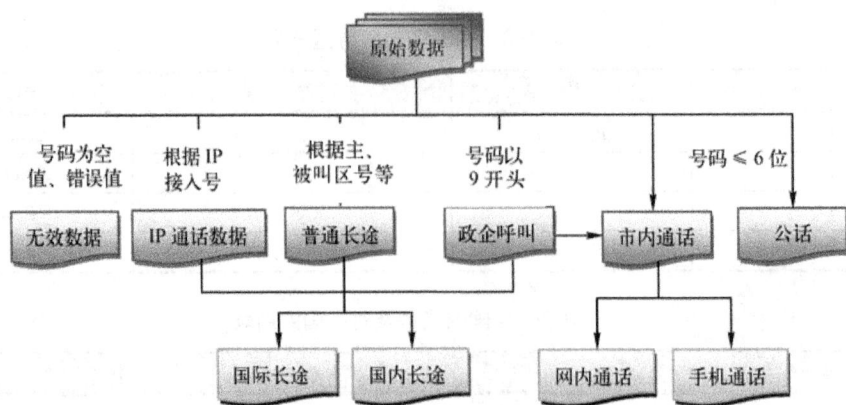

图 7-1 数据预处理流程

（2）数据集成

对于显示的电话号码，由于以下因素，将会导致同一号码的形式多种多样：

⊙ 网络运营商采用的 IP 电话接入号的不同导致 IP 通话中被叫号码的形式多样，如电信 IP 电话接入号有 17909、17908，移动 IP 接入号有 17950、17951 等。

⊙ 通话所在的区域不同，如长途电话相对本市电话，固定电话号码前加区号。

⊙ 国际长途电话，固定电话号码前加 00+国家代码。

⊙ 与移动电话之间的长途通话，移动电话号码前加 0。

⊙ 政企客户打外线号码，被叫号码前加"9"。

⊙ 政企客户打内线电话使用短号拨打。

针对以上各种情况，消除不一致数据，进行数据统一，包括以下几方面。

⊙ 主叫号码处理：对于长途手机或长途固话打本地电话的通话数据，需要从主叫号码中分离国内各地级市的区号，并还原原始主叫号码。

⊙ 被叫号码处理：对于本地固话打 IP 长途电话，需要从被叫号码中识别不同的 IP 电话接入运营商，并从被叫号码中分离中国各地级市的区号。对于本地固话拨打普通长途电话（即非 IP 长途电话），直接从被叫号码中分离中国各地级市的区号。

（3）数据变换

通过数据清洗、数据集成，消除了噪声，统一了形式不一致的数据，但原始的数据属性可能不足以反映客户的行为特性，那么就需要进行数据变换，将数据转化成适合挖掘的形式。本案例根据分析需求构造新的衍生特征。

在通话数据中除了有表示客户通话的具体日期、时间、时长外，没有直接体现与客户类型、通话类型等通话模式有关的信息。原始数据集中的特征不能充分体现客户在不同通话时段、不同客户类型、公话服务电话等的通话情况。根据需要可以构造以下特征：

⊙ 公话标记：标识与公话服务电话通话的记录。

⊙ 通话类型：根据通话类型将通话的明细数据分成三大类：市话（包括本地固定电话之间的通话，本地固定电话和本地手机的通话）、国内长途电话、国际长途电话。

⊙ 通话子类型：根据 IP 接入号，将国内长途通话分成 IP 国内长途和传统国内长途，将国际通话分成 IP 国际长途和传统国际长途，根据拨打国际长途的地区提取港澳台通话。

- 通话比例：根据通话的主叫、被叫号码是否属于同个运营商（如电信运营商、移动运营商），将通话数据分成手机通话和网内通话。
- 客户类型：将明细数据分成三大类：政企客户、家庭客户和其他客户。
- 通话时段：将一天以 1 小时为单位划分为 24 个时段，根据通话数据的开始时间和结束时间将通话划分到对应的时段中。
- 通话时长组：将通话时长划分成 10 秒以下、1 分钟以内等时长组，根据通话时长，将通话数据划分到对应的时长组中。

7.2.4 数据挖掘

（1）通话时长分析

通话时间长短是客户通话行为的一个基本方面。更重要的是，它不仅显示了客户的通话模式，还能说明很多关于数据质量的信息，如某些超短通话是否为骚扰电话？超长电话是否为机器故障所致？

本案例通过数据产生通话时间的长条图，由于通话时长按照秒进行存储的区间太小，因此有许多数据无法在条形图中显示。本案例首先对时长进行分组，以 10 分钟作为区间。然后查看时长的分布条形图，再分析 10 分钟及以内、20 分钟及以内和大于 30 分钟的分布情况。在时长分析时，同时探索在每个时长中各种通话类型的比例。

本案例实验数据的通话时长有 96.43% 分布在 10 分钟及以内，且大部分为市内通话（如图 7-2 所示）。这样的条形图对通话时长的探索还不够具体，故将抽取时长为 10 分钟及以内的通话数据来观察时长的分布情况，并以 1 分钟为区间。在 10 分钟及以内的时长分布条形图中（如图 7-3 所示），主要数据分布在 4 分钟及以内，占 92% 以上，电信运营商可以根据该特征将 4 分钟设置市内优惠通话划分点。在通话时长大于 30 分钟的数据（如图 7-4 所示）主要分布在 40 分钟以内，且国内长途占主体，该特征又可作为优惠通话的参考。

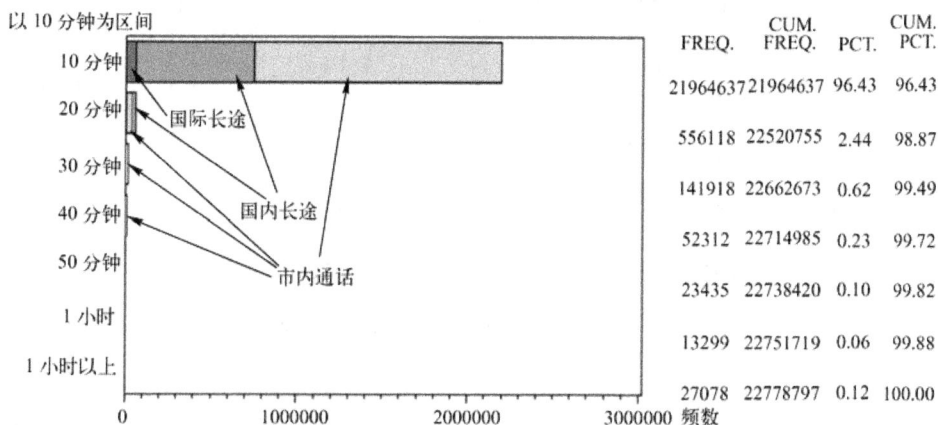

图 7-2 以 10 分钟为区间的通话时长分布

识别骚扰电话对运营商和客户来说都具有很大的意义，通过对通话时长在 2 秒以内的呼叫客户进行分析（如图 7-5 所示），该类电话主要属于市内通话，对主叫号码进行分组为 184 654 个号码，其中有 304 个号码的呼叫次数大于 50，可初步判断为骚扰号码，这些号码大多是公免用户，可能是公用号码被私人拨打骚扰电话。这里对骚扰号码的客户基本信息进行聚类分析，包括客户类型、行业类别、产品名称、用户性质、地区分布。聚类结果显示，骚扰号码主要集中在两个簇中，其中一个簇以政企客户为主，说明可能某些企业内部的员工使用公司的电话拨打骚扰电话。而通话时间大于等于 1 小时的超长通话（如图 7-6 所示），主要为国内长途和市内通话。

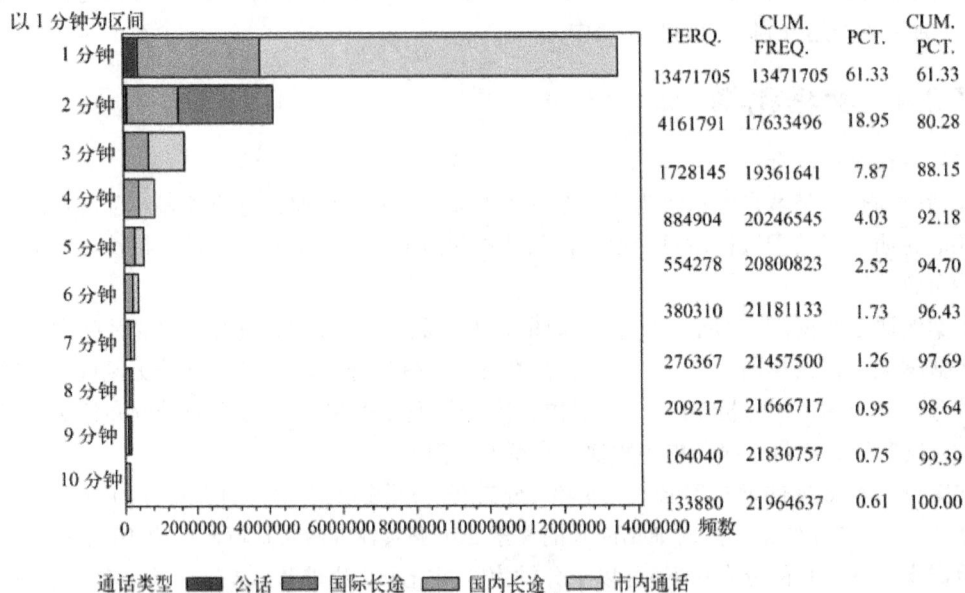

以1分钟为区间	FERQ.	CUM. FREQ.	PCT.	CUM. PCT.
1 分钟	13471705	13471705	61.33	61.33
2 分钟	4161791	17633496	18.95	80.28
3 分钟	1728145	19361641	7.87	88.15
4 分钟	884904	20246545	4.03	92.18
5 分钟	554278	20800823	2.52	94.70
6 分钟	380310	21181133	1.73	96.43
7 分钟	276367	21457500	1.26	97.69
8 分钟	209217	21666717	0.95	98.64
9 分钟	164040	21830757	0.75	99.39
10 分钟	133880	21964637	0.61	100.00

通话类型 ■公话 ■国际长途 ▨国内长途 □市内通话

图 7-3　以 1 分钟为区间的通话时长分布

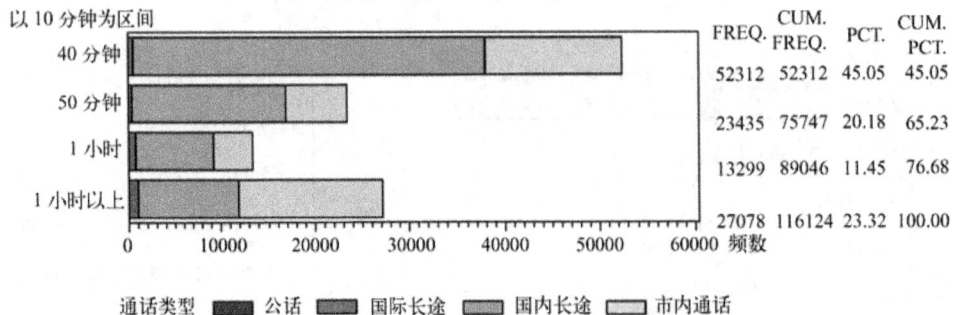

以10分钟为区间	FREQ.	CUM. FREQ.	PCT.	CUM. PCT.
40 分钟	52312	52312	45.05	45.05
50 分钟	23435	75747	20.18	65.23
1 小时	13299	89046	11.45	76.68
1 小时以上	27078	116124	23.32	100.00

通话类型 ■公话 ■国际长途 ▨国内长途 □市内通话

图 7-4　以 10 分钟为区间且时长大于 30 分钟的通话时长分布

（2）通话时段分析

分析通话明细数据中不同时段的频率，电信运营商可以从中得知哪个时段是通话的繁忙时段，以制定通话优惠策略、平衡线路的负载、避免过度通话带来的网络故障。不同时段可能造成不同的通话类型，通过分析每个不同通话类型的时段比例，可以知道市内电话（Local）、国内长途电话（也叫区域电话，National）、国际电话（International）的主要时段分布情况。

本案例通过读取通话明细记录的开始时间和结束时间，按照每天中的各个小时做出直方图，并以 1 小时作为时段的长度。由于本案例使用的数据中有些通话的开始时间和结束时间分布在

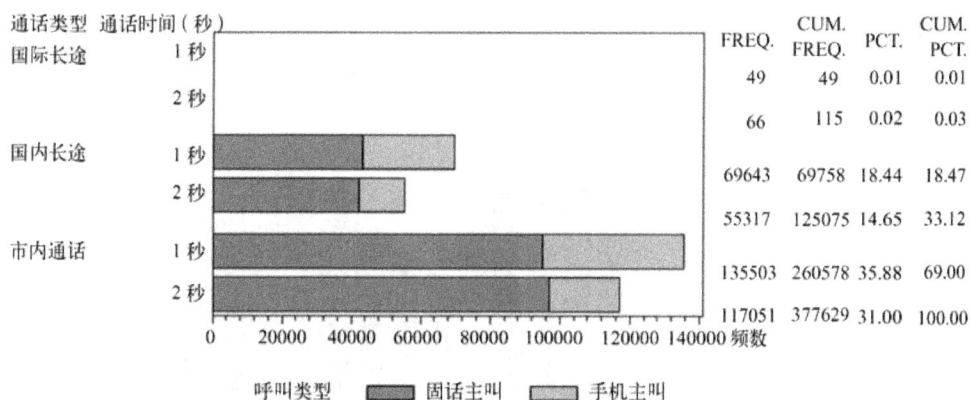

通话类型	通话时间（秒）		FREQ.	CUM. FREQ.	PCT.	CUM. PCT.
国际长途	1 秒		49	49	0.01	0.01
	2 秒		66	115	0.02	0.03
国内长途	1 秒		69643	69758	18.44	18.47
	2 秒		55317	125075	14.65	33.12
市内通话	1 秒		135503	260578	35.88	69.00
	2 秒		117051	377629	31.00	100.00

呼叫类型 ■ 固话主叫 ■ 手机主叫

图 7-5　2 秒以内通话数据分析

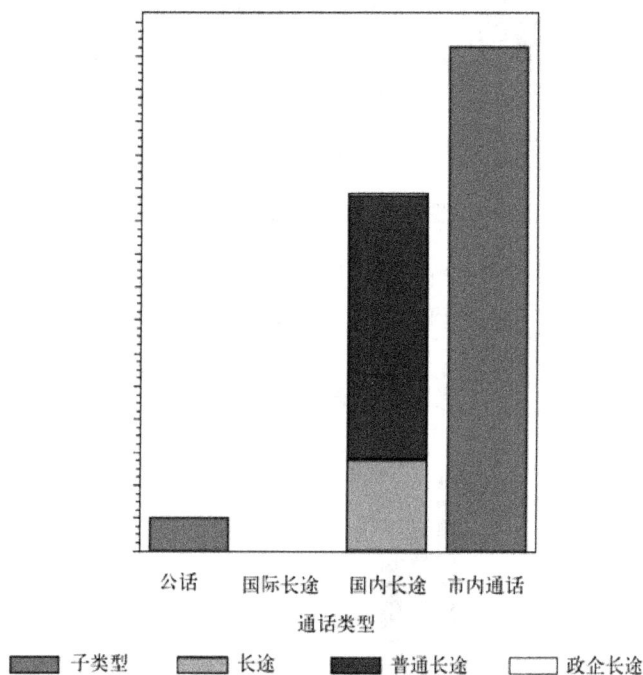

图 7-6　超长通话的类型分布

不同的时段，对于该情况本案例将通话的开始时间和结束时间分布在不同时段的记录在对应的两个时段都累积一次进行处理，最终构造一张包含开始时间、结束时间、通话时长、通话时段的数据表。

图 7-7 显示了一天中通话时段的模式。通过对每小时内的通话行为进行分析后，发现了一些有趣的模式。一般来说，凌晨通话次数很少，随着一天时间的流逝，通话次数明显增加。大约 8:00 A.M.到 11:00 A.M.时，或 3:00 P.M.到 7:00 P.M.时，会有一个有趣的峰值——人们在上班时间段会打电话，而每天的中午会产生一个低谷。这些说明通话时间和作息时间是正相关性的。同时，它显示在一天中，什么时候会产生不同类型的通话。一天中市话占了主要地位，说明同地区内客户之间的联系比较频繁。

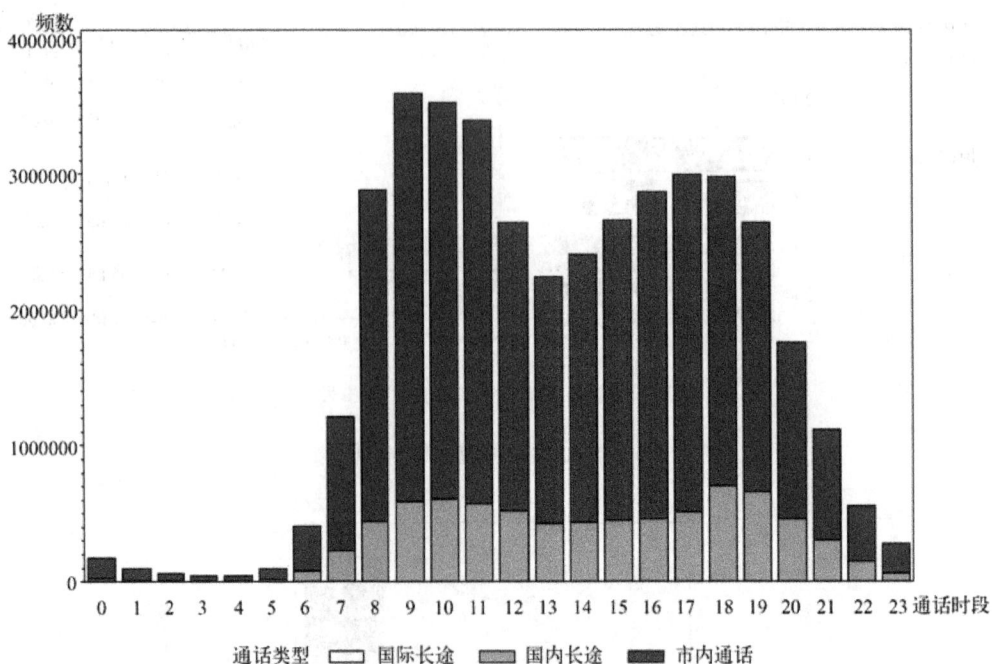

图 7-7　通话时段分布

不同客户类型的通话时段分布有所不同，图 7-8、图 7-9 显示了政企客户和家庭客户的通话时段分布情况。一般政企客户在上班时间段（早上 8 点到下午 5 点）通话很频繁，且中午时间通话较少；而无论对于主叫或被叫，家庭客户在晚上（6 点到 8 点）的通话较多，说明家庭客户一般在中午或晚上较空闲的时间段通话较频繁。

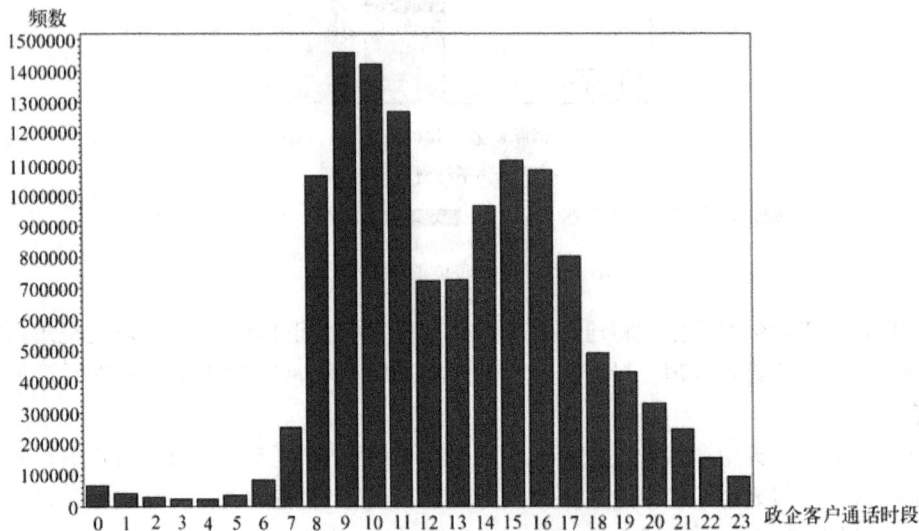

图 7-8　政企客户的通话时段分布

国际电话通话相当重要，需要深入了解国际电话通话的平均持续时间以及国际电话打往去处。图 7-10 示意了在一天内，国际电话通话时段分布。最长的通话是在白天期间，最短的则是在夜间。同时，该图显示了国际电话的主要联系地主要是港澳台，特别是香港，其次是美国、台湾、日本，这与现实情况是吻合的，即与港澳台同胞的联系较多，与美国、日本等发达国家的商业活动或留学较频繁。

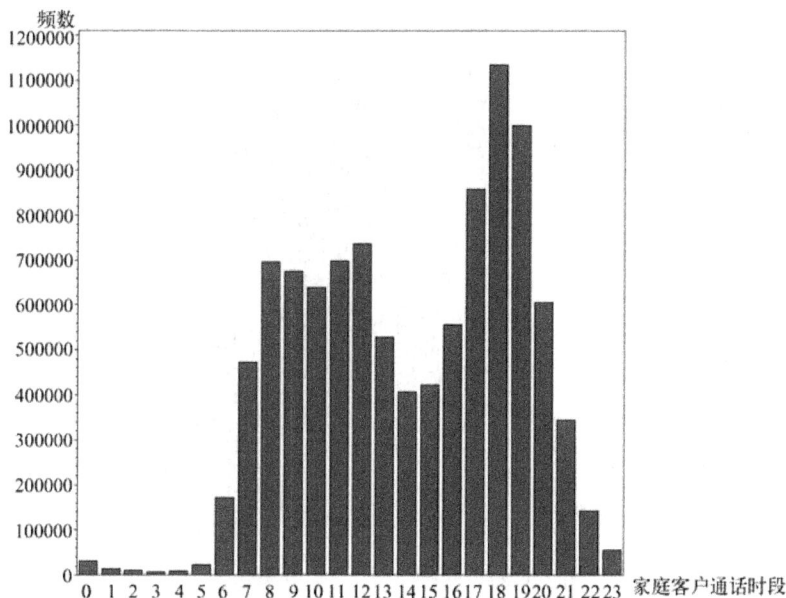

图 7-9 家庭客户类型的通话时段分布

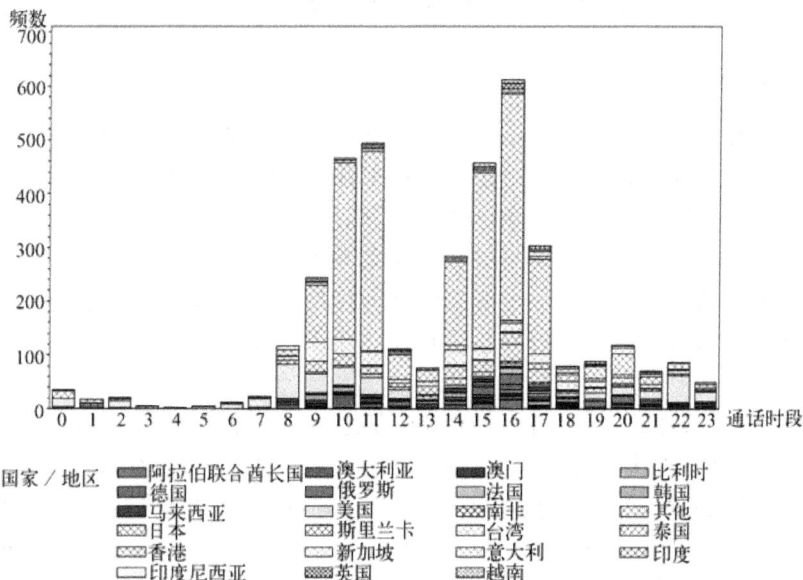

图 7-10 国际长途的通话时段分布

由于国外和国内关于国际通话收费不同，一般来说，我国呼出的国际通话费用相比于国外呼入明显偏高。那么，国际通话收费是否会影响国际通话的呼叫类型呢？如图 7-11 所示，国外呼入占国际通话的主体，这说明了国外呼入的收费低导致中国电信运营商的国际通话以被叫为主，那么运营商应该适当地调整国际通话费用。

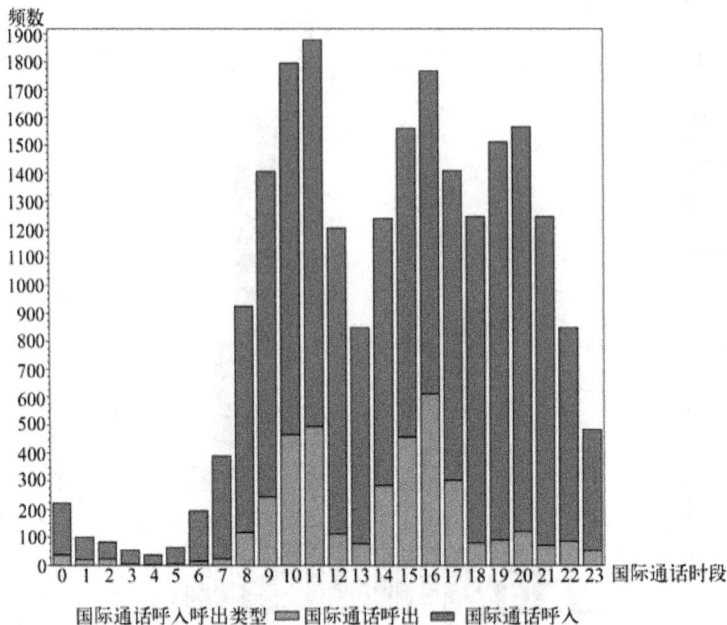

图 7-11　国际通话呼入呼出的通话时段分布

7.3　案例二：基于通话数据的社会网络分析

7.3.1　概述

通话明细记录（Call Detail Record，CDR）包含主叫、被叫和通话时长等客户之间的通话联系信息。一般来说，客户的呼叫行为是具有目的性的，且呼叫双方的联系频率反映了双方关系的紧密度，这充分说明了客户之间的通话联系是客户之间社会关系的投影。从社会网络分析（Social Network Analysis，SNA）的角度来看，通话明细记录可以看作以客户为节点、呼叫为边的客户呼叫图。本案例将分析客户呼叫图的多种结构属性，对客户的社会角色、地位和关系进行量化分析，并检测客户社区结构，对电信运营商改进客户关系管理有很大的帮助。

传统的客户关系管理是针对单个客户消费特征进行的传统客户关系管理，这不但需要花费大量的管理成本，而且无法挖掘出客户之间行为的相互影响。本案例分析呼叫图的基本特性，然后建立客户社会关系模型并应用到客户关系管理中，以此帮助电信运营商更好地发现潜在客户、提高客户忠诚度和防止客户流失。以社区替代单个客户作为电信客户关系管理的对象，社区内的消息传播模式可以用于产品推销、公共服务信息的传播（如灾害气象播报等）。根据客户中的"意见领袖"和客户之间的潜在关系，业务人员通过向社区内影响力较大的客户进行信息传递，然后借助其中的客户向其关联性高的客户进行产品或业务的推销，可以大大减少推销成本和提高广告响应率。

7.3.2 客户呼叫图的构建

本案例使用开源的社会网络分析工具 Igraph 分析客户呼叫图的结构属性。该工具包括中心度、距离和子图等功能模块，输入的数据格式有矩阵、PAJEK、GML 和 Graphml 等。

本案例使用的数据与案例一相同，是某电信运营商一个区域内有效客户 11 天的市内通话明细记录，去除市内通话中的公共服务电话通话记录，并选择通话时长大于 10 秒的通话数据，以避免误打等无效通话。在 7.2.3 节的数据预处理中，已经将通话数据不一致的主叫和被叫号码还原成原始主叫和被叫号码，并存储于 SAS 数据集中。这里需要对相同原始主叫和被叫号码的通话归组，并对号码进行编号，然后计算总通话时长和总通话次数（见表 7-6）。由于原始数据是通话明细记录，不能作为 Igraph 工具可读取的输入格式，所以必须先构建适用于社会网络分析法输入的客户呼叫图。一个客户呼叫图用 $<V,E>$ 表示，其中 V 是节点（电话号码）的有限集合，E 是边（呼叫双方电话号码的连接）的有限集合。若客户 u 呼叫客户 v，则边 $<u,v>$ 存在于 E 中。图 $<V,E>$ 的节点数为 n，边数为 m。复杂的图还包括节点和边的信息。节点的属性包括客户类型、行业类别等，呼叫边的属性包括通话总时长和总次数等。这里使用 Ggraphml（见图 7-12）为客户呼叫图的存储格式，并能被 Igraph 工具读入。

表 7-6　SAS 数据集格式的通话记录

原始主叫号码	原始被叫号码	总　时　长	总　次　数	主叫编号	被叫编号
6100ACD	6222DJF	64.32	2	1	5
6100AHB	6232DHB	105.75	5	2	4
6100AIH	6227EGI	187.96	4	3	6

```
<?xml version="1.0" encoding="UTF-8"?>
<graphml xmlns="http://graphml.graphdrawing.org/xmlns"
      xmlns:xsi="http://www.w3.org/2001/XMLSchema-instance"
      xsi:schemaLocation="http://graphml.graphdrawing.org/xmlns
         http://graphml.graphdrawing.org/xmlns/1.0/graphml.xsd">
<key id="d1" for="edge" attr.name="weight" attr.type="double"/>
<graph id="G" edgedefault="undirected">
<node id="n1" />
<node id="n2" />
<node id="n3" />
<node id="n4" />
<node id="n5" />
<node id="n6" />
<node id="n7" />
<edge source="n1" target="n5">
   <data key="d1">32.16 </data>
</edge>
<edge source="n2" target="n4">
   <data key="d1">21.15 </data>
</edge>
<edge source="n3" target="n6">
   <data key="d1">46.99 </data>
</edge>
<edge source="n3" target="n7">
   <data key="d1">51.87 </data>
</edge>
</graph>
</graphml>
```

图 7-12　GraphML 存储的客户呼叫图格式

7.3.3 客户呼叫图的一般属性及其应用

大规模网络中普遍具有"小世界模型"、幂律分布等结构特性，如合著网、生物网等，那么电信客户的通信网络是否具有其他大规模网络的一般特性呢？本节将使用多种传统的结构属性测量分析客户呼叫图的网络拓扑特性。本案例使用的客户呼叫图是有向的，并以平均通话时长为边的权重，且不包含自环和重边，共有 23 131 个节点，67 932 条边。

（1）度分布

度分布描述了网络图中每个不同度的节点数分布。有向图则有入度分布和出度分布。许多网络的度分布可以用幂律形式 $p(k) \propto k^{-\gamma}$ 来更好地描述。幂律分布也称为无标度分布，具有幂律分布的网络也称为无标度网络或非均匀网络。如图 7-13 所示，该客户呼叫图绝大部分的节点度相对很低，但存在少量的度相对很高的节点，故该网络图服从幂律分布。这个特性告诉我们，通话网络中存在着少数具有大量联系人的客户，这些客户已经或可能为运营商创造很高的价值，同时对公共服务和业务推广信息的传播发挥很大的作用。

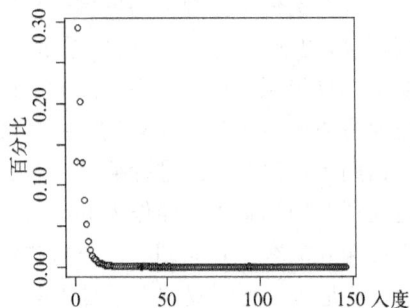

图 7-13　客户呼叫图的入度分布

（2）度相关性

度分布只描述了网络图整体结构属性的一方面，度相关性是另一个常用的衡量指标。在电信通话网络中，客户呼出的频率是否与呼入相关？高入度或高出度的客户之间是否彼此之间具有联系？这里通过分析客户通话呼入和呼出的特性解决这些问题。

如图 7-14 所示，从整体上看，单个客户节点的入度和出度为正相关，这说明了主动呼叫大量其他客户也会被大量其他客户所呼叫。但是图中同时显示，客户节点的入度或出度主要在 100 以内。出度数在 65、85 和 100 附近客户节点（如圆圈标记所示），入度与出度的正相关性消失，该类客户节点的出度相对较高而入度较低，说明该类客户可能是一些销售人员，即呼叫大量的商业客户而很少被叫。而入度很高、出度很低的客户节点可能是一些客户服务号码或企业广告号码，如 114、96900 等。

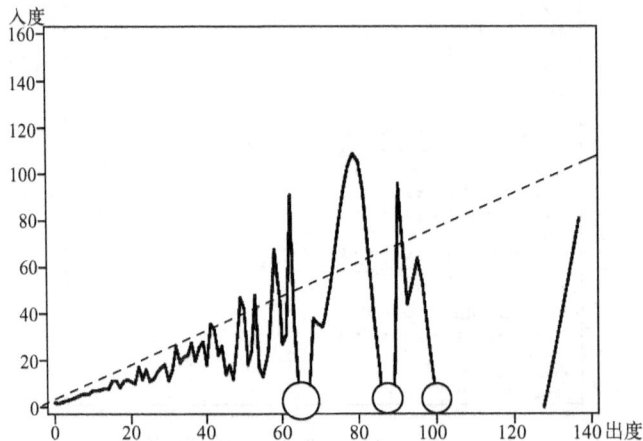

图 7-14　客户呼叫图的入度和出度相关性

由于入度和出度高的客户创造了较高的价值，可能在社会中担任重要的角色，对其他客户的影响力较大，同时这些客户可能由于社会角色的相似具有一定的联系。本案例将入度和出度

206

同时大于 40 的节点视为中心客户，实验数据中该类节点共有 25 个。图 7-15 为该 25 个客户的属性，可见政企客户的价值及其影响力很高，特别是"批发零售业"客户。

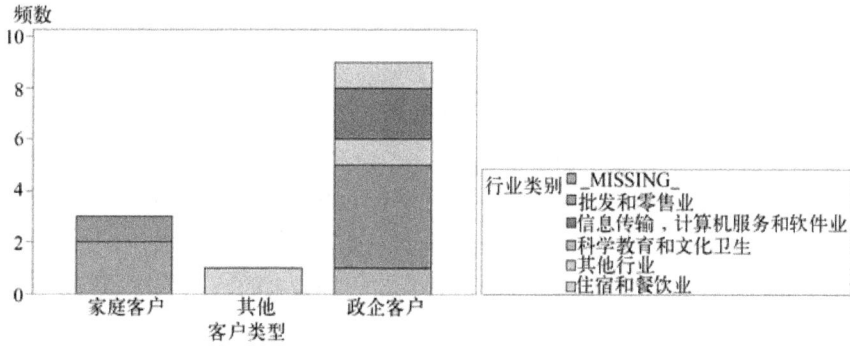

图 7-15　高入度和出度客户分布

为进一步研究中心客户之间的联系，我们使用 Igraph 工具进行客户呼叫网络的可视化。根据客户类型进行区分，红色为政企客户、绿色为家庭客户、黄色为其他类型，如图 7-16 所示，整体上分为两个大的团体，说明中心客户之间的联系比较紧密，客户大多是分布在电话号码以"622"开头的地区，且主要为政企客户。该特征可用于有效的客户管理，如运营商只需要以中心客户为目标对象进行营销，通过中心客户之间的社会关系和信息自动传播进行增量销售、交叉销售等业务的推广。

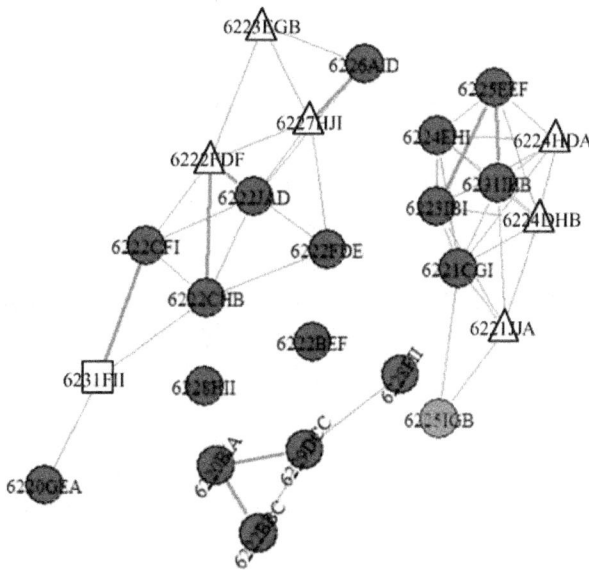

图 7-16　高入度和出度客户的联系图

7.3.4　客户呼叫图的社区发现及应用

本节使用 Igraph 工具中基于随机游走的社区结构检测算法进行通话网络的划分，该算法使用随机搜索策略遍历网络图，通过计算节点之间的距离，逐渐将相似度大的节点连接起来，从而形成社区。该算法在最坏情况下的时间复杂为 $O(mn^2)$，空间复杂度为 $O(n^2)$，对于许多现实的大规模网络，其时间复杂度为 $O(n^2 \log_2^n)$。

本案例的电信通话网络中共有 3214 个客户社区。图 7-17 为客户社区节点数分布，95%以上的客户社区的节点数在 10 个以下，说明了该地区的客户社会关系可能以朋友、亲戚关系较多。节点数大于 10 特别是 100 以上的可能是大企业内人员的同事关系。

由图 7-17 可知，该电信客户网络结构由多个客户社区组成。本案例选取社区号为 20 且拥有 47 个客户节点的社区进行特征分析，并使用 Igraph 工具进行结果的可视化，如图 7-18 所示，从图中可知该社区主要以家庭客户为主体，且部分客户节点（如大圆圈）为中心客户，可能该社区为以这些中心客户发射形成的同学或同事关系网络；图中比较粗的边表示客户之间的联系较频繁；同时，该图也显示了中心客户之间的联系是比较紧密的。

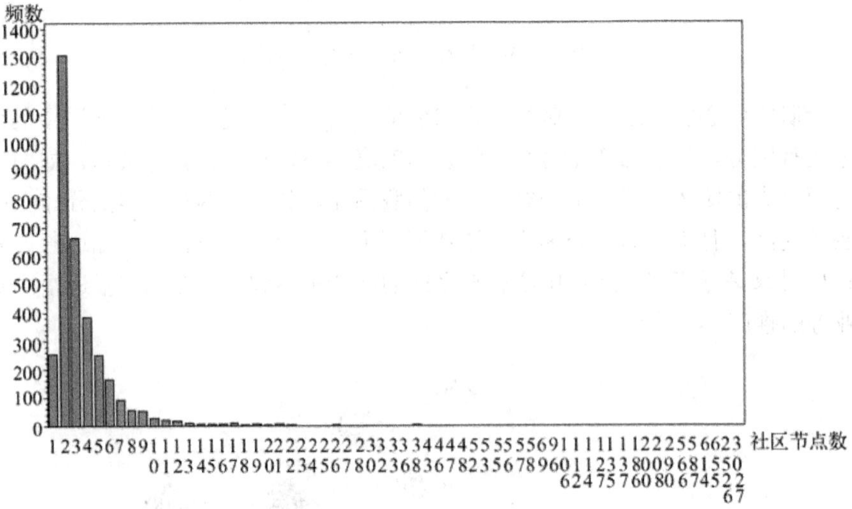

图 7-17　社区节点数分布图

利用该客户社区的特征，一方面，电信运营商以少量的中心客户为目标进行家庭客户类新业务的营销推广，让该类中心客户自动向社区内的其他客户传播消息，可以减少运营商的广告等费用；另一方面，运营商以客户社区的整体消费行为动态进行客户关系管理，不仅能清晰地了解整个社区的变化，还能进一步掌握其影响关系。比如一个中心客户离网，那么随后与该客户联系过的其他客户是否也跟着离网？如果是，则运营商应该采取优惠政策挽留中心客户。

7.2 节中说明了客户在不同时段有不同的通话模式，在工作时段的通话量明显比休息时段的多。那么，客户与不同关系的其他客户进行通话是否考虑到时间段的问题？比如，下属或学生很少在 22 点以后呼叫上司或教师，亲朋好友间即使在很晚的时间段通话频率也比较高，那么我们可以根据这些潜在的信息挖掘客户之间不同的关系类型。未引入时间因素的客户社区检测可以笼统地发现，在大量的客户中会有部分客户之间关系比较密切，但是我们无法解释具体是什么关系。下面将根据时段抽取休息时间的通话数据，从这类数据中更深入地识别客户之间的社会关系。如图 7-19 所示，其中形成了多个小的社区，这些社区很有可能是由几个亲密的亲朋好友组成的，运营商可以利用客户的亲密关系进行亲情网等业务推广。

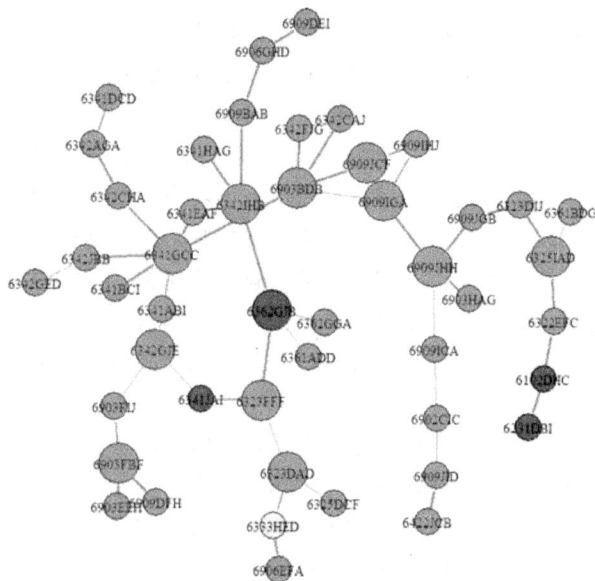

图 7-18　社区号为 20 的客户社区可视化

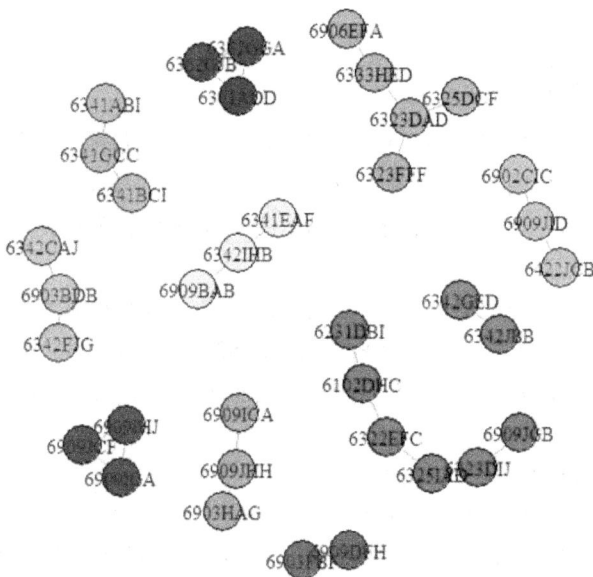

图 7-19　社区号为 20 休息时间通话的客户社区可视化

7.4　案例三：客户细分与流失分析

7.4.1　概述

本案例主要使用两类模型进行挖掘：聚类和分类预测模型。针对客户流失这个问题，聚类有利于分析客户特征，让经营决策者可以根据流失客户的特征制订具有针对性的市场策略，来减少客户的流失；而分类预测模型通过数据挖掘获得的知识，更主要地是对每个客户的消费行为进行评估，对客户的流失行为进行预测。结合聚类和分类模型的结果判定流失客户的类别及价值。从这些知识的用途来说，聚类模型建立的是战略方面的知识，分类预测模型建立的是战术层面的知识。

分类和聚类的方法各有利弊，可以应用于不同的场合和目标，来帮助我们解决不同的问题，将两者结合起来可以发挥更大的效益。在进行电信市场客户细分时，由于我们对电信业务数据的特性已经有非常深刻的认识，并掌握了丰富的业务规则，客户细分的业务目标也常常是很明确的，知道什么是我们应该关注的，并明确我们要解决的问题，因此，常常可以用分类的方法快速达到客户细分的目标，并将结果立竿见影地应用于市场营销。但我们也需要周期性地采用聚类分析方法对客户进行全方位的洞察，并发现一些被忽视的可以带来潜在商机的业务规则和有趣的细分。

客户流失预测分析的主要商业目标就是要对有流失倾向的客户进行有选择性的挽留，从而减小客户流失率。通过建立流失预测模型，挖掘出有潜在流失倾向的客户，并在此基础上结合客户细分的结果，将流失客户进行细分，找出流失倾向大的客户群体，然后根据挖掘结果帮助市场营销人员制订出具体的挽留策略和价值提升策略。

总之，通过综合分析客户流失的关键性特征和原因，对现有有价值的客户进行预测，对客户进行细分，再根据分类预测的结果，为市场部门针对不同类型易流失客户制订不同的客户挽留策略提供信息支持。

7.4.2　数据准备

为了建立客户流失预测模型，必须收集大量的客户信息资源数据，同时需要对其进行数据预处理，得到构建模型所需的格式。因此，在这个阶段需要对模型所需的历史数据（训练数据和测试数据）进行分析和处理，以便能充分挖掘出客户的关键行为特征。

（1）样本选择和数据描述

以某地区电信行业的客户业务数据作为实验数据（包括训练样本集和测试样本集）。该样本数据集中总共包含了 176 921 条（正常客户记录 156 885 条 + 流失客户记录 20 036 条）记录，每条记录由 18 个客户基本特征和 108 个客户行为特征（9 种业务，12 个月共 108 个）以及一个类别特征来刻画。

样本数据集中主要包含三类特征数据。

（1）客户基本特征：主要是客户资料数据

客户基本特征数据是客户的静态数据（如表 7-7 所示），相对来说是比较稳定的，但由于这些数据在收集时会包含大量的缺失值、不一致的值甚至错误的数据，所以需要进行大量的数据转换和清理工作。

表 7-7　客户基本特征表

字 段 编 号	字 段 名 称	数 据 类 型	字 段 编 号	字 段 名 称	数 据 类 型
1	服务编号	Char(20)	10	产品	Char(30)
2	行业大类 ID	Char(30)	11	竣工时间	Number(8)
3	行业小类 ID	Char(30)	12	拆机类型	Number(8)
4	电话号码	Char(30)	13	通话级别	Char(30)
5	客户编号	Char(30)	14	状态	Char(8)

字段编号	字段名称	数据类型	字段编号	字段名称	数据类型
6	客户类型	Char(30)	15	套餐名称	Varchar
7	渠道	Char(30)	16	套餐生效时间	Number(8)
8	行业大类	Char(30)	17	套餐失效时间	Number(8)
9	行业小类	Char(30)	18	套餐竣工时间	Number(8)

（2）客户行为特征：主要是客户的消费行为特征数据

每条记录包含了客户在一个年度内的消费行为数据，包括一年中每个月的总费用、月租费用、本地通话费、传统国内通话费用、传统国际通话费用、传统港澳台通话费用、IP国内通话费用、IP国际通话费用及IP港澳台通话费用等9个基本消费行为特征。所以，该样本数据集中共包含108个（12×9=108）消费行为特征，如表7-8所示。

表7-8　客户消费行为特征表（一个月份）

字段编号	字段名称	字段名称	数据类型
1	Total_fee	月总费用	Number(8)
2	FEE1	月租费	Number(8)
3	Local_fee	本地通话费用	Number(8)
4	CK_D_fee	传统国内通话费用	Number(8)
5	CK_I_fee	传统国际通话费用	Number(8)
6	CK_GOT_fee	传统港澳台通话费用	Number(8)
7	IP_CK_D_fee	IP国内通话费用	Number(8)
8	IP_CK_I_fee	IP国际通话费用	Number(8)
9	IP_CK_GOT_fee	IP港澳台通话费用	Number(8)

（3）客户类别特征

实验样本数据集中包含一个能够判定类别信息的类别特征，根据类别信息可知道每个样本的基本状态（如表7-9所示）。

表7-9　客户类别特征

字段编号	字段名称	字段名称	数据类型
1	Class	客户是否流失	Char(8)

在样本数据集中，客户类别特征（Class）由0和1来表示，0表示该客户已经流失，1则表示该客户是正常客户。

7.4.3　数据预处理

数据预处理的效果会直接影响到模型的性能及分类预测的效果。一方面，通过对数据格式和内容的调整，可以使建立的模型更准确、简单且便于理解；另一方面，可以降低学习算法的时间和空间复杂度。这里的数据预处理主要包括数据清洗、特征构造和特征选择等过程。

（1）数据清洗

数据清洗的目的是补全数据、处理缺失值、除去噪声及改正不协调的数据。例如，在客户样本数据集中，有些客户的套餐名称、套餐生效时间、套餐失效时间及套餐竣工时间等数据为空。在处理含有缺失值的特征时，如果有些特征的有效值少于总记录数据的 1/5，则可删除此特征；如果某记录中存在大量的空缺值，而这些空缺值难以以正常方法给予补全，则可以去除此类记录。

（2）数据变换

数据转换主要包括构造新的衍生特征和对连续型数据进行规范化。在实验数据集中，除了有表示客户类别信息的特征外（也是用其他方法赋值的），没有直接体现客户价值和客户流失倾向的特征。在本实验数据集中，消费行为特征中只包含了 12 个月的消费行为，这几个特征不能充分体现客户在季度和年度的消费情况。根据需要可以构造以下特征。

① 年度总费用：为一年内 12 个月的费用总和，表示为 Year_total_fee，即

$$Year\_total\_fee = \sum_{i=1}^{12} total\_fee$$

② 月消费比率：指下一个月与上一个月的总费用比值。根据这一原理可构造 11 个月消费比率特征。用符号可表示为

$$rate_i = total\_fee_{i+1}/total\_fee_i （1 \leqslant i \leqslant 11）$$

根据客户在一个年度内的消费情况可构造未消费月份数 Non-fee，此特征可反映样本客户消费情况及流失情况。由于在原始数据中存在有些记录有连续 11 或 12 个月都没消费的，在本案例中将删除这些记录。

同时，为了体现不同类别客户群体之间的消费差别，我们还需要构造 8 个不同的消费行为特征，分别为年度月租总费用、年度本地通话总费用、年度传统国内通话总费用、年度传统国际通话总费用、年度传统港澳台通话总费用、年度 IP 国内通话总费用、年度 IP 国际通话总费用、年度 IP 港澳台通总话费用。其计算方法比较简单，就是将 12 个月份的相关费用进行累加。

通过构造新特征，该样本数据集中总共包含了 136 个消费行为特征，即

108（原始行为特征）+4（季度总费用）+1（年度总费用）+11（月消费比率）+
3（季度消费比率）+1（Non-fee）+8（消费行为总费用）

在样本数据集中，我们可以根据客户的年度总费用及其他消费行为的总费用来判断客户的价值，以季度总消费、季度消费比率、月消费比率及未消费月份数来判断客户的潜在价值，采用消费行为总费用识别不同客户群体的消费倾向。

考虑到要对数据进行聚类分析，而聚类算法中要求对各连续型数据进行规范化，使得各连续数据的取值范围为[0, 1]。因此，需要对所有连续特征数据进行规范化，采用最大最小值规范化方法。具体方法如下：假设 s 和 s' 分别表示规范化之前的值和规范化之后的值，max_s 和 min_s 分别表示该属性的最大值和最小值，则

$$s' = \frac{s - \min\_s}{\max\_s - \min\_s}$$

（3）特征选择

经过数据清理和数据变换后，接下来就要进行特征选择。特征选择的效果会直接影响到分类预测模型的性能。通过特征选择，可以减少样本的维度，大大减少计算量，降低时间和空间复杂度，简化学习模型。例如，该样本数据集中电话号码和客户编号的相关性很强，我们可以认为它们之间存在冗余性，则可删除与目标特征相关性小的特征，即电话号码字段被删除掉。通过特征选择，服务编号、行业大类编号、行业小类编号、电话号码、竣工时间、拆机时间、60 个原始消费行为特征及 5 个构造特征被删除。

经过数据预处理，实验数据集中最后留下的客户基本特征和行为特征分别为 5 个（客户编

号、通话级别、客户类型、渠道、产品）和 83 个（48 个行为特征和 25 个构造特征），则该数据集中保留下来的特征总数为 88 个。

为了保证实验数据的分布能够很好地与现实情况相吻合，我们定义浓度这个概念来解释。其目的就是要使得训练出来的预测模型能尽可能抓住流失客户的特征。所谓浓度，就是训练集中流失客户与正常客户的比例。如果训练集中的正常客户与流失客户的比例为 1:1，那么就说该训练集的浓度为 1:1。通过观察我们会注意到，数据分布不平衡现象广泛存在于现实生活中。一般地，对于绝大多数电信企业来说，客户流失率都比较低。也就是说，正常客户与流失客户的分布是不平衡的，每月流失的客户总是少数，而正常客户占绝大多数。

经过上述分析，我们需要调整正常和流失数据的分布比例。据电信部门统计，当正常流失率不超过 20%时，客户流失特征不是很明显。因此，我们在实验中，取实验训练集的浓度约为 4:1（正常客户数：流失客户数）。经过数据预处理，有效客户流失样本记录数为 11263 条，结合预先定义的训练集浓度（4:1），我们在样本集随机选取 45162 条正常样本与流失样本共同组合成训练数据集，最后用于实验数据集的样本总记录数为 56425 条。

7.4.4 客户聚类分析

这里采用一趟聚类算法作为客户细分的基本方法。在一趟聚类算法实验中，聚类阈值 r 在 [EX, EX+0.8×DX]中随机选取，得到的最后聚类结果为：训练集被聚成 17 个簇，聚类精度为 96.81%，其中簇大小占总样本比例超过 1%的只有 7 个簇，其他 10 个簇占总样本数目都没有超过 1%，相当于小簇。

在聚类结果中，17 个簇的正常样本和流失样本分布、平均未消费月份数、各簇样本数占总客户总体的比例及各簇的年度消费平均值如表 7-10 所示。

表 7-10 客户聚类分析结果

簇 标 号	簇 大 小	类别分布(1/0)	各簇年度总费用平均值（元）	平均未消费的月份数	占总体客户的比例
1	36958	25651/1307	2543	0.017	65.5%
2	281	0/281	3460	4.331	0.5%
3	1803	0/1803	4032	4.706	3.2%
4	1342	0/1342	3820	5.110	2.38%
5	517	0/517	7801	4.622	0.93%
6	56	46/10	179521	1.482	0.1%
7	180	0/180	4350	6.528	0.32%
8	3281	0/3281	3006	4.741	5.81%
9	104	0/104	5047	5.010	0.18%
10	58	0/58	14520	2.724	0.1%
11	913	0/913	9014	4.389	1.62%
12	361	0/361	4167	6.814	0.64%
13	6816	6464/352	8494	0.079	12.08%
14	3089	2992/97	18906	0.001	5.47%
15	468	0/468	15170	4.436	0.83%
16	119	0/119	7610	4.403	0.21%
17	70	0/70	5483	4.986	0.12%

从各簇的类别分布情况来看，有 4 个簇（簇 1、簇 6、簇 13 和簇 14）的客户基本上都是由正常客户组成的，其他 13 个簇的客户基本上由流失客户组成。

依据客户对企业所创造的价值（主要是各簇年度总费用平均值，如图 7-20 所示），可以将电信客户分为价值最大的 VIP 客户群（簇 6，约占总客户数的 0.1%）、能够为企业提供较高利润的主要客户群（簇 10、簇 14 及簇 15，约占总客户数的 6.4%）、消费额一般的普通客户群（簇 5、簇 11、簇 13 和簇 16，约占总客户数的 14.85%）和数量大但价值小的小客户群（簇 1、簇 2、簇 3、簇 4、簇 7、簇 8、簇 9、簇 12 和簇 17，约占总客户数的 78.65%）。

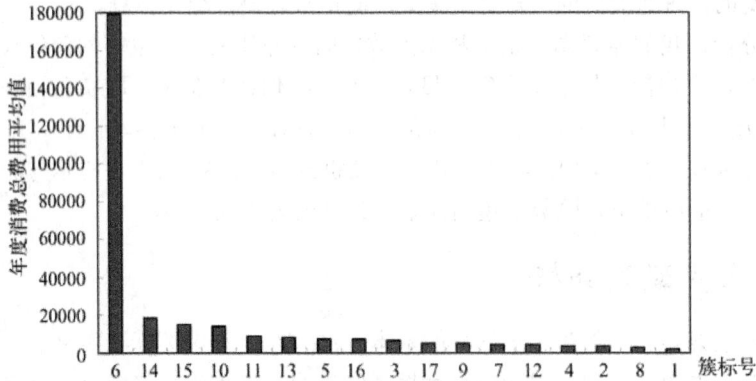

图 7-20　各簇年度消费总费用平均值比较

依据上述分析，可以得出如下结论：价值最大的 VIP 客户群（I）、能够为企业提供较高利润的主要客户群（II）、消费额一般的普通客户群（III）和数量大但价值小的小客户群（IV）四个类别的客户为企业创造的价值是依次递减的（呈金字塔形，如图 7-21（a）所示），而他们的数量却是呈指数式增长（呈倒金字塔形，如图 7-21（b）所示）。

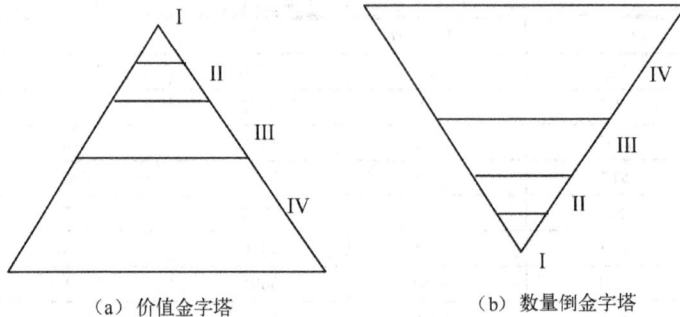

（a）价值金字塔　　　　　　　　（b）数量倒金字塔

图 7-21

根据表 7-10 的结果可以发现，VIP 客户群的客户数据在整个聚类空间中应该是一个异常簇，其各特征空间的特征值较其他簇相应的特征值有非常大的差别。但是该客户群的客户流失率也比较大，达到了 17.86%。另外，在主要客户群中的客户，其平均年度消费总费用基本在 15000元左右。这类客户的客户类型主由正常客户（簇 14）和流失客户（簇 10 和簇 15）构成，其客户流失率达到 17.23%。在普通客户群中的客户，其平均年度消费总费用维持在 7000～10000 元的范围内，该客户群中有 3 个流失簇（簇 5、簇 11 和簇 16）及一个正常簇（簇 13）组成，流失客户比例超过 20%，达到 22.72%。而在数量大但价值小的小客户群中，其客户簇多样，由 9 个簇组成，其平均年度消费额基本在 5000 以下，且流失的客户被划分成多种类型（客户流失率为 19.67%）。

在分析客户的基本构成以外，还需要对每个客户群的具体消费行为进行分析。为了简化分析，我们以普通客户群为例，分析该客户群中不同簇的消费差异。如图 7-22 所示，该客户群中四个簇的月平均消费比率分别用四条不同颜色的线条来表示。根据四条线的趋势可以看出，簇 13 的客户每月的消费比较平稳，而其他三个簇的客户消费不稳定，且最后几个月其消费呈直线下降趋势。

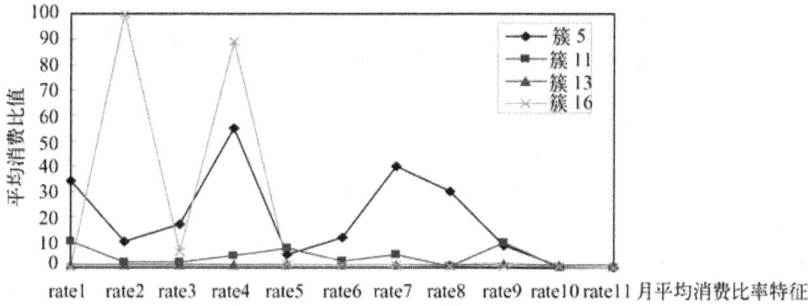

图 7-22　普通客户群各簇在 12 个月内的消费状况

图 7-23 描述了普通客户群中不同簇的消费行为状况，可以看出，簇 5 偏向于 IP 国际通话消费和港澳台通话消费。簇 11 主要是本地通话及 IP 国内通话消费，而簇 16 热衷于传统国际及传统港澳台消费。

注：fee1～fee8 分别表示各簇单个客户的年度月租费用平均值、年度本地通话总费用平均值、年度传统国内通话总费用平均值、年度传统国际通话总费用平均值、年度传统港澳台通话总费用平均值、年度 IP 国内通话总费用平均值、年度 IP 国际通话总费用平均值及年度 IP 港澳台通话总费用平均值。

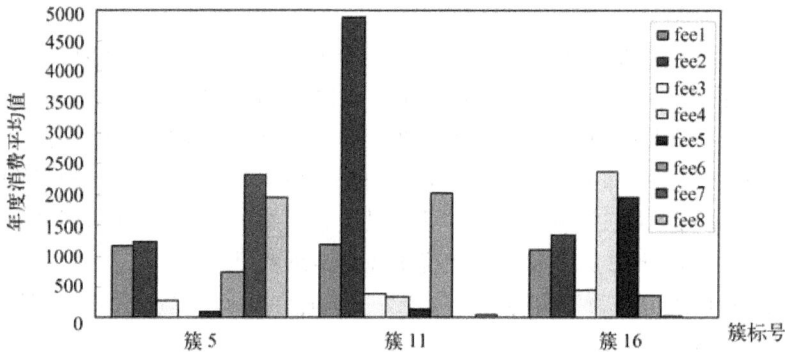

图 7-23　普通客户群中流失客户的具体消费行为比较

在其他客户群中的客户消费偏向及消费行为等可以用类似的方法进行分析，特别是消费额度比较大的客户群体，如果对这些客户进行了有效的识别和分析，则能为电信运营商挽回更多的效益。

7.4.5 建立分类预测模型

客户聚类作为预测的基础，目标是将客户划分为不同的类别，这样可以使预测分析在不同的客户群体上进行，也就是说，可以根据各记录的簇标号判定客户的类别。因此，需要将每条记录所在簇编号作为一个新特征的特征值增加到实验数据集中。用于分类建模的数据集中包含了 85 个特征（83 个基本特征+1 个聚类标号+1 个目标特征）和 56425 条记录样本。实验根据各种分类算法的特点，选择解释比较方便的决策树进行建模。

本实验采用 SAS EM 的决策树分类节点作为分类预测的基本工具。在实验中，对数据集采用随机选取 2/3 的数据用于训练，剩余的数据作为测试集。流程图如图 7-24 所示。

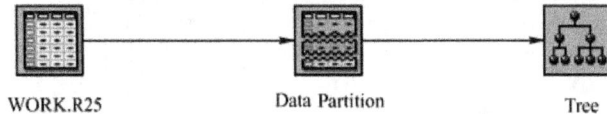

图 7-24 决策树分类流程图

由于本实验用 C4.5 算法，故 SAS EM 的决策树节点的参数设置如图 7-25 和图 7-26 所示：选取"熵规约"为划分指标，树剪枝的参数设置为"最多叶子数"，其他参数使用默认值。

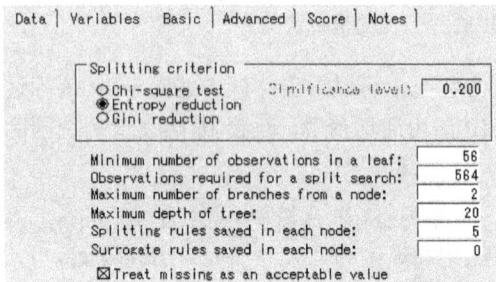

图 7-25 决策树分裂条件设置 图 7-26 决策树剪枝参数设定

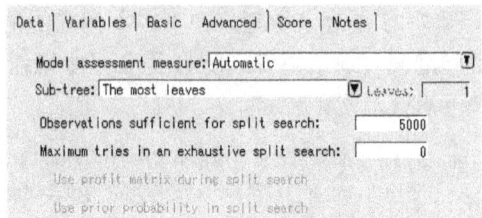

SAS EM 中决策树的分析结果如图 7-27 所示，包括混淆矩阵、树轮图和误分率曲线图。

SAS EM 的树轮图也可以用树状图更清楚地表示出来，如图 7-28 所示。决策树从顶部开始，直到获得最佳分类结果时才停止分支。当其达到最佳结果并获得按同一规则分类的客户时，便在底部出现叶节点。通过决策树的树形可视化，可以了解每个叶节点的分类规则所需的最重要的变量。在树中，未消费月份数被认为是最重要的变量，接着是 2009 年 4 月总费用与 2009 年 3 月总费用的比值、2009 年 3 月总费用及年度本地通话总费用等。

根据图 7-28 说明被分类为流失客户的一个分支节点。根据所显示的规则，具有以下特征的客户基本上是流失客户：

⊙ 一个年度内未消费月份为 0，即每个月都有消费。
⊙ 2009 年 4 月总费用与 2009 年 3 月总费用的比例小于 0.665。
⊙ 2009 年 3 月总费用小于 31.13 元。

7.4.6 模型评估与调整优化

聚类和分类预测模型所挖掘的是基于不同层面的知识，两模型的用途和作用也不同。但是由于选取的数据可能存在一定的偶然性和必然性，不能保证挖掘出的知识就是正确和适用的，因此需要对挖掘出的模型进行评估和检验。在评估和检验分析结果的基础上对模型进行调整和优化，以保证所挖掘的知识更有效、更适用，更能准确地反映出市场状况。

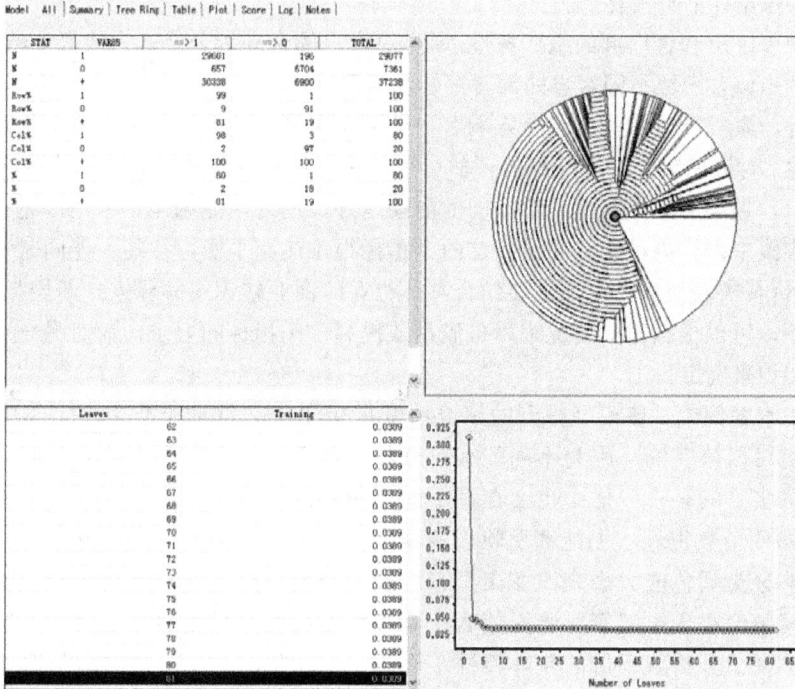

图 7-27　决策树分析结果

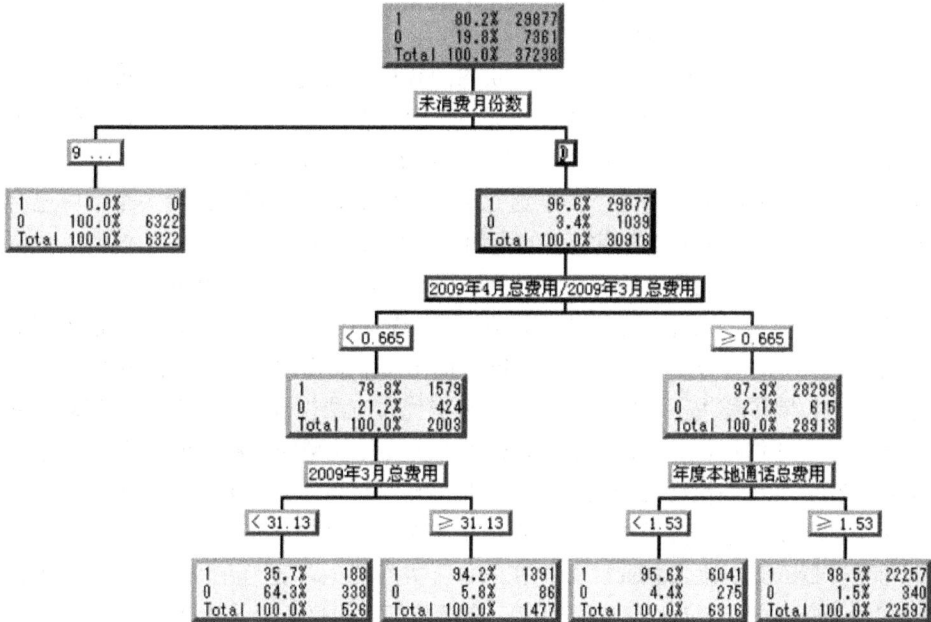

图 7-28　部分决策树结果示意图

在数据建模过程中都会得出一系列的分析结果、模型，包括聚类及分类预测模型，它们是对目标问题的多个侧面的描述。要形成最终的决策支持信息，还需要对这些结果和模型进行综合解释和分析。

（1）聚类模型评估与优化

聚类模型可以反映客户群的整体特性。通过对客户的合理划分及客户簇群的特征进行分析，可以从中判断出该客户群不同客户的消费偏好及消费特点。

除此之外，聚类结果的优劣还会影响客户分类预测模型的性能。所以，必须对聚类模型进行评估及优化。对训练集上聚类结果的评估可采用聚类精度及簇个数来评价其性能。一般来说，越少的簇个数，越高的聚类精度，聚类的性能就越好，反之性能越差。但是，无论是在理论上还是在具体实践中，聚类精度和簇个数这两个指标很难达到平衡，往往不能同时满足要求。所以，我们在评价聚类性能的时候还需要结合具体行业的商业知识或解释来判断聚类模型的性能。在通常情况下，可以根据实际情况来尽量满足或提高一个指标的要求，而对另一个指标则可根据具体商业知识来确定。

例如，在本案例中，该模型得到的聚类精度是96.81%，簇的个数为17。这个结果对于电信行业来说是可以接受的，因为不同的客户群体中都存在着不同程度的客户流失现象，并且在同一个消费水平的客户群体中也会存在不同消费特点的小客户群。所以，聚类精度不可能达到100%，而簇个数也基本上能够反映出各客户群的消费水平及消费特点。在模型优化方面，可以通过调整聚类阈值的大小来改变聚类精度及簇个数。通过调整不同的聚类阈值，经过实验发现，当阈值略小于本案例实验取值时，聚类精度会有少量提高，但是簇个数增长幅度非常大，这样不便于分析客户群的整体特性。而当聚类阈值略大于本实验取值时，聚类精度下降幅度大，簇个数明显减少，但这种情况下很难依据各簇的特点来分析各客户群的消费特性及消费偏好。

综上所述，对聚类模型进行评估与优化是各行业运营商必须要做且必须做好的工作。

（2）分类预测模型的评估与优化

针对分类模型的检验方法是对已知客户状态的数据利用模型进行预测，得到模型的预测值和实际的客户状态进行比较。分类预测模型评估主要是在测试集上进行验证，评估分类预测模型的主要指标有分类准确率（Accuracy）、召回率（预测覆盖率，Recall）、分类精度（预测命中率，Precision）及F-measure值等。关于这几个指标值的定义在前面的相关章节中已有说明。总的来说，这几个指标值越大，说明模型的预测效果越好。从图7-27所示的混淆矩阵结果中可以看出，该模型的预测性能是比较理想的，能够用于电信行业的分类预测。

对于决策树分类模型来说，主要的优化方法是调整树的结构，如设定树的最大层数、每个节点的分支数量等。这些方法可以在一定程度上优化模型的构建效率及简化模型输出。

在本案例中，除了使用上述常用的决策树模型优化方法以外，我们将每条记录在聚类后所产生的簇编号作为新增特征，增加到原始数据集中来优化模型的预测性能。表7-11给出了聚类前后的数据集在分类预测模型上的测试结果。其中预测精度、预测召回率及F-measure值表示流失客户类别的测试结果，分类准确率则表示正常及流失客户类别的整体分类性能。从测试结果上可以看出，Dataset2比Dataset1无论在总体分类性能上，还是在流失客户识别上都表现出了一定的优势（Dataset2比Dataset1增加了一个新特征，即每条记录所在簇编号），说明增加聚类结果作为新特征能够优化分类预测模型的性能。

表 7-11　模型优化前后结果比较

数　据　集	分类准确率	预测精度	预测召回率	F-measure 值
Dataset1	97.08%	97.3%	90.8%	93.9%
Dataset2	98.14%	98.5 %	92.1%	95.2%

7.5　案例四：移动业务关联分析

7.5.1　概述

近年来，移动通信市场一方面随着客户普及率的不断提高，已由高速增长期步入稳定成熟期，单纯依靠增量客户来拉动运营收入和利润增长已经受到限制；以资费为主要手段来争夺客户竞争愈演愈烈，保留存量客户、发展新增客户的成本逐渐上升，客户需求却呈现日趋多样化和差异化；另一方面，随着移动通信技术的不断发展，运营商不断将新业务推向市场，以建立新的业务增长点，提升新业务对运营收入的贡献。因此，如何向客户持续、不断地提供新的业务，不断满足不同客户的多样化和差异化需求，提升客户价值，实现运营商的运营收入和利润可持续发展，对运营商显得至关重要。

移动运营商提供多种适合不同客户需求的业务。客户通常会使用一种或多种业务，这些业务之间可能存在一些有趣的潜在关系。关联规则技术可以挖掘现有客户同时会使用什么业务，哪些业务的使用会带动新的业务的使用，以应用于业务交叉销售。通过交叉销售，运营商能够以较低的营销成本建立和扩展与客户的关系，为客户提供所需的感兴趣的业务或某一特定业务的升级或附加业务，使客户利益和价值最大化。

7.5.2　数据准备

进行业务关联规则分析需要收集客户使用业务的数据。本案例使用某移动公司 2009 年 5 月份一个月的客户业务使用数据，只选取卡状态为"正使用"且不欠费的用户，不考虑"停机"和"销户"的客户。由于实验数据中神州行、全球通和动感地带三种品牌的客户业务数据比例分别为 80%、11% 和 9%，比例相差比较悬殊，为了避免数据的不平衡影响生成规则的效果，故分别对三种品牌的客户数据进行业务关联分析。客户的业务消费属性需要根据交叉销售的目的进行选择，本案例根据实验数据使用语音业务原始数据。另外，实验数据还包括客户手机卡号，将其作为客户编号。

7.5.3　数据预处理

在进行移动通信的关联分析前，需要进行大量的数据预处理，这里主要是数据变换，包括属性构造、属性泛化和属性替换。

由于移动通信的增值业务太多，而且业务的层次太细，如 GPRS 业务分成了 GPRS 月套餐和 GPRS 日套餐，而月套餐和日套餐按照套餐额又进行细分；彩信业务分成点对点彩信和梦网彩信。这里的应用需要选取较高层次的业务作为分析目标项，所以对部分属性进行泛化，用高层概念替换底层概念，包括用 GPRS 业务替代 GPRS 月套餐和 GPRS 日套餐两种业务；用彩信业务替代点对点彩信和梦网彩信。由于原始数据中彩信业务和手机游戏的值是消费金额，这里需要将有消费的值用 1 代替，没有消费的用 0 代替。对于其他业务，客户在本月至少使用过某业务一次，那么该业务的值就为 1，否则为 0。短信业务的使用率很高不作为关联分析的对象，通信和酒店预订业务的使用率为 0 也不用于分析，处理后的客户增值业务有 18 种，如表 7-12 所示。

表 7-12 客户增值业务数据表

字段顺序	字 段 名	字段名称	数据类型	说 明
1	Usr_nbr	手机号码	VARCHAR2(20)	
2	Fetion_flag	飞信	CHAR(1)	1 表示开通，0 表示未开通
3	mms_flag	彩信	CHAR(1)	1 表示开通，0 表示未开通
4	mobmail_flag	139 邮箱	CHAR(1)	1 表示开通，0 表示未开通
5	pim_flag	号薄管家	CHAR(1)	1 表示开通，0 表示未开通
6	smsrtn_flag	短信回执	CHAR(1)	1 表示开通，0 表示未开通
7	gprs_pkg	GRPS	CHAR(1)	1 表示开通，0 表示未开通
8	mobnews_flag	手机报	CHAR(1)	1 表示开通，0 表示未开通
9	timenews_flag	新闻早晚报	CHAR(1)	1 表示开通，0 表示未开通
10	cr_flag	彩铃	CHAR(1)	1 表示开通，0 表示未开通
11	wireless_adv_usr_flag	无线音乐高级会员	CHAR(1)	1 表示开通，0 表示未开通
12	wireless_mus_flag	无线音乐俱乐部	CHAR(1)	1 表示开通，0 表示未开通
13	cr_box_flag	铃音盒	CHAR(1)	1 表示开通，0 表示未开通
14	quanqu_down	全曲下载	CHAR(1)	1 表示开通，0 表示未开通
15	hotel_preord_call_flag	酒店预定	CHAR(1)	1 表示开通，0 表示未开通
16	aer_preord_flag	机票预定	CHAR(1)	1 表示开通，0 表示未开通
17	mo_call_12580_flag	百科业务	CHAR(1)	1 表示开通，0 表示未开通
18	mobpay_flag	手机支付	CHAR(1)	1 表示开通，0 表示未开通
19	mobgame_flag	手机游戏	CHAR(1)	1 表示开通，0 表示未开通

本案例使用 SAS EM 的关联规则节点进行关联规则挖掘。该节点要求输入包含一个编号和一个目标变量。在序列模式的关联分析中还需要一个序列变量，由于原始数据不包含时间相关的信息，所以没有该变量。在本案例中，将客户的手机卡号作为编号，客户使用的业务作为目标变量。由于原始的数据格式是每个客户使用多种业务的记录，所以本案例的预处理工作需要将原始的单个客户包含多种业务的记录转化成多条"手机卡号—业务名称"的记录形式。例如，表 7-13 中第一行记录显示手机卡号为 1341****022 的客户开通了彩铃、GPRS 和百科业务，转换后的格式如表 7-14 中前三行所示，每行代表手机卡号为 1341****022 的客户开通的其中一种业务。

表 7-13 转化前的数据样本

字段顺序	手机卡号	彩铃	GPRS	百科	手机报	新闻早晚报
1	1341****022	1	1	1	0	0
2	1341****114	1	1	0	1	1

表 7-14 转换后的数据样本

字段顺序	手机卡号	业务名称
1	1341****022	彩铃
2	1341****022	GPRS
3	1341****022	百科业务
4	1341****114	彩铃
5	1341****114	GPRS
6	1341****114	手机报
7	1341****114	新闻早晚报

7.5.4 关联规则挖掘过程

（1）规则的生成

数据准备好之后，就可以进行关联分析。关联规则首先分析包含一种或多种业务交易的基本信息。为便于分析，每种业务代表一个项。分析之前必须用数据输入节点指定预处理后的数据集。流程图如图 7-29 所示。

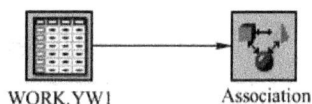

图 7-29　关联规则挖掘流程图

由于本案例的数据没有关于时间的信息，无法进行基于时间序列的关联分析，所以分析模式选择"关联模式"而不是"序列模式"。本案例使用经典的 Apriori 算法挖掘出所有的规则。最小支持度和最小置信度是关联规则最主要的两个评价指标。这里以神州行客户的数据为例进行参数设置说明，鉴于电信行业多数新业务的使用率都比较小，可设定项的最小比例和最小规则置信度分别为 5% 和 50%。由于数据中共有 18 种业务，所示设置一个规则最多可以包含的项为 18，如图 7-30 所示。

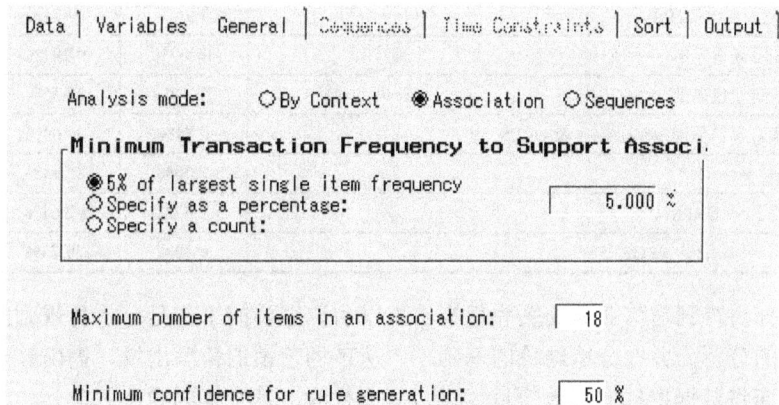

图 7-30　关联规则参数设置

（2）规则的选取

关联规则容易理解，但它们并不总是有用的，一般分为三种类型：可操作的、平凡的和费解的。

有用的规则包含高质量、可操作的信息，可能暗示更有效的业务组合销售，也可能暗示特别的业务广告方式。如规则"139 邮箱==>彩铃&GPRS"是很有价值的，因为 139 免费业务的使用会促使客户开通彩铃和 GPRS 需要收费的业务,那么业务人员可以在销售手机卡的同时帮助客户激活 139 邮箱,可能会推动客户使用其他的增值业务。

平凡的结果早已被熟悉商业的任何一个人所知晓。例如,规则"GPRS==>飞信",客户开通 GPRS 业务很大可能就是用手机客户端登录网上业务,如飞信,那么该规则对于业务人员来说是可猜测的。

费解的规则似乎无法解释,并且难以给出行动过程。费解的规则是数据中的偶然事件,有时是不可操作的。例如,规则"无线音乐高级会员==>新闻早晚报"似乎无法直接解释,也许可以猜测为该客户爱好音乐,也有阅读电子新闻的习惯,如果该规则符合某个商业目的,对于业务推广有很多帮助。

(1)神州行客户数据的业务关联结果

在神州行的客户数据中,本案例根据算法输出的频繁模式产生 53 条关联规则;剔除提升度小于 1 的业务规则,确保输出结果都是有效的;剔除部分显而易见的业务规则。经过处理后,关联规则模型共输出 14 条业务规则,如表 7-15 所示。

表 7-15 神州行客户数据生成的规则(部分)

规则号	规 则	支持度	置信度	提升度
1	新闻早晚报 ==> 手机报	5.80%	100.00%	14.60
2	手机报 ==> 新闻早晚报	5.80%	84.66%	14.60
3	新闻早晚报 ==> 彩铃	5.24%	90.37%	1.09
4	新闻早晚报 ==> GRPS	5.07%	87.49%	1.03
5	新闻早晚报 & 手机报 ==> 彩铃	5.24	90.37	1.09
6	新闻早晚报 & 手机报 ==> GRPS	5.07	87.49	1.03
7	手机报 ==> 彩铃	6.07%	88.67%	1.07
8	手机报 ==> GRPS	5.96%	87.01%	1.03
9	无线音乐俱乐部 ==> 彩铃	11.09%	97.91%	1.19
10	无线音乐俱乐部 ==> GRPS	10.03%	88.55%	1.05
11	无线音乐俱乐部 ==> 彩铃 & GRPS	9.81%	86.61%	1.27
12	飞信 ==> 彩铃	7.06%	85.71%	1.04
13	飞信 ==> GRPS	7.62%	92.61%	1.09
14	飞信 ==> 彩铃 & GRPS	6.56%	79.73%	1.17

通过关联分析得到增值业务的关联规则结果以后,重要的工作是分析各规则的特征,结合业务进行深入的分析,并在分析结论的基础上,从市场营销的角度出发,提出针对性的营销方案和对策,从而将数据挖掘的有效信息转化为商业行为,带来实际经济效益。移动通信企业运用关联分析结果可以得到很多的用于决策支持的知识,这里选出一部分规则进行分析。

从表 7-15 可以看出,挖掘出来的关联规则的置信度比较高,但是支持度较低,可能是神州行增值业务的推广力度不够导致的。从第 1、2 条规则可知,新闻早晚报与手机报具有密切关系,客户使用其中一种业务几乎会同时使用另外一种业务,置信度达到 84%以上,提升度高达 14%以上,说明了这些客户有阅读手机电子报的习惯。

如果从规则的右边出发,找出业务的影响因素,有以下两种分析结果。

① 从第 3、9、15 条规则可以得出,客户是否使用彩铃业务与客户是否使用新闻早晚报、

手机报、无线音乐俱乐部、飞信为正相关关系，置信度达到85%以上。其中，无线音乐俱乐部的使用对彩铃业务的影响较大。第9、11条规则显示，对使用了无线音乐俱乐部的客户进行推销彩铃业务，成功率达到97.91%，且提升度为1.19；虽然对该类客户同时推荐彩铃和GPRS业务的成功率比单独推销彩铃业务的低，但是其提升度为1.27。

② 同样，从第4、8、10、16条规则可知，GPRS与新闻早晚报、手机报、无线音乐俱乐部、飞信具有很大关系，其中飞信对其影响最大，置信度达到92.61%，可能是因为客户习惯使用手机客户端登陆飞信，所以有开通飞信的客户大多会同时开通GPRS业务。

如果从规则的左边出发，找出左边业务对哪些业务有影响，则有以下的分析结果：

① 从第3至8条规则得出，新闻早晚报业务或手机报的使用会影响彩铃和GPRS业务的使用，虽然第5、6规则的左边同时包含了新闻早晚报和手机报业务，但手机报业务对规则支持度、置信度和提升的都没有产生影响，即新闻早晚报的影响力更大。那么可以认为，向使用新闻早晚报或手机报的客户推销彩铃和GPRS业务具有八九成的成功率。

② 从第9、10、11条规则可知，无线音乐俱乐部对彩铃和GPRS业务具有较大影响，特别对彩铃业务。同时显示，向使用无线音乐俱乐部的客户推销彩铃或GPRS中的一种业务的成功率比同时推销彩铃和GPRS两种业务的成功率高。

③ 类似地，从第12、13、14条规则的结论是飞信业务的开通对彩铃和GPRS业务有正相关影响，特别是GPRS业务。由于目前飞信业务是一种免费的业务，那么营销人员可以在客户开卡时立即为客户开通飞信业务，那么可以为彩铃和GPRS业务带来增值利润。

（2）动感地带、全球通客户数据的业务关联结果及对比

对于动感地带的客户数据，设定项的最小比例和最小规则置信度分别为15%和55%，共生成35条规则，选取置信度大于80%，提升度大于1的规则进行分析，如表7-16所示。对于全球通的客户数据，设置最小比例和最小置信度分别为10%和50%，共生成49条规则，选择提升度大于1且置信度在75%以上的强关联规则进行分析，如表7-17所示。然后对神州行、动感地带和全球通三种品牌的业务关联规则进行对比分析，得出品牌之间业务使用的差异。

表 7-16　动感地带客户数据生成的规则（部分）

规则号	规　　则	支持度	置信度	提升度
1	无线音乐俱乐部 ==> 无线音乐高级会员 & 彩铃	19.17%	83.50%	1.04
2	无线音乐俱乐部 ==> 无线音乐高级会员	19.17%	83.50%	1.04
3	无线音乐俱乐部 ==> 彩铃	22.93%	99.88%	1.01
4	无线音乐俱乐部 & 无线音乐高级会员 ==> 彩铃	19.17%	100.00%	1.01
5	无线音乐俱乐部 & 彩铃 ==> 无线音乐高级会员	19.17%	83.60%	1.04
6	无线音乐高级会员 ==> 彩铃	80.02%	99.89%	1.01
7	无线音乐高级会员 & 飞信 ==> 彩铃	22.01%	99.87%	1.01
8	无线音乐高级会员 & 飞信 & GRPS ==> 彩铃	15.21%	99.81%	1.01
9	无线音乐高级会员 & 139 邮箱 ==> 彩铃	20.55%	100.00%	1.01
10	彩信 ==> 无线音乐高级会员 & 彩铃	23.25%	82.57%	1.03
11	彩信 ==> 无线音乐高级会员	23.28%	82.67%	1.03
12	彩信 & 彩铃 ==> 无线音乐高级会员	23.25%	83.16%	1.04
13	彩铃 ==> 无线音乐高级会员	80.02%	80.65%	1.01
14	彩铃 & GRPS ==> 无线音乐高级会员	37.97%	80.82%	1.01
15	彩铃 & 139 邮箱 ==> 无线音乐高级会员	20.55%	81.09%	1.01

表 7-17　全球通客户数据生成的规则（部分）

规则号	规　　则	支持度	置信度	提升度
1	新闻早晚报 ==> 手机报 & 彩铃	7.86%	85.63%	9.47
2	新闻早晚报 ==> 手机报	9.18%	100.00%	9.35
3	新闻早晚报 ==> 彩铃	7.86%	85.63%	1.15
4	新闻早晚报 & 手机报 ==> 彩铃	7.86%	85.63%	1.15
5	新闻早晚报 & 手机报 & GRPS ==> 彩铃	5.80%	86.12%	1.16
6	新闻早晚报 & 彩铃 ==> 手机报	7.86%	100.00%	9.35
7	新闻早晚报 & GRPS ==> 彩铃	5.80%	86.12%	1.16
8	无线音乐俱乐部 ==> 彩铃	5.11%	97.38%	1.31
9	无线音乐高级会员 ==> 彩铃	8.80%	85.56%	1.15
10	无线音乐高级会员 & GRPS ==> 彩铃	5.63%	84.71%	1.14
11	手机支付 ==> 彩铃	4.40%	76.19%	1.03
12	手机支付 ==> GRPS	4.70%	81.43%	1.21
13	139 邮箱 ==> 彩铃	13.91%	79.94%	1.08
14	彩信 ==> 彩铃	11.41%	81.85%	1.10
15	彩信 & GRPS ==> 彩铃	7.31%	80.36%	1.08

从表 7-15、表 7-16 和表 7-17 的规则结果可以知道，不同品牌的客户使用业务的情况有共同之处，但也有差别，那么对应生成的业务关联规则也会受到品牌类型的影响。

① 从表 7-15 的第 9～11 条规则、表 7-16 的第 1～5 条规则和表 7-17 的第 8～10 条规则可知，对于所有品牌的客户，开通无线音乐俱乐部有 83%的可能会开通无线音乐高级会员和彩铃业务。

② 而表 7-16 从第 6～8 条规则和表 7-17 的第 9～10 条规则显示，对于动感地带和全球通客户，开通无线音乐高级会员更有可能开通彩铃业务，但是神州行客户却没有这种特性，那么业务人员可以缩小营销的目标范围。

③ 同理，表 7-17 第 11～12 条规则说明，对于全球通客户，开通了手机支付业有 75%以上的可能性开通彩铃或 GPRS 业务，该规则同时说明了全球通客户使用手机支付的比例比较大，这也是全球通客户的一个特性。

7.5.5　规则的优化

7.5.4 节中生成的规则的右边主要是彩铃和 GPRS 业务，但在移动通信业务中，这两种业务的客户使用率较高，运营商不需在这方面进行大力推广。相反，那些客户使用率较低的业务才是运营商营销的目标，如无线音乐高级会员和百科业务等。如果将全部业务混合在一起进行关联挖掘，则会影响效果，那么需要将部分中低端收入的业务单独分类进行分析。在进行关联优化之前，先对客户使用各种业务的情况进行浅层探索，可以得到业务的客户使用覆盖率，如表 7-18 所示，GPRS 业务和彩铃业务的客户使用比例高达 70%以上，说明运营商对这两种业务的推广较成功，且客户需求量大。对于飞信业务等客户使用比例占 5%以上的新业务，虽然客户使用覆盖率不高，但是已经具有部分市场份额，运营商可以通过交叉销售等策略进行推广。而剩下的一些业务客户使用率很低，如酒店预订等，可能是因为客户对其了解较少或者业务目标对象是比较特殊的高端客户，运营商可以通过促销等渠道让更多的客户了解这些业务。

表 7-18　增值业务的客户使用覆盖率

序　号	业 务 名 称	客户使用数（33041）	客户使用比例（%）
1	GPRS	26 818	81.17%
2	彩铃	26 188	79.26%
3	彩信	5 486	16.60%
4	139 邮箱	4 786	14.49%
5	无线音乐俱乐部	3 591	10.87%
6	飞信	2 610	7.90%
7	手机报	2 171	6.57%
8	新闻早晚报	1 838	5.56%
9	百科业务	1 035	3.13%
10	无线音乐高级会员	985	2.98%
11	号薄管家	63	0.19%
12	全曲下载	45	0.13%
13	短信回执	26	0.079%
14	铃音盒	4	0.012%
15	机票预定	2	0.0005%
16	酒店预定	0	0%
17	手机支付	0	0%
18	手机游戏	0	0%

根据表 7-18，选取彩信、139 邮箱、无线音乐俱乐部、飞信、手机报、新闻早晚报、百科业务、无线音乐高级会员 8 种业务，并从 33041 条记录中提取至少使用上述其中一种业务的客户数据，共 13387 条记录。设置项的最低比例、规则置信度分别为 5% 和 50%，共生成 27 条规则，选取部分规则进行分析，如表 7-19 所示。

表 7-19　优化后的业务规则（部分）

规则号	规　　则	支 持 度	置 信 度	提 升 度
1	新闻早晚报 & 无线音乐高级会员 ==> 无线音乐俱乐部	2.73%	84.10%	3.14%
2	无线音乐高级会员 & 手机报 ==> 无线音乐俱乐部	2.76	83.30	3.11
3	无线音乐高级会员 & 手机报 ==> 新闻早晚报 & 无线音乐俱乐部	2.73%	82.39%	15.62%
4	新闻早晚报 ==> 手机报	13.73%	100.00%	6.17%
5	新闻早晚报 & 无线音乐俱乐部 ==> 无线音乐高级会员	2.73	51.70	7.03
6	无线音乐俱乐部 & 手机报 & 139 邮箱 ==> 新闻早晚报	2.08	91.45	6.66
7	手机报 ==> 新闻早晚报	13.73	84.66	6.17
8	无线音乐高级会员 & 手机报 ==> 新闻早晚报	3.24	97.97	7.14
9	无线音乐俱乐部 & 无线音乐高级会员 & 手机报 ==> 新闻早晚报	2.73	98.92	7.20

从上表的第 1、2 条规则可知，客户是否使用无线音乐俱乐部与新闻早晚报或手机报和无线音乐高级会员相关，置信度达到 83% 以上，且提升度为 3% 以上，而使用无线音乐高级会员业务的客户，同时使用新闻早晚报会比同时使用手机报更有可能使用无线音乐俱乐部。从第 2、3 条规则可知，同时使用无线音乐高级会员和手机报的客户，如果运营商向其推销单独无线音

俱乐部业务比推销新闻早晚报和无线音乐俱乐部两种业务成功率更高。从第8、9条规则可知，同时使用无线音乐俱乐部、无线音乐高级会员和手机报的客户，大多会同时使用新闻早晚报。

7.5.6　模型的应用

对关联规则产生的结果进行应用，将结果以商业化的方式直接供给前台营业人员、客户服务人员和营销策划人员使用，这样才能最大限度地发挥模型的作用。通过前面的分析我们可以看到，基于关联规则的交叉销售模型从业务的角度出发，能发现各类业务之间的关联关系和用户同时购买多种业务的习惯和特性。在明确了什么样的客户将购买什么样的业务这个问题之后，将其植入到营销业务流程中。这样营销人员和营销策划人员可以借助模型针对性地开展以下交叉销售工作。

① 针对性地向客户发送信息。根据规则结果，向交叉销售的目标用户发送推荐业务的相关资费信息、业务使用信息及相关优惠政策，引导用户购买其感兴趣的、现在还没有定制或使用的业务。例如，对使用了无线音乐高级会员业务但没有使用无线音乐俱乐部的客户，主动向这部分客户发送资费信息或优惠政策的相关信息，这样销售的成功率会高很多。

② 主动业务推荐或促销。规则能够很好地指导主动营销工作，当客户进入营业厅办理业务或呼入10086客服热线时，营业人员和客户服务人员可以正确地了解用户的潜在业务需求和用户消费特征，这样就可以有针对性地主动向用户推荐目标业务。例如，可以将开通或使用了手机报或新闻早晚报业务但还没有开通GPRS业务的客户建立一个数据库表，当用户进入营业厅办理业务或呼入10086客服热线时，如果客户在列表当中，输入手机号码后，在计算机屏幕上会自动弹出相应的提示页面。

③ 业务搭售或者业务捆绑销售。根据关联规则挖掘结果可以发现，不同业务间的潜在关联关系和用户的消费组合，营销策划人员可以根据业务的关联情况设计出不同形式的业务捆绑套餐和方案，让用户真正享受一站购齐的移动业务服务。在中低端增值业务中，可以将手机报、新闻早晚报和彩信业务进行捆绑销售，这样成功率高，也使客户能同时体验更多的服务，为以后的新业务向这些客户促销打下基础。

总之，基于关联分析的交叉销售这一市场利器，保证了移动运营商业务推广和营销策划工作的科学性、有效性和准确性，大大增加了交叉销售的成功率，为移动企业带来更多的经济效益。

本章小结

目前，电信市场竞争日益激烈、客户服务需求更加个性化和多元化，通过数据挖掘可以方便地提供电信客户行为分析，以便电信运营商更好地实施"以客户为中心"的服务模式。

本章讲述了数据挖掘技术如何应用于电信业中。围绕主要电信业务问题，以案例研究的形式对客户数据进行深层次的剖析，包括：客户关系管理方面的客户群体划分、客户流失分析、客户社会关系的挖掘及相互影响分析；市场营销方面的业务关联分析及交叉销售；欺诈客户的识别。

案例分析中以移动或电信运营商的客户业务数据和明细通话数据为对象，以商业经营需求为目的，经过数据清洗、数据变换和数据集成的数据预处理流程，进行客户通话模式分析、客户流失分析、基于明细通话记录的客户社会关系分析及业务关联分析，得到的分析结果为电信运营商提供很好的商业决策支持。

第8章 文本挖掘与 Web 数据挖掘

随着网络的不断发展，因特网目前已成为一个巨大的、分布广泛的和全球性的信息服务中心。从海量的网络信息中寻找有用的知识，已成为人们的迫切需求。这些网络信息大部分都是以文本的形式分布在不同服务器的硬盘或数据库中的，其中大部分数据是半结构化的文本数据，传统的数据挖掘方法并不能很好地处理这种类型的数据，文本挖掘技术应运而生。文本挖掘是专门用于处理大规模文本数据的工具，已经在信息检索、生物信息学、情报分析等领域得到广泛使用。而 Web 数据挖掘则是一个更广泛的概念，包含 Web 内容挖掘（Web Content Mining）、Web 使用挖掘（Web Usage Mining）及 Web 结构挖掘（Web Structure Mining）。由于 Web 页面内容很大一部分是文本数据（Text），因此文本挖掘是 Web 内容挖掘的核心部分。Web 数据挖掘是建立在对大量网络数据进行分析的基础上，采用相应的数据挖掘算法，在具体的应用模型上进行数据提取、数据筛选、数据转换和模式分析，最后做出归纳性的推理、预测客户的个性化行为和用户习惯，从而帮助进行决策和管理，减少决策的风险。Web 数据挖掘的典型应用包括 Web 搜索、Web 个性化推荐系统、敏感信息过滤、垃圾邮件过滤等。

8.1 文本挖掘

文本挖掘是一个对具有丰富语义的文本进行分析，从而理解其所包含的内容和意义的过程。对其进行深入的研究将极大地提高人们从海量文本数据中提取信息的能力，具有很高的商业价值。文本挖掘包含分词、文本表示、文本特征选择、文本分类、文本聚类、文档自动摘要等方面的内容，本节简单介绍这些技术涉及的概念以及相关内容。

8.1.1 分词

分词，是指将连续的字序列按照一定的规范重新组合成词序列的过程。在英文中，单词之间以空格作为自然分界符，中文的句和段能通过明显的分界符来简单划界，但词没有一个形式上的分界符，虽然英文也同样存在短语的划分问题，不过在词这一层次上，中文比英文要复杂得多、困难得多，这里简单阐述中文分词的相关概念和方法。

分词是文本挖掘的基础工作，是文本深层次分析的前提。词的切分，对于人来说是比较简单的事情，但是对于机器来说，却是非常困难的，如歧义切分、未登录词识别等极具挑战性的问题。

（1）歧义切分问题

歧义字段在中文文本中普遍存在，主要可以分为两类基本的切分歧义类型：交集型切分歧义、组合型切分歧义。交集型歧义字段可以定义为：设有中文字符串 $S = s_1 s_2 s_3 ... s_n$，存在词 $w_a = s_i s_{i+1} s_{i+2} ... s_p$ 和词 $w_b = s_j s_{j+1} s_{j+2} ... s_q$，其中 $1 \leqslant i < j \leqslant p < q \leqslant n$，则 S 属于交集型歧义字段。例如"管理学士"，我们可以把它切分成"管理学/士"，也可以把它切分成"管理/学士"。交集型歧义在汉语文本中非常普遍，再如"大学生"、"研究生物"、"从小学起"、"为人民工作"、"中

国产品质量"、"部分居民生活水平"。

组合型歧义字段可以定义为：设有中文字段 $w = s_a s_{a+1} s_{a+2} \ldots s_b$，$w_{i,j} = s_i s_{i+1} \ldots s_j$（$a \leqslant i < j \leqslant b$），存在中文字符串 S_m 和 S_n，使得 $w_{i,b-1} \in s_m$ 且 $w_{i,b} \in s_n$，则 w 属于组合型歧义字段。例如，"学生会"就是组合型歧义字段，"学生会的工作是布置会场"中"学生会"为一个词组，而句子"这个学生会玩魔方"中"学生"与"会"分别单独构成词组。

（2）未登录词问题

未登录词主要包括两大类：一类是新涌现的普通词汇或专业术语，如微博、木有、凡客体等；另一类是专有名词，如中国人名、外国译名、地名、组织名称等。未登录词在中文文本中普遍存在。未登录词识别和歧义词的切分对分词的精度有着重大影响。

目前，分词法主要分为以下三大类：基于词典的分词法、基于统计的分词法、基于语法分析的分词法。这些分词方法各有优缺点，其中基于词典的中文分词法由于其方法简单，正确率相对也比较高，所以成为初期人们研究中文分词的主流。

1．基于词典的分词法

基于词典的分词方法又被称为机械分词法，是按照一定的策略，将文本中的一部分可能被切成一个词的小段与一个词典里面的词进行比较，若存在，则划分为一个词。由于此类分词法对词典有很大的依赖性，因此对词典文件的要求很高。机械分词法的主要算法包括：正向最大匹配（从左到右的方向）、逆向最大匹配（从右到左的方向）、最少切分、双向最大匹配法等。下面主要介绍正向最大匹配和逆向最大匹配方法。

（1）正向最大匹配

正向是指从左开始算起，最大是指从一个设定的长度开始匹配，直到第一个匹配成功就切分成为一个词。假设 T 是一个待处理中文字串，正向最大匹配算法步骤如下：

<1> 设定取串长度 L；

<2> 从中文字串 T 的左边开始取出长度为 L 的字串 S_n，不足则取全部。

<3> 把 S_n 与词典里的词逐一比较，若存在跳到第<6>步。

<4> 去掉 S_n 最后一个单字。

<5> 判断 S_n 字串长度是否大于1，是则跳到第<3>步。

<6> 把 S_n 从 T 前面切开，成为一个单词。

<7> 判断字串 T 是否为非空，不是则跳到第<2>步。

<8> 切词完成。

若 $T=$"我们是学生"，$L=5$。第一步则取 $S_1=$"我们是学生"，发现匹配失败，去掉 S_1 最后一个字，成为 $S_1=$"我们是学"，发现匹配失败，去掉 S_1 最后一个字成为"我们是"……到最后 $S_1=$"我们"匹配成功，切词。取 $S_2=$"是学生"，匹配失败，$S_2=$"是学"，匹配失败……$S_2=$"是"，剩下一个字，切词。取 $S_3=$"学生"，匹配成功；T 为空串，分词结束，分词完成。最终得到的分词结果为"我们/是/学生"。

（2）逆向最大匹配

逆向最大匹配和正向最大匹配相似，区别在于从右至左匹配，假设待处理中文字串为 T，则其算法可以如下：

<1> 设定取串长度 L。

<2> 从中文字串 T 的右边开始取出长度为 L 的字串 S_n，不足则取全部。

<3> 把 S_n 与词典里的词逐一比较，若存在跳到第<6>步。

<4> 去掉 S_n 第一个单字。

<5> 判断 S_n 字串长度是否大于1，是则跳到第<3>步。

<6> 把 S_n 从 T 结尾切开，成为一个单词。

<7> 字串 T 是否为非空，不是则跳到第<2>步。

<8> 切词完成。

与正向最大匹配切分相比，逆向最大匹配算法的正确率有一定的提高，这与汉语本身的特点有关（汉语的中心词靠后）。同时，逆向最大匹配算法能处理一些简单的交集型歧义。需要注意的是，逆向最大匹配取词是从字串最后开始取的，而匹配失败后的字串 S_n 需要去掉的是最前面一个单字。因此，得到的分词结果顺序为"学生"、"是"、"我们"，但最终得到的分词结果是一样的，为"我们/是/学生"。然而，由于逆向最大匹配和正向最大匹配是从不同的方向进行匹配的，因此有些时候两种算法得到的词切分结果是不一样的。具体例子如下：

① 战斗中将军的作用

正向匹配结果：战斗/中将/军/的作用。

逆向匹配结果：战斗/中/将军/的/作用

② 研究生命起源

正向匹配结果：研究生/命/起源。

逆向匹配结果：研究/生命/起源

基于词典的分词法算法简单，实现容易。分词的正确率受词典大小限制，词典越大，分词的正确率越高。但取串长度 L 的大小容易影响分词的精度和效率。同时，由于该方法仅仅跟一个电子词典进行比较，因此不能进行歧义识别，无法很好地识别未登录词。

2. 基于统计的分词法

从形式上看，词是稳定的单字组合，直观地，在上下文中，相邻的字同时出现的次数越多，就越有可能构成一个词。因此，字与字相邻共现的频率或概率能够较好地反映成词的可信度。例如，基于互信息的简单分词方法：首先对语料中相邻共现的各个字组合的频度进行统计，计算它们的互现信息。定义两个字的互现信息为两个字 X、Y 的相邻共现概率。互现信息体现了汉字之间结合关系的紧密程度，当紧密程度高于某个阈值时，便可认为此字组可能构成了一个词。这种方法只需对语料中的字组频度进行统计，不需要切分词典，因而又叫做无词典分词法或统计分词法。

然而，这种方法也有一定的局限性，会经常抽出一些共现频度高但并不是词的常用字组，如"这一"、"之一"、"有的"、"我的"、"许多的"等，并且对常用词的识别精度差，时空开销大。因此，实际应用的分词系统一般都会选择使用一部基本的分词词典（常用词词典）进行串匹配分词，同时使用统计方法识别一些新的词，即将串频统计和串匹配结合起来，既发挥基于词典分词切分速度快、效率高的特点，又利用了无词典分词结合上下文识别生词、自动消除歧义的优点。

近年来，基于统计模型的分词方法成为分词研究方法的热点，如基于隐马尔可夫的分词方法、基于最大熵的分词方法、基于条件随机场的分词方法等，这些方法都能得到令人满意的分词精度，并且能实现词性标注、命名实体识别等功能。这些方法的最大缺点是需要有大量预先分好词的语料作支撑，而且训练过程中时空开销大。

3．基于中文语法的分词方法

这种分词方法是通过让计算机模拟人对句子的理解，达到识别词的效果。其基本思想就是在分词的同时进行句法、语义分析，利用句法信息和语义信息来处理歧义现象，通常包括三个部分：分词子系统、句法语义子系统、总控部分。在总控部分的协调下，分词子系统可以获得有关词、句子等的句法和语义信息，来对分词歧义进行判断，即它模拟了人对句子的理解过程。这种分词方法需要使用大量的语言知识和信息。由于汉语语言知识的笼统、复杂性，难以将各种语言信息组织成机器可直接读取的形式，因此目前基于理解的分词系统还处在试验阶段。

4．常见分词工具

ICTCLAS（Institute of Computing Technology，Chinese Lexical Analysis System）是中国科学院计算技术研究所在多年研究工作积累的基础上研制的汉语词法分析系统，其主要功能包括中文分词、词性标注、命名实体识别、新词识别，同时支持用户词典。先后精心打造 5 年，内核升级 7 次，目前已经升级到了 ICTCLAS 2010。ICTCLAS 采用了层叠隐马尔可夫模型（Hierarchical Hidden Markov Model），使用可以管理百万级别词典知识库的大规模知识库管理技术，在高速度与高精度之间取得了重大突破。目前，其分词速度单机为 996KBps，分词精度为 98.45%。同时，ICTCLAS 全部采用 C/C++编写，支持 Linux、FreeBSD 及 Windows 系列操作系统，支持 C、C++、C#、Delphi、Java 等主流开发语言。

imdict-Chinese-analyzer 是 imdict 智能词典的智能中文分词模块，采用基于隐马尔科夫模型（Hidden Markov Model，HMM）的方法，是中国科学院计算技术研究所的 ICTCLAS 中文分词程序基于 Java 的重新实现，可以直接为 Lucene 搜索引擎提供简体中文分词支持。

IKAnalyzer 是一个开源的、基于 Java 语言开发的轻量级中文分词工具包。从 2006 年 12 月推出 1.0 版开始，IKAnalyzer 已经推出了 3 个大版本。最初，它是以开源项目 Lucene 为应用主体的，结合词典分词和文法分析算法的中文分词组件。新版本的 IKAnalyzer 3.0 则发展为面向 Java 的公用分词组件，独立于 Lucene 项目，同时提供了对 Lucene 的默认优化实现。IKAnalyzer 采用特有的"正向迭代最细粒度切分算法"，具有 60 万字/秒的高速处理能力，同时支持英文字母（IP 地址、E-mail、URL）、数字（日期、常用中文数量词、罗马数字、科学计数法）、中文词汇（姓名、地名处理）等分词处理。

简易中文分词系统 SCWS（Simple Chinese Words Segmentation）采用的是自行采集的词频词典，并辅以一定程度上的专有名称、人名、地名、数字年代等规则集，经小范围测试准确率大概在 90%～95%之间，已能基本满足一些中小型搜索引擎、关键字提取等场合运用。 SCWS 采用标准 C 开发，由 Hightman 个人开发，无任何第三方库函数依赖，以 Unix-Like OS 为主要平台环境，提供 C 语言的接口、PHP 的扩展（源码、Win32 的 DLL 文件），是目前使用最方便的开源免费中文分词软件之一。

盘古分词是一个基于.NET Framework 的中英文分词组件。在中文分词方面，具有中文未登录词识别、人名识别、多元分词等功能；在英文分词方面，支持英文专用词识别、英文原词输出、英文大小写同时输出等。盘古分词在运行环境为 Core Duo 1.8 GHz 下，单线程分词速度为 390 KBps，双线程分词速度为 690 KBps。

其他分词工具还包括 Paoding（庖丁解牛分词）、HTTPCWS、MMSEG4J、CC-CEDICT 等。以上分词工具具有不同的特点，并且大部分都是开源项目，用户可根据需要选择合适的工具。

8.1.2　文本表示与词权重计算

目前，文本表示主要采用向量空间模型（Vector Space Model，VSM）。在这种模型中，每个文本被表示为在一个高维词条空间中的一个向量 $d_i = (t_{i,1} : w_{i,1}, t_{i,2} : w_{i,2}, t_{i,3} : w_{i,3}, \cdots, t_{i,m} : w_{i,m})$，其中 d_i 为文本，$t_{i,j}$ 表示第 i 个文本 d_i 中的第 j 个词，$w_{i,j}$ 表示词 $t_{i,j}$ 在文本 d_i 中的权重。词条权重 $w_{i,j}$ 一般采用 tf×idf 方法来计算得到。

词频 tf（Term Frequency）是指一个词条在一个文本出现的频数。频数越大，则该词语对文本的贡献度越大。其重要性可表示为：

$$\mathrm{tf}_{t_{i,j}} = \frac{n_{t_{i,j}}}{N_i}$$

其中，$n_{t_{i,j}}$ 是 $t_{i,j}$ 在文本 d_i 中出现的次数，N_i 是文本 d_i 中所有词语出现的总数。

逆文本频度 idf（Inverse Document Frequency）表示词语在整个文本集中的分布情况，包含该词语的文本数目越少，则 idf 越大，说明该词语具有较强的类别区分能力。其重要性可表示为

$$\mathrm{idf}_{t_{i,j}} = \log_2 \frac{N}{m_{t_{i,j}}}$$

其中，N 是文本集的总个数，$m_{t_{i,j}}$ 是包含该词语的文本个数。$tf \times idf$ 公式有很多不同的形式组合，一种常用的形式如下：

$$w_{i,j} = \mathrm{tf}_{t_{i,j}} \times \mathrm{idf}_{t_{i,j}} = \frac{\dfrac{n_{t_{i,j}}}{N_i} \cdot \log_2 \dfrac{N}{m_{t_{i,j}}}}{\sqrt{\displaystyle\sum_{j=1}^{m} \left(\dfrac{n_{t_{i,j}}}{N_i} \cdot \log \dfrac{N}{m_{t_{i,j}}} \right)^2}}$$

tf×idf 是一种常用的词权重计算方法，在信息检索、文本挖掘和其他相关领域有着广泛应用。其主要思想是：如果某个词或短语在一篇文章中出现的频率 tf 高，并且在其他文章中很少出现，则认为此词或者短语具有很好的类别区分能力，适合用来分类。tf×idf 方法结合 tf 和 idf，从词语出现在文本中的频率和在文本集中的分布情况两方面来衡量词语的重要性。

近年来，部分学者认为 VSM 这种文本表示方法没有涉及词条语义关系，而使用 tf×idf 词权重计算方法会使得文本原有的语义信息丢失。因此，一些考虑语义层面的文本表示方法得到了广泛的关注，如潜在语义索引 LSI（Latent Semantic Indexing）、局部保持索引 LPI（Locality Preserving Indexing）和 multi-words 等。

8.1.3　文本特征选择

文本特征选择是根据某种准则从原始特征中选择部分最有区分类别能力的特征，即从一组特征中挑选出一些最有效的特征，以降低特征空间维数的过程。在向量空间模型下，文本特征的高维性和数据的稀疏性是困扰文本分类效率的瓶颈。文本特征选择是文本分类中一种重要的文本预处理技术，能够甄选出最有区分类别能力的特征词，从而能有效地提高分类器的效率，并有可能提高分类器的精度。目前，常用的文本特征选择方法有以下几种：文档频率（Document Frequency，DF）、单词权（Term Strength，TS）、单词贡献度（Term Contribution，TC）、信息增益（Information Gain，IG）、互信息（Mutual Information，MI）、x^2 统计量（CHI-Squared，CHI）、期望交叉熵（Expected Cross Entropy，ECE）等。其中，文档频率、单词权、单词贡献

度是有监督的特征选择方法，而信息增益、互信息、x^2统计量、期望交叉熵则属于无监督的方法。以下分别以文档频率和信息增益作为无监督和有监督方法的代表简要介绍文本特征选择方法。

1. 基于文档频率的方法

文档频率是指所有训练文本中出现某个特征词的频率。由于低频词没有代表性，以及出现频率太高的特征词没有区分类别能力，因此，通常会分别设置一个小的阈值和大的阈值，来过滤一些低频词和频数特别高的词。文档频率的计算复杂度较低，随着训练集的增加而线性增加，能够适用于大规模语料库。同时，这种特征选择方法可以去除一部分噪声词，可能有助于提高分类的准确率。

这种特征选择方法简单、易行，但具有如下缺点：首先，该方法在对特征词进行选择时，认为低频词不含有或含有很少的类别信息，因此将它们删除并不会影响分类器的分类效果。实际上，这一假设存在缺陷，部分低频词虽然文档频数低，但能很好地反映类别信息的特征词条，如果将该类特征词去掉会影响分类器的分类性能。例如，在一篇新闻报道中，部分人名出现的频数很低，但是却具有较强的区分信息。其次，基于文档频率的方法仅考虑特征词是否在文档中出现，忽略了特征词在文档中出现的次数这一重要信息。

2. 基于信息增益的方法

基于信息增益的方法根据某个特征词 t 在一篇文档中出现或者不出现的次数，来计算为分类所能提供的信息量，并根据该信息量大小来衡量特征词的重要程度，进而决定特征词的取舍。信息增益是针对某个具体的特征来说的，特征词 t_i 的信息增益是在整个分类过程中，有特征词 t_i 和没有 t_i 时存在的信息量差异，其中信息量由信息论中的熵来表示。

$$\text{IG}(t_i) = H(C) - H(C|t_i)$$
$$= \left[-\sum_{j=1}^{n} P(C_j) \log_2 P(C_j) \right] - \left\{ P(t_i) \times \left[-\sum_{j=1}^{n} P(C_j|t_i) \log_2 P(C_j|t_i) \right] + P(\overline{t_i}) \times \left[-\sum_{j=1}^{n} P(C_j|\overline{t_i}) \log_2 P(C_j|\overline{t_i}) \right] \right\}$$

其中，$P(C_j)$ 是指类别 C_j 中文本在语料中出现的概率，$P(t_i)$ 表示语料中特征词 t_i 出现的概率，$P(C_j|t_i)$ 表示特征词 t_i 在类别 C_j 中出现的概率，$P(\overline{t_i})$ 表示语料中特征词 t_i 不出现的概率，$P(C_j|\overline{t_i})$ 表示特征词 t_i 不在类别 C_j 中出现的概率，n 表示语料库中包含的文本类别数。

信息增益是目前最常用的文本特征选择方法之一，常被作为文本分类降维处理以及有监督特征选择基准方法使用。该方法只考察特征词对整个分类的区分能力，不能具体到某个类别上，是一种全局的特征选择方法。

8.1.4 文本分类

网络信息挖掘、自然语言处理、信息检索等领域技术能很好地解决信息过载时代的文本数据管理问题，而文本分类技术作为这些领域的重要基础，在近年来得到了快速发展和广泛的关注。

1. 定义

文本自动分类（简称"文本分类"）是在预定义的分类体系下，根据文本的特征（词条或短语），将给定文本分配到特定一个或多个类别的过程。传统的文本分类工作都是由专家或专业人士进行人工分类，人工分类方法费时费力，分类结果也会存在一定的主观因素。相对于人工方法，自动分类方法可有效地减少分类工作的繁杂性和主观性，大幅提高信息处理的效率。根据分类知识获取方法的不同，文本分类方法大致可以分为两种：基于知识工程的分类方法和基于机器学习的分类方法。这里主要讨论基于机器学习的分类方法。

文本分类的基本步骤可以分为三步：首先，将预先分过类的文本作为训练集输入；其次，文本自动分类算法对输入的训练集进行学习，并构建分类模型；最后，用学习得到的分类模型对新输入的文本进行分类。第一步中就涉及训练集的预处理问题，文本表示形式选择、特征选择、训练集文本的干扰因素清理等都是文本自动分类预处理中的重要问题，对整个文本分类的准确性和效率影响重大。第二步主要根据应用领域的特点，选择合适的分类器来建立分类模型，这是文本自动分类的核心步骤。最后，就可以根据分类器对新输入文本的分类结果，对其分类性能进行评估。

2. 文本分类算法

常见的文本自动分类算法包括：Rocchio 和 WH（Widrow-Hoff）线性分类器、k-最近邻分类器（k-nearest neighbor，kNN）和基于推广实例的分类器（Generalized Instance Set，GIS）、朴素贝叶斯分类器（Naïve Bayes Classifier，NB）、贝叶斯网络分类器（Bayes Networks，BayesNets）、决策树分类器（Decision Trees，DT）、支持向量机分类器（Support Vector Machines，SVM）等。下面用朴素贝叶斯分类算法来阐述文本分类的整个过程。

朴素贝叶斯分类器假设一个特征对于给定类的影响独立于其他特征，即特征独立性假设。对文本分类来说，它假设各特征词 t_i 和 t_j 之间两两独立。这里采用 8.1.2 节的文本表示方法。

设训练样本集分为 k 类，记为 $C = \{C_1, C_2, \cdots, C_k\}$，每个类 C_i 的先验概率为 $P(C_i)$ $(i = 1, 2, 3, \cdots, k)$，其值为 C_i 样本数除以训练集样本总数 n，样本 d 属于 C_i 类的条件概率为 $P(d|C_i)$。根据贝叶斯定理，C_i 类的后验概率为

$$P(C_i|d) = \frac{P(d|C_i)P(C_i)}{P(d)}$$

其中，$P(d)$ 对于所有类均为常数，可以忽略。

朴素贝叶斯分类器将未知样本归于后验概率最大的类，判断依据如下：

$$P(C_i|d) = \arg\max\{P(d|C_i)P(C_i)\} \qquad i = 1, 2, \cdots, k$$

文本 d 由其包含的特征词表示，即 d 表示成 $(t_1, \cdots, t_j, \cdots, t_m)$，$m$ 是 d 的特征词个数 $|d|$，t_j 是第 j 个特征词，基于特征词独立性假设，文本的类条件概率 $P(d|C_i)$ 可以由文本中出现的特征的类条件概率求得：

$$P(d|C_i) = P\big((t_1, \cdots, t_j, \cdots, t_m)|C_i\big) = \prod_{j=1}^{m} P(t_j|C_i)$$

其中，$P(t_j|C_i)$ 表示单词 t_j 在类 C_i 中出现的概率。

在贝叶斯假设的基础上，文本可以看作由若干相互独立的词汇组成的集合，我们可以认为文本是这些词汇按照一定的方式"产生"的。根据产生方式的不同，简单贝叶斯分类算法有两种模型：多变量伯努利事件模型和多项式事件模型。这两种模型的差异体现在 $P(d|C_i)$ 估计的方法不同。

（1）多变量伯努利事件模型

在多变量伯努利事件模型中，文本向量是布尔权重，也就是说，如果特征词在文本中出现则权重为 1，否则权重为 0，而不考虑特征词的出现顺序，忽略特征在文中出现次数。设特征数量为 m，将文本看作一个事件，这个事件是通过 m 重伯努利实验产生的，即某个特征出现或者不出现。

设 B_{xt} 表示特征在文本中的出现情况，表示出现或者不出现，则有：

$$P\left(d \mid C_i\right) = \prod_{j=1}^{m}\left(B_{xt} P\left(t_j \mid C_i\right) + \left(1 - B_{xt}\right)\left(1 - P\left(t_j \mid C_i\right)\right)\right)$$

$P(t_j \mid C_i)$ 表示在类 C_i 中 t_j 出现的概率。从公式可以看出，在多变量伯努利事件模型中，文本是所有特征的类条件概率之积，若特征在文本中出现，相乘的项是 $P\left(t_j \mid C_i\right)$，若不出现，相乘的项是 $1 - P\left(t_j \mid C_i\right)$。

$P(t_j \mid C_i)$ 的估计采用文档频次：

$$P\left(t_j \mid C_i\right) = \frac{\text{特征} t_j \text{在} C_i \text{类中出现的文本数量}}{C_i \text{类的文本数量}}$$

由此可以看出，多变量伯努利事件模型的特点在于：计算 $P(d \mid C_i)$ 和 $P(t_j \mid C_i)$ 的时候都不考虑特征在文本中的出现次数；对那些没有在文本中出现的特征，计算 $P(d \mid C_i)$ 时乘以项 $P(t_j \mid C_i)$。

（2）多项式事件模型

在多项式模型中，一篇文档被看作是一系列有序排列的词的集合。假定文章的长度对于给定类的影响是独立的，并且假定文档中的任何一个词与它在文本中的位置以及上下文关系也是独立的。文档属于 C_i 类是特征词 t_j 出现一次的概率为 $P(t_j \mid C_i)$，文档中出现 n_j 次特征词 t_j 的概率为 $P(t_j \mid C_i)^{n_j}$，出现依这种次序排列的词的集合的概率为：

$$\prod_{j} P\left(t_j \mid C_i\right)^{n_j}$$

按照上面的估计，很多不同序列的特征词都会对应着同一篇文档，为了解决这个问题，我们用训练集构成一个词典 $|V| = \{t_1, t_2, t_3, \cdots, t_{|V|}\}$。每篇测试文档看作由一个多项式分布生成的。

因此，对每一篇文档，可以得到给定类别后的一篇文档生成概率（包括文档长度的概率 $P(|d|)$，它与类别独立）：$P\left(d \mid C_i\right) = P(|d|)(|d|!)\prod_{j=i}^{|y|} \dfrac{P(t j \mid C_i)^{n}}{n_j!}$

对于每个类中出现的词，计算每个词的条件概率为

$$P\left(t_j \mid C_i\right) = \frac{\displaystyle\sum_{m=1}^{|C_i|} \operatorname{count}\left(t_j, d_m\right)}{\displaystyle\sum_{m=1}^{|C_i|} \sum_{n=1}^{|V|} \operatorname{count}\left(t_n, d_m\right)}$$

其中，$\displaystyle\sum_{m=1}^{|C_i|} \operatorname{count}\left(t_j, d_m\right)$ 表示特征词 t_j 出现在 C_i 类文档中的次数，$\displaystyle\sum_{m=1}^{|C_i|} \sum_{n=1}^{|V|} \operatorname{count}\left(t_n, d_m\right)$ 表示 C_i 类文档中出现的所有特征词的总次数。为了避免 $P(t_j \mid C_i)$ 等于 0，对其进行 Laplace 平滑估计：

$$P\left(t_{j} \mid C_{i}\right)=\frac{\sum_{m=1}^{|C_{i}|} \text{count}\left(t_{j}, d_{m}\right)+\delta}{\sum_{m=1}^{|C_{i}|} \sum_{j=1}^{|V|} \text{count}\left(t_{j}, d_{m}\right)+\delta|V|}$$

δ 可以是任意一个正数。同时，这种平滑方法通常也被应用到多变量伯努利事件模型中。

对于每个类，计算每个类的先验概率：

$$P\left(C_{i}\right)=\frac{\sum_{i=1}^{|D|} P\left(C_{i} \mid d\right)}{|D|}$$

其中，$\sum_{i=1}^{|D|} P\left(C_{i} \mid d\right)$ 表示训练集中属于 C_{i} 类的文档数，$|D|$ 表示训练集中所有文档的数目。

3. 常用基准语料与模型评估

分类器性能评估是文本自动分类技术中一个重要步骤，评估语料和评估指标的有效性直接影响实验测试结果的可信度，本节将对相关内容进行介绍。

（1）常用基准语料

Reuters-21578 是用于文本自动分类的公开英文基准语料库，包含 1987 年在路透社报上的 21578 篇新闻报道，由 Sam Dobbins 等人进行人工分类标注，总共包含 135 个类别（http://archive.ics.uci.edu/ml/databases/reuters21578/）。该语料库以 SGML 格式存放文本数据，可以按照 ModLewis、ModApte 和 ModHayes 等方法获取文本数据，很多学者按照 ModApte 来分割，选取其中最频繁出现的 10 个类别子集作为测试语料。

20 Newsgroups 是另一个重要的公开英文基准语料库，总共包含大致 20000 篇新闻组文档，由 Ken Lang 最初开始收集（http://people.csail.mit.edu/jrennie/20Newsgroups/）。该语料库包含 6 个不同的主题和 20 个不同类别的新闻组。

TanCorp 是文本自动分类公开的中文基准语料库，由谭松波收集构建（http://www.searchforum.org.cn/tansongbo/corpus.htm）。该语料库分为两个层次，收集文本 14150 篇，第一层为 12 个类别，第二层为 60 个类别。

复旦大学中文文本分类语料库由复旦大学计算机信息与技术系国际数据库中心自然语言处理小组构建（http://www.nlp.org.cn/docs/download.php?doc_id=294），全部文档由各类论文与新闻报道组成，总共包含 20 个类别，测试语料共 9833 篇文档，训练语料共 9804 篇文档。

其他语料库还包括 OHSUMED、WebKB、TREC 系列和 TDT 系列等。以上语料库被广泛应用于文本分类中，Reuters-21578 是被使用次数最多的语料。相对而言，中文文本自动分类语料的建设比较欠缺，被国际权威期刊和学术会议论文使用得较少。

（2）常用评估指标

文本自动分类通常是不平衡的分类任务，常用的分类准确率（Accuracy）指标只是统计总分类准确率，缺乏考虑大小类对分类结果的贡献。因此，一般使用每个类的 F-measure 值和全部类 F-measure 值的平均来评估算法的性能。F-measure 值公式如下所示：

$$F\text{-measure}=\frac{(\beta^{2}+1)rp}{r+p\beta^{2}}$$

其中，r 表示每个类的召回率（Recall），是指某个类别的输入文本被正确地划分到此类别的个数与此类别总共输入文本个数的比例；p 表示每个类的精度（Precision），它是指某个类别的输入文本被正确地划分到此类别的个数与划分到此类别文本的总个数的比例；F-measure 值是整合召回率和精度的一个指标，其中 β 是用来调整召回率和精度在这评价函数中所占比重的一个参数，通常 β 取值为 1，也就是经常被使用到的 F_1 值。

F-measure 用于评价分类器在一个类别中的分类效果，为了评价分类器在包含多个类别的语料上的整体性能，通常采用微平均和宏平均方法。微平均是根据所有类准确划分文本个数和错误划分文本个数来计算精度和召回率，宏平均则是计算每个类别得到的精度和召回率的平均值。通常采用微平均 F_1 值（micro-averaging F_1 value）和宏平均 F_1 值（macro-averaging F_1 value）。微平均方法一般受大类别的影响较大，宏平均方法则受小类别的影响较大。因此，在不平衡数据分类上，宏平均方法更能反映出分类器的性能。

8.1.5　文本聚类

文本聚类主要是依据假设：同类的文档相似度较大，不同类的文档相似度较小。其主要任务是把一个文本集分成若干个称为簇的子集，然后在给定的某种相似性度量下，把各个文档分配到与最其相似的簇中。

文本聚类作为一种自动化程度较高的无监督机器学习方法，不需要预先对文档手工标注类别，近年来在信息检索、多文档自动文摘、话题识别与跟踪等领域得到了广泛应用。文本聚类是一个无监督的学习过程，因此相似性度量方法在此过程中起着至关重要的作用。下面从文本相似度计算方法以及具体的聚类流程来对该技术展开介绍。

1．文本相似度计算

文本相似度计算方法主要分为两大类：基于语料库统计的方法和基于语义理解的方法。

（1）基于语料库统计的方法

基于语料库统计的方法主要有基于汉明距离和基于空间向量模型的方法。基于汉明距离的方法借助信息论中编码理论的汉明距离概念，通过求文本之间的汉明距离，来计算文本的相似度。汉明距离用来描述两个等长码字对应位置的不同字符的个数，反映两个码字之间的差异，从而计算出两个码字的相似度。该方法避免了在欧式空间中求相似度时需要的大量乘法运算，因此计算速度较快。但该方法在提取文本特征项和将文本与码字集合形成一一映射关系时工作量较大，不适合大规模的文本计算。

基于空间向量模型方法是一种简单且有效的方法，目前被广泛应用于文本挖掘、自然言语处理、信息检索等领域。向量空间模型是最常用的一种文本表示方法，前面已详细介绍该表示方法及相应的词权重计算方法，这里不再赘述。基于 tf×idf 的文本相似度计算方法有很多，常用的有欧氏距离和余弦相似度公式。设两个文本的表达形式为 $d_i = (t_{i,1} : w_{i,1}, t_{i,2} : w_{i,2}, t_{i,3} : w_{i,3}, \cdots, t_{i,m} : w_{i,m})$ 和 $d_j = (t_{j,1} : w_{j,1}, t_{j,2} : w_{j,2}, t_{j,3} : w_{j,3}, \cdots, t_{j,m} : w_{j,m})$，采用欧氏距离公式计算两文本之间的相似度：

$$\text{sim}(d_i, d_j) = \frac{1}{d(d_i, d_j)} = \frac{1}{\sqrt{\sum_{k=1}^{m}(w_{i,k} - w_{j,k})^2}}$$

其中，$\mathrm{sim}(d_i, d_j)$ 表示文本 d_i 和 d_j 的相似度，$d(d_i, d_j)$ 表示文本 d_i 和 d_j 之间的欧氏距离。其值越大，则两个文本的相似度越低；反之相似度越高。

采用余弦相似度公式的方法是以两个文本向量的夹角余弦大小来衡量其相似度的，具体计算方法如下：

$$\mathrm{sim}\left(d_i, d_j\right) = \cos\mathrm{ine}\left(d_i, d_j\right) = \frac{d_i \times d_j}{|d_i||d_j|} = \frac{\sum_{k=1}^{m} w_{i,k} \times w_{j,k}}{\sqrt{\left(\sum_{k=1}^{m} w_{i,k}^2\right)\left(\sum_{k=1}^{m} w_{j,k}^2\right)}}$$

$\cos\mathrm{ine}\left(d_i, d_j\right)$ 的值越大，则两个文本的相似度越高，反之相似度越低。

向量空间模型方法的最大优点在于能将复杂的文本简化地映射到多维空间中的一个点上，并用向量的形式加以描述。然而，这种方法往往会引起矩阵高维稀疏的问题。同时，这种统计方法忽略文本中各个词语之间的关联性，将语义关系用简单的向量结构描述，往往会忽视很多有价值的文本描述意义。

（2）基于语义理解的方法

基于语义理解的方法是考虑语义信息的文本相似度计算方法。根据计算粒度的不同，基于语义理解的相似度计算方法也有所差别，大致可以分为三大类：词语相似度、句子相似度、段落相似度。当前基于语义理解的相似度研究还大多停留在词语范围，这主要是因为句子相似度比词语相似度的计算还要复杂，不仅包括语义关系的辨别，还包括句子结构的辨别等问题。

词语相似度包括两个很重要的概念：语义相似度和语义相关度。语义相似度是指词语的可替代程度与语义符合程度，如计算机和计算这两个词语的相似度就很大。语义相关度是指词语之间的关联程度，如计算机与软件两个词语相似度很小，但相关性很大。

计算词语的相似度往往需要一部语义词典作为支持，目前使用频率最高的语义词典是《知网》。《知网》是一个以汉语和英语的词语所代表的概念为描述对象，以揭示概念与概念之间以及概念所具有的属性之间的关系为基本内容的常识知识库，其中包含丰富的词汇语义知识和世界知识。在知网中，词汇语义的描述被定义为义项（概念）。每个词可以表达为几个义项，义项又是由一种知识表示语言来描述的，这种知识表示语言所用的词汇称为义原。这样，将词语的相似度计算转化为义原的相似度计算。

句子相似度计算要通过利用语法结构来分析，这种理解方式与人类对文本的理解模式相似，通过一定的语法规则分析。但由于汉语句子结构相当复杂，准确分析句子结构在目前来说还比较困难。

2. 文本聚类过程

在文本聚类处理中，基于划分的聚类算法是一种简单有效的方法，被广泛地应用于文本挖掘中。$k\text{-means}$ 算法是一种典型的基于划分聚类算法，下面将以 $k\text{-means}$ 算法详细介绍文本聚类的过程：

<1> 任意选择 k 个文本作为初始聚类中心。

<2> Repeat。

<3> 计算输入文本与簇之间的相似度，将文本分配到最相似的簇中。

<4> 更新簇质心向量。

<5> Until 簇质心不再发生变化。

其中，每个簇用簇质心向量表示，因此在步骤<3>中，同样可以采用欧氏距离公式或余弦相似度公式计算文本与簇之间的相似性。与面向结构化数据聚类原理一样，K-means 算法具有高效率，能有效处理大文本集的优点。但需要预先指定 k 值，且初始中心的选择是随机性的，从而容易使聚类结果受到影响。

3. 评估指标

一般的聚类算法评估方法可以用于文本聚类性能评估中，如外部质量准则的聚类熵、聚类精度等，具体介绍见第 4 章。

在文本聚类分析中，主流的评估方法是使用外部质量准则，采用如同文本分类方法的召回率、精度和 F-measure 值。因此，对于文本聚类算法整体性能的评估，通常使用宏平均或微平均 F-measure 值以及聚类熵这些指标。

8.1.6 文档自动摘要

当今社会，信息已经成为人们生活中不可缺少的重要组成部分，文献数量呈指数级增长。为了快速得到有价值的信息，对信息的筛选和浓缩等问题的研究工作显得极为重要。文档摘要提取是一种重要的信息筛选和浓缩方式，传统的摘要提取方法是人工编制，但人工编制的成本高、效率低，速度远远跟不上发展的要求，而且具有很大的主观性，因此文档摘要自动化的研究应运而生。文档自动摘要的使用会大幅降低编制文摘的成本，缩短文献加工和编辑的时间，为人们廉价、迅速和准确地获取所需信息提供方便。

文档自动摘要，简称自动文摘，是指利用计算机自动地从原始文档中提取全面准确地反映该文档中心内容的简单连贯的短文。在技术实现方面，自动文摘按照处理过程，大致可以分为三个步骤：<1> 文本分析过程，对原始文本进行分析，寻找最能代表原文内容的成分，生成文本的源表示；<2> 信息转换过程，通过考察一系列因素（如用户的需要、领域知识等），对源表示进行修剪和压缩，形成文摘表示；<3> 重组源表示内容，生成文摘并确保文摘的连贯性。

1. 文档自动摘要的类型

按照不同的标准，文档自动摘要可以划分为如下类型。

（1）指示型文摘、报道型文摘和评论型文摘

根据文摘的功能划分，可分为指示型文摘、报道型文摘和评论型文摘。指示型文摘表明文献的主题范围的简明摘要；报道型文摘表明文献的主题范围及内容梗概的简明摘要；评论型文摘表明对文献内容的倾向性观点和看法。

（2）单文档文摘和多文档文摘

根据输入文本的数量划分，可分为单文档文摘和多文档文摘。单文档文摘的原文输入只是单篇文档，主题单一且较为集中；多文档文摘涉及多篇文档，包含较多的冗余信息，主题分布较为分散。

（3）单语言文摘和跨语言文摘

根据原文语言种类划分，可分为单语言文摘和跨语言文摘。单语言文摘的文献来源只包含单一语种，一般认为不同语种蕴含语义内涵各有特色，而针对单一语种的研究会更加具体；跨语言文摘涉及多种语种，除了需要对不同语种分别处理之外，还需挖掘不同语言的组合和共性，难度更大。

（4）摘录型文摘和理解型文摘

根据文摘和原文的关系划分，可分为摘录型文摘和理解型文摘。摘录型文摘是指从原文中抽取出段落、句子或短语词组等原文内容的概要描述；理解型文摘是从语义角度出发，深入分析从词语、短语、句子、段落到篇章每个层面的表达意义，从而概况出文章主旨。

（5）普通型文摘和面向用户查询文摘

根据文摘的应用划分，可分为普通型文摘和面向用户查询文摘。普通型文摘忠实地传递原文作者的观点；面向用户查询文摘是根据用户的个人兴趣和信息需要，从原文中抽取用户感兴趣的信息组成的摘要。

2．相关技术

文档自动摘要技术主要包括自动摘录法、最大边缘相关自动文摘法、基于理解的自动文摘、基于信息抽取的自动文摘、基于结构的自动文摘、基于 LSI 语句聚类的自动文摘等，下面对相关技术做简要介绍。

（1）自动摘录法

自动摘录是将文本看成是句子的线性排列，将句子看成词的线性排列，然后从文本中摘录最重要的句子作为文摘句。主要步骤如下：

<1> 计算词的权重，可采用 tf×idf 或其他权值法计算词的权重。

<2> 计算句子的权重，累加句子中所有词的权重或结合其他句子特征。

<3> 将句子权值排序，确定阈值，高于阈值的句子作为文摘句。

<4> 将这些文摘句按原顺序组合输出。

在自动摘录法中，计算词权、句权、选择文摘句的依据是文本的 6 种形式特征，即 F——词频、T——标题、L——位置、S——句法结构、C——线索词、I——指示性断句。这 6 种特征是自动摘录的依据，它们从不同角度指示了文摘的主题，但都不够准确，不够全面。

Edmundson 用一个简单的线性方程 $W=a_1C+a_2K+a_3T+a_4L$ 将四种基本的句子选择方法集成在一起。W 代表句子的最终权值，C 代表线索词（Cue）权值，K 代表根据词频计算而得到的关键词（Key）的权值，T 代表标题名词（Title）权值，L 代表位置（Location）权值，a_1，a_2，a_3 和 a_4 是调节参数。

（2）最大边缘相关自动文摘法

Carbonell 和 Goldstein 两位研究人员提出了一种新的代表句选取思路，即从文本中挑选出与该文本最相关的，同时与已挑选出的所有代表句最不相关的句子作为下一个代表句，该方法即最大边缘相关自动文摘法（Maximal Marginal Relevance，MMR）。

$$MMR = \arg\max_{D_i \in R\setminus S}[\lambda(\text{sim}(D_i,Q)) - (1-\lambda)\max_{D_j \in S}\text{sim}(D_i,D_j)]$$

其中，Q 表示原文本；R 表示原文本中所有句子集合；S 表示 R 中已被挑选为代表句的句子集合；$R\setminus S$ 表示 R 中尚未被挑选出的句子集合；sim() 表示相似性计算函数；λ 作为权重调节因子，其取值范围在 0 到 1 之间。

MMR 模型选取法是一种公认有效的文本代表句的选取方法。因为它尽可能地保证选取出来的代表句在语义上最接近原始文本，同时代表句彼此间能保持较小的冗余。然而，在不同情况下，究竟该选取出多少个代表句来表示原文的主题，权重调节因子λ究竟该取何值却很难有确定答案。

（3）基于理解的自动文摘

基于理解的自动文摘利用语言学知识获取语言结构，更重要的是利用领域知识进行判断、推理，得到文摘的语义表示，最后从语义表示中生成摘要。其主要步骤如下：

<1> 语法分析。借助词典中的语言学指示，对原文中的句子进行语法分析，获得语法结构树。

<2> 语义分析。运用知识库中的寓意指示，将语法结构描述转换成以逻辑和意义为基础的语义表示。

<3> 语用分析和信息抽取。根据知识库中预先存放的领域指示，在上下文中进行推理，并将抽取出来的关键内容存入一张信息表。

<4> 文本生成。将信息表中的内容转换为一段完整连贯的文字输出。

（4）基于信息抽取的自动文摘

首先根据领域知识建立该领域的文摘框架，然后使用信息抽取方法先对文本进行主题识别，在选择已编好的该领域的文摘框架，对文本中有用片段进行有限深度的分析，利用特征词抽取相关短语或句子填充文摘框架，再利用文摘模板将文摘框架中内容转换为文摘输出。

（5）基于结构的自动文摘选取

将文章视为句子的关联网络，与很多句子都有联系的中心句被确认为文摘句，句子间的关系可通过词间关系、连接词等确定。对于篇幅较长的文章，可将文章视为段落的关联网络。对于篇幅较长的文章，句子之间的关联网络将十分庞大，其时空开销难以承受。相比之下，段落之间的关联网络要小得多。另外，与由句子组装起来的文摘相比，由段落拼接起来的文摘连贯性显著提高。不过，由于最重要的段落中也可能包含一些无关紧要的句子，所以基于段落抽取的文摘显得不够精炼。目前，语言学对于篇章结构的研究还很薄弱，使得基于结构的自动文摘到目前为止还没有较成熟的方法。

（6）基于 LSI 语句聚类的自动文摘

利用潜在语义索引 LSI（Latent Semantic Indexing），获得特征项和文本的语义结构表示。在语义空间考虑特征项权重不是依赖于单纯的词频信息，而是考虑到特征项对于文本主题的表现能力以及在整个文本集中使用的模式。句子的权重不是所包含的特征项权重的简单累加，而是综合评价句子与文本主题和段落主题的相关程度。将各段落中的句子按照权重从大到小排列，按照段落摘要长度的要求，摘取适量的句子，将其按照在文本所处的位置，顺序排列。最后整理从各段落中摘取的句子，构成文本摘要。

以上方法都能在一定程度上提取出相应领域信息的文摘，但普遍会面临以下三个关键问题的挑战：文档冗余信息的识别和处理、重要信息的辨认和生成文摘的连贯性。

① 文档冗余信息的识别和处理

常用的冗余识别方法有两种：一种是聚类的方法，测量所有句子对之间的相似性，然后用聚类方法识别公共信息的主题；另一种做法是候选法，即系统首先测量候选文段与已选文段之间的相似度，仅当候选段有足够的新信息时才将其入选，如最大边缘相关法。

其中，句子相似度的计算是基于句子抽取的多文档文摘最关键也是最基础的一步。通过相似度计算可以判断多文档集合中冗余信息的多少，在句子抽取时，根据句子的相似度抽取冗余性最小的句子组成文摘句集合，由此可以看到句子相似度的值在多文档文摘各项技术中发挥作用。句子相似度的计算不仅在多文档文摘中充当重要角色，而且在问答系统、机器翻译等其他自然语言其他处理技术中也发挥着重要作用。

② 重要信息的辨认

辨认重要信息的常用方法有抽取法和信息融合法。抽取法的基本思路是选出每个簇中的代表性的部分，默认这些代表性的部分可以表达这个簇中的主要信息。信息融合（Information

Fusion）法的目的是要生产一个简洁、通顺并能反映这些句子（主题）之间共同信息的句子。为达成这个目标，要识别出对所有入选的主题句都共有的短句，然后将之合并起来。由于集合意义上的句子交集效果并不理想，因此需要一些其他技术来实现融合，这些技术包括句法分析技术、计算主题交集（theme intersection）等。

另外，多文档文摘的抽取方法不同于单文档。单文档文摘抽取信息的分布情况是一致的，即在原文中出现信息的比例和文摘中出现信息的比例是一致的。但是在多文档文摘中，由于原始文档集合来自于不同的文本，冗余信息多，为了使用户获得全面简洁的信息，需要根据文档中信息不同重要度，按照一定的压缩比将相关内容抽取到文摘中。

③ 生成文摘的连贯性

文摘句的排序任务是将主要信息以符合逻辑，流利的形式表示出来，句子排序问题解决的好坏直接影响到文摘的质量和可读性。对于单文档文摘，这是一个相对简单的问题，单文档文摘句可以参考其在原文中的位置信息，将抽取的文摘句按照原文档中的顺序进行排列生成文摘。而多文档文摘技术对已有的单文档文摘技术提出了一系列挑战，其中一项就是如何解决多文档文摘句的排序问题。对于这个问题，目前采用的方法通常有两种：一种是时间排序法（chronological ordering），另一种是扩张排序算法（augmented algorithm）。在时间排序法中，一般选定某一个时间为参考点，然后计算其他相对时间的绝对时间。扩张排序算法的目的是试图通过将有一定内容相关性的主题（topically related themes）放在一起来降低句子之间的不流畅性。

3. 性能评估

文档自动摘要研究属于自然语言理解范畴，因而对一个文摘系统的测评实际上就是对一个自然语言理解系统进行测评。近年来，关于文档自动文摘的专题研讨会频繁出现在世界顶级权威学术会议上，如 ALC、COLING 和 SIGIR 等。在探讨自动文摘技术的同时，也为研究者提供了一个标准的文摘训练和评价平台，以便对参赛系统进行大规模的测评，从而推动自动文摘技术的发展。自动文摘包含标准文摘的信息比率是内部测评中对文摘内容完整性的一种重要测评。下面介绍几个主流的评价方法。

（1）SEE

单文档文摘评价系统（Summary Evaluation Environment），根据评价的粒度，将自动文摘和标准文摘打散成一系列单元（句子、分句等），计算自动文摘单元对标准文摘单元的覆盖程度。

（2）ROUGE

先由多个专家分别输出人工文摘，构成标准文摘集，然后对比，统计二者之间重叠的基本单元的数目（基于 N-gram 共现统计，基于最长公共子串，基于顺序词对，考虑串的连续匹配等）。

（3）Pyramid

将文摘句人工划分为若干个文摘内容单元 SCU（Summarization Content Unit），每个 SCU 表示一个核心概念。将所有的 SCU 按照重要程度排序，同等重要的排列在同一行，从上至下重要程度逐行递减，构成所谓的"Pyramid"，通过计算自动文摘中包含的 SCU 数量和重要程度来判断文摘的质量。由于各语义单元的大小不固定，且同一语义的表达方式多种多样，致使自动生成这些语义单元存在很大困难。而且该方法人工标注成本高，语义单元有歧义性，不利于大规模对多个系统进行评价。

（4）BE

BE（Basic Elements，基本单元）方法是为了解决 Pyramid 方法的问题而提出的。首先由机器自动生成标准文摘的较小 N 元语法单元，然后对它们进行合并，实现自底向上的构造语义单元。这样便可以实现单元的自动识别，而且在一定程度上降低了匹配表示相同概念的不同语义单元的难度，这些基本单元被称为 BE。

8.2　Web 数据挖掘

Web 数据挖掘（Web 挖掘）是从 Web 文件和 Web 活动中筛选感兴趣的潜在有用模式和隐藏信息。因特网中页面内部、页面间、页面链接、页面访问等包含大量对用户可用的信息，而这些信息的深层次含义是很难被用户直接使用的，必须经过浓缩和提炼。Web 挖掘是一项综合技术，涉及数据挖掘、计算机语言学、信息论等领域。Web 挖掘可以在很多方面发挥功能，如：对 Web 的结构进行挖掘、确定权威页面；Web 文本聚类、分类、Web 日志挖掘、智能型查询、建立 Meta-Web 数据仓库等。Web 挖掘主要包括 Web 内容挖掘、Web 使用挖掘和 Web 结构挖掘三方面，下面从这三方面阐述 Web 数据挖掘技术。

8.2.1　Web 内容挖掘

Web 内容挖掘是从 Web 页面的文本、图像、视频和组成页面的其他内容中提取信息的过程。Web 内容挖掘在 Web 搜索、垃圾邮件过滤、敏感信息过滤、情报分析、数字图书馆建设、网络舆情监控等方面有着重要的应用价值。前面介绍的文本挖掘技术可应用于 Web 页面的文本挖掘中，而图像和视频等内容的挖掘是多媒体数据挖掘中的重要部分，本节主要以图像为对象简单介绍基于图像内容的数据挖掘技术，从数据预处理、分类、聚类、关联规则等方面展开。

数据预处理在图像数据挖掘中相当重要，包括数据清洗、数据集成和特征抽取。除了在模式识别中使用的标准的方法如边探测和 Hough 变换外，还可以探索新的相关技术，如把图像分解为特征向量，或采用概率模型处理不确定性。由于图象数据量很大，需要很强的处理能力，因此需要使用并行和分布式处理技术。

图像数据的分类和聚类与图像分析和科学数据挖掘有紧密的联系，因此图像分析技术和科学数据分析方法可以用于图像数据的挖掘过程。目前，图像数据挖掘应用中决策树分类是最基本的数据挖掘方法。

在图像数据库中可以挖掘涉及多媒体对象的关联规则，大致可以分为三类：图像内容和非图像内容特征间的关联（图像内容特征与描述文本特征之间的关联），与空间关系无关的图像内容的关联（如颜色、形状、结构等重要图像内容）和与空间关系有关的图象内容的关联（空间关系包括左右、上下、中间等）。一个图像可以包含多个对象，每个对象可以有许多特征，这些特征可能存在大量的关联。在很多情况下，两个图像的某个特征在某一分辨率级别下是相同的，但在更细的分辨率下则是不同的。因此，需要一种改进分辨率的逐步求精的方法。即，我们可以首先在一个相对较粗的分辨率下挖掘出现频率高的模式，然后对那些通过最小支持度阈值的图像做进一步的更细分辨率下的挖掘。这是由于在粗一级分辨率下不频繁出现的模式，不可能在细一级的分辨率下出现。这种多级分辨率挖掘策略极大地降低了总体数据挖掘的代价，而又不损失数据挖掘结果的质量和完整。由此得出一种在大规模多媒体数据库中挖掘关联的高效的方法论。

8.2.2 Web 使用挖掘

Web 使用挖掘通过挖掘 Web 日志记录，发现用户访问 Web 页面的模式。分析和探索 Web 日志记录中的规律，可以识别电子商务的潜在客户，增强对最终用户的因特网信息服务的质量和交互，并改进 Web 服务器系统性能。

1. 数据收集和预处理

准备数据的过程在 Web 使用记录挖掘中常常是最花时间也是计算量最大的步骤，而且通常需要采用有别于其他领域的方法，这个过程的关键是要从数据中甄选有用的信息。为了不同的分析，对使用记录数据的大量研究和实践都聚焦于预处理和整合数据源。

（1）数据收集

Web 使用记录挖掘中的主要数据来源是服务器日志文件，日志文件包括 Web 服务器访问日志和应用服务日志。其他的数据来源对于数据准备和模式发现来说也是必要的，包括网站文件和元数据、操作数据库、应用程序模板和领域知识，主要可分为以下 4 种类型数据。

① 使用记录数据。Web 应用服务器自动收集的日志数据具体体现了访问者的导航行为，是 Web 使用记录挖掘中首要的数据来源。为了分析的目的，这些数据需要在不同的抽取层面上进行转换和聚合。在 Web 使用记录挖掘中，数据抽取最基本层面是页面访问。从概念上说，每个页面访问可以是为表示特定时间的 Web 对象或资源的集合。在用户层面，行为抽取的最基本层面是会话。一个会话是一个用户在一次访问中的一系列页面访问。

② 内容数据。一个站点的内容数据是已传送给用户的对象和关系的集合。在大多数情况下，这些数据由文字材料和图片组成。

③ 结构数据。结构数据展示了从设计者的角度所看到的网站内容组织结构，通过页面间的连接结构来采集。结构数据还包括一个页面内容的页内结构。

④ 用户数据。网站的操作数据库可能包含用户模型信息。这类数据可能包括注册用户人口统计信息（如性别、年龄、职业等）、用户对各种对象的访问率、用户的购买记录或历史访问记录及其他显式或隐式的用户兴趣描述。

（2）数据预处理

数据预处理期间使用的数据包括日志文件、Web 页面内容、Web 页面结构、用户简档（user profile）和注册数据。完整的 Web 使用挖掘数据中，预处理过程主要包括数据清理、用户识别、会话识别、事务识别和路径补充五个环节，具体流程如图 8-1 所示。

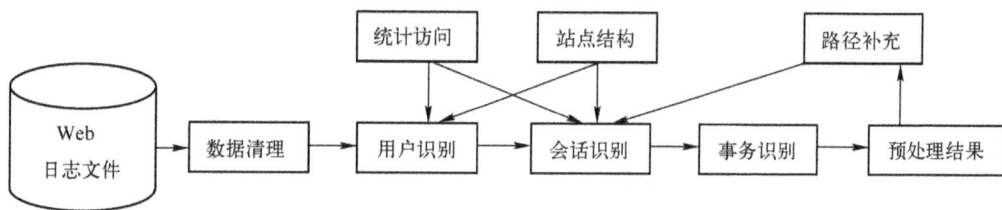

图 8-1　数据预处理过程

① 数据的融合和清理。数据融合是指将来自多个 Web 和应用程序服务器的日志文件进行合并。数据清理通常根据站点不同而不同，涉及的工作有删除对分析不重要的无关的嵌入式对象的引用，包括样式文件、图形以及声音文件。数据清理过程可能还涉及某些数据域的

移除（如传递字节数或 HTTP 协议的版本信息），这些数据域可能不包含对分析或数据挖掘任务有用的信息。

② 页面访问识别。页面访问的识别主要依赖于网站的页内结构、页面内容和基础站点领域知识。为了给大量数据挖掘活动提供必需的数据，每个页面访问需要记录大量的属性。这些属性包括页面访问的编号、静态页面访问类型及其他元数据，如内容属性。

③ 用户识别。Web 使用记录的分析不需要用户识别的知识。然而，区分不同的用户确实是必要的。由于 Web 用户可能多次访问同一个网站，服务器日志会为每个用户记录多个会话。我们使用用户活动记录的形式来表示同一个用户的日志活动序列。不考虑认证机制，大多数用来区分不同访问者的方法是使用客户端 cookies 信息。然而，并不是所有的网站都能使用 cookies，而两个相同的 IP（在不同的时间）实际上可能是两个不同的用户。没有认证或客户端 cookies 信息，仍然有可能精确地识别不同的用户，这需要通过 IP 地址和其他信息的结合，如用户代理和被调用域。

④ 会话识别。会话识别是将每个用户的活动记录分成一个一个会话的过程，每个会话代表了一次对站点的访问。会话识别探索的目的是从点击流数据中重构信息，以获得一个用户一次访问站点的真实行为序列。会话识别探索法通常被分为两个基本类型：面向时间的和面向结构的。面向时间的探索法使用全局和本地时间超过估计去区分连续的会话，面向结构的方法则使用静态站点结构或在服务器日志被调用域中隐藏的链接结构。理想的探索法可以重建用户在一个会话中浏览的真实网页顺序。

⑤ 路径完善。通常在会话识别之后进行的重要预处理任务是路径完善。客户端或代理端的缓存功能经常会导致对那些被缓存的页面和对象的访问引用的丢失。由于缓存而丢失的记录可以通过路径完善探索式地补全，路径完善依靠服务器日志上的站点结构和引用信息完成。

⑥ 数据整合。上面的预处理任务最终形成了用户会话（或事务）的集合，每个都对应一个有限的页面访问序列。然而，为了给模式识别提供最有效的框架，来自多渠道的大量数据必须与预处理过的点击流数据进行整合。除了用户和产品数据，电子商务数据，包括各种面向产品的事件，如购物车的改变、订单和发货信息、印象（当用户访问一个页面时所包含的感兴趣的项目）、点击（用户在当前页面确实点击了感兴趣的项目）以及其他基本规则，也经常用于数据分析。对这些类型数据成功的整合需要建立以站点为中心的"事件模型"，这基于那些用户点击流的子集被聚合并映射到特殊的事件。

2．Web 使用模式的发现和分析

本节将简述 Web 使用记录挖掘领域常用的模式发现类型和分析技术，包括会话及访问者分析、使用记录聚类分析、关联规则及相关度分析、导航模式分析、基于 Web 用户事务的分类和预测。

（1）会话及访问者分析

分析的最普遍形式，是对会话数据进行静态分析。该分析技术的目标是，在已预处理的会话数据中，发现访问者行为的知识。在通常情况下，数据按一定的标准划分成预先定义好的单元，然后对数据进行静态分析。

另一种分析形式是在线分析过程 OLAP（On-Line Analytical Processing）。OLAP 提供了一种更高灵活性、更具整合性的分析框架。其分析的数据来源常是多维数据仓库，这种数据仓库在不同聚合层次对每个维度的用法、内容及电子商务数据进行了整合。OLAP 查询的输出可以

作为各种数据挖掘或数据显示工具的输入。

（2）使用记录聚类分析

对于 Web 使用记录挖掘领域，常用的有两种聚类方法：用户聚类和页面聚类。

① 用户聚类。用户记录（会话或事务）聚类是 Web 使用记录挖掘和 Web 分析中最普遍使用的分析任务。用户聚类的目的是对具有相同浏览模式的用户进行分组。基于使用记录的聚类可用于建立具有相似兴趣用户社区，这对于向用户提供个性化的 Web 服务具有重要作用。聚类的算法如下：

给出一个事务簇 c，通过计算 c 的质心来建立簇的摘要 CSI，即页面访问-权重对的集合：

$$CSI = \{(pg, weight(pg, CSI)) \mid weight(pg, CSI) \geqslant u\}$$

其中，聚类模型 CSI 的页面 pg 的权重 weight(pg, CSI) 为：

$$weight(pg, CSI) = \frac{1}{|c|} \sum_{s \in d} w(pg, s)$$

其中，$|c|$ 是簇 c 中事务的数量，$w(p, s)$ 是簇 c 的事务向量 s 中页面 pg 的权重；阈值 u 只关心那些在簇中频繁出现的页面。

这个算法可以直接应用到推荐系统中：给出一个新用户 u，一个已经访问了一套页面 PG_u 的用户，则可以计算 PG_u 和所发现文件间的距离，然后推荐给用户那些符合模型但还没有被访问的页面。

② 页面聚类。页面聚类可以基于使用记录数据（如用户会话或事务数据）或基于与页面或项目（关键词或产品属性）相关的内容特性进行。在基于使用记录数据的聚类中，被经常访问的项目或购买记录可能被自动组织成一个个分组。在基于页面内容的聚类中，结果可能包含有着相同主题或目录的页面或产品组。使用页面聚类方法，可以根据用户的浏览历史和操作记录，向用户提供相关的产品链接。

（3）关联规则及相关度分析

关联规则发现和统计相关度分析可以找到普遍在一起被访问或被购买的页面或项目的分组。大多数关联发现的方法都是基于先验算法，这个算法可以发现在许多事务中经常出现在一起的项目。

关联规则的表达式为 $X \rightarrow Y$ [sup, conf]。其中，X 和 Y 是项目集；sup 是项目集 $X \cup Y$ 的支持度，代表一个事务中 X 和 Y 一同出现的概率；conf 为置信度，由 $\sup(X \cup Y)/\sup(X)$ 定义，表示 X 出现在一个事务时 Y 也出现在此事务中的条件概率。

关联分析和统计相关度分析可以用在 Web 个性化推荐系统中。例如，在电子商务的推荐系统中使用关联规则，目标用户的偏好是符合每个规则前项 X 中的项目，而在右侧的项目所符合的规则按照置信度排序，这个列表中排名靠前的 N 个项目便可考虑推荐给目标用户。

关联规则存在的问题是，若数据集稀疏，则无法给出任何推荐。针对这一问题，有一种潜在的解决方案：利用协同过滤，让系统找到目标用户的"近邻"，即有相似兴趣的用户，然后根据这些邻近的历史记录给出推荐。

在关联规则中使用单个全局最小支持度阈值通常会遇到这样的一个问题：被发现的模式中将不包括"稀少"但又重要的项目，这些项目可能在事务数据中并没有频繁地出现。为了有效地实现个性化推荐，捕捉这些模式并生成包括这些项目的推荐是很重要的。针对这一问题，解决方法是设置多个最小支持度进行挖掘，允许用户对不同的项目指定不同的支持度。一个项目集的支持度被定义成这个项目集中所有项目的最小支持度。

（4）导航模式分析

在 Web 使用记录挖掘中，要发现或分析用户导航模式，一种方法是将网站中导航活动建模成 Markov 模型，描述如下：每个页面访问可以被表示成一个状态，两个状态间的转换概率可以表示用户从一个状态到另一个状态的可能性。这种表示方式允许计算一些有用的用户或网站的度量。

更具体的 Markov 模型如下：

一个 Markov 模型由一系列状态 $\{s_1, s_2, \ldots, s_n\}$ 和一个转换概率矩阵 $[P_{i,j}]_{n \times n}$ 来表征，其中 $P_{i,j}$ 表示从状态 s_i 到 s_j 的概率。每个状态表示一个之前事件的邻接子序列。Markov 模型的级数相当于用于预测未来事件的先前事件的数量。一个第 k 级 Markov 模型预测了通过之前 k 个事件所计算出的下一个事件的概率。给出所有路径 R 的集合，由状态 s_i 通过一个路径 $r \in R$ 到达状态 s_j 的概率是所有路径上转换概率的乘积 $P(r) = \prod P_{m,m+1}$，其中 m 的范围是 $[i, (j-1)]$。而状态 s_i 到 s_j 的概率是所有这些路径概率的和 $P(j|i) = \sum_{r \in R} P(r)$。

（5）基于 Web 用户事务的分类和预测

分类的目标是将一个数据项目映射到一个或多个预定义的类别。分类可以用监督学习算法来实现，也可以用先前发现的簇和关联规则对新用户进行分类来实现。在 Web 使用实例中，基于用户人口统计信息以及他们的购买活动，分类技术可以将用户分成高购买倾向和非高购买倾向两类。

协同过滤是 Web 领域分类和预测中的一个重要应用。目前，k-近邻分类器（kNN）是一种简单有效的协同过滤方法，通过计算当前用户模型和以往用户模型的相关度，预测用户访问率或购买倾向，以找到数据库中有着相似特性和偏好的用户。

在 Web 使用记录挖掘中，基于 kNN 的协同过滤算法如下：kNN 涉及计算目标用户活动会话 u（由一个向量表示）和每个以往事务向量 v（$v \in T$）之间的相似度或相关性。与 u 最相似的 k 个事务被认为是会话 u 的邻居。目标用户 u 和邻居 v 的相似度可以通过 Pearson 相关系数计算，定义如下：

$$\text{sim}(u, v) = \frac{\sum_{i \in C} (r_{u,i} - \overline{r_u})(r_{v,i} - \overline{r_v})}{\sqrt{\sum_{i \in C} (r_{u,i} - \overline{r_u})^2} \sqrt{\sum_{i \in C} (r_{v,i} - \overline{r_v})^2}}$$

其中，C 是与 u 和 v 相关的项目集合，$r_{u,i}$ 和 $r_{v,i}$ 分别是目标用户 u 和邻居 v 对项目 i 的访问率，$\overline{r_u}$ 和 $\overline{r_v}$ 分别是 u 和 v 的平均访问率。计算相似度之后，最相似的用户将被选择。

通常还会使用一个特定的阈值去过滤邻居，以避免预测精确度受到不相关的邻居的影响。一旦最相似的用户事务被确定，下面的公式可以计算目标用户 u 使用项目 i 的概率预测：

$$P(u, i) = r_u + \frac{\sum_{v \in V} \text{sim}(u, v) \times (r_{v,i} - \overline{r_v})}{\sum_{v \in V} |\text{sim}(u, v)|}$$

其中，V 是 k 个相似用户的集合，$r_{v,i}$ 是用户 v 访问项目 i 的概率。

8.2.3 Web 结构挖掘

Web 结构挖掘就是指通过分析不同网页之间的超链接结构，网页内部用 HTML、XML 表示的树形结构，以及文档 URL 中的目录路径结构等，发现许多蕴含在网络内容之外的对我们有潜在价值的模式和知识的过程。挖掘页面的结构和 Web 结构，可以用来指导对页面进行分类和聚类，找到权威页面、中心页面，从而提高检索的性能，还可以用来指导页面采集工作，提高采集效率。

Web 页之间的超链接结构中包含了许多有用的信息。当网页 A 到网页 B 存在一个超链接时，则说明网页 A 的作者认为网页 B 的内容非常重要，且两个网页的内容具有相似的主题。因此，指向一个文档的超链接体现了该文档被引用的情况。如果大量的链接都指向同一个网页，我们就认为它是一个权威页。这就是类似于论文对参考文献的引用，如果某一篇文章经常被引用，就说明它非常重要。这种思想有助于对搜索引擎的返回结构进行相关度排序。页内链接主要是用于对包含大量内容的 Web 页起到页内导航的作用。通过分析 Web 页面内部树形结构，可以得到其结构特征，并用于寻找与给定页面集和内容相关的其他页面。

目前，对 Web 结构进行分析的主要方法是将 Web 看作有向图，然后根据一定的启发规则，用图论的方法对其进行分析其研究成果已经在信息检索领域得到了较为广泛的运用。下面介绍两个比较典型的方法。

1. PageRank 算法

PageRank 算法是超链接结构分析中最成功的代表之一。该算法由 Stanford 大学的 Brin 和 Page 提出，是评价网页权威性的一种重要工具。搜索引擎 Google 就是通过利用该算法和 anchor text 标记、词频统计等因素相结合的方法，对检索出的大量结果进行相关度排序，将最权威的网页尽量排在前面。

PageRank 算法的理论基础是：忽略 Web 页面上的文本和其他内容，只考虑页面间的超链接，把 Web 看成是一个巨大的有向图 $G=(V, E)$，节点 $v \in V$ 代表一个 Web 网页，有向边 $(p, q) \in E$ 代表从节点 p 指向节点 q 的超链接，节点 p 的出度是指从页面 p 出发的超链接（outlink）的总数，而入度是指所有指向节点 p 的超链接（inlink）的总数。

PageRank 算法假设：从一个网页指向另一个网页的超链接是一种对目标网站权威的隐含认可，因此，一个页面的入度越大，则它的权威就越高；另一方面，指向网页自身也有权威值，一个拥有高权威值网页指向的网页比一个拥有低权威值网页指向的网页更加重要，如果一个网页被其他重要网页所指向，那么该网页也很重要。

PageRank 的具体定义如下：设 u 为一个 Web 页，F_u 为所有 u 指向的页面的集合，B_u 为所有指向 u 的页面的集合。设 $N_u = |F_u|$ 为从 u 发出的链接的个数，即 N_u 为 u 页面上的链接数，那么 u 页面的 PageRank 值 PR 可以定义为：

$$PR(u) = c \sum_{v \in B_u} \frac{PR(v)}{N_v}$$

其中，c 为一个归一化的因子，c 值的选取不影响 PageRank 值 PR 计算结果的相对大小。PageRank 的具体迭代公式为：

$$PR(j) = (1-c) + c \sum_{i \in B_j} \frac{PR(i)}{|N_i|}$$

其中，c 定义为用户不断随机点击链接的概率，取决于点击的次数，被设定为 0 至 1 之间，通常被置为 0.85。c 值越高，继续点击链接的概率就越大，因此，用户停止点击并随机游走至另一页面的概率用常数 $1-c$ 表示。即无论入站链接如何，浏览至一个页面的概率总是 $1-c$。网页的 PageRank 值决定了随机访问到这个页面的概率，用户点击页面内的链接的概率，完全由页面上链接数量的多少决定。因此，一个页面通过随机游走到达的概率就是连入它的别的页面上的链接的被点击概率之和。并且，c 降低了这个概率，衰减系数 c 的引入，是因为用户不可能无限的点击链接。

PageRank 的实现过程为：将网页的 URL 对应成唯一的整数，把每个超链接用其整数 ID 存放到索引数据库中，经过预处理（如取出数据库中的悬摆指针）之后，设每个网页的初始 PR 值为 0，通过以上的递归算法计算，每一个网页的 PageRank 值，反复迭代，直至结果收敛。

2. HITS 算法

PageRank 算法中对于向外链接的权值贡献是平均的，即不考虑不同链接存在重要程度差异。而 Web 的链接具有以下特征：

① 有些链接具有注释性，有些链接是起导航或广告作用。有注释性的链接才用于权威判断。

② 基于商业或竞争因素考虑，很少有 Web 网页指向其竞争领域的权威网页。

③ 权威网页很少具有明显的描述，如 Google 主页不会明确给出 Web 搜索引擎之类的描述信息。

可见，平均地分布权值不符合链接的实际情况。康奈尔大学博士 J. Kleinberg 提出的 HITS（Hypertext Induced Topic Search）算法中引入了另外一种网页，称为 Hub 网页。Hub 网页是提供指向权威网页（Authority）链接集合的 Web 网页，它本身可能并不重要，但是 Hub 网页却提供了指向就某个主题而言最为重要的站点的链接集合。Kleinberg 认为，网页的重要性应该依赖于用户提出的检索主题，而且对每个网页应该将其 Authority 权重和 Hub 权重分开来考虑。根据页面之间的超链接结构，将页面分为 Authority 页和 Hub 页。一般来说，好的 Hub 网页指向许多好的 Authority 网页，好的 Authority 网页是由许多好的 Hub 网页指向的 Web 网页。这种 Hub 与 Authority 网页之间的相互加强关系，可用于 Authority 网页的发现和 Web 结构和资源的自动发现，这就是 HITS 算法的基本思想。图 8-2 给出了 Authority 网页和 Hub 网页之间的关系。

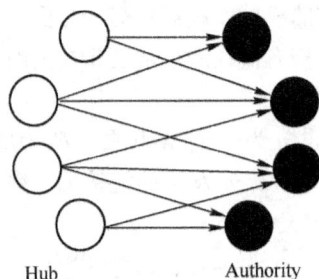

Hub   Authority

图 8-2　Hub 网页和 Authority 网页间的链接关系

HITS 算法如下：将查询 q 提交给传统的基于关键字匹配的搜索引擎，搜索引擎返回很多网页，从中取前 n（在介绍的 HITS 论文中采用 $n=200$）个网页作为根集（root set），用 S 表示。S 满足如下 3 个条件：

① S 中网页数量相对较小。

② S 中网页大多数是与查询 q 相关的网页。

③ S 中网页包含较多的权威网页。

通过向 S 中加入被 S 引用的网页和引用 S 的网页，将 S 扩展成基集 T。接着算法对基集 T 内部的每个网页进行处理，计算 T 中每个网页的 Authority 值和 Hub 值，此过程是一个递归的过程。

<1> 将网页 p 的 Authority 值记为 a_p，Hub 值记为 h_p，为 T 所有网页赋初值：

$$\text{Initialize} \quad a_p \leftarrow 1, h_p \leftarrow 1$$

<2> 通过以下迭代公式，对 a_p 和 h_p 进行反复修正，直至结果收敛。

$$\text{I 操作：} \quad a_p = \sum_{\forall q: q \rightarrow p} h_q$$

$$\text{O 操作：} \quad h_p = \sum_{\forall q: q \rightarrow p} a_q$$

其中，$q \rightarrow p$ 的含义是存在一个由 q 指向 p 的超链接。对于任意一个网页 p，其 Authority 权重通过指向该网页的所有网页的 Hub 值求和而得，其 Hub 值同样可以通过它所指向的网页的 Authority 值求和而得。经过多次迭代计算，直至结果收敛，最后 HITS 算法输出一组具有较大 Hub 值的页面和具有较大 Authority 值的页面。

3．PageRank 算法与 HITS 算法的对比

PageRank 算法与 HITS 算法都是基于链接分析的网页排序算法，两种算法主要有以下区别。

（1）处理对象和算法效率不同

PageRank 算法是对全部网页的整体分析，通过模拟互联网上的随机游走，计算每个网页 PageRank 值。因此该算法独立于用户查询，可以离线计算每个网页的 PageRank 值，能对用户查询产生快速的响应。HITS 算法是对全部网页的局部分析，是根据特定的查询产生不同的根集，然后计算网页的 Authority 值和 Hub 值。因此该算法依赖于用户查询，同时由根集 S 生成基集 T 的时间开销很昂贵，需要下载和分析 S 中每个网页的所有链接，排除重复的链接，并且需要计算网页的 Authority 值和 Hub 值，实时性较差。

（2）传播模型不同

PageRank 算法是基于随机游走类型的，网页权重值从一个网页传递到另外一个网页。而 HITS 算法将网页分为 Authority 网页和 Hub 网页，Authority 网页和 Hub 网页交互传播，两者之间相互加强。

（3）反网页作弊能力不同

PageRank 算法能较好地防止网页作弊的发生。在 PageRank 算法中，一个网页的重要性取决于指向它的网页的重要程度。一个网页拥有者很难将指向自己的链接强行添加到其他重要的网页中，因此网页的 PageRank 值不容易受到作弊的人为因素影响。而 HITS 算法则没有这样好的反作弊能力，因为网页拥有者可以很容易地在自己的网页上添加大量指向权威网页的链接，进而影响 HITS 算法得到的 Authority 值和 Hub 值。

另外，HITS 算法存在"主题漂移"问题。这是因为在扩展根集 S 的过程中，该算法很容易将一些与查询话题无关的网页添加到基集 T 中。因此，HITS 适合于宽主题的查询，PageRank 则较好地克服了"主题漂移"问题。

8.3　案例五——跨语言智能学术搜索系统

随着网络上文本数据的指数增长，传统的综合搜索引擎已不能很好地满足用户快速获取所需信息的需求，如何提高信息获取的效率成为亟待解决的问题，搜索引擎行业化、个性化、智能化是解决该问题的最有效途径之一。学术搜索引擎是一种行业化搜索引擎，但缺乏个性化、智能化的服务，使得用户学术文献检索效率低下，海量的数字学术资源得不到

充分利用。

学术搜索着力于解决如何高效地检索有用学术资源这一问题，研究高效的学术搜索已得到学术界的重大关注。国际上著名的文本检索会议（Text Retrieval Conference，TREC）是由美国国家技术标准局组织召开的国际会议，旨在促进大规模文本检索领域的研究，加速研究成果向商业应用的转化，促进学术研究机构、商业团体和政府部门之间的交流与合作。TREC 会议差不多每次都会设置是针对特定领域的信息检索任务，其中就包括对学术文档的检索。目前，国内外比较著名的学术搜索有 Google Scholar、Microsoft Academic Search、CNKI 知识搜索等，其中 Google Scholar 和 CNKI 收集了中文学术资源。

跨语言智能学术搜索（Cross-Language Intelligent Scholar，CLIScholar）系统是广东外语外贸大学智能信息处理研究所开发的系统（http://iiip.gdufs.edu.cn:8080/clischolar/），包括以下几个关键技术：研究混合语种文本的分词技术；研究基于机器翻译的跨语言信息检索；研究搜索结果聚类算法在不同语言文本上的性能差异问题；研究基于聚类的个性化信息检索方法以及交互式查询扩展技术。作为信息检索几个重要研究领域，上述方法和技术拥有广阔的应用前景，研究将其整合到学术搜索中，实现跨语言智能学术搜索系统，旨在让用户可以在尽可能短的时间内找到所需学术资源。系统主要有以下几个特色功能：跨语言检索学术文献；识别查询相关主题；提供个性化的学术搜索服务；支持交互式的查询扩展。

下面从分词、跨语言信息检索、搜索结果聚类、个性化检索、查询扩展等方面介绍 CLIScholar系统。

8.3.1　混合语种文本分词

搜索引擎中的搜索结果往往会包含两个语种（如本土语种与英语）混合的文本，在学术搜索中，这种现象更加普遍。为了能更好地对搜索结果进行预处理，结合 ICTCLAS2009 与 Lucene分析器的优势，提出一种混合语种文本分词的策略，这种策略有以下优势：继承了 ICTCLAS2009的中文分词以及词性标注优越性能；具有 Lucene 标准分析器高效准确的西语分词功能。具体步骤如下所示：

<1> 输入一个文本。

<2> 采用 ICTCLAS2009，对所输入文本进行中文分词以及词性标注处理。

<3> 提取标注为"x"词性字符串，采用 Lucene 标准分析器（StandardAnalyzer）进行第二趟分词，对输入字符串进行大小写转换、不规则符号过滤、停用词过滤、词干提取。

<4> 文本是否已经处理完，如果否则转<1>。

<5> 结束。

在步骤<3>中，因为 ICTCLAS2009 对所有的西语单词和不规则符号都统一标为词性"x"，所以在第二趟分词时，只对标注为"x"词性的字符串进行分词。

8.3.2　基于机器翻译的跨语言信息检索

虽然与人工翻译相比，机器翻译还有许多不足，但基于统计的机器翻译方法已经具备用户可接受的准确率。Google 翻译就是基于统计方法的机器翻译，曾在 2005 年的 NIST 评测中大获全胜。我们研究结合 Google 翻译和元搜索技术实现基于机器翻译的跨语言学术检索。首先对查询词进行机器翻译，再将翻译结果作为新的查询词，使用元搜索技术从 Google Scholar 上获取跨语言的检索结果。根据在跨语言信息检索过程中所处理的对象，系统采用的方法是基于查询翻译的 CLIR（Cross-Language Information Retrieval）方法。

Google 翻译目前可以支持 57 种书面语言的翻译。CLIScholar 系统暂时提供中、英、俄、法、西班牙等 5 个语种的跨语言检索，如需其他语种只需要简单修改即可轻松扩展。

8.3.3 不同语种文本的搜索结果聚类

面向跨语言学术搜索，采用一种基于多语言的搜索结果聚类策略：使用 Lingo 搜索结果聚类算法对西语文本进行聚类处理，并采用一趟聚类算法对中文搜索返回结果进行增量多层聚类（Multi-level Clustering Based on Incremental Clustering，MCBIC）。

Lingo 算法主要包含 5 个步骤：对搜索结果文本预处理，候选类别标签的提取，类别标签的提取，文档分配，形成最终聚类结果。Lingo 是目前搜索结果聚类性能最优越的算法之一，是一种基于标签的方法。然而 Lingo 的优越聚类性能仅局限于西语文本（包括英、俄、法和西班牙四个语种），尤其是英文文本，尽管 Lingo 也支持中文文本的聚类，但其聚类结果和类别标签的选择性能并不好，特别是在类别标签提取方面。MCBIC 是首先使用一趟聚类算法对搜索结果聚类，再基于得到的聚类结果，提取主题表达能力和可读性强的名词短语作为类别标签。一趟聚类具有近似线性时间复杂度，能很好地满足搜索结果聚类的效率要求。

8.3.4 基于聚类的个性化信息检索

个性化信息检索主要通过用户兴趣模型，对搜索返回结果进行个性化重排序和个性化过滤返回结果等方式实现。所介绍方法通过观察用户对聚类结果的点击行为，实时提取用户的兴趣偏好，生成并更新用户实时兴趣模型，然后采用余弦夹角公式，计算用户实时兴趣模型与搜索返回结果的相似度，按照相似度从大到小对其进行重排序，以实现个性化的检索需求。

因为每个查询词都会对应多个不同的主题，因此在经过聚类算法生成的搜索结果聚类中，假设每个类别对应一个主题或者子主题，当用户点击某个类别时，系统认为该用户对此类别对应的主题感兴趣，然后生成该类别的质心当作用户实时兴趣模型。如果用户再点击其他类别，系统就通过合并类别质心来更新用户实时兴趣模型。用户实时兴趣模型在这里采用空间向量表示，具体方法描述如下：

<1> 采用以上描述的两种搜索结果聚类算法分别对中文或西语搜索结果文本聚类。经过聚类处理后，形成多个不同主题、不同概念的类别 $C = \{C_1, C_2, C_3, \cdots, C_n\}$，用户通过这些类别可以快速地了解相应查询词的学术资源分布情况，进而点击定位到所感兴趣类别。

<2> 基于用户会搜索结果聚类的点击行为，生成并更新用户实时兴趣模型。其中，中文搜索结果的聚类算法是多层聚类的，由于顶层类别的质心已经包含其子类的质心信息，因此在本方法中只使用顶层类别的质心信息，不再重复考虑顶层类别的子类质心。生成以及更新用户实时兴趣模型具体方法如下所示：

(a) 设置一个用户实时兴趣模型 $\overrightarrow{UP}$。

(b) 用户点击 C 中的类别 C_i。

(c) C_i 的质心是否已经是添加到 $\overrightarrow{UP}$。如果是，即转(e)。

(d) 假定 C_i 是用户感兴趣的类别，用 C_i 的质心更新 $\overrightarrow{UP}$，更新策略为 $\overrightarrow{UP} = \overrightarrow{UP} + \overrightarrow{C_i}$，其中，$\overrightarrow{C_i}$ 为 C_i 的质心。

(e) 结束。

<3> 当用户需要个性化排序时，采用余弦夹角公式计算用户实时兴趣模型与搜索返回结果的相似度，按照相似度从大到小对搜索结果进行重排序，并输出重排序后的结果。

8.3.5 基于聚类的查询扩展

短查询词、查询词歧义等查询表达不清楚问题使得搜索引擎系统不能很好地理解用户的查询意图，导致检索召回率严重下降。在跨语言信息检索中的查询翻译偏差问题，同样会严重影响搜索引擎系统的召回率。针对该问题，采用一种基于聚类的查询扩展策略，同时提供交互式扩展选择，使得所提出策略更具灵活性和实用性。

面向不同语言的查询词，采用不同的查询扩展策略。在对中文查询词进行扩展时，采用Rocchio 算法公式计算出每个词作为查询扩展词的权重。依次假设全部类别中的其中一个类别包含的搜索结果是相关结果的，剩余的类别包含的搜索结果为不相关结果，然后利用 Rocchio 算法公式计算搜索返回结果中每个词作为查询扩展词的权重。选择权重最大的 K 个词作为查询扩展的候选词，并返回供用户选择。Rocchio 算法公式具体描述如下所示：

$$\vec{q}_m = \alpha \vec{q}_0 + \beta \frac{1}{|D_r|} \sum_{\vec{d}_j \in D_r} \vec{d}_j - \gamma \frac{1}{|D_{nr}|} \sum_{\vec{d}_j \in D_{nr}} \vec{d}_j$$

其中，$\vec{q}_m$ 表示查询扩展后的查询语句，$\vec{q}_0$ 表示原查询语句，$|D_r|$ 表示与查询相关的文档集，$|D_{nr}|$ 表示与查询不相关的文档集，$\vec{d}_j$ 表示一个文档空间向量，α、β 和 γ 为自定义参数，α、β 和 γ 分别取值 1、16 和 4。需要注意的是，MCBIC 搜索结果聚类算法具有层次结构，这里用到的类别只是顶层的类别。

在西语方面，研究对英文查询词进行扩展。因为 Lingo 算法采用 SVD（Singular Value Decomposition）以及后缀数组提取出的类别标签主题表达能力强，所以不再重复计算类别中每个词作为查询扩展词的权重，直接把所有类别的类别标签当作候选词。类别所包含的搜索结果数量当作其权重，选择权重最大的 K 个候选词作为查询扩展的候选词。

最终，用户可从 K 个查询扩展的候选词中挑选 M 个作为最终的查询扩展词，其中 $M \leqslant K$。将 M 个查询扩展词添加到原查询词，构成新的查询词，然后用新的查询词再次搜索。

所采用方法是一种基于聚类的局部查询扩展分析方法，并提供交互式的扩展选择形式，用户可以根据个人兴趣，选择其中的词作为查询扩展词，体现了该方法的灵活性和个性化。

8.3.6 其他检索便利工具

学术文献包含的除正文内容以外的信息，如文献发表处、文献被收录情况等，在很大程度上能反映该文献的参考价值。面向文献来源网站（URL）的层次归类方法：先把 URL 中顶级域名相同的文献划到同一个簇，如".com"、".cn" 等。然后把 URL 中二级域名相同的文献也划到同一个簇，如".edu.cn" 等。接着，根据三级域名情况的划分，如".portal.acm.org"、".cnki.com.cn" 等，类划分结果是顶级域名或二级域名划分得到类别的子类。如此类推，最终得到文献来源网站（URL）的层次归类结果，以域名作为类别标签。基于文献发表期刊或者会议的归类方法：根据文献所发表期刊或会议论文集，把发表在同一期刊或会议论文集的文献划分到同一类别，以期刊或会议名称作为类别标签。

针对用户希望能快速查找某一篇文献的引用文献资源，本系统对被引用次数大于 20 的文献提供对引用文献聚类功能，聚类后的页面提供一般查询相同的功能界面。此外，系统还提供了三种不同的排序方式：按相似度排序、按时间排序、按被引用次数排序。

8.3.7　系统性能评估

分词效率是整个搜索引擎响应时间的重要基础。根据服务器日志统计，系统的分词速度为 111 kbps，其中服务器配置为 Windows 2000，CPU 2.40GHz，1GB RAM。

由于系统以 Google Scholar 为单一搜索源，因此系统的整体准确率和召回率与 Google Scholar 相同。在跨语言信息检索方面，实验表明：无论是短查询词、中查询词还是长查询词，MT CLIR（Machine Translation CLIR）方法较 MRD CLIR（Machine Readable Dictionary CLIR）方法有更高的平均准确率，其平均准确率分别为 0.4446、0.5536 和 0.617。这验证了 Google 翻译应用于跨语言信息检索的有效性。

同时，采用百度和 ODP 语料，对 MCIBC 和 Lingo 搜索结果聚类算法上进行测试。MCIBC 和 Lingo 的微平均 F-measure 值分别达到了 0.4917 和 0.5178，有着较好的聚类性能。图 8-3 为个性化信息检索（个性化排序）方法 $P@5$、$P@10$ 和 $P@20$ 测试结果（$P@N$ 是指利用用户每个查询前 N 个结果中标注为正确的结果所占的比例，此值越高，说明方法性能越好）。实验结果显示，系统的个性化排序方法得到了较高的 $P@5$、$P@10$ 和 $P@20$ 值，这表明系统所采用方法能把与用户兴趣相关的结果排列在搜索结果列表前面，使得用户能更快地查找到用户所感兴趣的资源。

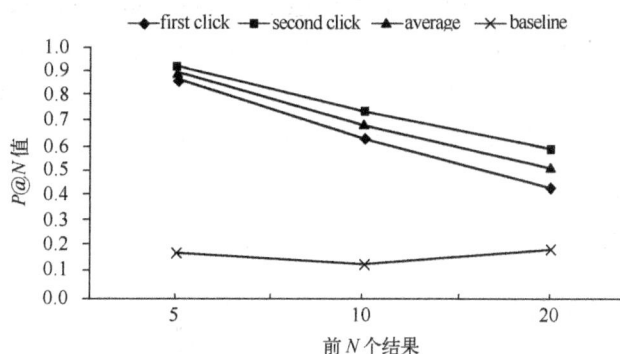

图 8-3　搜索结果个性化排序 $P@N$ 测试结果

注："first click"表示用户点击搜索结果聚类的其中一个类别后，个性化排序方法得到的测试结果 $P@5$、$P@10$ 和 $P@20$，"second click"表示用户点击搜索结果聚类中的其中两个类别，个性化排序方法得到的测试结果，"average"是前两者的平均。

在查询扩展方面，使用用户调查法对系统所采用的方法进行测试。系统提供 15 个查询扩展词，用户根据其查询意图，对系统给出的查询扩展词打分。一个查询扩展词具有扩展意义，就获得 1 分，满分为 10 分。每个用户使用 10 个查询词进行搜索，并提交查询词和打分结果。实验得到的所有参与用户的平均分为 7.81，用户使用的查询词来源于计算机、管理学、经济学等领域。这表明系统能提供较高质量的扩展词，用户打分结果如图 8-4 所示。

综上所述，构建出来的系统具有跨语言检索功能，用户可以方便地找到所需的不同语种资源；通过交互的查询扩展功能改善用户查询词，同时可让系统更好地理解用户的检索意图；通过对搜索返回结果聚类，可以方便用户快速浏览搜索引擎返回结果；通过个性化检索，可为不同检索目的的用户提供个性化排序结果。此外，浏览便利工具在一定程度上提高了检索的效率，改善了用户的搜索体验。

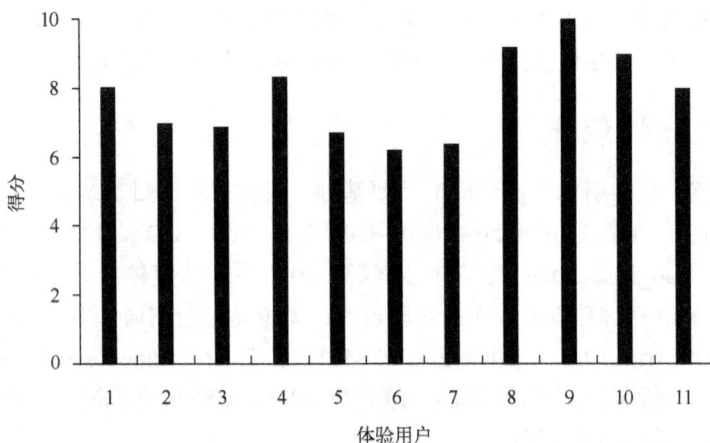

图 8-4　查询扩展功能用户打分结果

下面为系统分别以"跨语言信息检索"中文查询词，"Cross-Language Information Retrieval"英文查询词进行跨语言学术搜索后的效果截图。图 8-5 中，左图为 Lingo 搜索结果聚类结果，右图为 MCBIC 搜索结果聚类结果。通过这个聚类结果，用户可以根据自己的检索目标快速定位到感兴趣的类别，一般还会发现与查询相关的其他资源。图 8-6 和图 8-7 分别对应中英文查询词实现的个性化排序效果图，当用户点击"Machine Translation (15)"这个类别时，系统会认为此用户是对"Machine Translation (15)"这个类别感兴趣的，然后以此类别的质心作为用户实时兴趣模型 $\overrightarrow{UP}$，当用户选择"个性化排序"按钮后，系统就计算搜索结果与用户实时兴趣模型的相似度，并按相似度从大到小对搜索结果进行重新排序。

图 8-5　搜索结果聚类

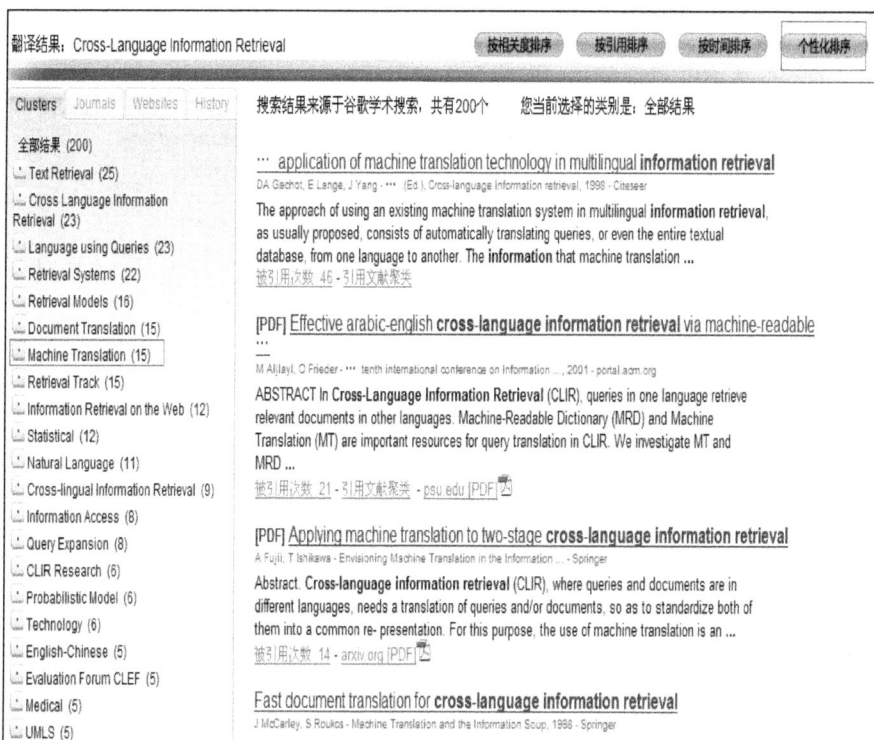

图 8-6　英文查询词的个性化重排序

图 8-7　中文查询词的个性化重排序

图 8-8 和图 8-9 分别为英文和中文查询词的查询扩展交互页面。用户可以通过选择其中的

一个或多个的词作为查询扩展词，系统自动添加到原查询词中，形成新的查询词，进行二次搜索。二次搜索能较好地弥补查询翻译中的翻译质量不足问题，提高跨语言信息检索的召回率。

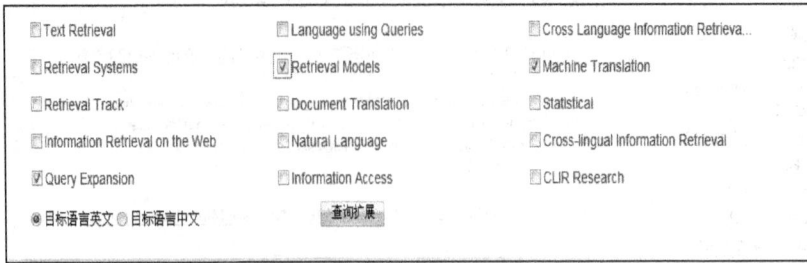

图 8-8　英文查询词的查询扩展交互页面

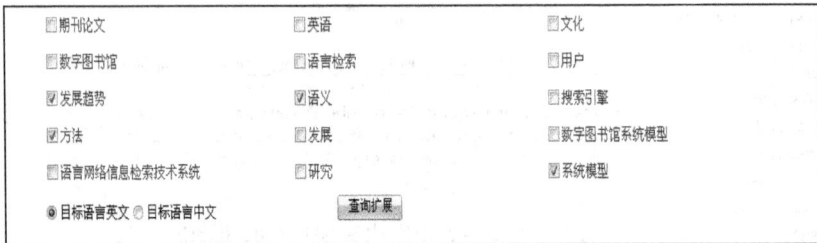

图 8-9　中文查询词的查询扩展交互页面

图 8-10 为基于文献网络来源的层次归类结果，图 8-11 为基于文献发表处的归类结果。文献来源网站反映着文献被相关数据库的录用情况，用户可以根据树形的层次归类结果，快速地找到与查询相关的各数据库收录的文献情况。针对用户希望快速查找某一篇文献的引用文献资源，本系统对被引用次数大于 20 的文献提供对引用文献聚类功能，聚类后的页面提供一般查询相同的功能界面。效果图见图 8-12 和图 8-13。

图 8-10　基于文献网络来源（URL）的层次归类结果

| Clusters | **Journals** | Websites | History |

全部结果 (200)

- ☐ ... and development in information retrieval (13)
- ☐ ... in information retrieval (8)
- ☐ Information Processing & Management (5)
- ☐ NIST SPECIAL PUBLICATION SP (5)
- ☐ Information Retrieval (4)
- ☐ Information processing & management (3)
- ☐ ... on Cross-Language Text and Speech Retrieval (2)
- ☐ Cross-Language Information Retrieval (2)
- ☐ ... in informaion retrieval (2)
- ☐ ACM SIGIR Forum (2)
- ☐ ... information retrieval (2)
- ☐ NIST SPECIAL ... (2)
- ☐ Information Processing ... (2)
- ☐ TREC 2001 (2)
- ☐ Machine Translation and the Information Soup (2)

| Clusters | **Journals** | Websites | History |

全部结果 (200)

- ☐ 情报杂志 (13)
- ☐ 现代图书情报技术 (11)
- ☐ 情报科学 (11)
- ☐ 中文信息学报 (9)
- ☐ 图书情报工作 (8)
- ☐ 现代情报 (8)
- ☐ 情报理论与实践 (8)
- ☐ 数字图书馆论坛 (7)
- ☐ 情报学报 (6)
- ☐ 图书馆学研究 (5)
- ☐ 计算机工程 (5)
- ☐ 图书馆理论与实践 (4)
- ☐ 江西图书馆学刊 (4)
- ☐ 情报资料工作 (3)
- ☐ 计算机科学 (3)
- ☐ 现代外语 (2)
- ☐ 图书与情报 (2)
- ☐ 中国信息导报 (2)
- ☐ 计算机应用研究 (2)
- ☐ 晋图学刊 (2)
- ☐ 计算机工程与科学 (2)

图 8-11 基于文献发表处的归类结果

Cross-language information retrieval
DW Oard, A Diekema - Anne Diekema, 1998 - works.bepress.com
This chapter reviews research and practice in **cross-language information retrieval** (CUR) that seeks to support the process of finding documents written in one natural language (eg, English or Portuguese) with automated systems that can accept queries expressed in other ...
被引用次数 142 - 引用文献聚类

Cross language information retrieval
F Gey, N Kando, C Peters - ACM SIGIR Forum, 2002 - csa.com
Cross language information retrieval. Fredric Gey, Noriko Kando, Carol Peters ACMSIGIR Forum 36:22, 72-80, Association for Computing Machinery, Inc, One Astor Plaza,1515 Broadway, New York, NY, 10036-5701, USA,, 2002. ...
被引用次数 20

[PDF] Automatic **cross-language information retrieval** using latent semantic ...
ML Littman, ST Dumais, TK Landauer - ··· -language information retrieval, 1998 - Citeseer
We describe a method for fully automated **cross-language** document **retrieval** in which no query translation is required. Queries in one language can retrieve documents in other languages (as well as the original language). This is accomplished by a method that auto- matically ...
被引用次数 93 - 引用文献聚类 - psu.edu [PDF] 🗎

[PDF] ... and query expansion techniques for **cross-language information retrieval**
L Ballesteros, WB Croft - ··· and development in information retrieval, 1997 - portal.acm.org
The development of IR systems for languages other than English has focused on building mono-lingual systems. In- creased availabMy of on-line text in languages other than English and increased multi-national collaboration have motivated research in **cross-language** ...
被引用次数 264 - 引用文献聚类 - psu.edu [PDF] 🗎

[CITATION] The problem of **cross-language information retrieval**
G Grefenstette - Cross-Language Information Retrieval, 1998
被引用次数 47 - 引用文献聚类

图 8-12 提供引用文献聚类

图 8-13　引用文献聚类结果

在检索学术文献时，文献的被引用次数、发表时间也是用户参考指标。系统还提供三种排序方式：按相似度排序、按时间排序、按被引用次数排序，如图 8-14 所示。

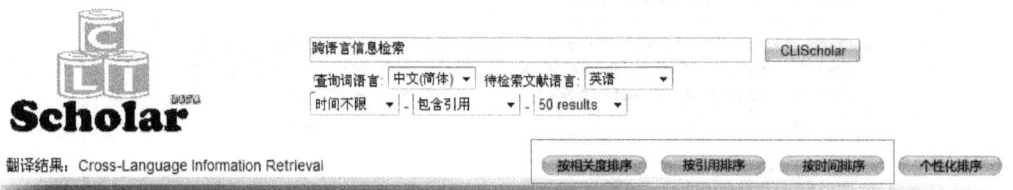

图 8-14　三种排序方式

8.4　案例六——基于内容的垃圾邮件识别

随着 Internet 技术及商业社会的高速发展，数字化网络化已经遍及人们生活的方方面面，尤其是近年来日益普及的电子邮件。电子邮件在给 Internet 用户带来交流便利性的同时，也出现了越来越多负面影响，如发送欺诈邮件，病毒邮件，广告邮件等。人们把这些不希望收到的邮件统称为"垃圾邮件"（Spam），面对数量庞大、变化多端的垃圾邮件技术，传统的网络过滤器、简单的黑名单白名单技术已难以应付，如何自动、有效地识别并消除垃圾邮件已经成为网络邮件服务提供商及网民们所关心的课题。

根据统计，截至 2010 年，我国互联网电子邮件用户数为 2.49 亿，在互联网用户中的使用率为 54.6%。而来自网站监控公司 Pingdom 的数据显示，2010 年全球用户总共发送 107 万亿封邮件，其中大约有 89%是垃圾邮件。而中国互联网用户平均每周收到 13.5 封垃圾邮件。垃圾邮件不仅耗费网络资源和计算机开销，更对企业和用户的正常工作生活造成严重的干扰。随着垃坂邮件数量日益攀升，垃圾邮件问题已成为社会亟待解决的问题。

8.4.1　垃圾邮件识别方法简介

目前，主流的垃圾邮件识别技术可分为邮件服务器端防范技术和邮件客户端防范技术两大类。在邮件服务器端防范技术主要有：基于 IP 地址、域名和"黑名单""白名单"过滤技术；基于信头、信体、附件的内容过滤技术；基于连接频率的动态规则技术；启发式分析技术，即采用人工智能的方法自动消除垃圾邮件；发件人特征识别，邮件意图识别等邮件特征识别技术；多重图片识别技术，如图片邮件指纹识别、OCR 识别技术等；信誉评分技术等。

在邮件客户端防范技术主要有：充分利用黑名单，白名单功能；慎用"自动回复"功能；尽量避免泄露邮件地址；不要订阅不健康的电子杂志及垃圾广告；不要回复垃圾邮件；申请两个或两个以上的个人邮箱，分场合使用；使用专门的反垃圾邮件客户端软件或科学设置自己的客户端软件；向邮件服务提供商或相关部门组织举报垃圾邮件等。

在邮件服务器端和邮件客户端两种防范技术中，邮件服务器端防范技术对网络邮件服务提供商至关重要。基于内容的垃圾邮件识别技术是邮件服务器端防范技术的主流技术，以上提到的基于信头、信体、附件的内容过滤技术和启发式分析技术都是典型的基于内容的方法。目前基于内容垃圾邮件识别的方法主要可以分为基于规则的方法和基于统计的方法。前者通常是得到人们可以理解的显式规则，这类型方法的典型代表有决策树方法、Ripper、Rough Set 方法等；后者往往通过某种计算表达式推出结果，这类型方法的典型代表有 Bayes 方法、kNN、支持向量机 SVM、Rocchio、神经网络等。本质上，统计方法可以看成规则方法的一种推广。

8.4.2　基于内容的垃圾邮件识别方法工作原理

一封标准格式的电子邮件包含有邮件头部（mail head）和邮件体（mail body）两部分。邮件头部包括发件人、收件人、抄送人、发信日期、主题、附件等信息；邮件体包括邮件正文信息，可以分成几个部分分别编码，从 SMTP 命令传输过程来看，邮件体以单独一行的英文句点"."为结束符，从 MIME 编码后的代码上看，第一个空行就是邮件头部和邮件正文的分隔（邮件在网络中是按照 SMTP 来传输的，SMTP 会对邮件进行一定的编码），如图 8-15 所示。

在不考虑附件、图片化文字等问题，只简单考虑邮件中包含的文本内容情况下，这类垃圾邮件大概占总垃圾邮件数量的 80%,构建能准确判别该类垃圾邮件的识别模型具有重要的意义，其核心则是设计高性能的基于内容的垃圾邮件识别方法。

简单来说，垃圾邮件过滤的基础是识别出所接收到邮件是正常邮件还是垃圾邮件，而这个识别过程可以看作是一种二类的文本分类问题，即正常邮件和垃圾邮件两个类别文本的识别。基于内容的垃圾邮件识别方法的主要步骤如下：

<1> 将解码并格式化后的电子邮件视为文本。

<2> 分词并使用相应的文本表示方法来表示文本，较多的方法采用向量空间模型 VSM。

<3> 基于已有的垃圾邮件和正常邮件语料库，采用文本分类算法建立垃圾邮件识别模型。

<4> 基于识别模型判别新收到的邮件是否为垃圾邮件

8.4.3　一种基于聚类的垃圾邮件识别方法

有研究表明 kNN 方法在垃圾邮件识别领域中具有良好的精度优越，但 kNN 三个不足，使得它的实际应用受到了很大的限制：第一，文本相似度计算量大；第二，分类性能受单个训练样本影响大，存在盲目判断的问题；第三，kNN 是一种惰性学习方法，在分类任务执行前并没有预先建立模型。本节介绍一种采用聚类改进 kNN 的垃圾邮件识别方法，该方法采用向量空间模型来表示邮件文本，而分词可以采用相应已有的开源分词系统，如在英文分词的 Lucene 标准分析器、中文分词的 ICTCLAS 等。以下主要介绍垃圾邮件识别过程的步骤<3>和<4>。

图 8-15　一封电子邮件的结构示意图

1. kNN 算法

传统的 kNN 过程如下：给定一个测试文档 x，计算它与训练语料库中每个文档的相似度（或距离），查找离它最近的 k 个邻近文档，并根据这些邻近文档的类别归属，来给该文档的候选类别评分。把测试文档与训练文档的相似度作为训练文档所在类别的打分，如果 k 个邻近文档中有属于同一个类别的，就将该类别中的每个邻近文档的打分求和作为该类别的最终得分。最后，将测试文档分配给得分最高的那个类别。决策规则如以下所示：

$$\text{Score}(x, C_j) = \sum_{d_i \in kNN} \text{sim}(x, d_i) y(d_i, C_j)$$

其中，$\text{Score}(x, C_j)$ 表示测试文档 x 属于类别 C_j 的得分，$\text{sim}(x, d_i)$ 表示测试文档 x 与训练文档 d_i 的相似度，$y(d_i, C_j)$ 取值为 0 或 1，取值为 1 时表示训练文档 d_i 属于类别 C_j，取值为 0，则表示训练文档 d_i 不属于类别 C_j。

2. 基于聚类的垃圾邮件识别方法

虽然 kNN 文本分类方法在分类性能上与 SVM 的效果相当，但是因为它是一种惰性的机器学习方法以及时间复杂度大等特性，使得它不太适用于对分类速度要求较高的垃圾邮件识别场合。本节介绍的方法首先采用聚类算法学习训练语料，并建立识别模型，再结合 kNN 分类方法思想对测试语料决策分类，具有很好的识别准确度以及效率。具体步骤如下。

（1）Step 1：建立识别模型

利用一趟聚类算法对训练语料建立识别模型。

<1> 初始时，簇集合为空，读入一个新的文本。

<2> 以这个对象构造一个新的簇，该文本的类别标识作为新簇的类别标识。

<3> 若文本已被处理完，则转（6），否则读入新对象，利用余弦夹角公式计算它与每个已有簇间的相似度，并选择最大的相似度。

<4> 若最大相似度小于给定半径阈值 r，转（2）。

<5> 否则将该文本并入具有最大相似度的簇中，并更新该簇词权重信息，转（3）。

<6> 采用投票机制对聚类得到的簇进行标识，即以簇中最多文本的类别作为簇的类别。

<7> 得到聚类结果 $m_0 = \{C_1^0, C_2^0, C_3^0, ..., C_n^0\}$，以每个簇的类标识及其包含的词权重信息作为分类阶段的识别模型，建模阶段结束。

（2）Step 2：决策分类

结合 kNN 分类方法思想，利用识别模型对测试语料进行分类处理。具体过程如下：

<1> 给定一个测试文本 x，使用以下公式计算模型 m_0 的每个簇的打分，即

$$ClusterScore(x, C_j) = \sum_{C_i^0 \in kNN} sim(x, C_i^0) y(C_i^0, C_j)$$

其中，$ClusterScore(x, C_j)$ 表示测试文档 x 属于类别 C_j 的得分，$sim(x, C_i^0)$ 表示测试文档 x 与模型 m_0 中簇 C_i^0 的相似度，$y(C_i^0, C_j)$ 取值为 0 或 1，取值为 1 时表示簇 C_i^0 属于类别 C_j，取值为 0，则表示簇 C_i^0 不属于类别 C_j。

<2> 找出 k_1（first_k_value）个最近邻的簇，利用余弦相似度公式计算 k_1 个最近邻的簇包含的文本与 x 的相似度，并在这些簇中查找 k_2（second_k_value）个最近邻的文本。基于得到的 k_2 最近邻文本集，使用 $Score(x, C_j)$ 公式给其打分，并将 x 判定为得分最高的类别。

（3）Step 3：模型更新

对于新添加的训练语料，采用建立模型一样的方法对新添加的训练文本进行增量式聚类，更新聚类结果 $m_1 = \{C_1^1, C_2^1, C_3^1, ..., C_n^1\}$，得到新的识别模型。

Step 1 的步骤<5>中的簇词权重更新策略如下所示：

$$w_{c_i^0}^{j+1}(t) = \frac{w_{c_i^0}^j(t) \times \left| c_i^0 \right| + w(t)_p}{\left| c_i^0 \right| + 1}$$

其中，$w_{c_i^0}^{j+1}(t)$ 表示簇 C_i^0 中词 t 在更新后的权重，$w_{c_i^0}^j(t)$ 表示簇 C_i^0 中词 t 的权重，$w(t)_p$ 表示文本 p 中词 t 的权重，$\left| c_i^0 \right|$ 表示簇 C_i^0 包含的文本个数。

改进的 kNN 识别方法改变 kNN 分类的惰性学习方式，通过聚类方法来建立识别模型，聚类得到的簇个数远小于原训练样本数，大大降低了文本相似度的计算量，同时削弱了分类性能受单个训练样本的影响。在垃圾邮件识别中，文本数据是不断在增长的，现有的很多垃圾邮件识别方法建立的模型都是不能或者难于动态更新，如果有新的训练语料即需要重新建立模型，重新建立模型的时间消耗是巨大的，这也限制了这些方法的实际应用范围。这里介绍的方法是一种可动态更新模型的增量式垃圾邮件识别方法，可快速地根据新添加的训练样本更新已有模

型，而不需要重新训练模型，具有很好的实际应用价值。

3．参数选择

聚类阈值 r 是关于对象间相似度的描述，r 越大，得到簇个数越多，阈值 r 的选择采用抽样方法，具体策略如下。

<1> 在训练语料库中随机抽取 N_0 对文本。

<2> 计算所抽取的每对文本的平均相似度 ex。

<3> 聚类阈值 r 取值为 $\varepsilon \times ex$，其中 $\varepsilon \geqslant 1$。

当 N_0 达到一定的数值，平均相似度 ex 就变得稳定。在以下介绍的测试实验中，取 $N_0 = 10000$。聚类阈值 r 的大小与所测试语料库的规模以及所应用的领域密切相关，同时它会影响到分类模型的质量。实验结果表明，在垃圾邮件识别中，当参数 ε、k_1 和 k_2 分别在[1,4]、[3,7]和[5,20]范围内取值时，分类效果比较理想，具体的实验阈值设置见 8.4.3.4。

4．性能分析

为了更好地测试所介绍方法的性能，采用公开的 Ling-Spam 垃圾邮件语料库来验证所介绍的方法，并与 kNN（TiMBL）、Naïve Bayesian（NB）、Stacking、Outlook patterns 进行性能对比。实验环境信息为 Windows XP，CPU 2.80GHz，1GB RAM。

（1）语料库与评估指标

Ling-Spam 由 Ion Androutsopoulos 等人提供，由 Ion Androutsopoulos 收到的垃圾邮件与语言学家列表收到的正常邮件组成，总共 2893 封邮件，其中包含 2412 封正常邮件和 481 垃圾邮件，垃圾邮件数量占语料库总邮件数的 16.6%。此语料库有 4 个版本，分别为 bare、lemm、lemm_stop 和 stop。以下测试结果是基于 lemm 版本上的，此版本已经对邮件进行 stemming 处理。

在垃圾邮件识别中，通常使用加权准确率 WAcc、TCR（Total Cost Ratio）和垃圾邮件的召回率 SR、准确率 SP、SF_1 值来评估算法的识别效果。这里也采用这些指标来评估所介绍方法的性能。

$$\text{WAcc} = \frac{\lambda N_{S \to S} + N_{L \to L}}{\lambda N_S + N_L}, \quad \text{WErr} = \frac{\lambda N_{L \to S} + N_{S \to L}}{\lambda N_S + N_L}, \quad \text{WAcc}^b = \frac{\lambda N_L}{\lambda N_S + N_L}, \quad \text{WErr}^b = \frac{N_S}{\lambda N_S + N_L}$$

$$\text{TCR} = \frac{\text{WErr}^b}{\text{WErr}} = \frac{N_S}{\lambda N_{L \to S} + N_{S \to L}}, \quad \text{SR} = \frac{N_{S \to S}}{N_{S \to S} + N_{S \to L}}, \quad \text{SP} = \frac{N_{S \to S}}{N_{S \to S} + N_{L \to S}}, \quad \text{SF}_1 = \frac{2 \times SR \times SP}{SR + SP}$$

其中，N_S 和 N_L 表示正常邮件与垃圾邮件的数量，$N_{S \to S}$ 和 $N_{L \to L}$ 表示正常邮件与垃圾邮件被正确分类的数量，$N_{L \to S}$ 和 $N_{S \to L}$ 表示正常邮件与垃圾邮件被错误分类的数量。WErr 和 WAcc^b、WErr^b 分别表示加权错误率以及准确率基准、错误率基准。λ 表示代价敏感系数，由于所介绍方法并不是一种代价敏感分类方法，所以实验中 λ 取 1。

（2）实验测试结果

图 8-16 为所介绍方法在取不同的聚类阈值 r 和 k_1 时，获得的 TCR 值。结果表明，介绍方法的 ε 取值于[1,4]期间都能获得高于基准线的 TCR 值，并且随着阈值的增大，获得的 TCR 值越高，识别效果越好。从横向来看，当取不同的阈值时，获得的 TCR 最高值的点不同，总体来说，聚类阈值越小，获得 TCR 最高值时的 k_1 值越小。在聚类阈值取 4.0×ex 以及 k_1 取 7 时，获得最高的 TCR 值 15.51。

选择 $r = 3.0 \times ex$ 和 $k_1 = 3$，测试 k_2 在取不同值时，对所介绍方法识别效果的影响，图 8-17 为测试结果，从中可以看出，随着 k_2 取值的增大，TCR 值也逐步增大。在 k_2 取 10 时，得到最大的 TCR 值 15.03。当 k_2 取值为 20 和 25，得到同样的 TCR 值，这表明所介绍方法在聚类阶段得到的簇包含的文本数量普遍较小。

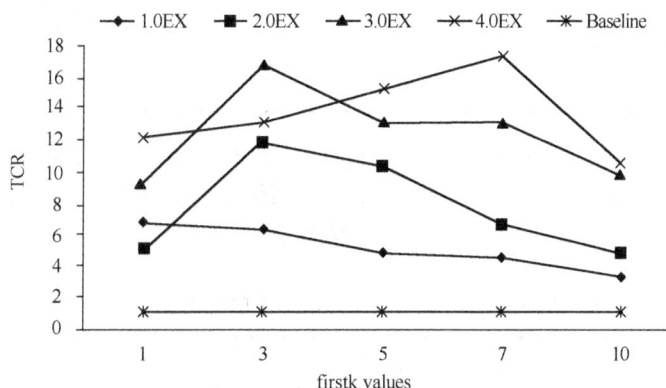

图 8-16　不同的阈值和 k_1 取值得到的 TCR 值

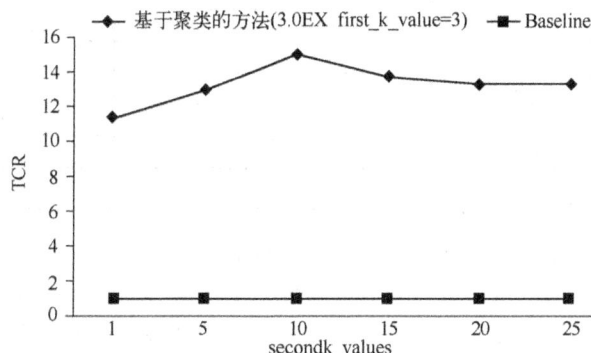

图 8-17　阈值为 $3.0 \times ex$ 和 k_1=3 时选择不同的 k_2 值得到的 TCR 值

为了避免噪声文本的影响，研究了所介绍方法在分类前对聚类结果进行噪声过滤的效果。表 8-1 为定义不同噪声阈值 X 得到不同方法的测试结果，并与 kNN 进行较全面的性能对比。Cluster_KNN (X)表示当聚类得到的簇包含的文本个数不超过 X 时，就把此簇当作噪声过滤掉，即不把此簇放到分类模型中，"No. of Clusters"表示在噪声过滤后，分类模型中包含的簇的个数。从表 8-1 中可以看到，随着噪声阈值的增大，分类模型中得到的簇个数逐渐减少，所介绍方法的分类时间大幅度下降，而分类的准确率和 TCR 值也逐步下降。分类的准确率和 TCR 值下降是因为噪声阈值的增大会把正常的簇也当作噪声删除，使得分类模型包含的先验知识减少，然而分类效率得到很大幅度提高，如 Cluster_KNN(1)较 Cluster_KNN(0)的 TCR 值降低 3.3，而分类效率得到了 21%的提高。与 kNN 相比，所介绍方法在分类效率和分类准确度上都有很大提升，如 Cluster_KNN(0)在分类时消耗 1_NN 的 54%时间获得的 TCR 值是 1_NN 的 2.8 倍，Cluster_KNN(2)在分类时消耗 1_NN 的 30%时间获得的 TCR 值是 1_NN 的 1.38 倍。

表 8-1　不同的 Cluster_KNN 方法与 kNN 方法的分类效率以及准确度的对比

Methods	Time Consumings	No. of Clusters	Accuracy	TCR
Cluster_KNN (0)	46.52s	1150	0.9889	15.03
Cluster_KNN (1)	36.76s	528	0.9858	11.73
Cluster_KNN (2)	25.45s	323	0.9786	7.76

Methods	Time Consumings	No. of Clusters	Accuracy	TCR
Cluster_KNN (4)	20.42s	131	0.9395	2.75
Cluster_KNN (6)	16.83s	50	0.8665	1.25
1_NN(k=1)	85.97s	N/A	0.9689	5.35
10_NN(k=10)	91.51s	N/A	0.8908	1.52

表 8-2 为多种垃圾邮件识别方法在 Ling-Spam 语料的 lemm 版本上的十折交叉验证分类结果。基于聚类的方法得到的 TCR、分类准确率、垃圾邮件召回率分别为 15.03、0.9889 和 0.9772，较 Outlook patterns、Stacking、kNN 和 NB 的性能都要好。

表 8-2　Ling-Spam 语料 lemm 版本上的十折交叉验证分类结果

Algorithms	SR	SP	SF1	Accuracy	TCR
Cluster_KNN(0)	0.9772	0.9592	0.9681	0.9889	15.03
NB	0.8235	0.9902	0.8992	0.9693	5.41
TiMBL(kNN-1)	0.8527	0.9592	0.9028	0.9689	5.35
TiMBL(kNN-2)	0.8319	0.9710	0.8961	0.9675	5.12
TiMBL(kNN-10)	0.3454	0.9964	0.5130	0.8908	1.52
Stacking	0.9170	0.9650	0.9404	N/A	8.44
Outlook patterns	0.5301	0.8793	0.6614	0.9098	1.84
Baseline	0.0000	∞	∞	0.8337	1.00

为了测试方法的增量式建模分类在垃圾邮件识别中的适用性，实现了基于聚类的方法在 Ling-Spam 上的增量式建模，并同样采用十折交叉验证方法评估识别效果。增量式实验过程：随机抽取其中一份语料作为测试语料，然后从剩余的 9 份语料中每次抽取一份语料增量式训练建模，并且每次都用测试预料评估已更新的模型，直至 9 份语料都被用作训练模型一次；如此循环 10 次，以保证每份语料都被用作一次测试语料。

图 8-18 和图 8-19 分别为增量式建模的每一阶段分类结果，从实验结果可以看出，基于聚类的方法在每一阶段都能得到的较高 TCR 和分类准确率，分类性能比较稳定。图 8-20 为增量式建模过程中得到的簇个数以及每一阶段增加的簇个数情况，从中可以看出，随着训练语料规模的增大，得到的簇个数逐渐上升，而新增加的簇个数明显下降。以上实验结果表明基于聚类的方法是一种性能较好的可动态更新模型的垃圾邮件识别方法，具有很好的实际应用价值。

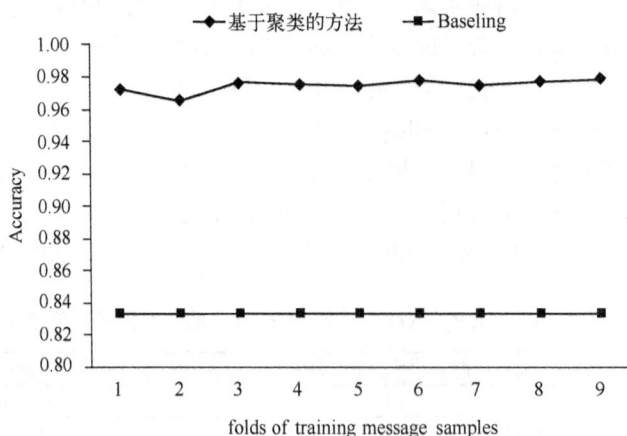

图 8-18　Ling-Spam 上的增量式建模分类准确率

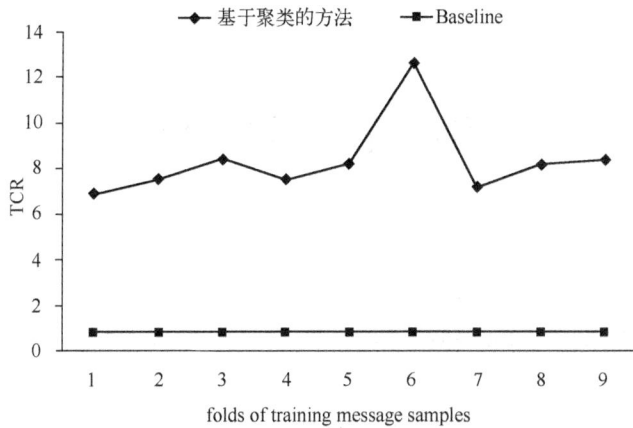

图 8-19 Ling-Spam 上的增量式建模分类 TCR 值

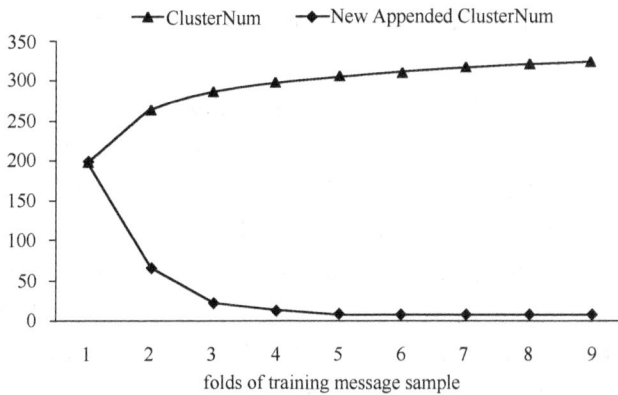

图 8-20 Ling-Spam 上的增量式建模的簇变化情况

本章小结

本章对文本挖掘和 Web 数据挖掘技术进行了简要介绍,包括分词、文本表示、文本特征选择、文本分类、文本聚类、文档自动摘要等文本挖掘技术,以及 Web 内容挖掘、Web 使用挖掘和 Web 结构挖掘等 Web 数据挖掘技术。在非结构化数据快速增长的今天,以上技术在对海量网络数据挖掘中扮演着重要的角色。

文本挖掘和 Web 数据挖掘技术在现实生活中有着广泛的应用,如 Web 搜索、垃圾邮件过滤、情报分析等。本章提供了两个系统案例,以便更深入地理解相关技术和思想。其中,Web 搜索的案例——CLIScholar 系统,CLIScholar 的关键技术包括分词、跨语言信息检索、搜索结果聚类、个性化检索、查询扩展等内容。CLIScholar 是融合文本挖掘和 Web 数据挖掘技术的较为典型的例子,能为研究者检索学术资源提供较为便利的服务。垃圾邮件识别案例——基于内容的垃圾邮件识别,该案例是文本聚类和文本分类的一个典型应用,介绍了一种性能稳定、高效的垃圾邮件识别方法,在现实应用中具有较大的应用价值。

文本挖掘和 Web 数据挖掘覆盖范围广泛,涉及方法也多种多样,这里只是为相关技术提供基础的学习内容,进一步的深入研究可查看相关的文献资料以及书籍。

参 考 文 献

教材/专著

1. （美）谭，（美）斯坦巴赫. 数据挖掘导论——图灵计算机科学丛书. 范明等，译. 北京：人民邮电出版社，2006.

2. （印度）西蒙（Soman.K.P）等. 数据挖掘基础教程. 范明等，译. 北京：机械工业出版社，2009.

3. （美）贝里，（美）利诺夫. 数据挖掘——客户关系管理的科学与艺术. 袁卫等，译. 中国财经出版社，2004.

4. （加）韩家炜，堪博（Kam ber, M.）. 数据挖掘概念与技术（原书第 2 版）. 范明，孟小峰，译. 北京：机械工业出版社，2007.

5. 朱玉全，杨鹤标，孙蕾. 数据挖掘技术. 南京：东南大学出版社，2006.

6. 毛国君，段立娟，王石，石云. 数据挖掘原理与算法. 北京：清华大学出版社，2007.

7. 薛薇，陈欢歌. Clementine 数据挖掘方法及应用. 北京：电子工业出版社，2010.

8. Simon Haykin. 神经网络与机器学习（原书第 3 版）. 申富饶等，译. 北京：机械工业出版社，2011.

9. 胡可云，田凤占，黄厚宽. 数据挖掘理论与应用. 北京：清华大学出版社，2008.

10. （美）Tom M. Mitchell. 机器学习. 曾华均，张银奎等，译. 北京：机械工业出版社，2003.

11. Bing Liu. Web 数据挖掘. 俞勇，薛贵荣，韩定一等，译. 北京：清华大学出版社，2009.

12. 宗成庆. 统计自然语言处理. 北京：清华大学出版社，2008.

13. 程显毅，朱倩，王进. 中文信息抽取原理及应用. 北京：科学出版社，2010.

14. 蒋盛益. 基于聚类的入侵检测算法研究. 北京：科学出版社，2008.

15. Gan, G., Ma, C., and Wu J.. Data Clustering: Theory, Algorithms, and Applications. American Statistical Association and the Society for Industrial and Applied Mathematics, 2007.

16. Rob Mattison. 电信业客户流失管理. 肖橹译. 北京：人民邮电出版社，2005.

17. Alex Berson, Stephen Smith, Kurt Thearling. 构建面向 CRM 的数据挖掘. 贺奇，郑岩等，译. 北京：人民邮电出版社，2001.

绪论

18. Xindong Wu, Vipin Kumar, J., et al. Top 10 algorithms in data mining. Knowledge and Information Systems. Volume 14, Number 1, 2008:1-37

19. Qiang Yang, Xindong Wu.10 Challenging Problems in Data Mining Research. International Journal of Information Technology & Decision Making (IJITDM). Volume: 5, Issue: 4(2006):597-604

20. Elder, J.F., IV; Top 10 data mining mistakes. Fifth IEEE International Conference on Data Mining: 27-30 Nov. 2005

21. Rakesh Agrawal , Ramakrishnan Srikant. Privacy-preserving data mining. Proceedings of the 2000 ACM SIGMOD international conference on Management of data. Volume 29 Issue 2, June 2000, ACM New York, NY, USA

22. Kargupta, H.; Datta, S.; Wang, Q.; Krishnamoorthy Sivakumar. On the privacy preserving properties of random data perturbation techniques. In proc. of Third IEEE International Conference on Data Mining.19–22 Nov. 2003: 99–106

23. Daniel Kifer, Shai Ben–David, Johannes Gehrke. Detecting change in data streams. Proceedings of the Thirtieth international conference on Very large data bases.Tornto,Canada.2004.Morgan Kaufmann.

预处理

24. FAYYAD U. M. Irani B. Multi–interval Discretization of Continuous Valued Attributes for Classification Leaning [C]. In: Thirteenth International Joint Conference on Artificial Intelligence, Morgan Kaufmann, 1993, 1022–1027

25. HALL M, Correlation–based feature selection for categorical and numeric class machine learning[C]. In Proceeding of the 17th International Conference on Machine Learning, 2000: 359–366

26. Tay E H, Shen L. A modified Chi2 algorithm for discretization[J].IEEE Transactions on Knowledge and Data Engineering,2002,14(3):666–670.

27. Dougherty J R, Kohavi, Sahami M. Supervised and Unsupervised Discretization of Continuous Features. Machine Learning[A] .Proc of 12th International Conference, Morgan Kaufmann[C].1995:194–202

28. 蒋盛益，李霞，郑琪. 近似等频离散化方法. 暨南大学学报. 2009.1

29. Avrim L. Bluma, Pat Langleyc.Selection of relevant features and examples in machine learning. Artificial Intelligence Volume 97, Issues 1–2, December 1997, Pages 245–271

30. YU L, LIU H. Efficient Feature Selection via Analysis of Relevance and Redundancy [J]. Journal of Machine Learning Research. 2004, 5, 1205–1224.

31. Huan Liu,Lei Yu.Toward integrating feature selection algorithms for classification and clustering. IEEE Transactions on Knowledge and Data Engineering, April 2005 ,Volume: 17 Issue:4: 491 – 502

32. D.Zhang, S. Chen, Z.Zhou. Constraint Score: A New Filter Method for Feature Selection with Pair–wise Constraints. Pattern Recognition [J]. 2008, 41, 1440–1451.

33. I. Guyon, A.Elisseeff. An Introduction to Variable and Feature Selection[J].Journal of Machine Learning Research , 2003,1157–1182.

34. M. Last and A. Kandel, O.Maimon. Information–theoretic Algorithm for Feature Selection[J]. Pattern Recognition Letters, 2001, 799–811.

35. ALIBEIGI M, HASHEMI S, HAMZEH A. Unsupervised Feature Selection Based on the Distribution of Features Attributed to Imbalanced Data Sets[J]. International Journal of Artificial Intelligence and Expert Systems, 2011, 2(1): 136–144.

分类

36. BATISTA G, PRATI R, MONARD M. A Study of the Behavior of Several Methods for Balancing Machine Learning Training Data [J]. ACM SIGKDD Explorations, Newsletter, 2004, 6(1):20–29

37. QUINLAN, J. R. Decision trees and decision making. IEEE Trans. Syst. Man Cybern. 1990,20:339–346

38. Safavian, S.R.; Landgrebe, D.; A survey of decision tree classifier methodology. IEEE Transactions on Systems, Man and Cybernetics, May/Jun 1991,Volume: 21 Issue:3,: 660 – 674

39. John Ross Quinlan.C4.5: programs for machine learning. Morgan Kaufmann,San Mateo,CA,1993. 7

40. Cover, T.; Hart, P.; Nearest neighbor pattern classification. IEEE Transactions on Information Theory,

Jan 1967 Volume: 13 Issue:1: 21 – 27

41. P Langley, W Iba,and K.Thompson. An analysis of Bayesian classifiers. In Proc. of the 10th National Conference on Artificial Intelligence,1992:223-228

42. Thomas G. Dietterich. Ensemble methods in machine learning. Lecture Notes in Computer Science, 2000, Volume 1857/2000, 1-15

43. Leo Breiman.Bagging predictors. Machine Learning. Volume 24, Number 2, 123-140

44. L Breiman. Random forests. Machine learning, 45(1):5-23,2001

45. Chawla N,Bowyer K,Hall L,et al. SMOTE: Synthetic Minority Over-Sampling Technique[J]. Journal of Artificial Intelligence Research, 2002, 16(1):321-357

46. Joshi M, Kumar V, Agarwal R. Evaluating Boosting Algorithms to Classify Rare Classes: Comparison and Improvements[C].Proceedings of the 1st IEEE International Conference on Data Mining, Los Alamitos, CA: IEEE Press, 2001, 257-264.

47. Gary M. Weiss AT&T Laboratories, Piscataway, NJ. Mining with rarity: a unifying framework.ACM SIGKDD Explorations Newsletter .2004,6(1):7-19

48. BARANDELA R, SÁNCHEZ J S, GARCÍA V. Strategies for learning in class imbalance problems [J]. Pattern Recognition, 2003, 36(3): 849-851

49. LIU X Y, WU J, ZHOU Z H. Exploratory under-sampling for class-imbalance learning [J]. IEEE Transactions on systems, man and cybernetics-part B, 2009, 39(2):539-550

50. ELAZMEH W, JAPKOWICZ N, MATWIN S. Evaluating misclassification in imbalanced data [J]. LNCS, 2006, 4212: 126 -137

51. YOON K, KWEK S. A data reduction approach for resolving the imbalanced data issue in functional genomics[J]. Neural Comput & Applic, 2007(16):295-306.

聚类

52. Anil K. Jain.Data Clustering: 50 Years Beyond K-Means.Pattern Recognition Letters, 2010

53. Jain, A.K., Murty M.N., and Flynn P.J. (1999): Data Clustering: A Review, ACM Computing Surveys, Vol 31, No. 3, 264-323

54. Pavel Berkhin.Survey Of Clustering Data Mining Techniques. 2002, http://citeseer.nj.nec.com/ berkhin02survey.html

55. S. Kotsiantis, P. Pintelas,Recent Advances in Clustering: A Brief Survey, WSEAS Transactions on Information Science and Applications,2004,1(1):73-81

56. Zhexue Huang. A Fast Clustering Algorithm to Cluster Very Large Categorical Data Sets in Data Mining[C].In Proc. SIGMOD Workshop on Research Issues on Data Mining and Knowledge Discovery, 1997

57. Zhexue Huang. Extensions to the k-Means Algorithm for Clustering Large Data Sets with Categorical Values[J].Data Mining and Knowledge Discovery, 1998,2:283-304

58. Tian Zhang,Raghu Ramakrishnan,Miron Livny.BIRCH: An efficient data clustering method for very large databases. SIGMOD Rec. 1996,25(2):103-114.

59. S. Guha, R. Rastogi, and K. Shim. CURE: An Efficient clustering algorithm for large databases. In Proc. 1998 ACM-SIGMOD Int. Conf. Management of Data (SIGMOD'98),Seatle, WA, June, 1998.

60. S. Guha, R. Rastogi, and K. Shim. Rock: A Robust clustering algorithm for categorical atributes. In Proc. 1999 Int. Co 了 Data Engineering (ICDE'99),Sydney, Australia, Mar. 1999.

61. G Karypis, E.-H. Han and V. Kumar. CHAMELEON: A hierarchical clustering algorithm using dynamic modeling.Computer, 1999, 32:68-75

62. M. Ester, H. P. Kriegel, J. Sander, and X. Xu. A density-based algorithm for discovering clusters in large spatial databases. In Proc. 1996 Int. Conf. Knowledge Discovery and Data Wining (KDD96) , 226-231; Portland, Oregon,Aug. 1996.

63. J. Sander, M. Ester, H. -P. Kriegel, X. Xu: Density-Based Clustering in Spatial Databases: The Algorithm GDBSCAN and its Applications, in: Data Mining and Knowledge Discovery, an Int. Journal, Kluwer Academic Publishers,1998.2: 169-194.

64. W. Wang, J. Yang, and R. Muntz. STING: A statistical information grid approach to spatial data mining. In Proc. 1997 Int. Conf. Very large Data Bases (VLDB'97),Athens, Greece, Aug. 1997.

65. KOHONEN, T. 2001. Self-Organizing Maps. Springer Series in Information Sciences, 30,Springer.

66. S. Guha, A. Meyerson, N. Mishra, R. Motwani, L. O'Callaghan. Clustering data streams: Theory and practice; Knowledge and Data Engineering, IEEE Transactions on , 2003,15(3): 515-528

67. 马帅，王腾蛟，唐世渭，杨冬青，高军. 一种基于参考点和密度的快速聚类算法. 软件学报，2003.6:1090-1096

68. 蒋盛益，李庆华. 一种增强的 k-means 聚类算法. 计算机工程与科学，2006.11

69. Jianbo Shi; Jitendra Malik. Normalized cuts and image segmentation. IEEE Transactions on Pattern Analysis and Machine Intelligence, Aug 2000 Volume: 22 Issue:8: 888 - 905

70. Maulik U,Bandyopadhyay S. Performance evaluation of some clustering algorithms and validity indices. IEEE Trans. Pattern Analysis and Machine Intelligence, 2002(12):1650-1654

71. R. Agrawal, J. Gehrke, D. Gunopulos, and P. Raghavan. Automatic subspace clustering of high dimensional data for data mining applications. In Proc. 1998 ACM-SIGMOD Int. Conf. Management of Data, 94-105, Seattle, Washington, June 1998.

离群点检测

72. Victoria Hodge ， Jim Austin.A Survey of Outlier Detection Methodologies. Artificial Intelligence Review,2004,22(2):85-126

73. Breunig M M,Kriegel H P,Ng R T,Sander J. LOF:Identifying density-based local outliers. In:Proceedings of SIGMOD_00,Dallas,Texas,2000:427-438

74. Wen J,Anthony K H T,Jiawei H.Mining top-n local outliers in large databases.Proceedings of the seventh ACM SIGKDD international conference on Knowledge discovery and data mining,2001

75. Stephen D B,Mark S.Mining Distance-Based Outliers in Near Linear Time with Randomization and a Simple Pruning Rule. ACM SIGKDD ,2003:29-38

76. Charu C. Aggarwal,Philip S. Yu. Outlier detection for high dimensional data. Proceedings of the 2001 ACM SIGMOD international conference on Management of data. Volume 30 Issue 2, June 2001,ACM New York, NY, USA

77. Shengyi Jiang,Xiaoyu Song. A clustering-based method for unsupervised intrusion detections. Pattern Recognition Letters,2006.5

78. Yamanishi. K, Takeuchi. J,and Williams. G   On-line unsupervised outlier detection using finite mixtures with discounting learning algorithms. In Proceedings of the Sixth ACM SIGKDD00, Boston, MA, USA,2000:320-324

79. Knorr, E. M. Outliers and data mining:Finding exceptions in data,PhD,THE UNIVERSITY OF BRITISH COLUMBIA (CANADA),2002

80. 蒋盛益，李庆华. 一种两阶段异常检测方法. 小型微型计算机系统，2005.

关联规则

81. Rakesh Agrawal, Tomasz Imieliński, Arun Swami. Mining association rules between sets of items in large databases. Proceedings of the 1993 ACM SIGMOD international conference on Management of data.

82. Agrawal, R Srikant. Fast algorithms for mining association rules. 20th Int. Conf. Very Large Data Bases, VLDB, 1994

83. J.Han, J. Pei, and Y. Yin. Mining frequent patterns without candidate generation. In Proc.2000 ACM-SIGMOD Int. Conf. Management of Data (SIGMOD'00), pages 1-12, Dallas,TX, May 2000.

84. R. Agrawal and R. Srikant. Mining sequential patterns. In Proc. 1995 Int. Conf.Data Engineering(ICDE'95), pages 3-14, Taipei, Taiwan, Mar. 1995.

85. R. Srikant and R. Agrawal. Mining sequential patterns: Generalizations and performance improvements. In *Proc. 5th Int. Conf. Extending Database Technology (EDBT'96)*, pages 3-17, Avignon, France, Mar. 1996.

86. C. C. Aggarwal and P. S. Yu. A new framework for itemset generation. In *Proc. 1998 ACM Symp. Principles of Database Systems (PODS'98)*, pages 18-24, Seattle,WA, June 1999.

87. K. S. Brin, R. Motwani, and C. Silverstein. Beyond market basket: Generalizing association   rules to correlations. In Proc. 1997 ACM-SIGMOD Int. Conf.Management of Data (SIGMOD'97), pages 265-276, Tucson, AZ, May 1997.

数据挖掘应用

88. Raymond Kosala, Hendrik Blockeel.Web mining research: A survey. ACM SIGKDD Explorations Newsletter Homepage archive.Volume 2 Issue 1, June, 2000.ACM New York, NY, USA

89. Carbonell, J., Goldstein, J. The use of MMR, diversity-based reranking for reordering documents and producing summaries. Proceedings of the 21st annual international ACM SIGIR conference on Research and development in information retrieval, 1998: 335-336.

90. Zhang HP , Yu HK, et al. HHMM-based Chinese lexical analyzer ICTCLAS[C], In Proceedings of the second SIGHAN workshop on Chinese language processing, Sapporo, Japan, 2003:184-187.

91. Wu D, He DQ, et al. A study of using an out-of-box commercial MT system for query translation in CLIR[C]. In Proceedings of the 2nd ACM workshop on Improving non English web searching, California, USA, 2008.

92. Osinski S,Stefanowski J, Weiss D. Lingo: search results clustering algorithm based on singular value decomposition [C]. In Proceedings of Intelligent Information Systems Conference, 2003.

93. Fawcett T. "In vivo" Spam Filtering: a Challenge Problem for Data Mining [J].ACM SIGKDD Explorations (S1931-01455), 2003, 5(2): 140- 148.

94. W.Yu, D.N.Jutla, S.C.Sivakumar. A churn-strategy alignment model for managers in mobile telecom[C]. In: Communication Networks and Services Research Conference. Proceedings of the 3rd Annua, 2005,

05:48-53

95. W. Au, K. C .C. Chen, X. Yao. A novel evolutionary data mining algorithm with applications to churn prediction [J].IEEE Transactions on Evolutionary Computation, 2003, 7(6):532-545

96. 庞观松，蒋盛益等.Web 搜索结果多层聚类方法研究. 情报学报，2011.5

97. 庞观松，张黎莎，蒋盛益. 个性化跨语言学术搜索技术研究. 情报学报，2011.9

98. 庞观松，张黎莎，蒋盛益. 跨语言智能学术搜索系统设计与实现. 山东大学学报（工学版），2011.8

99. 蒋盛益，庞观松. 基于聚类的垃圾邮件识别技术研究. 山东大学学报（理学版），2011.5

100. 蒋盛益，王连喜. 面向电信的客户流失预测模型研究. 山东大学学报（理学版），2011.5

反侵权盗版声明

电子工业出版社依法对本作品享有专有出版权。任何未经权利人书面许可，复制、销售或通过信息网络传播本作品的行为，歪曲、篡改、剽窃本作品的行为，均违反《中华人民共和国著作权法》，其行为人应承担相应的民事责任和行政责任，构成犯罪的，将被依法追究刑事责任。

为了维护市场秩序，保护权利人的合法权益，我社将依法查处和打击侵权盗版的单位和个人。欢迎社会各界人士积极举报侵权盗版行为，本社将奖励举报有功人员，并保证举报人的信息不被泄露。

举报电话：（010）88254396；（010）88258888

传　　真：（010）88254397

E-mail：dbqq@phei.com.cn

通信地址：北京市海淀区万寿路 173 信箱

　　　　　电子工业出版社总编办公室

邮　　编：100036